普通高等教育化学类专业规划教材

"双一流"高校本科规划教材

# 简明定量化学分析
## （第二版）

胡　坪　张文清　王　燕　王　氢 编著

华东理工大学出版社
EAST CHINA UNIVERSITY OF SCIENCE AND TECHNOLOGY PRESS

## 图书在版编目（CIP）数据

简明定量化学分析 / 胡坪等编著. —2 版. —上海：
华东理工大学出版社，2023.5
ISBN 978 - 7 - 5628 - 7199 - 6

Ⅰ.①简… Ⅱ.①胡… Ⅲ.①定量分析 Ⅳ.
①O655

中国国家版本馆 CIP 数据核字(2023)第 051535 号

## 内容提要

　　本书的先修课程为无机化学,适用于定量化学分析与仪器分析相结合的两段式教学模式,注重与仪器分析的教学内容相衔接。本书共分 9 章,内容包括:分析化学中数据处理与评价方法,酸碱滴定,配位滴定,氧化还原滴定、沉淀滴定四类滴定分析法,重量分析法以及吸光光度法的原理与应用,分析化学中的样品预处理方法等。本书注重基本原理和基本概念的阐述,引导学生树立"量"的概念,同时注意理论联系实际,通过定量分析过程中实验技能的训练培养学生严谨求实的科学态度。本书还注意保持与科技及学科发展的同步性,尝试引入一些新的分析概念、方法。本书行文深入浅出,简明扼要,适合本科教学。本书可作为理工科院校、师范类院校及高等职业学校中化学、环境、生物、材料等专业学生的教材,也可供相关专业科研人员和教师参考。

| | |
|---|---|
| 项目统筹 / | 马夫娇　韩　婷 |
| 责任编辑 / | 马夫娇 |
| 责任校对 / | 陈婉毓 |
| 装帧设计 / | 徐　蓉 |
| 出版发行 / | 华东理工大学出版社有限公司 |
| | 地址：上海市梅陇路 130 号,200237 |
| | 电话：021-64250306 |
| | 网址：www.ecustpress.cn |
| | 邮箱：zongbianban@ecustpress.cn |
| 印　　刷 / | 常熟市华顺印刷有限公司 |
| 开　　本 / | 787mm×1092mm　1/16 |
| 印　　张 / | 17.25 |
| 字　　数 / | 477 千字 |
| 版　　次 / | 2010 年 5 月第 1 版 |
| | 2023 年 5 月第 2 版 |
| 印　　次 / | 2023 年 5 月第 1 次 |
| 定　　价 / | 58.00 元 |

# 序

　　生产的发展和科学的进步,特别是进入 21 世纪,生命科学、环境科学、新材料科学等一些支柱学科的发展,无不与分析化学的发展密切相关。当今,分析化学在工业、农业、国防及科学技术各领域都起着不可估量的作用。为了适应社会发展的需求,在培养理工科人才时,注意使其具有良好的分析化学基础知识及技能,十分重要。

　　本教材阐述分析化学中的重要组成部分——定量化学分析。通过对定量化学分析的取样、预处理、测定、数据处理和结果表达等过程的介绍,培养学生严格、认真和实事求是的科学态度,观察实验现象、分析和判断问题的能力,精密、细致地进行科学实验的技能。

　　作为教科书,本书具有保证基础、精选内容、深入浅出的特点,使之更适合于基础教学。编写时对这些特点都有很好的把握,并注意理论联系实际。

　　可以认为,通过本课程学习,不仅可对分析化学领域相关理论和技术有所掌握,更重要的是培养自己分析问题、解决问题的能力,树立"量"的概念,这对后继课程学习及今后的工作都会起重要的影响。特此乐为之作序。

# 第二版前言

近年来,无论是国内外的分析化学学科,还是我国的高等教育事业都取得了长足的发展。作为高等学校中理工科专业的基础课程——分析化学,必须与时俱进,尽力满足新形势下对人才的培养要求。为此,根据作者积累多年的教学实践经验,结合分析化学的学科进展对本教材进行修订。

本次修订仍保持原教材的编写指导原则,即深入浅出、简明扼要,着重于基本概念的阐述,使之适合于本科教学。在第一版的基础上主要作了如下的修订:在分析化学中的数据处理和评价一章中,考虑到实际应用性,增加了分析方法的评价与验证相关内容的介绍;在滴定分析概述中,细化了酸碱滴定、配位滴定、氧化还原滴定中标准溶液的标定原理和注意事项;在酸碱滴定法一章中,对计算示例、应用示例进行了全面的修订,删除酸碱标准滴定溶液的配制和标定一节,将相关内容合并至第 3 章;在配位滴定法中增加了配合物稳定性相关公式的推导和金属指示剂的选择;在氧化还原滴定法中修改了反应进行程度的计算式,使之更准确、全面;将可见分光光度法一章的标题改为吸光光度法,并增加了紫外吸收光谱法简介;在样品的预处理方法一章中,对思考题和习题进行了全面的修订。

参加本次修订工作的有胡坪(第 1、2、8 章)、张文清(第 5、7、9 章)、王燕(第 3、4 章)、王氢(第 6 章),全书由胡坪统稿。本书修订过程中得到有关领导和教研组诸同事的支持。

期盼关心本书的读者对书中的欠妥之处提出批评、建议,不胜感谢。

编者
2023 年 5 月

# 第 一 版 前 言

　　分析化学是化学的分支学科,它历史悠久。作为科学技术的"眼睛",它为化学、生物、医学、环境、材料科学等学科的快速发展解决了许多关键问题。与此同时,这些学科提出的需求也促进了分析化学自身的发展。随着物理学、数学、信息学及计算机科学等的新理论、新技术的不断引入,分析化学已发展成为一门综合性交叉学科。

　　分析化学可以分为化学分析和仪器分析两大类。仪器分析近年来发展十分迅猛,应用日益广泛,但并不意味着化学分析就能退出历史的舞台。即使是采用仪器方法解决分析任务,也需要运用到化学分析的原理、方法和技术。例如,很多仪器分析方法需要使用标准物质进行比较,而标准物质的含量通常需通过化学方法进行测定。在定量化学分析中树立起来的"量"的概念,应始终贯穿于包括取样、样品预处理、测定、结果表达在内的整个分析过程。因此化学分析是分析化学的基础,与仪器分析相互补充。

　　分析化学的教学主要包括定量化学分析和仪器分析两部分内容,定性化学分析一直以来都被并入普通化学或无机化学课程中,不再作为分析化学的教学内容。因此,分析化学的教学模式主要有两种。一种教学模式是两段式教学,即两部分内容分在不同的学期完成。定量化学分析主要涉及无机化学知识和四大平衡理论,因此先修课程为无机化学,可以在第二学期开设,与基础化学实验有较好的衔接。而仪器分析原理涉及大量的有机物结构和物理化学知识,因此先修课程是有机化学和物理化学,一般在第四、五学期开设。另一种教学模式是将定量化学分析和仪器分析合并成一门,即分析化学,并在修完无机化学、物理化学、有机化学之后开设。近年来,多所高校对这种教学模式进行了有益的尝试。

　　本教材适用于两段式教学模式,并注重与《仪器分析》(朱明华编)的教学内容相衔接。在编写中,我们力求做到深入浅出,简明扼要,着重于基本概念的阐述,使之适合于本科教学。同时,我们还注意理论联系实际,在阐述清楚基本理论和概念时,指出它的实用意义。由于分析化学学科发展十分迅速,因此在教材中还尝试引入一些的新概念和方法。

　　本教材由多位长期从事分析化学教学和科研的同志参加编写,具体分工如下:胡坪编写了第 1、2、8 章,王燕编写了第 3、4、5 章,王氢完成了第 6、7 章,张文清编写了第 9 章。全书由胡坪统稿。

　　书中的错误和不当之处,恳请读者批评指正。

编者

2010 年 5 月

# 目 录

# 第 3 章   滴定分析概述

# 第 4 章   酸碱滴定法

# 第 5 章　配位滴定法

# 第 6 章　氧化还原滴定法

# 第 9 章　样品的预处理方法

## 附录

# 第1章 绪 论

## 1.1 分析化学的定义和作用

    分析化学(analytical chemistry)是化学学科的一个重要分支,它是建立和应用各种方法、仪器和策略,以获取物质的化学组成和结构信息的科学。因此,分析化学所要回答的问题是物质世界是如何组成的,包括物质中含有哪些组分、各组分的含量是多少、这些组分是以怎样的方式和状态存在的等。要回答这些问题,就要依据相关的理论,建立分析方法和实验技术,研制仪器设备,研究获取信息的最优方法和策略,在此基础上提供有效的、具有统计学意义的信息。这一切都是分析化学的研究内容。

    分析化学对科学、社会的发展举足轻重,被称为科学技术的"眼睛",大至宇宙的深层探索(如寻找火星上是否有生命存在的证据),小至对微观物质(如分子结构)的认识,都离不开分析化学。多种学科(如生命科学、材料科学、能源科学、环境科学等)的发展都依赖于分析化学的进展,分析化学渗透于工业、农业、国防、医疗卫生、环境保护各个领域,影响着社会发展和人类进步。

    例如,在生命科学中,生物化学、分子生物学、系统生物学、生理学等都需要利用分析化学的方法、仪器进行研究并得以发展,分析化学在揭示生命的起源、遗传物质的研究等方面起着关键的作用。在医学领域,疾病诊断的很多方法、手段属于分析化学的研究范畴,而用于疾病治疗的药物,其真假、质量的好坏,都需要分析化学加以辨识。又如,人类赖以生存的环境,空气、水和土壤中的有害物质需要用分析仪器进行监测;当对三废(废气、废液、废渣)进行治理并加以综合利用时,需要用分析化学方法来评价治理的效果,以选择最佳的治理方案。食品是人们生活和生存的必需之物,食品所含的营养成分、微量有害物质(如农药残留、重金属污染、有害添加剂)的情况近年来成为人们关注的焦点,这些都依赖分析化学方法给出答案。在工业生产中,资源的勘探开发、生产原料的分析、工艺条件的选择、生产过程的在线控制也都离不开分析化学。

    由此可见,分析化学知识的学习非常重要,对于化工、制药、轻工、纺织、食品、生物工程、材料、资源与环境等专业的学生而言,分析化学是重要基础课。但分析方法种类繁多,且大多数方法具有较为独立的方法原理且能自成体系,在教学过程中常将分析化学的主要内容分在不同课程讲授。本课程以分析化学中的重要组成部分——化学分析作为授课内容,重在基础理论知识的传授与实验基本技能的训练,培养学生严格、认真和实事求是的科学态度,以及观察实验现象、分析和判断问题的能力,精密、细致地进行科学实验的技能。为此在教学中应注意理论密切联系实际,引导学生深入理解所学的理论知识,培养分析问题和解决问题的能力。本课程的学习者应具备一定的化学基础知识并先修过无机化学课程。

# 1.2　分析化学方法的分类

　　按照不同的分类方式,可将分析化学方法归属于不同的类别。例如,根据分析任务可以分为定性分析(qualitative analysis)、定量分析(quantitative analysis)和结构分析(structure analysis)。定性分析的任务是鉴定物质的化学成分,包括组成、离子、官能团、化合物等;定量分析的任务是测定物质各组分的含量;结构分析的任务是研究物质分子的形态、结构,特别是三维立体结构。

　　根据分析对象的性质分类,可分为无机分析和有机分析。无机分析的对象是无机物,通过合适的方法鉴定试样是由哪些元素、离子或化合物组成(无机定性分析),测定各组分的相对含量(无机定量分析)。有机分析的对象为有机物,有机物的化学结构多样且复杂,因此发展了多种用于有机物结构鉴定和定量分析的方法。亦可以根据分析对象的所属研究领域将分析化学方法分为食品分析、药物分析、环境分析等。

　　根据分析时试样用量的多少,分析方法可分为常量分析(试样用量＞100 mg 或试液用量＞10 mL)、半微量分析(试样用量 10~100 mg 或试液用量 1~10 mL)、微量分析(试样用量 0.1~10 mg 或试液用量 0.01~1 mL)和超微量分析(试样用量＜0.1 mg 或试液用量＜0.01 mL)。

　　根据试样中待测组分相对含量的高低分类,可分为常量组分分析(组分含量＞1%)、微量组分分析(组分含量 0.01%~1%)、痕量组分分析(组分含量 0.000 1%~0.01%)和超痕量组分分析(组分含量＜0.000 1%)。

　　根据方法的原理可将分析化学方法分成两大类,即化学分析法(chemical analysis)和仪器分析法(instrumental analysis),这是目前最普遍使用的分类方式。

　　以物质的化学反应及其计量关系为基础的分析方法,称为化学分析法,主要包括重量分析法和滴定分析法。重量分析法一般采用合适的化学反应及处理步骤,使试样中的待测组分转化为另一种固定化学组成的纯化合物后,通过称量纯物质的质量来计算待测组分的含量,这种方法操作烦琐,分析时间长,但准确度很高,且不需要标准物质进行比较,因此至今仍作为一些组分测定的标准方法。将已知浓度的试剂溶液滴加到待测溶液中,使其与待测组分按照化学计量关系恰好反应完全,根据试剂的浓度和加入的准确体积计算出待测组分的含量,这类方法称为滴定分析法(也称为容量分析法)。滴定分析法操作简便、快速,测定结果的准确度高,是重要的常规测试手段之一。重量分析法和滴定分析法通常用于常量组分的分析。

　　仪器分析法是以测量物质的物理或物理化学性质为基础的分析方法,由于这类方法通常需要使用特殊的仪器,故名仪器分析,也称物理或物理化学分析方法。仪器分析方法可分为电化学分析法、光学分析法、色谱分析法等类别。电化学分析法是通过测量物质在溶液中的电化学性质及其变化建立起来的分析方法,包括电位分析法、伏安法和极谱法、电重量法和库仑法、电导法等。光学分析法是利用物质所发射的辐射或辐射与物质的相互作用建立起来的一类分析方法,包括紫外-可见分光光度法、红外光谱法、核磁共振波谱法及原子吸收分光光度法等吸收光谱法,荧光光谱法、原子发射光谱法、X 射线光谱法等发射光谱法,等等。色谱法是利用物质在互不相溶的两相间作用力的差异建立起来的一类极有效的分离、分析多组分混合物的方法,按照流动相的物理状态可以分为气相色谱法、液相色谱法、超临界流体色谱法,也可根据分离原理的不同分为吸附、分配、离子交换、空间排阻与亲和色谱法等。除了上述三类方法外,还有许多其他仪器分析方法,如质谱法、热分析法、中子活化分析法。仪器分析方法具有灵敏度高、分析速度快、提供的信息丰富、易实现自动化等特点,因此尤其适合于低含量组分的测定、生产过程的控制分析、未知样品的鉴定等。仪器分析的主要局限在于需要使用价格较高的仪器设备,操作、维护要求一般也较高。

化学分析和仪器分析孰轻孰重不能一概而论,某种方法对其适合的分析对象都有独特的优势,以满足一些特殊的分析要求。此外,化学分析和仪器分析是互为补充的,甚至某些方法即为两者的有机结合。例如,电位滴定法是将滴定分析与电位分析两种方法结合,以电位分析法作为滴定反应终点的确定方法。又如,在进行仪器分析之前,常须用化学方法对试样进行预处理,以除去试样中的干扰物质、对被测组分进行富集等。在建立测定方法的过程中,很多仪器分析方法需要采用已知含量的基准物(标准品)作为参照,而基准物的含量则常需以化学法测定,因此化学分析方法与仪器分析方法两者不可分割,前者是后者的基础。

## 1.3 分析化学的进展

分析化学的起源可以追溯到炼金术、炼丹术时期,鉴定、分析手段有效地促进了古代冶炼、酿造等技术的发展。18 世纪至 19 世纪,逐步发展了金属系统定性分析、重量分析、容量分析等方法。然而,当将物理化学溶液理论中的酸碱平衡、配位平衡、氧化还原平衡和沉淀平衡理论引入分析化学,建立了四大滴定方法和理论后,才标志着分析化学从一种技术演变成为一门科学。

20 世纪初,物理学和电子学的发展,彻底改变了以经典化学分析为主的局面,多种仪器分析方法应运而生,并在科学生产中发挥了重要作用。其中,英国化学家马丁和辛格由于发明分配色谱法获得 1952 年诺贝尔化学奖,美国科学家布洛赫和珀赛尔因建立核磁共振法而共同获得 1952 年诺贝尔物理学奖,捷克斯洛伐克科学家海洛夫斯基由于开创极谱学获 1959 年诺贝尔化学奖。仪器分析方法的快速发展成为这一时期分析化学学科的特点。

近年来,随着信息科学、计算机技术、激光、纳米技术、功能材料、化学计量学等新技术、新材料和新方法的引入,分析化学已经发展成一门以多学科为基础的综合性科学。从采用的手段看,分析化学是在综合利用物理学(如光、电、热、声和磁)、化学和生物学理论的基础上,进一步采用数学、计算机科学等学科的新方法、新技术,对物质进行更全面、更深入的分析。从解决的问题看,分析化学的任务已不局限于测定物质的组成及含量,还要对物质的形态(价态、结合状态等)、结构(包括空间分布)、微区形态、化学和生物活性等进行分析及过程监控。

另外,生命科学、材料科学、环境科学、宇宙科学等学科不断提出新的分析需求,分析化学因此发展迅速。例如,1990 年启动的"人类基因组测序计划",由于脱氧核糖核酸(DNA)的测序、定位工作量巨大、耗时,进展一直缓慢,随着阵列毛细管电泳测序技术的研制成功,使该项巨大的工程于 2003 年顺利完成,历时 13 年。而近年来出现的基于微流控芯片分析技术的DNA 测序方法,将 DNA 的测序速度又提高了 100 倍,可在 100 天内完成 30 亿对人类基因的测序,这一测序方法正是分析化学、微加工技术、生物学、计算机技术、数学等多学科结合的成果。

　　获取更多、更复杂的信息,不断提高分析方法的灵敏度(sensitivity)、选择性(selectivity)和分析速度(speediness),提高分析结果的准确度(accuracy),实现分析仪器的自动化和微小型化一直是分析化学家努力追求的目标。分析化学将与其他学科更紧密地结合,成为进一步认识自然、改造自然的科学。

# 1.4　定量分析流程

　　定量分析的任务是测定试样中待测组分的含量,通常包括以下四个步骤。

## 1.4.1　取样

　　进行定量化学分析时,用于分析的试样一般只占被测对象的很少一部分,如零点几克或几克,如何从大量的被测对象中采集一小部分作为分析试样,使之能代表被测对象的平均组成非常关键,如果分析试样不具有代表性,则对试样分析得再准确也是没有意义的。

　　固体试样如矿石、土壤、粮食等,试样的性质及均匀程度差别较大,因此无论采用随机采样,还是根据一定规律进行系统采样,采样份数都应该足够多,份数越多,结果越具有代表性。对于饮料、工业液体产品等均匀液体试样,采样份数可以较少;对于不太均匀的液体试样(如河水),应根据水系的具体情况选择好采样点,在不同的地段、深度各取一份试样,混合均匀后作为分析试样。气体试样(如大气、工业废气等)通常在设置好采样点后,用泵或针筒将气体充入取样容器中并密封。

　　对于固体试样,如果采集得到的试样量较大,还须通过混合、粉碎、筛分等步骤处理成均匀试样,再通过缩分操作取其中一小部分进行分析,这一系列过程称为制样。最常用的缩分方法是四分法,将粉碎混匀的样品堆成锥形,然后压成圆饼状,再通过圆饼中心按十字形将其分为四等份,弃去对角两份,其余两份收集,这样试样便缩减了一半。如须再次缩分,要将剩余样品再粉碎混匀,如此反复,直至缩分至所需试样量。

　　不同试样取样、制样的方法不同,应根据试样的性质选择合适的方法,具体操作可参阅相关的国家标准和企业标准。

## 1.4.2　样品的预处理

　　大多数试样不能直接被分析,需要通过一定的操作步骤将其转化成适合分析的状态,这一步骤称为样品预处理,样品预处理主要解决以下两类问题。

　　1. 将试样转化为适合测定的形态

　　试样有固态、液态和气态,而常用的定量化学分析方法大多是湿法分析,即化学反应和测定过程都在溶液中进行,因此需要将试样特别是固体试样定量转移到溶液中再进行分析,这一过程称为试样的分解(溶解)。试样的分解是分析工作的重要步骤之一。

2. 干扰组分的分离和被测组分的富集

当测定复杂试样时,被测组分往往会受到共存组分的干扰,使测定结果产生较大误差,因此要设法消除干扰。消除干扰的方法很多,如采用掩蔽剂消除干扰,当没有合适的消除干扰的方法时,就需要分离干扰组分。常用的分离干扰组分的方法有沉淀分离法、萃取分离法、色谱分离法等。另外,当被测组分的含量很低,无法达到分析方法的检测浓度时,需要采用合适的方法对被测组分进行富集。干扰组分的分离和被测组分的富集往往可以同步完成。

样品预处理的方法详见本书第 9 章。

## 1. 4. 3 测定

应根据测定的目标、试样及被测组分的性质和含量、共存组分的干扰情况以及对分析结果准确度的要求来选择合适的分析方法,并对试样实施测定。

各种分析方法的灵敏度、选择性和准确度是不同的。大多数化学分析法的相对误差较小,准确度高,但灵敏度较低,适于高含量组分的分析。而仪器分析法通常灵敏度高,准确度较低,适于低含量组分的分析。例如,用高锰酸钾法滴定铁含量为 20.00% 的铁矿试样,若方法的相对误差为 ±0.2%,则铁的含量范围是 19.96%~20.04%。而采用可见分光光度法进行测定,若方法的相对误差约为 ±2%(误差来源参见 8.5.1 节),则铁的含量范围是 19.60%~20.40%。显然化学分析法测定结果更准确。若对石灰石中含量仅为千分之几的铁进行测定,化学分析法灵敏度低,难以检测,此时只能采用灵敏度较高的分光光度法。因此,选择分析方法时既要考虑方法的准确度,也要考虑试样中待测组分的相对含量。

另外,方法的选择性和抗干扰能力也是在选择时要考虑的。例如,测定铁矿中的铁含量时,氧化还原滴定法较配位滴定法受其他共存金属的干扰小。为此,需要充分了解试样的组成情况,选择合适的分析方法。如果多种方法均能达到分析任务的要求,则应选择操作步骤简单、快速、价廉的分析方法对试样进行测定。

## 1. 4. 4 数据的处理和结果的表达

数据的处理和分析结果的表达是定量分析过程的重要环节。根据试样的称量质量、测定的数据和分析过程涉及的计量关系计算试样中被测组分的浓度或含量,并对多次平行测定的计算结果按照数理统计的方法进行处理,合理取舍实验数据后,求取平均值。通过数据处理不仅能使分析结果得到恰当的表达,还可以对分析结果的可靠性和精确程度作出合理的判断。分析化学中的数据处理与评价详见本书第 2 章。

# 第2章 分析化学中的数据处理和评价

    定量分析的主要目的是得到试样中被测组分的含量信息,然而由于受到分析方法、分析仪器和试剂等条件限制以及人为因素的影响,分析结果不可能和试样的真实含量完全一致。分析结果与客观存在的真实含量之间的差异被称为误差(error),既然分析误差是客观存在的,分析结果只能达到一定的准确度,即分析结果存在一定的不确定性。

    因此分析结果的数据处理不仅包括对分析结果进行计算,还包括对分析结果的可靠性和精确程度作出合理的判断和正确的表示。对分析误差的来源、性质及分布进行研究,据此减小分析误差、提高分析结果的准确度亦是数据处理的重要内容。

## 2.1 分析误差

### 2.1.1 真值、平均值和中位数

1. 真值

    真值(true value)是指某一物理量本身具有的客观存在的真实数值,用 $X_T$ 表示。由于分析误差不可避免,因此真值是不可能测得的。实际工作中往往将理论真值、计量学约定真值或相对真值等作为真值来检验分析结果的准确度。

    理论真值是指由公认理论推导或证明的某物理量的数值,如 1 mol $CH_4$ 含 1 mol C 和 4 mol H、水的组成常数即为理论真值。

    计量学约定真值是指计量组织、学会等规定的公认计量单位的数值,如国际计量大会定义的"光在真空中传播(1/299 792 458)s 所经过的路径长度为 1 m"。

    相对真值是指由公认的权威机构严格按照标准方法平行分析多次后,用数理统计方法确定的相对准确的测定值。例如,国际相对原子质量和相对分子质量、基准试剂标签所给保证值等都是相对真值。

2. 平均值

    平均值(mean)又称为算术平均值,是全部测定值之和除以测定次数所得的商,用 $\overline{X}$ 表示。

$$\overline{X} = \frac{1}{n} \sum_{i=1}^{n} X_i \tag{2-1}$$

式中,$X_i$ 是第 $i$ 次测定的结果;$n$ 为测定次数。平均值是度量数据的集中趋势的最常用方法,平均值虽然不是真值,但它反映了平行测定或重复测定结果的集中趋势,比单次测定的结果更接近真值。因此在日常分析工作中,需要对某一分析对象取多份试样进行平行测定或对同一份试样进行重复测定,并求取其平均值。平均值的主要缺点是当测定值中有个别数据远远偏离其他值时,对数据集中趋势的判断将产生很大影响,使计算得到的分析结果产生较大误差,采用离群值统计检验的方法可以剔除这种偏离其他值的个别数据,该方法将在 2.2 节加以介绍。

当测定次数趋于无限多时,测量结果的平均值称为总体平均值,用 $\mu$ 表示。

$$\mu = \lim_{n \to \infty} \frac{1}{n} \sum X_i \tag{2-2}$$

在校正了系统误差情况下,$\mu$ 即代表真值。

3. 中位数

将一组测定数据由小到大排列,中间一个数据即为中位数(median)$x_M$。当测定值个数 $n$ 为奇数时,中位数为中间数据;当测定值个数 $n$ 为偶数时,中位数为第 $n/2$ 次测定和第 $(n+1)/2$ 次测定的平均值。中位数的主要缺点是不能充分利用数据,用于表示集中趋势时不如平均值好。

**例 2-1**　用天平测定 7 枚硬币的质量,结果分别为 3.080 g,3.094 g,3.107 g,3.056 g,3.112 g,3.174 g,3.198 g,计算测定结果的平均值和中位数。

解:平均值 $\overline{X} = \dfrac{3.080 + 3.094 + 3.107 + 3.056 + 3.112 + 3.174 + 3.198}{7} \approx 3.117$

7 个数据由小到大排序

$$3.056, 3.080, 3.094, 3.107, 3.112, 3.174, 3.198$$

$n=7$,因此中位数为第四个数据,即 3.107。

4. 极差

极差又称全距(range),以 $R$ 表示,它是一组测定数据中最大值 $X_{max}$ 与最小值 $X_{min}$ 之差。

$$R = X_{max} - X_{min} \tag{2-3}$$

极差可以用来反映一组数据的离散程度,与中位数一样,极差的不足之处是没有利用到全部数据。

## 2.1.2　误差与准确度

1. 误差

误差是指测定结果与真值 $X_T$ 之差。由于通常使用各次测定结果的平均值来表示测定结果,因此应当用 $\overline{X} - X_T$ 来表示测定结果的误差,即个别测定的误差的算术平均值。误差的大小可用绝对误差 $E$(absolute error)和相对误差 $E_r$(relative error)表示。

$$E = \overline{X} - X_T \tag{2-4}$$

$$E_r = \frac{\overline{X} - X_T}{X_T} \times 100\% \qquad (2-5)$$

相对误差有时也用千分率表示。

绝对误差和相对误差都有正值和负值。误差为正值时称为分析结果偏高,误差为负值时称为分析结果偏低。

**2. 准确度**

准确度(accuracy)是指测定值接近真值的程度,是一个定性的概念。根据式(2-4)和式(2-5),误差越小,表示结果与真值越接近,测定结果的准确度越高;反之,误差越大,测定结果的准确度越低。因此误差的大小反映了分析结果的准确度。

**例 2-2**　在分析天平的使用过程中,需要定期用标准砝码对天平进行校正,标准砝码的标示质量为相对真值。若用某分析天平称得标示为 1.000 0 g 的标准砝码的质量为 0.999 8 g,5.000 0 g 的标准砝码的质量为 4.999 8 g,则两者称量的绝对误差和相对误差分别是多少?该结果说明什么问题?

解:绝对误差　$E_1 = X_1 - X_{T1} = 0.999\ 8 - 1.000\ 0 = -0.000\ 2\,(g)$

$$E_2 = X_2 - X_{T2} = 4.999\ 8 - 5.000\ 0 = -0.000\ 2\,(g)$$

相对误差

$$E_{r1} = \frac{E_1}{\mu_1} = \frac{-0.000\ 2}{1.000\ 0} \times 100\% = -0.02\%$$

$$E_{r2} = \frac{E_2}{\mu_2} = \frac{-0.000\ 2}{5.000\ 0} \times 100\% = -0.004\%$$

由计算结果可知,绝对误差相等,相对误差不一定相同。同样的绝对误差,当被测定的量较大时,相对误差就比较小,测量的准确度也就比较高。相对误差可用于不同情况下测定结果准确度的比较,因此更具实用性。

## 2.1.3　偏差与精密度

精密度(precision)是指一组平行测定数据相互接近的程度,平行测定的结果相互越接近,则测定的精密度越高。由于平均值体现了数据的集中趋势,因此,测定结果的精密度通常用与平均值相关的各种偏差(deviation)来表示。

**1. 绝对偏差和相对偏差**

设某次测定值为 $X_i$;经多次平行测定,所得结果的算术平均值为 $\overline{X}$;则绝对偏差 $d_i$ 为两者之差。

$$d_i = X_i - \overline{X} \qquad (2-6)$$

与误差类似,偏差也可用相对偏差 $d_r$ 来表示。

$$d_r = \frac{X_i - \overline{X}}{\overline{X}} \times 100\% \qquad (2-7)$$

绝对偏差和相对偏差只能衡量单次测定值与平均值的偏离程度,其值有正有负,单次测定偏差的代数和必为 0,因此不能用它来表示一组测定值的精密度。

2. 平均偏差和相对平均偏差

平均偏差(average deviation)是每次测定偏差的绝对值的平均值,用 $\bar{d}$ 表示。

$$\bar{d} = \frac{|d_1|+|d_2|+\cdots+|d_n|}{n} = \frac{1}{n}\sum_{i=1}^{n}|d_i| = \frac{1}{n}\sum_{i=1}^{n}|X_i-\overline{X}| \qquad (2-8)$$

取绝对值后,避免了正负偏差相互抵消,它表示一组测定值的精密度。

同样,平均偏差与平均值之比称为相对平均偏差 $\bar{d}_r$。

$$\bar{d}_r = \frac{\bar{d}}{\overline{X}} \times 100\% \qquad (2-9)$$

平均偏差和相对平均偏差均无正负号。

3. 标准偏差和相对标准偏差

用统计学方法处理数据时,常用标准偏差(standard deviation)来表示一组测定值的精密度。标准偏差又称均方根偏差,当测定次数趋于无限多时,称为总体标准偏差,是单个测定结果与总体平均值的差方和均根,用 $\sigma$ 表示。

$$\sigma = \sqrt{\frac{\sum_{i=1}^{n}(X_i-\mu)^2}{n}} \qquad (2-10)$$

在一般的分析工作中,平行测定的次数是有限的,此时标准偏差为单个测定结果与平均值的差方和均根,亦称为样本标准偏差,用 $S$ 或 $SD$ 表示。

$$S = \sqrt{\frac{\sum_{i=1}^{n}(X_i-\overline{X})^2}{n-1}} \qquad (2-11)$$

式中,$n-1$ 为能够独立取值的偏差数,称为自由度,用 $f$ 表示,用以校正经 $\overline{X}$ 代替 $\mu$ 所引起的误差。自由度的概念可以这样理解:设有 6 个测定值,前 5 个的绝对偏差分别是 0.6,1.2,$-1.4$,1.3 和 $-0.5$,由于 $\sum_{i=1}^{6}(X_i-\overline{X})=0$,第 6 个测量值的绝对偏差只能为 $-1.2$,没有选择的自由,因此能够独立取值的偏差数为 5 个。

标准偏差与平均值之比称为相对标准偏差(relative standard deviation,$RSD$)或变异系数(coefficient of variation,$CV$)。

$$RSD = \frac{S}{\overline{X}} \times 100\% \qquad (2-12)$$

**例 2-3**　有两组测定值如下

甲组　2.9　2.9　3.0　3.1　3.1
乙组　2.8　3.0　3.0　3.0　3.2

判断两组测量值精密度的差异。

解:

|  | 平均值 $\overline{X}$ | 平均偏差 $\overline{d}$ | 标准偏差 $S$ |
|---|---|---|---|
| 甲组 | 3.0 | 0.08 | 0.10 |
| 乙组 | 3.0 | 0.08 | 0.14 |

　　两组测量值的平均偏差相同,但两组数据的离散程度是不一样的,乙组的数据更为分散,说明用平均偏差有时不能客观地反映出精密度的情况。而用标准偏差来判断,乙组的标准偏差大些,即精密度差些,该结果更客观。

　　由例 2-3 可以看出,采用标准偏差表示精密度的优点是:通过平方突出了较大偏差的影响,更好地说明了各次测定的分散程度,因此最为常用。在一般情况下,对测定结果应标示出标准偏差(或变异系数)。

　　4. 平均值的标准偏差

　　平均值的标准偏差 $S_{\overline{X}}$ 是指一系列平行测定结果的平均值 $\overline{X}_1$,$\overline{X}_2$,…的标准偏差,它反映了平均值的精密度。显然,平均值的精密度应当比单次测定的精密度更好。

　　可以证明,$S_{\overline{X}}$ 与其中一组测定值的标准偏差 $S$ 及其测定次数 $n$ 之间存在以下关系。

$$S_{\overline{X}} = \frac{S}{\sqrt{n}} \qquad\qquad (2-13)$$

平均值的标准偏差与测定次数的平方根成反比,因此增加测定次数可以提高测定结果的精密度。$S_{\overline{X}}/S$ 值与 $n$ 的关系如图 2-1 所示,由图可以看出,当 $n$ 足够大时,再增加测定次数,精密度的提高并不明显。因此在实际工作中,平行测定次数不必太多,一般为 3～5 次,再多则得不偿失。

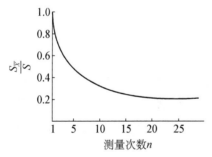

图 2-1　平均值的标准偏差与测定次数的关系

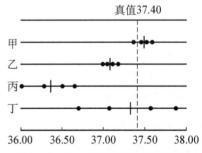

图 2-2　同一试样的四种测定结果

　　5. 精密度和准确度的关系

　　图 2-2 所示的甲、乙、丙、丁四种可能的分析结果直观地反映了准确度和精密度的关系。结果甲的平均值与真值接近,且实验值彼此都很接近,因此准确度和精密度均好;结果乙的精密度好,但准确性稍差,结果丙的准确度和精密度都很差;结果丁的精密度很差,虽然平均值接近于真值,但这是由大的正负误差抵消导致的,如果减少一次测定,平均值就会有很大变化,因此其准确度好是偶然的。可见,首先要求精密度高,才能保证有准确的结果,但高的精密度也不一定能保证有高的准确度。

## 2.1.4　误差的分类及减免误差的方法

根据误差产生的原因及其性质的不同分为两类：系统误差（systematical error）和随机误差（random error）。

1. 系统误差

系统误差是由确定原因引起的误差，具有单向性、恒定性、可测性、可校正性或可免性。单向性是指在同一原因的影响下，测定结果总是偏高或总是偏低。恒定性是指在一定条件下，误差（或相对误差）大小基本不变。可测性是指误差的正负大小可以测定。由于系统误差的大小可以测定，因此可对结果进行校正，也可以设法减免。

1）产生系统误差的原因

产生系统误差的原因主要有以下几种。

（1）方法误差：是由于分析方法本身所产生的误差。例如，在滴定分析中指示剂选择不当，使终点与化学计量点不一致，或溶液中的干扰成分同时被滴定。又如，在重量分析时，由于沉淀中包藏有其他杂质，使分析结果偏高；或沉淀不完全，导致分析结果偏低。

（2）试剂误差：所用的试剂或实验用水中含有干扰测定的组分使测定产生误差，对痕量分析造成的影响更为严重。如果基准试剂纯度达不到要求，也会造成系统误差。

（3）仪器误差：分析化学所用的测量仪器都存在一定误差，如滴定管、容量瓶等容量器皿刻度不准确，分析天平砝码质量不准确，杂散光使吸光度降低引起负误差等。

（4）操作误差：不同分析人员即使使用相同的分析方法，在同样条件下对同一样品进行分析，也可能得到不同的结果，这是由分析操作者的主观判断引起的。例如，不同人员观察颜色的能力不同，对颜色不敏感的人辨别终点的颜色偏深；对分度估读习惯不同，读数偏高或偏低等。有的分析人员为了使几次测定结果重复，在读数时常常带有主观倾向性，造成误差。

2）系统误差的检验

对于系统误差，可根据误差来源分别予以消除或校正。检验分析过程中是否有系统误差可采用对比实验。对比实验有以下几种类型。

（1）选择一种标准方法与所用方法进行对比实验，用 $F$-检验和 $t$-检验来判别是否存在系统误差（参见 2.2 节）。

（2）回收率实验。选用组成与试样接近的标准试样进行测定，将测定值 $x_1$ 与标准值 $x_2$ 进行对照比较，按式（2-14）计算分析方法的回收率（recovery）。

$$回收率 = \frac{x_1}{x_2} \times 100\% \tag{2-14}$$

（3）加标回收实验。如果对试样的组成不完全清楚，难以获得组成与试样接近的标准试样时，可以采用加入法进行对比实验。取等量平行试样两份，在其中一份试样中加入已知量（$x_2$）的待测组分并混合均匀，对两份试样进行平行测定。若测得试样中待测组分的浓度为 $x_1$，加标后的试样中待测组分的浓度为 $x_3$，则加标回收率为

$$加标回收率 = \frac{x_3 - x_1}{x_2} \times 100\% \tag{2-15}$$

由加入的待测组分的量是否定量回收来评价分析方法的准确度，并判断有无系统误差存在。回收率（加标回收）越接近 $100\%$，表明分析方法的准确度越高，系统误差越小；反之，则

分析方法的系统误差越大。

3）消除系统误差的方法

若通过对比实验确认有系统误差存在,则应设法找出产生系统误差的原因,采用以下方法加以消除。

（1）校准仪器:测量仪器应当定期进行校准,容量器皿所带来的误差,也可以通过相应校准的办法进行消除。将测量值加上校正值就可得到较准确的结果。

（2）提纯试剂:作为基准物,其含量应该在99.9%以上,否则就要提纯。一般的试剂和水中,不应该含有被测组分或干扰组分,否则需要选择纯度级别更高的试剂和水,或对其进行提纯。

（3）空白实验:指除了不加试样外,其他实验步骤与试样实验步骤完全一致的实验,得到的测定结果称为空白值。对试剂、实验用水或实验用器皿中所含的少量被测组分及干扰杂质带来的系统误差,可通过扣除空白值加以消除。如果空白值过高,则须找出原因,并采取其他措施加以消除,如提纯试剂。

（4）采用其他分析方法进行校正。例如,用 $Fe^{2+}$ 标准溶液滴定钢铁中的铬时,钒和铈一起被滴定,产生正误差。此时,可选择其他合适的方法测定钒和铈的含量,并按计量关系从滴定结果中扣除由钒和铈引起的 $Fe^{2+}$ 标准溶液消耗量,从而提高测定结果的准确度。

过失是由于分析人员的失误造成的,如记错读数、过滤时溶液流失、加错试剂、看错刻度、计算错误等。这些不属于系统误差的范围,对于分析人员来说应该设法避免。要避免发生过失,关键在于分析人员要不断提高理论水平和操作水平,并养成良好的实验习惯。分析过程中一旦出现过失,应立即停止实验,及时纠正错误并重新进行分析;确知由操作失误得到的数据必须主动舍弃;未被察觉的由过失操作得到的数据常表现为离群数据,可以用数据统计检验法将其剔除。

2. 随机误差

随机误差也称为偶然误差,是由一些难以避免、无法控制的不确定因素引起的,如环境温度、湿度、电压、污染情况等的变化引起试样质量、组成、仪器性能等的微小变化,滴定管读数的不确定性等分析人员实验操作中的微小差异,其他不确定因素等所造成的误差。实际工作中,随机误差与系统误差往往同时存在,有时很难分清,当人们对误差产生的原因尚未认识时,一般将它作为随机误差对待。

随机误差时大时小,可正可负,难以找到具体原因,更无法测量它的值,因此这种误差是不可避免的,只能采取一定措施减小。从多次测定结果的误差来看,随机误差仍然符合一定的规律,可用统计学的方法对这种误差进行处理。

### 2.1.5 随机误差的正态分布

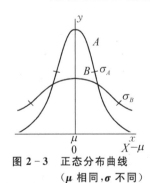

图 2-3 正态分布曲线
（$\mu$ 相同,$\sigma$ 不同）

如果测定次数无限多,且系统误差已经排除的情况下,随机误差的分布服从正态分布,如图 2-3 所示。图中,横坐标是随机误差 $X-\mu$,纵坐标是该误差在测定过程中出现的概率。随机误差正态分布的概率密度函数式是

$$y = f(X) = \frac{1}{\sigma\sqrt{2\pi}}e^{-\frac{(X-\mu)^2}{2\sigma^2}} \qquad (2-16)$$

式中,$f(X)$ 称为概率密度;$X$ 为测量值;总体平均值 $\mu$ 和总体标准差 $\sigma$ 是正态分布的两个参数,这样的正态分布记为 $N(\mu, \sigma)$。

　　总体平均值 $\mu$ 表示无限个数据的集中趋势,只有在没有系统误差时,它才等于真值。总体标准差 $\sigma$ 是正态分布曲线两转折点之间距离的一半,它表征了数据的离散程度。$\sigma$ 小,数据集中,曲线窄且高;$\sigma$ 大,数据分散,曲线宽且矮。

　　正态分布曲线清楚地反映出随机误差的规律性。

　　(1) 对称性:相近的正误差和负误差出现的概率相等,误差分布曲线对称。

　　(2) 单峰性:小误差出现的概率大,大误差出现的概率小。误差分布曲线只有一个峰值。误差有明显集中趋势。

　　(3) 有界性:由随机误差造成的误差不可能很大,即大误差出现的概率很小。如果发现误差很大的测定值出现,往往是由于其他过失误差造成,此时,应对这种数据作相应的处理。

　　(4) 抵偿性:误差的算术平均值的极限为零。

　　正态分布曲线的形状随 $\sigma$ 的大小改变,若将横坐标改为 $u$ 表示,$u$ 定义为

$$u = \frac{X - \mu}{\sigma} \qquad (2-17)$$

带入式(2-16)得

$$f(X) = \frac{1}{\sigma\sqrt{2\pi}} e^{-u^2/2}$$

又　　$dX = \sigma du$

因此有　　　　　　$f(X) \cdot dX = \frac{1}{\sqrt{2\pi}} e^{-u^2/2} \cdot du = \phi(u)du$

即得

$$y = \phi(u) = \frac{1}{\sqrt{2\pi}} e^{-u^2/2} \qquad (2-18)$$

　　式(2-18)称为标准正态分布曲线,记作 $N(0,1)$,它与 $\sigma$ 的大小无关,随机误差的标准正态分布曲线见图 2-4。

　　正态分布曲线下面的面积表示全部数据($u$ 的范围是 $-\infty \sim +\infty$)出现概率的总和,若将其设定为 100%,即

$$\int_{-\infty}^{+\infty} \phi(u)du = \frac{1}{\sqrt{2\pi}} \int_{-\infty}^{+\infty} e^{-u^2/2} du = 1$$

$$(2-19)$$

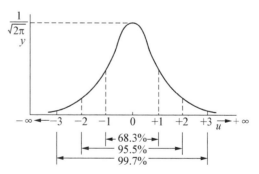

**图 2-4　随机误差的标准正态分布曲线**

　　随机误差在某一区间内出现的概率 $P$,可取不同 $u$ 值对式(2-19)积分得到,表 2-1 列出了误差范围与出现的概率之间的关系。

表 2 - 1　误差在某些区间内出现的概率

| 测量值 $X$ 出现的区间 | 随机误差出现的区间 $u$<br>（以 $\sigma$ 为单位） | 概率 $P$ |
|---|---|---|
| $[\mu-1\sigma,\ \mu+1\sigma]$ | $[-1,\ 1]$ | 68.3% |
| $[\mu-1.96\sigma,\ \mu+1.96\sigma]$ | $[-1.96,\ +1.96]$ | 95.0% |
| $[\mu-2\sigma,\ \mu+2\sigma]$ | $[-2,\ +2]$ | 95.5% |
| $[\mu-2.58\sigma,\ \mu+2.58\sigma]$ | $[-2.58,\ +2.58]$ | 99.0% |
| $[\mu-3\sigma,\ \mu+3\sigma]$ | $[-3,\ +3]$ | 99.7% |

　　测量值或误差出现的概率 $P$ 称为置信度或置信水平(confidence level)，表 2 - 1 中的 68.3%、95.5%、99.7%即为置信度，其意义可理解为某一范围的测定值或误差值出现的概率。而落在该范围以外的概率 $1-P$ 称为显著性水平(significance level)，用 $\alpha$ 表示。$\mu\pm1\sigma$，$\mu\pm2\sigma$，$\mu\pm3\sigma$ 等称为置信区间(confidence interval)，其意义为 $\mu$ 值在指定的概率下，分布在某一区间。由表中数据可见，置信度要求越高，置信区间就越宽，而随机误差超过 $\pm3\sigma$ 的测量值出现的概率是很小的，仅有 0.3%。

### 2.1.6　随机误差的 $t$ 分布

　　在分析测试中，测定次数是有限的，因此无法计算总体标准差 $\sigma$ 和总体平均值 $\mu$，只能计算它的估计值 $S$，用 $S$ 代替 $\sigma$ 时必然会引起误差。英国化学家与统计学家 W.S.Gosset 提出以 $t$ 值代替 $u$ 值，以补偿这一误差。$t$ 的定义为

$$t=\frac{\overline{X}-\mu}{S_{\overline{X}}} \tag{2-20}$$

式中，$\overline{X}$ 为平均值；$S_{\overline{X}}$ 为平均值的标准偏差，代入式(2-13)可得

$$t=\frac{\overline{X}-\mu}{S}\sqrt{n} \tag{2-21}$$

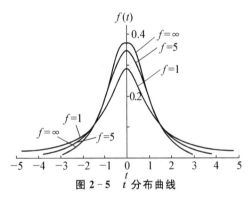

图 2 - 5　$t$ 分布曲线

　　此时，随机误差不是正态分布，而是 $t$ 分布。$t$ 分布曲线的纵坐标是随机误差的概率 $f(t)$，横坐标是 $t$，见图 2 - 5，其中 $f$ 是自由度，$f=n-1$。

　　$t$ 分布曲线的形状随自由度而变，当 $f$ 趋于 $\infty$ 时，$t$ 分布就是正态分布。与正态分布相同，曲线下方的面积即为相应的平均值出现的概率，其面积大小和 $t$ 值有关，也和 $f$ 值有关。表 2 - 2 是不同 $f$ 值和不同显著性水平 $\alpha$ 下对应的 $t$ 值表，该表是 Gosset 以笔名 student 发表的，因此又称为学生氏 $t$ 分布表。

表 2-2　学生氏 $t$ 分布表

| $\alpha$ <br> $f$ | 0.10 | 0.05 | 0.01 |
|---|---|---|---|
| 1 | 6.314 | 12.706 | 63.657 |
| 2 | 2.920 | 4.303 | 9.925 |
| 3 | 2.353 | 3.182 | 5.841 |
| 4 | 2.132 | 2.776 | 4.604 |
| 5 | 2.015 | 2.571 | 4.032 |
| 6 | 1.943 | 2.447 | 3.707 |
| 7 | 1.895 | 2.365 | 3.500 |
| 8 | 1.860 | 2.306 | 3.355 |
| 9 | 1.833 | 2.262 | 3.250 |
| 10 | 1.812 | 2.228 | 3.169 |
| 20 | 1.725 | 2.086 | 2.846 |
| 30 | 1.697 | 2.042 | 2.750 |
| $\infty$ | 1.645 | 1.960 | 2.576 |

表中的 $\alpha$ 值 0.10，0.05，0.01 分别对应于置信度 90%，95%，99%。由表可见，当 $f > 20$ 后，$t$ 分布变化很小，接近于 $f$ 趋于 $\infty$ 的值，也就是说，当测量次数在 20 次以上时，随机误差的分布就非常接近正态分布了。

## 2.1.7　置信区间

当测量次数有限时，置信区间的确定可用 $t$ 这个统计量，在 $[-t, t]$ 区间内，式(2-20)或式(2-21)可改写为

$$\mu = \overline{X} \pm t S_{\overline{X}} \qquad (2-22)$$

$$\mu = \overline{X} \pm \frac{t S}{\sqrt{n}} \qquad (2-23)$$

式(2-23)的意义在于：在一定置信度(如 95%，显著性水平为 0.05)下，真值 $\mu$(总体平均值)将在测定平均值 $\overline{X}$ 附近的一个区间，即 $\overline{X} - \frac{t S}{\sqrt{n}}$ 至 $\overline{X} + \frac{t S}{\sqrt{n}}$ 之间存在，把握程度为 95%。

式(2-23)常作为分析结果的表达式。

置信区间的宽窄与置信度、测定的精密度以及测定次数有关。当测定精密度愈高($S$ 值小)，测定次数愈多($n$ 值大)，置信区间愈窄，即平均值愈接近真值，平均值愈可靠。

另外，置信度选择越高，置信区间越宽，其区间包括真值的可能性也就越大。100% 的置信度意味着区间无限大，肯定会包含真值，但这种区间是没有实用意义的。在分析化学中，如果没有特别说明，一般将置信度定为 95%。

若经常分析某类试样，由于大量数据的积累，可以计算出总体标准差 $\sigma$，此时，可以利用式(2-17)进行类似改写得到

$$\mu = \overline{X} \pm \frac{u\sigma}{\sqrt{n}} \qquad (2-24)$$

**例 2-4**  分析铁矿石中的铁含量,4 次测定结果分别为:35.18%,35.25%,35.27%,35.14%。(1)求置信度为 95% 的置信区间。(2)若经积累的大量数据表明,该测定方法的 $\sigma$ 正好与 4 次测定的标准偏差相等,求 $\mu$ 的 95% 置信区间。

解:(1) $\overline{X} = \dfrac{35.18\% + 35.25\% + 35.27\% + 35.14\%}{4} = 35.21\%$

$S = 0.06\%$

$\alpha = 1 - 0.95 = 0.05$,$f = n - 1 = 3$,查表 2-2 可知,$t_{0.05}(3) = 3.182$,代入式(2-23)得

$$\mu = \overline{X} \pm \frac{tS}{\sqrt{n}} = 35.21\% \pm \frac{3.182 \times 0.06\%}{\sqrt{4}} = (35.21 \pm 0.10)\%$$

因此,95% 的置信度下,总体平均值的置信区间为 35.11%~35.31%。

(2) 查表 2-1 可知,$u_{0.05} = 1.96$,代入式(2-24)

$$\mu = \overline{X} \pm \frac{u\sigma}{\sqrt{n}} = 35.21\% \pm \frac{1.96 \times 0.06\%}{\sqrt{4}} = (35.21 \pm 0.06)\%$$

因此,95% 的置信度下,总体平均值的置信区间为 35.15%~35.27%。

由例 2-4 的计算结果可见,由于有了总体标准偏差这个数据,总体平均值的置信区间变窄,测量结果精度得以提高。

## 2.1.8  不确定度及其传递

如前所述,置信区间是在仅考虑随机误差的情况下对真值存在区间的估量,并未考虑系统误差对该区间的影响。而在实际工作中,系统误差对分析结果的影响通常无法完全消除。因此,式(2-23)作为分析结果的表达式存在不合理性。为此,近年来提出了测量不确定度的概念及其评定(评估)方法,并在分析化学领域广泛应用。

1. 不确定度的定义

不确定度(uncertainty)是与测量结果相关、用来定量表示测量结果不确定程度(分散程度)的参数。不确定度表示被测量值的分散性,它是一个区间,即被测量值可能分布的区间。它包含了系统误差和随机误差对分析结果的共同影响,可以用来估计某测量结果的可信程度。它是分析结果的一部分,因此,分析结果的表达式应写作

$$\mu = \overline{X} \pm U_R \qquad (2-25)$$

式中,$U_R$ 为测量不确定度,通常用标准偏差、标准偏差的倍数或说明了置信水平区间的半宽度来表示。

2. 不确定度与精密度

分析结果的不确定度和精密度都是用标准偏差表示的,两者有何差别?下面以一例说明。

用一根标示为 A 级的 10 mL 移液管移取溶液,如果该移液管没有被校正过,那么它的最大允许误差 $\pm 0.02$ mL 就是移液的不确定度,移液体积估计为(10.00 $\pm$ 0.02)mL。此时,移液

的不确定度包含了移液管刻度不准所引起的系统误差。如果对该移液管进行校正实验,移取 10 次液体计算得平均值为 9.992 mL,标准偏差为 0.006,该标准偏差是用任何一根 A 级 10 mL 移液管移取溶液的精密度,反映了移液操作的随机误差的大小。

由于用该移液管移液的不确定度包含了仪器刻度误差等系统误差和随机误差的影响,因此大于只反映移液过程的随机误差的精密度。如果用 9.992 mL 作为该移液管体积的最佳估计值,那么它的不确定度就是 $\pm 0.006$。因此,校正能减小系统误差,也就减小了不确定度。

由此可见,分析结果的精密度通常用标准偏差表示,由实验数据计算得到,是对影响测定的随机误差的估计;而测量不确定度既考虑到随机误差对测定结果的影响,也考虑到系统误差对测定结果的影响。

3. 不确定度与误差

不确定度与误差是两个不同的概念。误差是测定值与真值之间的差值,在数轴上,误差表示为一个点,而不确定度则表示为一个区间,这是两者最根本的区别。误差为带有正号或负号的值,而不确定度为无符号的参数。

根据误差的定义,若要得到误差就必须得到真值。但真值无法得到,因此严格意义上的误差也无法得到。

4. 不确定度的传递和计算

试样中被测组分的含量一般不能通过测量直接获得,而是通过测量试样的质量或体积、标准样品的浓度或体积、吸光度等物理量值,按照一定的计算公式计算得到。每个测量值的不确定度都会影响到最终分析结果的不确定度,这就是测量不确定度的传递。因此,首先要对每个测量值的不确定度的大小进行评估,再按照不确定度的传递规律计算得到分析结果的不确定度。

1) 加减法的不确定度传递

若根据测量值 $A$、$B$、$C$,按 $R = A + B + C$ 或 $R = A + B - C$ 等加减法运算得到分析结果 $R$,则 $R$ 的绝对不确定度为各测量值的不确定度的方和根

$$U_R = \sqrt{U_A^2 + U_B^2 + U_C^2} \qquad (2-26)$$

**例 2-5**　用一根校正体积为 9.992 mL 的移液管移取溶液,已知用该移液管移取溶液的标准偏差为 0.006,求两次移液得到的总溶液体积的绝对不确定度和相对不确定度。

解:两次移液得到的总溶液为

$$V_{总} = 9.992 + 9.992 = 19.984 (\text{mL})$$

以标准偏差作为不确定度的估计值,则溶液总体积的绝对不确定度为

$$U_R = \sqrt{(0.006)^2 + (0.006)^2} = 0.008$$

溶液总体积的相对不确定度为

$$\frac{U_R}{R} = \frac{0.008}{19.984} \times 100\% = 0.04\%$$

2) 乘除法的不确定度传递

若根据测量值 $A$、$B$、$C$,按 $R = A \times B \times C$ 或 $R = A \times B / C$ 等乘除法运算得到分析结果 $R$,则结果的相对不确定度为

$$\frac{U_R}{R} = \sqrt{\left(\frac{U_A}{A}\right)^2 + \left(\frac{U_B}{B}\right)^2 + \left(\frac{U_C}{C}\right)^2} \qquad (2-27)$$

**例 2-6**　根据公式 $A = Kc$ 计算某组分的浓度 $c$,其中 $A$ 的测量值为 20.40,不确定度为 0.02,$K$ 的测量值为 0.178,不确定度为 0.003,计算浓度 $c$ 的绝对不确定度及相对不确定度。

解:$c = A/K = 20.40/0.178 = 115$

根据式(2-27),得浓度 $c$ 的相对不确定度为

$$\frac{U_R}{R} = \sqrt{\left(\frac{0.02}{20.40}\right)^2 + \left(\frac{0.003}{0.178}\right)^2} = 0.02$$

分析浓度的绝对不确定度为

$$U_R = 115 \times 0.02 = 2.3$$

3) 其他运算方式的不确定度传递

分析化学中还经常用到幂运算、对数运算和指数运算等,这些函数的不确定度的传递公式见表 2-3。

表 2-3　某些公式的不确定度的传递

| 公式 | $U_R$ |
|---|---|
| $R = kA$ | $U_R = kU_A$ |
| $R = A + B$ | $U_R = \sqrt{U_A^2 + U_B^2}$ |
| $R = A - B$ | $U_R = \sqrt{U_A^2 + U_B^2}$ |
| $R = A \times B$ | $\dfrac{U_R}{R} = \sqrt{\left(\dfrac{U_A}{A}\right)^2 + \left(\dfrac{U_B}{B}\right)^2}$ |
| $R = \dfrac{A}{B}$ | $\dfrac{U_R}{R} = \sqrt{\left(\dfrac{U_A}{A}\right)^2 + \left(\dfrac{U_B}{B}\right)^2}$ |
| $R = \ln(A)$ | $U_R = \dfrac{U_A}{A}$ |
| $R = \lg(A)$ | $U_R = 0.434\,3 \times \dfrac{U_A}{A}$ |
| $R = \mathrm{e}^A$ | $\dfrac{U_R}{R} = U_A$ |
| $R = 10^A$ | $\dfrac{U_R}{R} = 2.303U_A$ |
| $R = A^k$ | $\dfrac{U_R}{R} = \left[k\dfrac{U_A}{A}\right]$ |

# 2.2　分析数据的统计处理

分析人员通过实验获得了一系列数据后,需要对这些数据进行处理。例如,个别偏离较大

的数据是保留还是该弃去？测得的平均值与真值(或标准值)的差异是否合理？相同方法测得的两组数据或用两种不同方法对同一试样测得的两组数据间的差异是否在允许的范围内？上述问题都须通过统计检验方法加以判断,不能随意处理这些数据。

### 2.2.1　离群值的检验和取舍

由于存在随机误差,平行测定结果具有一定的分散性,但有时有个别测定值偏离其他测定值较远,这个值称为离群值或可疑值。如果离群值是由过失造成的,保留该数据会严重影响分析结果的精密度和准确度;如果离群值是随机误差造成的,舍弃该数据就会造成数据的浪费,且亦会影响分析结果的准确度和精密度。

数据中出现离群值时,首先要仔细检查测定过程,查看是否有过失误差存在,如有过失存在必须剔除。如果未查出过失,则需要进行统计检验,判断离群值是否仍在随机误差范围内,常用的统计检验方法有 $4\bar{d}$ 法、格鲁布斯(Grubbs)法、$Q$ 检验法等。

**1. $4\bar{d}$ 法**

用 $4\bar{d}$ 法判断离群值的取舍时,首先求出除离群值以外的其余数据的平均值 $\overline{X}$,然后求出除离群值 $X_D$ 之外的各数据与 $\overline{X}$ 的平均偏差 $\bar{d}$,最后将离群值与平均值进行比较,求出绝对差值 $|X_D-\overline{X}|$,如果差值大于 $4\bar{d}$,则将离群值舍弃,否则保留。

用 $4\bar{d}$ 法对离群值检验的方法存在较大误差,但这种方法比较简单,不必查表,至今仍为人们所采用。当 $4\bar{d}$ 法与其他检验法矛盾时,应以其他检验方法的结果为准。

**例 2-7**　平行测定某试样中铜的含量,得到 4 个数据:10.05,10.18,10.14,10.12,其中 10.05 这个数据是否应该舍弃?

解:$\overline{X}=\dfrac{10.18+10.14+10.12}{3}=10.15$

$\bar{d}=\dfrac{0.03+0.01+0.03}{3}=0.023$　　$4\bar{d}=4\times 0.023=0.092$

$|X_D-\overline{X}|=|10.05-10.15|=0.10>0.092$

因此,应该舍弃 10.05 这个数据。

**2. Grubbs 法**

有一组数据,从小到大排列为 $X_1$,$X_2$,$\cdots$,$X_n$,其中 $X_1$ 或 $X_n$ 可能是离群值,用 Grubbs(格鲁布斯)法进行判断时,首先要求出该组数据的平均值和标准偏差 $S$,再根据统计量 $G$ 进行判别。

当 $X_1$ 是离群值时,则

$$G=\frac{\overline{X}-X_1}{S}$$

(2-28)

当 $X_n$ 是离群值时,则

$$G=\frac{X_n-\overline{X}}{S}$$

(2-29)

将计算所得的 $G$ 与表 2-4 中相应的临界值 $G(a, f)$ 进行比较,若 $G > G(a, f)$,弃去离群值,反之保留。

表 2-4  G 检验临界值 $G(a, f)$

| $f$ | 显著性水平 | | |
| --- | --- | --- | --- |
| | 0.05 | 0.025 | 0.01 |
| 2 | 1.15 | 1.15 | 1.15 |
| 3 | 1.46 | 1.48 | 1.49 |
| 4 | 1.67 | 1.71 | 1.75 |
| 5 | 1.82 | 1.89 | 1.94 |
| 6 | 1.94 | 2.02 | 2.10 |
| 7 | 2.03 | 2.13 | 2.22 |
| 8 | 2.11 | 2.21 | 2.32 |
| 9 | 2.18 | 2.29 | 2.41 |
| 10 | 2.23 | 2.36 | 2.48 |
| 11 | 2.29 | 2.41 | 2.55 |
| 12 | 2.33 | 2.46 | 2.61 |
| 13 | 2.37 | 2.51 | 2.66 |
| 14 | 2.41 | 2.55 | 2.71 |

由于 Grubbs 法在判别离群值的过程中,应用了两个重要的参数——平均值 $\overline{X}$ 和标准偏差 $S$,故辨别的准确性较高。

例 2-8  对例 2-7 中的数据用 Grubbs 法判别 10.05 这个数据是否应该舍弃?

解:$\overline{X} = \dfrac{10.05 + 10.18 + 10.14 + 10.12}{4} = 10.12$

$$S = 0.054, \quad G = \frac{\overline{X} - X_1}{S} = \frac{10.12 - 10.05}{0.054} = 1.3$$

查表 2-4 可见,$G_{(0.05, 3)} = 1.46$,可见,$G < G_{(0.05, 3)}$,数据 10.05 应予保留。

3. Q 检验法

将一组数据从小到大排列为 $X_1, X_2, \cdots, X_n$,计算比值 $Q$,如果 $X_1$ 为离群值时,则

$$Q = \frac{X_2 - X_1}{X_n - X_1} \tag{2-30}$$

如果 $X_n$ 为离群值时,则

$$Q = \frac{X_n - X_{n-1}}{X_n - X_1} \tag{2-31}$$

式(2-30)和式(2-31)中,分子为离群值与其相邻的一个数值的差值,分母 $X_n - X_1$ 为整

组数据的极差。$Q$ 值越大,说明 $X_1$、$X_n$ 离群越远。$Q$ 也称为"舍弃商"。

将计算所得的 $Q$ 与表 2-5 中相应的 $Q_表$ 进行比较,若 $Q > Q_表$,舍弃离群值,反之保留。

表 2-5　$Q$ 值表

| 测定次数 $n$ | $Q_{0.90}$ | $Q_{0.96}$ | $Q_{0.99}$ |
|:---:|:---:|:---:|:---:|
| 3 | 0.94 | 0.98 | 0.99 |
| 4 | 0.76 | 0.85 | 0.93 |
| 5 | 0.64 | 0.73 | 0.82 |
| 6 | 0.56 | 0.64 | 0.74 |
| 7 | 0.51 | 0.59 | 0.68 |
| 8 | 0.47 | 0.54 | 0.63 |
| 9 | 0.44 | 0.51 | 0.60 |
| 10 | 0.41 | 0.48 | 0.57 |

**例 2-9**　对例 2-7 中的数据用 $Q$ 检验法判别 10.05 这个数据是否应该舍弃?

解:将数据由小到大排列,依次为 10.05,10.12,10.14,10.18

$$X_2 - X_1 = 10.12 - 10.05 = 0.07 \qquad X_4 - X_1 = 10.18 - 10.05 = 0.13$$

$$Q = \frac{X_2 - X_1}{X_4 - X_1} = \frac{0.07}{0.13} = 0.54$$

查表 2-5 可见,$Q_{0.96} = 0.85$,可见,$Q < Q_{0.96}$,数据 10.05 应予保留。

### 2.2.2　显著性检验

在实际分析工作中,对试样的分析结果可能与标准值不同;或两种方法、两个实验室、两名分析人员对同一试样的分析结果会彼此不同。造成这种差异的原因可能是存在随机误差,也可能是存在系统误差。如果是随机误差导致的,从统计学的角度来说是正常的,如果是系统误差所致,则称为两种结果存在显著性差异,须对其中一种方法或结果进行相应的改进。要确定结果的差异是由何种误差造成的,就要做显著性检验。

1. 平均值与标准值的比较

为了检验一种分析方法是否可靠,是否有足够的准确度,常用已知含量的标准试样进行实验,并用 $t$ 检验法将测定平均值与已知值(标准值)进行比较。

首先计算对标准试样进行多次平行测定得到的平均值 $\overline{X}$ 和标准偏差 $S$,再根据式(2-21)计算 $t_{计算}$。根据所要求的置信度,从表 2-2 中查出相应的 $t_表$,若 $t_{计算} > t_表$,则平均值和标准值之间存在显著性差异,表明该分析方法存在系统误差。若 $t_{计算} \leqslant t_表$,则两者之间的差别是由随机误差引起的正常差异。

**例 2-10**　用一种新方法测定试样铜的含量,对含量为 11.7 mg/kg 的标准试样进行五次平行测定,所得数据分别为 10.9 mg/kg,11.8 mg/kg,10.9 mg/kg,10.3 mg/kg,10.0 mg/kg。判断该方法是否可行?

解:计算平均值 $\overline{X} = 10.8 \text{ mg/kg}$,标准偏差 $S = 0.7 \text{ mg/kg}$

$$t = \frac{|\overline{X} - \mu|}{S}\sqrt{n} = \frac{|10.8 - 11.7|}{0.7}\sqrt{5} = 2.87$$

查表 2-2 可知,$t_{0.05,4} = 2.78$,因此 $t > t_{0.05,4}$,说明测定值与标准值之间存在显著差异,该方法存在系统误差,结果偏低。

2. 两组数据方差的比较

需要对两个分析测定相同试样所得结果进行评价,或对两个单位测定相同试样所得结果进行评价,或对两种方法所得平均值进行比较,检查是否存在显著性差异,也可采用 $t$ 检验法。

在进行两组平均值的比较之前,首先要检验两组数据的精密度是否有大的差别,即检验两组数据的方差是否存在显著性差异,为此可采用 $F$ 检验法进行判断。

统计值 $F$ 为两个方差的比值,规定大的方差为分子,小的方差为分母

$$F = \frac{S_{\text{大}}^2}{S_{\text{小}}^2} \tag{2-32}$$

不同自由度所对应的 $F$ 值见表 2-6。表 2-6 中列出的 $F$ 值是单侧值,将它用于检验某组数据的精密度是否大于或等于另一组数据的精密度,此时置信度为 95%(显著性水平为 0.05)。而用于判断两组数据的精密度是否有显著性差异时,即一组数据的精密度可能大于、等于、也可能小于另一组数据的精密度时,显著性水平为单侧检验时的两倍,即 0.10,因而此时的置信度 $P = 1 - 0.10 = 0.90(90\%)$。

表 2-6　置信度为 95% 的 $F$ 值表(单侧)

| $f_{\text{小}}$ ＼ $f_{\text{大}}$ | 2 | 3 | 4 | 5 | 6 | 7 | 8 | 9 | 10 | $\infty$ |
|---|---|---|---|---|---|---|---|---|---|---|
| 2 | 19.00 | 19.16 | 19.25 | 19.30 | 19.33 | 19.36 | 19.37 | 19.38 | 19.39 | 19.50 |
| 3 | 9.55 | 9.28 | 9.12 | 9.01 | 8.94 | 8.88 | 8.84 | 8.81 | 8.78 | 8.53 |
| 4 | 6.94 | 6.59 | 6.39 | 6.26 | 6.16 | 6.09 | 6.04 | 6.00 | 5.96 | 5.63 |
| 5 | 5.79 | 5.41 | 5.19 | 5.05 | 4.95 | 4.88 | 4.82 | 4.77 | 4.74 | 4.36 |
| 6 | 5.14 | 4.76 | 4.53 | 4.39 | 4.28 | 4.21 | 4.15 | 4.10 | 4.06 | 3.67 |
| 7 | 4.74 | 4.35 | 4.12 | 3.97 | 3.87 | 3.79 | 3.73 | 3.68 | 3.63 | 3.23 |
| 8 | 4.46 | 4.07 | 3.84 | 3.69 | 3.58 | 3.50 | 3.44 | 3.39 | 3.34 | 2.93 |
| 9 | 4.26 | 3.86 | 3.63 | 3.48 | 3.37 | 3.29 | 3.23 | 3.18 | 3.13 | 2.71 |
| 10 | 4.10 | 3.71 | 3.48 | 3.33 | 3.22 | 3.14 | 3.07 | 3.02 | 2.97 | 2.54 |
| $\infty$ | 3.00 | 2.60 | 2.37 | 2.21 | 2.10 | 2.01 | 1.94 | 1.88 | 1.83 | 1.00 |

注:$f_{\text{大}}$ 表示方差大的数据的自由度;$f_{\text{小}}$ 表示方差小的数据的自由度。

如果两组数据的精密度相差不大,则 $F$ 趋近 1,如果两者之间存在显著性差异,$F$ 就较大。若 $F > F_{\text{表}}$,则两组数据的方差或精密度有显著差异。若 $F < F_{\text{表}}$,则两组数据的方差或精密度没有大的差别,此时,方可继续用 $t$ 检验判断两组平均值是否存在显著性差异。

3. 两组数据平均值的比较

设有两组数据,测定次数分别为 $n_1$、$n_2$,平均值分别为 $\overline{X}_1$、$\overline{X}_2$,标准偏差分别为 $S_1$、$S_2$。

首先用 $F$ 检验法验证两组数据的精密度有无显著性差异,如果无显著性差异,则认为 $S_1 \approx S_2$,此时可由下式计算 $t$ 值

$$t = \frac{|\overline{X}_1 - \overline{X}_2|}{S_合} \sqrt{\frac{n_1 n_1}{n_1 + n_2}} \qquad (2-33)$$

式中,$S_合$ 称为合并标准偏差

$$S_合 = \sqrt{\frac{(n_1-1)S_1^2 + (n_2-1)S_2^2}{n_1 + n_2 - 2}} \qquad (2-34)$$

在一定置信度(显著性水平)下,查表 2-2(总自由度 $f = f_1 + f_2 = n_1 + n_2 - 2$)。若 $t > t_表$,则两组平均值有显著性差异。

**例 2-11**  用两种方法测定某水样中铬的含量,第一种方法进行了 3 次测定,平均值为 1.24 mg/L,标准偏差为 0.021 mg/L;第二种方法进行了 4 次测定,平均值为 1.33 mg/L,标准偏差为 0.017 mg/L。问两种方法之间是否存在显著性差异?

解:$n_1 = 3$,$\overline{X}_1 = 1.24$,$S_1 = 0.021$ \qquad $n_2 = 4$,$\overline{X}_2 = 1.33$,$S_2 = 0.017$

$$F = \frac{S_大^2}{S_小^2} = \frac{(0.021)^2}{(0.017)^2} = 1.53$$

$f_大 = 3 - 1 = 2$,$f_小 = 4 - 1 = 3$,查表 2-6 得 $F_表 = 9.55$,$F < F_表$,说明两组数据的方差无显著性差异,可继续进行 $t$ 检验。

$$S_合 = \sqrt{\frac{(n_1-1)S_1^2 + (n_2-1)S_2^2}{n_1 + n_2 - 2}}$$

$$= \sqrt{\frac{(3-1)(0.021)^2 + (4-1)(0.017)^2}{3 + 4 - 2}} = 0.019$$

$$t = \frac{|1.24 - 1.33|}{0.019} \sqrt{\frac{3 \times 4}{3 + 4}} = 6.20$$

查表 2-2,$f = n_1 + n_2 - 2 = 3 + 4 - 2 = 5$,置信度为 95%,得 $t_表 = 2.57$,$t > t_表$,两种方法之间存在显著性差异。

## 2.3  有效数字及其运算规则

### 2.3.1  有效数字

在实验过程中可能遇到两类数字:一类是非测量值,如测定次数、倍数、系数、分数、常数($\pi$)等,有效数字位数可看作无限多位;另一类是测定值或计算值,它的数据位数反映了测定的精确程度,这类数字称为有效数字。

有效数字是在测定中能得到的有实际意义的数字,即所有准确数字加一位可疑数字,可疑数字通常为估计值,不准确。例如,滴定管的读数为 20.14 mL,共有 4 位有效数值,其中前三

位是准确值,最后一位数字"4"是估读的,可能是 3,也可能是 5,存在不确定性,因此是可疑数字。一般有效数字的最后一位数字有±1 个单位的误差。

有效数字的位数与测量仪器的精度有关,分析天平可以称到 0.1 mg,如果某试样称量值为 1.357 6 g,它的有效数字共有五位。则其中前四位数字是准确数字,最后一位数字"6"是不确定的,为可疑数字。超出仪器的准确度而记录下来的数是无意义数字,即不是有效数字。

既然有效数字反映了测定的精密程度,因此在进行实验记录和数据处理时,数据的位数不能随意增减。例如,50 mL 滴定管读数应保留小数后两位,28.30 mL 不能记作 28.3 mL,也不能记作 28.300 mL。

确定有效数字还要注意以下规则:

(1)"0"是不是有效数字,应根据其在数据中的作用来确定。如果只是起定位作用,就不是有效数字;若作为普通数字用,则为有效数字。例如,称量某物质质量为 0.051 8 g,5 前面的两个"0"只起定位作用,因此 0.051 8 有三位有效数字;若称量值为 0.051 80 g,"8"后面的"0"是称量数据,因此 0.051 80 有四位有效数字。

(2)如果要改换数据单位,需注意不能改变有效数字的位数。例如,3.4 g 只有两位有效数字,若改用单位 mg,则不能写成 3 400 mg,因为这样表示就变成了四位有效数字,是不合理的,而应表示成 $3.4 \times 10^3$ mg,此时,有效数字仍为两位。

(3)运算中,首位数为"≥8"的数字时有效数字位数可多记一位。例如,95.8 在运算中可认为是四位数字。

(4)对数的有效数字位数取决于尾数部分的位数,因其整数部分只代表了该数的方次。例如,lg $K$ =9.32,为两位有效数字;pH=11.02,也是两位有效数字,如将其换算成氢离子的浓度,应为 $[H^+]=9.6 \times 10^{-12}$ mol/L。

## 2.3.2　数字的修约规则

分析测试结果一般由测得的某些物理量进行计算,在计算过程中及最终结果表达时,应根据对有效数字的需要去掉多余的数字,这称为对数字进行修约。修约的目的是避免不必要的烦琐计算,并正确反映分析结果的准确度。

修约方法可归纳为"四舍六入五留双",即当多余尾数≤4 时舍去尾数,≥6 时进位。尾数正好是 5 时分两种情况:若 5 后数字不为 0,一律进位;5 后无数字或为 0,采用 5 前是奇数则将 5 进位,5 前是偶数则把 5 舍弃,简称"奇进偶舍"。

**例 2-12**　将下列各数修约为四位有效数字:14.244 2, 26.486 3, 15.025 0, 15.015 0, 15.025 01

解:14.244 2 的第五位数是 4,应舍去,修约为 14.24。

26.486 3 的第五位数是 6,应进位,修约为 26.49。

15.025 0 的第五位是 5,5 后为 0,5 前是偶数,则舍弃,修约为 15.02。

15.015 0 的第五位是 5,5 后为 0,5 前是奇数,则进位,修约为 15.02。

15.025 01 的第五位是 5,5 前虽然是偶数,但后面有不为 0 的数字,应进位,修约为 15.03。

修约时,如果舍去的数字不止一位,则应一次修约到位,不能连续多次修约。例如,要将 2.345 7 修约到两位有效数字,应一次完成修约为 2.3,如连续修约则为:2.345 7→2.346→2.35→2.4,结果就不对了。

在修约分析结果的误差、偏差、标准偏差、不确定度时,通常要使其值变得更大些,即只进不舍。例如,$S = 0.612$,应一次修约成 0.7。

### 2.3.3 有效数字的运算规则

#### 1. 加减法

运算结果的有效数字位数取决于这些数据中绝对误差最大者。例如,求两个数据 13.72 和 0.367 4 的和,其中,13.72 的绝对误差最大,为 $\pm 0.01$,计算结果的有效数字应以它为标准,即保留到小数点后第二位。因此

$$
\begin{array}{r}
13.72 \\
+)\quad 0.367\,4 \\
\hline
14.09
\end{array}
$$

13.72 的小数点后第二位是不准确的,即使 0.367 4 小数点后第三位准确,对求得的和也没有意义。

#### 2. 乘除法

运算结果的有效数字位数取决于这些数据中相对误差最大者。例如

$$
\frac{0.032\,5 \times 5.104 \times 60.094}{139.56}
$$

式中,0.032 5 的相对误差最大,为 $\frac{\pm 0.000\,1}{0.032\,5} \approx 0.3\%$,因此结果只能保留三位有效数字。

运算时,先修约再运算与先运算再修约,两种方法所得的结果数值有时会不一样。为了避免这一问题,将参与运算的各数的有效数字位数修约到比该数应有的有效数字位数多一位(多取的数字称为安全数字),再进行运算。

如上一例中,若先将各数据修约到三位有效数字,再进行计算,得到的结果是

$$
\frac{0.032\,5 \times 5.10 \times 60.1}{140} = 0.071\,2
$$

如果先运算

$$
\frac{0.032\,5 \times 5.104 \times 60.094}{139.56} = 0.071\,43
$$

再修约,结果为 0.071 4,两种方式得到的结果不完全一样。

如采用安全数字,即先将各数据修约到四位有效数字,再计算,得

$$
\frac{0.032\,5 \times 5.104 \times 60.09}{139.6} = 0.071\,40
$$

再修约到三位有效数字,为 0.071 4。

在实际测定中,对组分含量 $\geqslant 10\%$ 的分析结果,一般用四位有效数字表示。含量为 $1\% \sim 10\%$ 时,用三位有效数字。对于含量 $<1\%$ 的微量组分,一般只要求有两位有效数字。

在有关化学平衡的计算中,一般保留 $2 \sim 3$ 位有效数字。pH 一般保留 $1 \sim 2$ 位有效数字。有关误差、标准偏差和不确定度的计算,一般只保留 $1 \sim 2$ 位有效数字。

## 2.4　标准曲线的回归分析

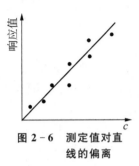

图 2-6　测定值对直线的偏离

在分析化学中,经常使用标准曲线法确定试样中某组分的浓度。例如,在分光光度法中,由于溶液的吸光度与浓度在一定范围内存在线性关系,因此,可以先对已知浓度的一系列标准溶液进行吸光度测定,并绘制吸光度与浓度的关系曲线,即标准曲线。然后测定未知试液的吸光度,根据测定值在标准曲线上查出与之相对应的浓度,即得未知试液的浓度。

分析化学中的标准曲线应该是一通过零点的直线,但由于实验误差等因素的存在,各标准溶液的测定值不可能全在一条直线上,而是分散在直线的周围,如图 2-6 所示。这就需要用数理统计的方法,找出对各数据点误差最小的直线,即回归直线。代表此直线的方程,称为一元线性回归方程。

### 2.4.1　一元线性回归方程

若有 $n$ 个测定数据$(x_i, y_i)$,它们之间存在线性相关关系,其回归直线方程为

$$y = a + bx \qquad (2-35)$$

式中,$y$ 是因变量(如吸光度等仪器响应值);$x$ 为自变量(如标准溶液的浓度);$a$ 为回归直线的截距,也称为回归常数,$a$ 与系统误差的大小有关;$b$ 为回归直线的斜率,也称为回归系数,$b$ 与测定方法的灵敏度有关。

任意一个数据$(x_i, y_i)$偏离回归直线的距离,称为离差 $E$

$$E = y_i - Y_i = y_i - a - bx_i \qquad (2-36)$$

则回归直线的总误差为各数据点与回归直线的离差的平方和

$$Q_E = \sum_{i=1}^{n}(y_i - Y_i)^2 = \sum_{i=1}^{n}(y_i - a - bx_i)^2 \qquad (2-37)$$

不同的直线有不同的 $a$、$b$,为使总误差最小,就要求回归直线中的截距 $a$ 和斜率 $b$ 的取值能使 $Q_E$ 达到极小。根据微积分求极值的原理,$Q_E$ 为极小值的条件是它对 $a$ 和 $b$ 的偏微分为 $0$。

$$\frac{\partial Q}{\partial a} = -2\sum_{i=1}^{n}(y_i - a - bx_i) = 0 \qquad (2-38)$$

$$\frac{\partial Q}{\partial b} = -2\sum_{i=1}^{n}(y_i - a - bx_i)x_i = 0 \qquad (2-39)$$

由式(2-38)得

$$\sum_{i=1}^{n} y_i - na - b\sum_{i=1}^{n} x_i = 0$$

因此有

$$a = \frac{1}{n} \sum_{i=1}^{n} y_i - b \times \frac{1}{n} \sum_{i=1}^{n} x_i = \bar{y} - b\bar{x} \qquad (2-40)$$

式中，$\bar{x}$、$\bar{y}$ 分别表示 $x_i$、$y_i$ 的平均值。

由式(2-39)得

$$\sum_{i=1}^{n} x_i y_i - a \sum_{i=0}^{n} x_i - b \sum_{i=1}^{n} x_i^2 = 0 \qquad (2-41)$$

将式(2-40)代入式(2-41)，有

$$\sum_{i=1}^{n} x_i y_i - \frac{1}{n} \sum_{i=1}^{n} x_i \sum_{i=1}^{n} y_i + \frac{b}{n} \left( \sum_{i=1}^{n} x_i \right)^2 - b \sum_{i=1}^{n} x_i^2 = 0$$

则

$$b = \frac{\sum\limits_{i=1}^{n} x_i y_i - \frac{1}{n} \sum\limits_{i=1}^{n} x_i \sum\limits_{i=1}^{n} y_i}{\sum\limits_{i=1}^{n} x_i^2 - \frac{1}{n} \left( \sum\limits_{i=1}^{n} x_i \right)^2} = \frac{\sum\limits_{i=1}^{n} x_i y_i - n\bar{x} \cdot \bar{y}}{\sum\limits_{i=1}^{n} x_i^2 - n\bar{x}^2} = \frac{\sum\limits_{i=1}^{n} (x_i - \bar{x})(y_i - \bar{y})}{\sum\limits_{i=1}^{n} (x_i - \bar{x})^2} \qquad (2-42)$$

将实验数据代入式(2-40)和式(2-42)，即可求得 $a$、$b$，进而求得回归方程。

利用上述方法计算出来的回归直线是所有直线中离差平方和最小的一条直线，因此该回归分析法称为最小二乘法。

当 $x = \bar{x}$ 时，$y = a + b\bar{x} = (\bar{y} - b\bar{x}) + b\bar{x} = \bar{y}$。

可见，回归直线通过 $(\bar{x}, \bar{y})$ 这个点。

## 2.4.2　回归方程的检验

对于某一条件下得到的一组数据，都可以按最小二乘法确定回归方程和回归直线，但实际上 $y$ 与 $x$ 是否存在线性相关关系，即 $x$ 变化时，$y$ 是否大体上按某种规律变化，并不能靠回归方程来断定。也就是说，所得的回归直线是否有实际意义，需要进一步检验。在实际工作中，一方面可以根据专业知识加以判断；另一方面，也可利用数学方法加以检验。

图 2-7 中，$Y = a + bx$ 表示回归直线，$(x_i, y_i)$ 为实际的数据点，它与直线 $y = \bar{y}$ 的距离为

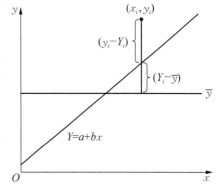

图 2-7　回归直线示意图

$$y_i - \bar{y} = (y_i - Y_i) + (Y_i - \bar{y})$$

其平方和 $\sum\limits_{i=1}^{n} (y_i - \bar{y})^2$ 称为总差方和 $Q_y$。

$$Q_y = \sum_{i=1}^{n} (y_i - \bar{y})^2 = \sum_{i=1}^{n} (y_i - Y_i)^2 + 2 \sum_{i=1}^{n} (y_i - Y_i)(Y_i - \bar{y}) + \sum_{i=1}^{n} (Y_i - \bar{y})^2 \qquad (2-43)$$

将式(2-40)代入式(2-35)，可得

$$Y_i = \bar{y} + b(x_i - \bar{x}) \qquad (2-44)$$

将式(2-44)代入式(2-43)的第二项中,有

$$\sum_{i=1}^{n}(y_i - Y_i)(Y_i - \bar{y}) = b\sum_{i=1}^{n}(y_i - \bar{y})(x_i - \bar{x}) - b^2\sum_{i=1}^{n}(x_i - \bar{x})^2$$

根据式(2-42)可知

$$b\sum_{i=1}^{n}(x_i - \bar{x})^2 = \sum_{i=1}^{n}(x_i - \bar{x})(y_i - \bar{y})$$

因此,式(2-43)的第二项$\sum_{i=1}^{n}(y_i - Y_i)(Y_i - \bar{y}) = 0$

于是,式(2-43)变为

$$Q_y = \sum_{i=1}^{n}(y_i - \bar{y})^2 = \sum_{i=1}^{n}(y_i - Y_i)^2 + \sum_{i=1}^{n}(Y_i - \bar{y})^2 \tag{2-45}$$

式(2-45)中,$\sum_{i=1}^{n}(Y_i - \bar{y})^2$项为回归值与平均值的差方和,表示由于$x$与$y$的线性关系引起的$y$的变化,称为回归差方和,用$Q_G$表示。$\sum_{i=1}^{n}(y_i - Y_i)^2$项即为式(2-37)中的$Q_E$,表示除了$x$对$y$的线性关系以外的一切因素(如实验误差等)引起的$y$的变化,称为残余差方和。

因此,式(2-45)可简写为

$$Q_y = Q_G + Q_E \text{ 或 } Q_E = Q_y - Q_G \tag{2-46}$$

等式两边同除以$Q_y$,得

$$\frac{Q_E}{Q_y} = 1 - \frac{Q_G}{Q_y} \tag{2-47}$$

令$r^2 = \dfrac{Q_G}{Q_y}$,则

$$\frac{Q_E}{Q_y} = 1 - r^2 \tag{2-48}$$

$r$称为相关系数,计算公式为

$$r = b\sqrt{\frac{\sum_{i=1}^{n}(x_i - \bar{x})^2}{\sum_{i=1}^{n}(y_i - \bar{y})^2}} \tag{2-49}$$

图2-8为线性相关关系散点图,其中相关系数$r$的物理意义如下。

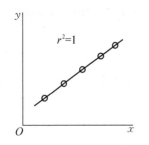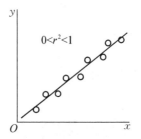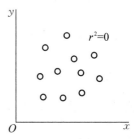

图 2-8　线性相关关系散点图

当 $r^2 = 1(r = \pm 1)$ 时，$\dfrac{Q_E}{Q_y} = 0$，残余差方和 $Q_E$ 为 0，即 $y$ 值完全取决于 $x$ 与 $y$ 的线性关系，所有实验点都落在回归直线上，这表明 $x$，$y$ 之间完全线性相关，无实验误差。

当 $r^2 = 0$ 时，$\dfrac{Q_G}{Q_y} = 0$，回归差方和 $Q_G$ 为 0，即 $y$ 值完全取决于实验误差或 $x$ 对 $y$ 的非线性关系，$x$ 与 $y$ 毫无线性相关关系。

当 $0 < r^2 < 1$ 时，$x$ 与 $y$ 存在一定的线性关系。当 $r > 0$ 时，$y$ 随 $x$ 增大而增大，称为 $y$ 与 $x$ 正相关。当 $r < 0$ 时，$y$ 随 $x$ 增大而减小，称为 $y$ 与 $x$ 负相关。$r^2$ 越接近于 1，线性关系越好。

因此，因变量 $y$ 和自变量 $x$ 之间是否存在线性相关关系可以用相关系数 $r$ 来检验。只有当 $r$ 大于某临界值时，两个变量之间线性相关性显著，回归方程才有意义。相关系数临界值与显著性水平及自由度的关系见表 $2 - 7$。

表 2-7　相关系数临界值（$r_{a,f}$）

| $\alpha$ \ $f = n - 2$ | 1 | 2 | 3 | 4 | 5 | 6 | 7 | 8 | 9 | 10 |
|---|---|---|---|---|---|---|---|---|---|---|
| 0.1 | 0.988 | 0.900 | 0.805 | 0.729 | 0.669 | 0.622 | 0.582 | 0.549 | 0.521 | 0.497 |
| 0.05 | 0.997 | 0.950 | 0.878 | 0.811 | 0.755 | 0.707 | 0.666 | 0.632 | 0.602 | 0.576 |
| 0.01 | 0.999 | 0.990 | 0.959 | 0.917 | 0.875 | 0.834 | 0.798 | 0.765 | 0.735 | 0.708 |

**例 2-13**　用分光光度法测定某试样中磷的含量，测定结果如下。

| 编　号 | 标液 1 | 标液 2 | 标液 3 | 标液 4 | 标液 5 | 试样 |
|---|---|---|---|---|---|---|
| 磷的含量/($\mu$g/mL) | 2.00 | 4.00 | 6.00 | 8.00 | 10.0 | |
| 吸光度 $A$ | 0.172 | 0.320 | 0.491 | 0.622 | 0.820 | 0.450 |

用回归方程表示磷含量与吸光度的关系，并检查方程是否有意义？如果有意义，计算试样中磷的含量。

解：$n = 5$　$\sum\limits_{i=1}^{5} x_i = 30.0$　$\sum\limits_{i=1}^{5} y_i = 2.425$　$\sum\limits_{i=1}^{5} x_i y_i = 17.746$

$\bar{x} = 6.00$　$\bar{y} = 0.485$　$n\bar{x} \cdot \bar{y} = 14.55$　$\sum\limits_{i=1}^{5} x_i^2 = 220$　$n\bar{x}^2 = 180$

$$b = \frac{\sum\limits_{i=1}^{n} x_i y_i - n\bar{x} \cdot \bar{y}}{\sum\limits_{i=1}^{n} x_i^2 - n\bar{x}^2} = \frac{17.746 - 14.55}{220 - 180} = 0.0799$$

$$a = \bar{y} - b\bar{x} = 0.483 - 0.0780 \times 6.00 = 0.015$$

回归方程为 $y = 0.015 + 0.0799x$

检查 $x$ 与 $y$ 的相关系数，代入公式

$$r = b\sqrt{\frac{\sum\limits_{i=1}^{n}(x_i - \bar{x})^2}{\sum\limits_{i=1}^{n}(y_i - \bar{y})^2}} = 0.0799\sqrt{\frac{40}{0.2562}} = 0.998$$

查表 2-7,当 $f=5-2=3$(显著性水平为 0.05)时,$r_临=0.878$,$r>r_临$,表明回归方程是有意义的。

将未知试样的吸光度代入回归方程中,得

$$x=\frac{0.450-0.015}{0.079\ 9}=5.44$$

试样中磷的含量为 5.44 $\mu g/mL$。

由以上计算过程可以看出,用普通的科学函数计算器进行回归分析需要经过多个计算步骤,不仅烦琐,而且容易出错。现多用相关软件进行计算,简便、准确。最方便得到的软件是 Microsoft Excel 电子表格,也可以使用实验数据处理专业软件(如 Origin Pro.等)。

## 2.5 分析方法的评价与验证

分析化学的主要任务是确定物质的化学组成、测定各组成的量及表征物质的化学结构,为评价产品质量、控制生产过程等提供重要依据,这就要求分析数据具有代表性、准确性、精密性、可比性和完整性,能够准确地反映实际情况。在分析过程中所使用的分析方法是否能够提供满足以上要求的分析数据,完成既定的分析任务,这就需要对分析方法本身进行评价与验证。分析方法的评价与验证通常包括以下方面。

1. 灵敏度、检出限与定量限

灵敏度(sensitivity)是指一个给定的分析方法对单位浓度或单位量待测物质变化所产生的响应值的变化率。例如在分光光度法中,仪器的响应值(吸光度)与待测物质的浓度之间的关系可以用曲线关联,其中的线性部分采用回归方程(参见 2.4 节)表达如下。

$$s=Kc+a \tag{2-50}$$

式中,$s$ 为仪器响应值;$K$ 为方法的灵敏度,即直线部分的斜率;$c$ 为待测物质的浓度;$a$ 为直线的截距。由此可见,分析方法常以其校正曲线回归方程的斜率来度量灵敏度。一个方法的灵敏度可因实验条件的变化而改变。在一定的实验条件下,灵敏度具有相对的稳定性。

检出限(detection limit)是指一个给定的分析方法在特定条件下能以合理的置信水平检出被测物的最小浓度。所谓"检出"是指定性检出,即判定试样中存有浓度高于空白的待测物质。检出限除了与分析过程中所用试剂和水的空白有关外,还与仪器的稳定性及噪声水平有关。灵敏度和检出限是两个从不同角度表示分析方法对待测物质敏感程度的指标,灵敏度越高、检出限越低,说明分析方法的检出能力越强。

不同类型的分析方法和仪器,可以采用不同的方式确定检出限。其中一种常用的检出限测定方法是,在与分析实际样品完全相同的条件下,做不加入被测组分的试样的重复测定(即空白试验),测定次数应该尽可能多,譬如不少于 20 次。根据测得的空白值,按照式(2-51)的计算方法得到检出限 $c_L$。

$$c_L=K'S_b/K \tag{2-51}$$

式中,$K'$ 为置信因子,一般取 3(对应的置信水平约为 90%);$S_b$ 为多次测定的空白值的标准偏差；$K$ 为方法的灵敏度。

定量限（quantification limit）是指定量分析方法实际可能测定的某组分的下限。在消除了系统误差的情况下，它受精密度要求的限制。分析方法的精密度要求越高，定量限高于检出限越多。不同类型的分析方法、仪器和样品，定量限的确定方法也不完全相同，可根据分析任务相关领域发布的权威文件和标准要求开展定量限的测定和计算。

**2. 最佳测定范围**

最佳测定范围也称有效测定范围，指在测定误差能满足预定要求的前提下，特定方法的测定下限（定量限）至测定上限之间的浓度范围。方法的测定上限，是指用特定方法能够准确地定量测定待测物质的最大浓度或量。在最佳测定范围内能够准确地定量测定待测物质的浓度或量，该范围应小于方法的适用范围。对测量结果的精密度要求越高，相应的最佳测定范围越小。

**3. 校准曲线**

校准曲线（calibration curve）是描述待测物质浓度或量与相应的测量仪器响应或其他指示量之间的定量关系曲线。校准曲线包括标准曲线（standard curve）和工作曲线（working curve）。标准曲线用标准溶液系列直接测量，没有经过试样的预处理过程，这对于基体复杂的试样往往造成较大误差。而工作曲线使用含有与实际样品类似基体的标准溶液，经过与试样相同的预处理后再进行测量。凡应用校准曲线的分析方法，都是在样品测得信号值后，从校准曲线上查得其含量（或浓度）。因此，绘制的校准曲线的准确性将直接影响到试样分析结果的准确性。此外，校准曲线也确定了方法的测定范围。

**4. 精密度**

精密度用于反映分析方法或测量系统存在的随机误差的大小，表示试验的重现性（repeatibility）和再现性（reproducibility）。其中，重现性也可称为"室内精密度"，主要用于实验室内部的质量控制。再现性可称为"室间精密度"，即为多个实验室测定同一试样的精密度，主要用于实验室间的质控考核或实验室间的相互检验。极差、平均偏差、相对平均偏差、标准偏差和相对标准偏差都可用来表示精密度大小，较常用的是标准偏差和相对标准偏差。

在考查精密度时应注意以下几个问题：

（1）分析结果的精密度与标准溶液或试样中待测物质的浓度水平有关，因此，必要时应取两个或两个以上不同浓度水平的标准溶液和试样进行分析方法精密度的检查。

（2）精密度可因与测定有关的实验条件的改变而变动，通常由一整批分析结果得到的精密度，往往高于分散在一段较长时间里的结果的精密度，如可能，最好将组成固定的试样分为若干批，分散在适当长的时期内进行分析。

（3）标准偏差的可靠程度受测量次数的影响，因此，对标准偏差作较好估计时需要足够多的测量次数。

**5. 准确度**

准确度是反映分析方法或测量系统存在的系统误差的综合指标，它决定着分析结果的可靠性。分析方法的准确度将受到从试样的采集、保存、运输到实验室分析等诸多环节的影响。

准确度的评价方法有标准试样分析、回收率测定、不同方法的比较。通过测定标准试样或以标准试样做回收率测定来评价分析方法和测量系统的准确度（参见 2.1.4）。当用不同分析方法对同一试样进行重复测定时，若所得结果一致，或经统计检验表明其不存在显著性差异时，则可认为这些方法都具有较高的准确度；若所得结果呈现显著性差异，则应以被公认的可靠方法为准。

回收率的测定最常用于反映分析结果的准确度。当按照平行加标进行回收率测定时,所得结果既可以反映分析结果的准确度,也可判断其精密度。须注意的是,在实际测定过程中若将标准溶液加入经过处理后的待测试样溶液中,则不能反映预处理过程中的污染或损失情况,虽然回收率较好,但并不能完全说明分析方法的准确性。

进行加标回收率测定时,还应注意以下几点:

(1) 加标物的形态应该和待测物的形态相同。

(2) 加标量应和试样中所含待测物的量控制在相同的范围内,通常须考虑如下几点:①加标量应尽量与试样中待测物含量相等或相近,并应注意对试样容积和环境的影响;②当试样中待测物含量接近方法检出限时,加标量应控制在校准曲线的低浓度范围;③在任何情况下加标量均不得大于待测物含量的 3 倍;④加标后的测定值不应超出方法的测量上限的 90%;⑤当试样中待测物浓度高于校准曲线中间浓度时,加标量应控制在待测物浓度的半量。

(3) 由于加标样和试样的分析条件完全相同,其中干扰物质和不正确操作等因素所导致的效果相同。当以其测定结果的差计算回收率时,常不能准确反映试样测定结果的实际差错。

6. 选择性和干扰试验

选择性(selectivity)指用一个给定的分析方法测定某组分时,能够避免样品中其他共存组分干扰的能力。分析方法的选择性往往与其所涉及的测量原理或化学反应有关,所涉及的原理或反应的选择性愈高,则干扰因素就愈少。这样就可以减少分析的操作步骤,使分析过程达到快速、准确和简便的要求。因此,选择性的高低是衡量分析方法好坏一个非常重要的标志。

方法的选择性可以通过干扰实验进行评估。干扰实验针对实际试样中可能存在的共存物,检验其是否对测定有干扰,并了解在指定的测量准确度下共存物的最大允许浓度。干扰可能导致正或负的系统误差,与待测物浓度和共存物浓度大小有关。因此,干扰试验应选择两个(或多个)待测物浓度值和不同水平的共存物浓度的溶液进行测定。共存物的允许浓度与待测物浓度的比值越大,表明在指定的准确度下,该分析方法的抗干扰能力越强,即选择性越高。提高分析方法的选择性是分析化学中的重要研究内容。

## 思 考 题

1. 如何理解误差、偏差、准确度、精密度及不确定度的概念?
2. 下列叙述中哪个是误差的正确定义?
   (1) 错误值与真值之差。 (2) 某一测量值与其平均值之差。
   (3) 测量值与真值之差。 (4) 含有误差的值与真值之差。
3. 在定量分析中,指出下列情况将引起何种误差? 如果是系统误差,采用什么方法消除?
   (1) 称量时,分析天平不处于水平状态。
   (2) 在用减量法进行试样称重时,直接用手取称量瓶。
   (3) 以含量为 98% 的锌粒作基准物标定 EDTA 溶液的浓度。
   (4) 容量瓶和移液管不配套。
   (5) 试剂中含有微量的被测组分。
   (6) 滴定时,滴定管尖嘴处产生气泡。
   (7) 读取滴定体积时,最后一位数字未进行估读。

(8) 测定食醋中醋酸含量时,所用 NaOH 标准溶液吸收了 $CO_2$。

4. 下列表述中,哪几个是正确的?

　(1) 增加平行测定次数可以提高分析结果的准确度。

　(2) 为使分析结果的准确度提高,应选择仪器分析方法进行测定。

　(3) 为了减小测量误差,称样量越大越好。

　(4) 做空白实验可消除系统误差。

　(5) 做对照实验可检查系统误差。

　(6) 对仪器进行校正可以减小随机误差。

5. 在用光度法分析药物含量时,称取该药物试样 0.040 1 g,计算得此药物的含量为 95.12%。请问该结果是否合理? 为什么?

6. 两个学生同时测定某试样中硫的质量分数,称取试样均为 4.5 g,分别报告结果如下:甲为 0.045% 和 0.044%;乙为 0.045 02% 和 0.043 95%。哪份报告是合理的? 为什么?

7. 下列表述中有误的是哪几个?

　(1) 置信水平越高,置信区间越宽。

　(2) 置信水平越高,测定的可靠性越高。

　(3) 置信区间的大小与测定次数的平方根成正比。

　(4) 置信水平太高,对总体平均值的估计往往失去意义。

8. 有两组分析数据,要比较它们的精密度有无显著性差异,应采用哪种检验方法? 若要判断两组数据平均值间是否存在显著性差异,应采用哪种检验方法?

## 习　题

1. 以邻苯二甲酸氢钾为基准物对浓度约为 0.1 mol/L 的 NaOH 溶液进行标定时,滴定所消耗 NaOH 的体积至少应为多少毫升(滴定管读数可估计到 ±0.01 mL)? 基准物称量至少应为多少克(分析天平的准确度为 ±0.1 mg)?

(20.00 mL, 0.408 4 g)

2. 某试样经分析测得含锰质量分数为:41.24%,41.27%,41.23%,41.26%。求分析结果的平均偏差、标准偏差和变异系数。

(0.015%, 0.018%, 0.044%)

3. 测定石灰石试样中钙镁总量(用 CaO 表示)的质量分数结果分别为:59.84%,59.86%,59.90%,59.95%,59.91%,59.96%。计算平均值、标准偏差及置信度分别为 90% 和 95% 时的置信区间。

(59.90, 0.05%, 59.90±0.04%, 59.90±0.05%)

4. 用 $Q$ 检验法判断下列数据中有无舍弃? 置信度选 90%。

　(1) 21.26, 21.50, 21.73, 21.63。

　(2) 5.400, 5.416, 5.222, 5.408。

　(3) 38.50, 38.68, 38.54, 38.82。

(无;5.222;无)

**5.** 某人测定一溶液的浓度,得到如下结果:0.101 0 mol/L, 0.101 1 mol/L, 0.102 0 mol/L, 0.101 4 mol/L, 0.101 3 mol/L。根据 Grubbs 判断,第三个测定结果是否应舍去?如果增加一次测定结果 0.101 2 mol/L,第三个结果可以舍弃吗?(显著性水平 $\alpha = 0.05$)

(不舍弃,舍弃)

**6.** 分别采用邻苯二甲酸氢钾(Ⅰ)和草酸钠(Ⅱ)作为基准物标定 NaOH 浓度(mol/L)时,测定的结果如下

(Ⅰ):$\overline{x_1} = 0.101\,1$, $S_1 = 0.10\%$, $n_1 = 6$

(Ⅱ):$\overline{x_2} = 0.102\,1$, $S_2 = 0.14\%$, $n_2 = 4$

比较(Ⅰ)(Ⅱ)两结果的精密度和平均值是否存在显著性差异(95% 置信度)。

(无显著性差异,无显著性差异)

**7.** 用两种方法测定钢样中碳的质量分数:

方法Ⅰ:数据为 5.08%, 5.03%, 4.94%, 4.90%, 4.96%, 4.99%。

方法Ⅱ:数据为 4.98%, 4.92%, 4.90%, 4.97%, 4.94%。

判断两种方法的精密度是否有显著性差异。

(无显著性差异)

**8.** 下列各数含几位有效数字?

0.560 0, 0.001 011 0, $2.03 \times 10^{-5}$, $\pi$, 99, pH = 4.02, $pK_a = 2.319$

(4;5;3;无限位;2 或 3 位;2;3)

**9.** 按有效数字运算规则,计算下列算式。

(1) $3.01 \times 1.056 \times 10^{-4} + 0.025\,2 + 101.625$

(2) $\dfrac{0.012\,1 \times 25.64 \times 1.055\,72}{32.035}$

(3) $\sqrt{\dfrac{1.5 \times 10^{-5} \times 6.11 \times 10^{-8}}{4.223 \times 10^{-5}}}$

(4) pH = 5.03,求 $[H^+]$

($101.650$; $0.010\,2$; $1.5 \times 10^{-4}$; $9.3 \times 10^{-6}$)

**10.** 用邻菲啰啉比色法测定石灰石中微量铁,配制一系列不同浓度的标准溶液,以空白溶液作参比溶液,在 $\lambda = 510$ nm 处测定其吸光度,所得数据列于下表。

| $c$/(mg Fe/50 mL) | 0.020 0 | 0.030 0 | 0.040 0 | 0.050 0 | 0.060 0 |
|---|---|---|---|---|---|
| $A$ | 0.243 | 0.371 | 0.488 | 0.604 | 0.737 |

(1) 计算线性回归方程及相关系数。(2) 计算吸光度为 0.428 的试样溶液中铁离子浓度。

($A = 12.2c$, $r = 0.999$; $0.035\,0$)

# 第3章 滴定分析概述

定量化学分析分为滴定分析和重量分析两大类,滴定分析法主要用于常量组分的测定(有时采用微量滴定管也能进行微量分析)。该法可借助于多种化学反应类型进行物质定量分析,准确度高、操作简便、快速,使用的仪器简单、价廉,因此在生产实践和科学研究中被广泛应用。

## 3.1 滴定分析法简介

滴定分析法(titrimetric analysis)是通过滴定来实现的一种分析方法。在滴定过程中,使用滴定管将一种已知准确浓度的溶液(标准溶液)滴加到待测组分的溶液(试样溶液)中,直到与待测组分恰好完全反应,按照化学反应式中的化学计量关系,即加入标准溶液的物质的量与待测组分的物质的量符合反应式中的化学计量关系,由标准溶液的浓度和所消耗的体积,可计算出待测组分的含量,这一类分析方法统称为滴定分析法,又称容量分析法。

滴定分析过程中涉及一些常用的基本名词:滴定是指滴加标准溶液的操作过程;标准溶液又称滴定剂,是指已知准确浓度的溶液;化学计量点是指滴加的标准溶液与待测组分恰好反应完全的这一点;滴定终点是指当指示剂突然变色时停止滴定的点;终点误差是指实际滴定中,滴定终点与化学计量点往往不能恰好符合,它们之间所产生的误差。

## 3.2 滴定分析法的分类与滴定反应的条件

### 3.2.1 滴定分析法的分类

滴定分析法是以化学反应为基础的一类分析方法。按照化学反应类型的不同,滴定分析法一般可分成下列四类。

(1) 酸碱滴定法(又称中和法):是以质子传递反应为基础的一类滴定分析法,可用于测定酸、碱,其反应实质可用下式表示

$$H^+ + B^- \longrightarrow HB$$

式中,B$^-$表示碱(按照质子理论)。

(2) 沉淀滴定法(又称容量沉淀法):是以沉淀反应为基础的一类滴定分析法,可用于测定Ag$^+$、CN$^-$、SCN$^-$及卤素等离子,如用AgNO$_3$配制成标准溶液,滴定Cl$^-$,其反应如下

$$Ag^+ + Cl^- \longrightarrow AgCl \downarrow$$

(3) 配位滴定法(又称络合滴定法):是以配位反应为基础的一类滴定分析法,可用于测定金属离子,如用EDTA作标准溶液,其反应如下

$$M^{n+} + Y^{4-} \longrightarrow MY^{(n-4)}$$

式中,M$^{n+}$表示金属离子;Y$^{4-}$表示EDTA的阴离子。

(4) 氧化还原滴定法:是以氧化还原反应为基础的一类滴定分析法,可用于测定具有氧化还原性质的物质及某些不具有氧化还原性质的物质,如以KMnO$_4$标准溶液滴定Fe$^{2+}$,其反应如下

$$MnO_4^- + 5Fe^{2+} + 8H^+ \longrightarrow Mn^{2+} + 5Fe^{3+} + 4H_2O$$

## 3.2.2　滴定反应的条件

化学反应很多,但是适用于滴定分析法的化学反应必须具备下列条件。

(1) 反应定量完全,即反应要按照一定的化学计量关系(由确定的化学反应式表示)定量进行,无副反应发生,而且反应的完全程度应达到99.9%以上,这是定量计算的基础。

(2) 反应速率要快。对于速率慢的反应,应采取适当措施提高其反应速率。

(3) 能用比较简便的方法确定滴定的终点,如指示剂法或仪器方法等。

凡是能满足上述要求的反应,都可以用直接滴定法滴定,如果反应不能完全符合上述要求,有时则需要采用其他的滴定方式。

## 3.2.3　滴定分析的方式

滴定分析的方式分为直接滴定法、间接滴定法、返滴定法、置换滴定法。

1. 直接滴定法

直接滴定法是在满足上述滴定分析反应条件的情况下,用标准溶液直接滴定被测物质。直接滴定法是滴定分析法中最常用和最基本的滴定方法。

2. 间接滴定法

当被测物质不能与标准溶液直接反应时,可以通过另一种化学反应,以滴定法间接进行测定。例如,Ca$^{2+}$没有可变价态,不能直接用氧化还原法滴定。但若将Ca$^{2+}$沉淀为CaC$_2$O$_4$,过滤并洗净后溶解于硫酸中,再用KMnO$_4$标准溶液滴定与Ca$^{2+}$结合的C$_2$O$_4^{2-}$,从而可以间接测定Ca$^{2+}$的含量,其反应如下

$$Ca^{2+} + C_2O_4^{2-} \longrightarrow CaC_2O_4 \downarrow$$

$$2MnO_4^- + 5C_2O_4^{2-} + 16H^+ \longrightarrow 2Mn^{2+} + 10CO_2 \uparrow + 8H_2O$$

3. 返滴定法

当反应速率较慢或待测物是难溶物时,待测物中加入符合化学计量关系的滴定剂后,反应

常常不能立即完成。此种情况下可向待测物中先加入一定量且过量的滴定剂,待反应完成后,再用另一种标准溶液滴定剩余的滴定剂,这种滴定方式称为返滴定。例如,$Al^{3+}$ 与 EDTA 发生配位反应的速率很慢,不能用直接滴定法进行测定,可在 $Al^{3+}$ 溶液中先加入过量 EDTA 标准溶液并加热,待 $Al^{3+}$ 与 EDTA 反应完全后,用标准 $Zn^{2+}$ 或 $Cu^{2+}$ 溶液滴定剩余的 EDTA。又如,对于固体 $CaCO_3$ 的测定,可先加入过量 HCl 标准溶液,待反应完成后,用 NaOH 标准溶液滴定剩余的 HCl。

#### 4. 置换滴定法

当反应不能完全符合滴定分析反应条件时,如对于没有定量关系或伴有副反应的反应,可以先用适当的试剂与待测组分反应,使其定量置换成一种能被滴定的物质,然后用适当的标准溶液进行滴定,进而计算出被测物质的含量。例如 $K_2Cr_2O_7$ 是强氧化剂,$Na_2S_2O_3$ 是强还原剂,但是在酸性溶液中,$K_2Cr_2O_7$ 可将 $S_2O_3^{2-}$ 氧化为 $S_4O_6^{2-}$ 及 $SO_4^{2-}$ 等的混合物,它们之间没有一定的化学计量关系。因此不能用 $Na_2S_2O_3$ 溶液直接滴定 $K_2Cr_2O_7$ 及其他强氧化剂,但是,若在 $K_2Cr_2O_7$ 的酸性溶液中加入过量的 KI,$K_2Cr_2O_7$ 与 KI 定量反应后析出的 $I_2$ 就可以用 $Na_2S_2O_3$ 标准溶液直接滴定,其反应如下:

$$K_2Cr_2O_7 + 6KI + 7H_2SO_4 = Cr_2(SO_4)_3 + 4K_2SO_4 + 3I_2 + 7H_2O$$

$$I_2 + 2Na_2S_2O_3 = 2NaI + Na_2S_4O_6$$

通过采用不同的滴定方式,可以扩展滴定分析的应用范围。

## 3.3　标准溶液

滴定分析是指使用标准溶液与待测组分反应,通过标准溶液的浓度和消耗的体积来计算待测组分的含量,因此标准溶液是已知准确浓度的溶液,如何正确地配制标准溶液,准确地标定标准溶液的浓度,妥善保存标准溶液,对于提高滴定分析的准确度有着重大意义。

### 3.3.1　标准溶液的配制方法

配制标准溶液一般有下列两种方法。

#### 1. 直接法

准确称取一定量的基准物质,溶解后定量转移到容量瓶中,稀释后定容。根据基准物质的质量、摩尔质量和溶液的体积可计算出该溶液的准确浓度。

能用于直接配制标准溶液的化学试剂称为基准物质或基准试剂,它也是用来确定某一溶液准确浓度的标准物质,必须符合以下要求。

(1)物质必须具有足够的纯度,即含量≥99.9%,其杂质的含量应小于滴定分析所允许的误差限度。一般选用基准试剂或优级纯试剂。

(2)物质的组成与化学式应完全符合。若含结晶水,其含量也应与化学式相符。

(3)物质性质要稳定。如不易吸收空气中的水分及二氧化碳,不易在空气中被氧化等。

但是用来配制标准溶液的物质大多不能满足上述条件,如酸碱滴定法中常用的盐酸,除了恒沸点的盐酸外,一般市售盐酸中的 HCl 含量不定;又如 NaOH 是常用的碱,但它极易吸收

空气中的 $CO_2$ 和水分,称得的质量不能代表纯 NaOH 的质量。因此,对这一类物质,不能用直接法配制标准溶液,而要用间接法配制。

2. 间接法

粗略地称取一定量物质或量取一定体积的溶液,配制成接近于所需要浓度的溶液。这样配制的溶液,其准确浓度还是未知的,必须用基准物质或另一种物质的标准溶液来测定其准确浓度。这种用滴定方法确定溶液准确浓度的过程称为标定。

### 3.3.2 标准溶液浓度的标定

1. 基准物质

在标定时,基准物质和待标定溶液发生滴定反应,由此确定溶液的准确浓度。标定用的基准物质必须满足 3.3.1 节直接法配制标准溶液所应具备的三项条件,此外为了减小称量所引起的误差,还应具备第四项条件,即具有较大的相对分子质量。滴定分析中常用的基准物质见表 3-1。

表 3-1　常用标准溶液的基准物质

| 标准溶液 | 基准物 | 干燥条件 | 特点 |
|---|---|---|---|
| HCl | $Na_2B_4O_7 \cdot 10H_2O$<br>$Na_2CO_3$ | 置于 NaCl+蔗糖的饱和溶液的密闭容器中<br>270~300℃灼烧至恒重 | 易提纯,不易吸湿,相对分子质量大<br>易得纯品,价廉,易吸湿 |
| NaOH | 邻苯二甲酸氢钾<br>$H_2C_2O_4 \cdot 2H_2O$ | 110~120℃干燥至恒重<br>室温、空气干燥 | 易提纯,不吸湿,相对分子质量大<br>价廉,固体稳定,溶液稳定性较差 |
| EDTA | 金属锌<br>$CaCO_3$ | 室温、干燥器中<br>110℃干燥至恒重 | 纯度高,稳定<br>稳定,相对分子质量大 |
| $KMnO_4$ | $Na_2C_2O_4$ | 105~110℃干燥至恒重 | 易提纯,不吸湿,稳定 |
| $Na_2S_2O_3$ | $KIO_3$<br>$KBrO_3$ | 180℃干燥至恒重<br>180℃干燥至恒重 | 纯度高,与 $I^-$ 反应快<br>纯度高,与 $I^-$ 反应较慢 |
| $I_2$ | $As_2O_3$ | 室温、干燥器中 | 易提纯,稳定,剧毒 |
| $AgNO_3$ | NaCl | 500~600℃灼烧至恒重 | 易提纯,易吸湿 |

2. 常见标准溶液的标定

1) 强酸或强碱的标定

酸碱滴定中常用的标准溶液是强酸或强碱。一般用于配制酸标准溶液的主要有 HCl 和 $H_2SO_4$,其中最常用的是 HCl 溶液;若需要加热或在较高温度下使用,则用 $H_2SO_4$ 溶液较适宜。一般用来配制碱标准溶液的主要有 NaOH 和 KOH,一般多数用 NaOH。酸碱标准溶液通常配成 0.1 mol/L 的浓度,一般浓度在 0.01~1.0 mol/L 的范围内。浓度太高会消耗太多试剂,造成不必要的浪费,而浓度太低又会导致滴定突跃太小,不利于终点的判断。因此,实际工作中应根据需要配制合适浓度的标准溶液。

(1) HCl 标准溶液的标定

由于盐酸具有挥发性,故 HCl 标准溶液一般用间接法配制。先用市售的盐酸试剂(分析纯)配制成近似浓度的溶液,然后用基准物质标定其准确浓度。

用于标定 HCl 标准溶液的基准物有无水碳酸钠和硼砂等。

用 $Na_2CO_3$ 标定 HCl 溶液所发生的反应为

$$Na_2CO_3 + 2HCl \Longrightarrow H_2CO_3 + 2NaCl$$
$$\phantom{Na_2CO_3 + 2HCl \Longrightarrow }\llcorner\!\rightarrow CO_2 \uparrow + H_2O$$

$Na_2CO_3$ 的优点是易得纯品,缺点是易吸水,应在 270℃ 左右干燥,然后置于干燥器中,称量时动作要快些,否则吸收水分后易造成误差。

用硼砂标定 HCl 溶液所发生的反应为

$$Na_2B_4O_7 + 2HCl + 5H_2O \longrightarrow 4H_3BO_3 + 2NaCl$$

硼砂的优点是容易提纯,不易吸水,摩尔质量大($M = 381.4\ \text{g/mol}$),故称量所造成的误差较小。但硼砂在空气中的相对湿度小于 $39\%$ 时容易风化失去部分结晶水,因此应把它保存在装有食盐和蔗糖饱和溶液的干燥器中,其上部空气的相对湿度为 $60\%$,能防止硼砂风化失水。

(2) NaOH 标准溶液的标定

常用于标定 NaOH 标准溶液浓度的基准物有邻苯二甲酸氢钾与草酸。

用邻苯二甲酸氢钾标定 NaOH 溶液所发生的反应如下:

用草酸标定 NaOH 溶液所发生的反应如下:

$$H_2C_2O_4 + 2NaOH \longrightarrow Na_2C_2O_4 + H_2O$$

NaOH 溶液易吸收空气中的 $CO_2$ 生成 $CO_3^{2-}$。而 $CO_3^{2-}$ 的存在,在滴定弱酸时会带入较大的误差,配制成的 NaOH 标准滴定溶液应保存在装有虹吸管及碱石灰管的瓶中,防止吸收空气中的 $CO_2$。放置过久的 NaOH 溶液,其浓度会发生变化,使用时应重新标定。

2) EDTA 的标定

配位滴定常用的标准溶液是 EDTA(乙二胺四乙酸二钠盐),由于 EDTA 的纯度不能达到基准物质的要求,因此通常采用间接法配制 EDTA 标准溶液。标定 EDTA 溶液的基准物有 Zn、ZnO、$CaCO_3$ 等,若采用纯金属锌作基准物标定 EDTA,在 $pH \approx 10$ 的条件下以铬黑 T(EBT)为指示剂,其反应为

$$Zn + EBT \longrightarrow Zn - EBT$$
$$Zn - EBT + EDTA \longrightarrow Zn - EDTA + EBT$$

此外,也可用二甲酚橙(XO)作为指示剂,在 $pH = 5 \sim 6$ 的条件下进行滴定。

选用哪种指示剂合适,和待测样品的测定条件有关,通常标定条件应尽可能与测定条件一致,以减小系统误差。

3) $KMnO_4$ 的标定

$KMnO_4$ 是强氧化剂,易与水中的有机物、空气中的尘埃等还原性物质作用,因此 $KMnO_4$ 标准溶液不能用直接法配制,只能先配制成近似浓度,再用基准物进行标定。

$KMnO_4$ 溶液也不稳定,光、热、酸碱、$Mn^{2+}$、$MnO_2$ 等都能加速其分解。因此配制与保存

$KMnO_4$ 溶液时必须保持中性、避光及防尘。一般配制 $KMnO_4$ 溶液时要加热煮沸,冷却后贮于棕色瓶中,于暗处放置数日,待 $KMnO_4$ 溶液的浓度稳定后才能标定,但使用一段时间后仍需要定期标定。

标定 $KMnO_4$ 溶液的基准物有 $Na_2C_2O_4$、$H_2C_2O_4 \cdot 2H_2O$ 等,其中 $Na_2C_2O_4$ 因不含结晶水、性质稳定、容易提纯及操作简便,常用作标定 $KMnO_4$ 溶液的基准物。$Na_2C_2O_4$ 标定 $KMnO_4$ 的反应如下:

$$2MnO_4^- + 5C_2O_4^{2-} + 16H^+ \longrightarrow 2Mn^{2+} + 10CO_2 + 8H_2O$$

4) $Na_2S_2O_3$ 的标定

$Na_2S_2O_3 \cdot 5H_2O$ 容易风化和潮解,通常还含有少量杂质,如 S、$Na_2SO_3$、$Na_2SO_4$ 等,$Na_2S_2O_3$ 溶液又易受空气、水中 $CO_2$ 和微生物等的作用而分解,因此不能直接配制成准确浓度的溶液,只能用间接法配制。标定 $Na_2S_2O_3$ 的基准物可以为 $KIO_3$、$KBrO_3$ 或 $K_2Cr_2O_7$,若选用 $KBrO_3$ 作为基准物,$KBrO_3$ 先定量将 $I^-$ 氧化为 $I_2$,再根据碘量法用 $Na_2S_2O_3$ 溶液滴定 $I_2$,反应如下:

$$BrO_3^- + 6I^- + 6H^+ \longrightarrow 3I_2 + Br^- + 3H_2O$$
$$I_2 + 2S_2O_3^{2-} \longrightarrow 2I^- + S_4O_6^{2-}$$

# 3.4　滴定分析的计算

## 3.4.1　标准溶液浓度的计算

1. 物质的量浓度

标准溶液的浓度通常以物质的量的浓度表示。物质的量浓度(简称浓度)是指单位体积溶液所含溶质的物质的量($n$)。如 B 物质的浓度以符号 $c_B$ 表示,即

$$c_B = \frac{n_B}{V} \tag{3-1}$$

式中,$V$ 为溶液的体积。在 SI 制中,浓度的单位为 $mol/m^3$,但浓度的常用单位为 $mol/dm^3$ 或 $mol/L$。

物质的量 $n$ 的单位为摩尔(mol)。对 B 物质而言,物质的量 $n_B$ 与质量 $m_B$ 之间的关系为

$$n_B = \frac{m_B}{M_B} \tag{3-2}$$

式中,$M_B$ 为物质 B 的摩尔质量,根据式(3-2),可以从溶质的质量求出溶质的物质的量,进而计算溶液的浓度。

若以直接法配制标准溶液,则称取基准物质 B 质量为 $m_B$,摩尔质量为 $M_B$,体积为 $V$ 时,标准溶液 B 的浓度 $c_B$ 为

$$c_B = \frac{n_B}{V} = \frac{m_B}{VM_B} \tag{3-3}$$

若以标定法测得标准溶液的浓度 $c_A$,当基准物质质量为 $m_B$,摩尔质量为 $M_B$,标准溶液的体积为 $V_A$ 时,

$$c_A = \frac{n_A}{V_A} = \frac{\frac{a}{b}n_B}{V_A} = \frac{a\,m_B}{b V_A M_B} \quad\quad (3-4)$$

式中,$a$、$b$ 分别为标准溶液和基准物质反应时的化学计量关系。

2. 滴定度

滴定度是指与每毫升标准溶液相当的被测组分的质量,用 $T_{被测物/标准溶液}$ 表示,其单位为 g/mL 或 mg/mL。例如,$T_{Fe/KMnO_4} = 0.005\ 682$ g/mL,即表示 1 mL $KMnO_4$ 标准溶液相当于 0.005 682 g 铁,即 1 mL 的 $KMnO_4$ 标准溶液能把 0.005 682 g $Fe^{2+}$ 氧化成 $Fe^{3+}$。在生产实际中,常常需要对大批试样测定其中同一组分的含量,这时若用滴定度来表示标准溶液所相当的被测组分的质量,那么计算被测组分的含量就比较方便。

物质的量浓度 $c$ 与滴定度 $T$ 之间存在相互的换算关系,对于一个化学反应

$$a\,A + b\,B \longrightarrow c\,C + d\,D$$

A 为被测组分,B 为标准溶液,若以 $c_B$ 和 $V_B$ 表示标准溶液的浓度和体积(mL),$m_A$ 和 $M_A$ 分别代表物质 A 的质量(g)和摩尔质量。当反应达到计量点时

$$\frac{\dfrac{c_B V_B}{1\ 000}}{b} = \frac{\dfrac{m_A}{M_A}}{a}$$

移项

$$\frac{m_A}{V_B} = \frac{a}{b} \times \frac{c_B M_A}{1\ 000}$$

由滴定度定义 $T_{A/B} = m_A/V_B$,得到

$$T_{A/B} = \frac{a}{b} \times \frac{c_B M_A}{1\ 000} \quad\quad (3-5)$$

**例 3-1**　求 0.100 0 mol/L NaOH 标准溶液对 $H_2C_2O_4$ 的滴定度。

解:NaOH 与 $H_2C_2O_4$ 的反应是

$$H_2C_2O_4 + 2NaOH \longrightarrow Na_2C_2O_4 + 2H_2O$$

即 $a=1$,$b=2$,按式(3-5),得

$$T_{H_2C_2O_4/NaOH} = \frac{a}{b} \times \frac{c_{NaOH} M_{H_2C_2O_4}}{1\ 000} = \frac{1}{2} \times \frac{0.100\ 0 \times 90.04}{1\ 000} = 0.004\ 502\ (g/mL)$$

有时滴定度也可以用每毫升标准溶液中所含溶质的质量来表示,如 $T_{I_2} = 0.014\ 68$ g/mL,即每毫升标准碘溶液含碘 0.014 68 g。这种表示方法的应用范围不及上一种表示法广泛。

## 3.4.2　滴定分析结果的计算

滴定分析结果的计算常涉及浓度计算和物质的质量分数的计算。滴定分析是用标准溶液

滴定被测组分的溶液,因此常常需要在被测组分的物质的量与标准溶液的物质的量之间进行相互换算。若为直接滴定,当滴定到化学计量点时,它们的物质的量之间关系恰好符合其化学反应式所表示的化学计量关系。如对于任一滴定反应

$$a\,A + b\,B \longrightarrow c\,C + d\,D$$

$$n_A : n_B = a : b$$

故

$$n_A = \frac{a}{b}n_B \quad n_B = \frac{b}{a}n_A \tag{3-6}$$

当计算被测物质的浓度为 $c_A$,其体积为 $V_A$,到达化学计量点时用去浓度为 $c_B$ 的标准溶液的体积为 $V_B$,则

$$c_A V_A = \frac{a}{b}c_B V_B$$

$$c_A = \frac{ac_B V_B}{bV_A} \tag{3-7}$$

在间接法滴定中涉及两个或两个以上反应,应从总的反应中找出实际参加反应的物质之间存在的物质的量关系。例如,在酸性溶液中以 $KBrO_3$ 为基准物标定 $Na_2S_2O_3$ 溶液的浓度时反应分两步进行。

首先,在酸性溶液中 $KBrO_3$ 与过量的 KI 反应析出 $I_2$

$$BrO_3^- + 6I^- + 6H^+ \longrightarrow 3I_2 + Br^- + 3H_2O$$

然后用 $Na_2S_2O_3$ 溶液作为标准溶液,滴定析出的 $I_2$

$$I_2 + 2S_2O_3^{2-} \longrightarrow 2I^- + S_4O_6^{2-}$$

由上述两个方程可知:$n_{KBrO_3} : n_{I_2} = 1 : 3$,$n_{I_2} : n_{Na_2S_2O_3} = 1 : 2$。

故　　　　　　　　$n_{KBrO_3} : n_{Na_2S_2O_3} = 1 : 6$。

滴定分析结果常常用被测物质的质量分数表示。对于质量为 $m$ 的试样,其中测得的被测组分 A 的质量为 $m_A$,则被测组分在试样中的质量分数 $w_A$ 为

$$w_A = \frac{m_A}{m} \times 100\% \tag{3-8}$$

被测组分的质量 $m_A$ 可通过标准溶液与其发生直接或间接的反应后,由标准溶液的浓度 $c_B$、体积 $V_B$ 以及被测组分与标准溶液反应的物质的量之比求得,即

$$n_A = \frac{a}{b}n_B = \frac{a}{b}c_B V_B$$

结合式(3-2)得

$$m_A = \frac{a}{b}c_B V_B M_A$$

于是

$$w_A = \frac{\frac{a}{b}c_B V_B M_A}{m} \times 100\% \tag{3-9}$$

这是滴定分析中计算被测组分的质量分数的一般通式。

**例 3-2**　22.59 mL 某 KOH 溶液能中和纯草酸($H_2C_2O_4 \cdot 2H_2O$)0.300 0 g。求该 KOH 溶液的浓度。

解:此滴定的反应为

$$H_2C_2O_4 + 2OH^- \longrightarrow C_2O_4^{2-} + 2H_2O$$

$$n_{KOH} = 2n_{H_2C_2O_4 \cdot 2H_2O}$$

$$c_{KOH} = \frac{n_{KOH}}{V_{KOH}} = \frac{2n_{H_2C_2O_4 \cdot 2H_2O}}{V_{KOH}} = \frac{2m_{H_2C_2O_4 \cdot 2H_2O}}{M_{H_2C_2O_4 \cdot 2H_2O} V_{KOH}} = \frac{2 \times 0.300\ 0}{126.1 \times 22.59 \times 10^{-3}}$$

$$= 0.210\ 6\ (mol/L)$$

**例 3-3**　选用邻苯二甲酸氢钾作基准物,标定 0.1 mol/L NaOH 溶液的准确浓度。今欲把用去的 NaOH 溶液体积控制在 25 mL 左右,应称取基准物多少克? 如改用草酸($H_2C_2O_4 \cdot 2H_2O$)作基准物,应称取多少克?

解:以邻苯二甲酸氢钾($KHC_8H_4O_4$)作基准物时,其滴定反应式为

$$KHC_8H_4O_4 + OH^- \longrightarrow KC_8H_4O_4^- + H_2O$$

所以

$$n_{NaOH} = n_{KHC_8H_4O_4}$$

$$m_{KHC_8H_4O_4} = n_{KHC_8H_4O_4} M_{KHC_8H_4O_4} = n_{NaOH} M_{KHC_8H_4O_4} = c_{NaOH} V_{NaOH} M_{KHC_8H_4O_4}$$

$$= 0.1 \times 25 \times 10^{-3} \times 204.2 \approx 0.5\ (g)$$

若以 $H_2C_2O_4 \cdot 2H_2O$ 作基准物,由上例可知

$$n_{NaOH} = 2n_{H_2C_2O_4 \cdot 2H_2O}$$

$$m_{H_2C_2O_4 \cdot 2H_2O} = n_{H_2C_2O_4 \cdot 2H_2O} M_{H_2C_2O_4 \cdot 2H_2O} = \frac{1}{2}n_{NaOH} M_{H_2C_2O_4 \cdot 2H_2O} = \frac{1}{2}c_{NaOH} V_{NaOH} M_{H_2C_2O_4 \cdot 2H_2O}$$

$$= \frac{1}{2} \times 0.1 \times 25 \times 10^{-3} \times 121.6 \approx 0.16\ (g)$$

由此可见,采用邻苯二甲酸氢钾作基准物可减少称量上的相对误差。

**例 3-4**　测定工业纯碱中 $Na_2CO_3$ 的含量时,称取 0.245 7 g 试样,用0.207 1 mol/L的 HCl 标准溶液滴定,以甲基橙指示终点,用去 HCl 标准溶液 21.45 mL。求纯碱中 $Na_2CO_3$ 的质量分数。

解:此滴定反应是

$$2HCl + Na_2CO_3 \longrightarrow 2NaCl + H_2CO_3$$

$$w_{\mathrm{Na_2CO_3}}=\frac{m_{\mathrm{Na_2CO_3}}}{m}=\frac{n_{\mathrm{Na_2CO_3}}M_{\mathrm{Na_2CO_3}}}{m}=\frac{\frac{1}{2}n_{\mathrm{HCl}}M_{\mathrm{Na_2CO_3}}}{m}=\frac{\frac{1}{2}c_{\mathrm{HCl}}V_{\mathrm{HCl}}M_{\mathrm{Na_2CO_3}}}{m}$$

$$=\frac{\frac{1}{2}\times0.207\,1\times21.45\times10^{-3}\times106.0}{0.245\,7}\times100\%=95.82\%$$

**例3-5** 有一 $KMnO_4$ 标准溶液,已知其浓度为 0.020 10 mol/L,求其 $T_{\mathrm{Fe/KMnO_4}}$ 和 $T_{\mathrm{Fe_2O_3/KMnO_4}}$。如果称取某含铁试样 0.271 8 g,溶解后将溶液中的 $Fe^{3+}$ 还原成 $Fe^{2+}$,然后用 $KMnO_4$ 标准溶液滴定,用去 26.30 mL,求试样中 Fe 和 $Fe_2O_3$ 的质量分数。

解:此滴定反应是

$$5Fe^{2+}+MnO_4^-+8H^+\longrightarrow 5Fe^{3+}+Mn^{2+}+4H_2O$$

$$n_{\mathrm{Fe}}=5n_{\mathrm{KMnO_4}}$$

$$n_{\mathrm{Fe_2O_3}}=\frac{5}{2}n_{\mathrm{KMnO_4}}$$

依据式(3-3)得

$$T_{\mathrm{Fe/KMnO_4}}=\frac{5}{1}\times\frac{c_{\mathrm{KMnO_4}}M_{\mathrm{Fe}}}{1\,000}=\frac{5}{1}\times\frac{0.020\,10\times55.85}{1\,000}=0.005\,613\,(\mathrm{g/mL})$$

同理 $n_{\mathrm{Fe_2O_3}}=\frac{5}{2}n_{\mathrm{KMnO_4}}$

$$T_{\mathrm{Fe_2O_3/KMnO_4}}=\frac{5}{2}\times\frac{0.020\,10\times159.7}{1\,000}=0.008\,025\,(\mathrm{g/mL})$$

$$w_{\mathrm{Fe}}=\frac{T_{\mathrm{Fe/KMnO_4}}V_{\mathrm{KMnO_4}}}{m}=\frac{0.005\,613\times26.30}{0.271\,8}\times100\%=54.31\%$$

$$w_{\mathrm{Fe_2O_3}}=\frac{T_{\mathrm{Fe_2O_3/KMnO_4}}V_{\mathrm{KMnO_4}}}{m}=\frac{0.008\,025\times26.30}{0.271\,8}\times100\%=77.65\%$$

## 思考题

1. 什么叫滴定分析?它的主要分析方法有哪些?
2. 能用于滴定分析的化学反应必须符合哪些条件?
3. 什么是化学计量点?什么是终点?
4. 下列物质中哪些可以用直接法配制标准溶液?哪些只能用间接法配制?

$$H_2SO_4,\ KOH,\ KMnO_4,\ K_2Cr_2O_7,\ KIO_3,\ Na_2S_2O_3\cdot5H_2O$$

5. 表示标准溶液浓度的方法有几种?各有何优缺点?
6. 基准物条件之一是要具有较大的摩尔质量,对这个条件应如何理解?
7. 若将 $H_2C_2O_4\cdot2H_2O$ 基准物长期放在有硅胶的干燥器中,当用它标定 NaOH 溶液的浓度时,结果是偏低还是偏高?

**8.** 什么叫滴定度? 滴定度与物质的量浓度如何换算? 试举例说明。

## 习　题

**1.** 已知浓硫酸的相对密度为 1.84,其中 $H_2SO_4$ 含量约为 96%。如欲配制 1 L 0.20 mol/L $H_2SO_4$ 溶液,应取这种浓硫酸多少毫升?

(11 mL)

**2.** 已知海水的平均密度为 1.02 g/mL,若其中 $Mg^{2+}$ 的含量为 0.115%,求每升海水中所含 $Mg^{2+}$ 的物质的量及其浓度。取海水 2.50 mL,用蒸馏水稀释至 250.0 mL,计算该溶液中 $Mg^{2+}$ 的质量浓度(mg/L)。

(0.048 9 mol, 0.048 3 mol/L, 11.7 mg/L)

**3.** 中和下列酸溶液,需要多少毫升 0.215 0 mol/L NaOH 溶液?
(1) 22.53 mL 0.125 0 mol/L $H_2SO_4$ 溶液。
(2) 20.52 mL 0.204 0 mol/L HCl 溶液。

(26.20 mL;19.47 mL)

**4.** 用同一 $KMnO_4$ 标准溶液分别滴定体积相等的 $FeSO_4$ 和 $H_2C_2O_4$ 溶液,耗用的 $KMnO_4$ 标准溶液体积相等,试问 $FeSO_4$ 和 $H_2C_2O_4$ 两种溶液浓度的比例关系 $c_{FeSO_4} : c_{H_2C_2O_4}$ 为多少?

(2:1)

**5.** 假如有一邻苯二甲酸氢钾试样,其中邻苯二甲酸氢钾含量约为 90%,其余为不与碱作用的杂质,现用酸碱滴定法测定其含量。若采用浓度为 1.000 mol/L 的 NaOH 标准溶液滴定,欲控制滴定时碱溶液体积在 25 mL 左右。
(1) 须称取上述试样多少克?
(2) 以浓度为 0.010 0 mol/L 的碱溶液代替 1.000 mol/L 的碱溶液滴定,重复上述计算。
(3) 通过上述(1)(2)计算结果,说明为什么在滴定分析中通常采用的滴定剂浓度为 0.1~0.2 mol/L。

(5.7 g;0.057 g)

**6.** 高温水解法将铀盐中的氟以 HF 的形式蒸馏出来,收集后以 $Th(NO_3)_4$ 溶液滴定其中的 $F^-$,反应为

$$Th^{4+} + 4F^- \longrightarrow ThF_4 \downarrow$$

设称取铀盐试样 1.037 g,消耗 0.100 0 mol/L $Th(NO_3)_4$ 溶液 3.14 mL,计算试样中氟的质量分数。

(2.30%)

**7.** 分析不纯 $CaCO_3$(其中不含干扰物质)时,称取试样 0.300 0 g,加入浓度为 0.250 0 mol/L 的 HCl 标准溶液 25.00 mL。煮沸除去 $CO_2$,用浓度为 0.201 2 mol/L 的 NaOH 溶液返滴过量的酸,消耗了 5.84 mL。计算试样中 $CaCO_3$ 的质量分数。

(84.7%)

**8.** 计算下列溶液的滴定度,以 g/mL 表示。

(1) 以 0.201 5 mol/L HCl 溶液,用来测定 $Na_2CO_3$、$NH_3$。

(2) 以 0.189 6 mol/L NaOH 溶液,用来测定 $HNO_3$、$CH_3COOH$。

(0.010 68 g/mL, 0.003 432 g/mL; 0.011 95 g/mL, 0.011 38 g/mL)

**9.** 计算 0.011 35 mol/L HCl 溶液对 CaO 的滴定度。

(0.000 318 3 g/mL)

**10.** 已知高锰酸钾溶液对 $CaCO_3$ 的滴定度为 $T_{CaCO_3/KMnO_4}=0.005\ 005$ g/mL,求此高锰酸钾溶液的浓度及它对铁的滴定度。

(0.020 00 mol/L, 0.005 585 g/mL)

**11.** 标定 HCl 溶液时,以甲基橙为指示剂,用 $Na_2CO_3$ 为基准物,称取 $Na_2CO_3$ 0.613 5 g,用去 HCl 溶液 24.96 mL,求 HCl 溶液的浓度。

(0.463 8 mol/L)

**12.** 标定 NaOH 溶液,用邻苯二甲酸氢钾基准物 0.502 6 g,以酚酞为指示剂滴定至终点,用去 NaOH 溶液 21.88 mL,求 NaOH 溶液的浓度。

(0.112 5 mol/L)

# 第4章 酸碱滴定法

酸碱滴定(neutralization titration)是以酸碱反应为基础的滴定分析方法,用于测定酸或碱,也可测定能与酸和碱直接或间接发生质子传递反应的物质。酸碱滴定在滴定分析中具有重要的地位,应用相当广泛。酸碱滴定的理论基础是酸碱平衡,因此本章先讨论酸碱平衡的基础理论,再讨论酸碱滴定法的原理和应用。

## 4.1 酸碱平衡的基础理论

### 4.1.1 酸碱质子理论

酸碱质子理论定义:凡是能给出质子($H^+$)的物质是酸;凡是能接受质子的物质是碱。酸与碱之间的关系可表示为

$$酸 \rightleftharpoons 质子 + 碱$$

例如

$$HAc \rightleftharpoons H^+ + Ac^-$$

式中,HAc 给出质子是酸,而 $Ac^-$ 是 HAc 给出质子后的产物,具有接受质子的能力,故 $Ac^-$ 是碱。按照酸碱质子理论,这种因得失一个质子而相互转化的一对酸碱对称为共轭酸碱对,即酸失去一个质子后形成的碱称为该酸的共轭碱,而碱获得一个质子后生成的酸称为该碱的共轭酸,所以 HAc 和 $Ac^-$ 就是一对共轭酸碱对。类似的例子还有

$$
\begin{array}{cc}
酸 & 碱 \\
H_2CO_3 \rightleftharpoons HCO_3^- + H^+ \\
HCO_3^- \rightleftharpoons CO_3^{2-} + H^+ \\
NH_4^+ \rightleftharpoons NH_3 + H^+
\end{array}
$$

由此可见,酸碱可以是阳离子、阴离子,也可以是中性分子。

上述各个共轭酸碱对的质子得失反应,称为酸碱半反应,溶液中半反应不能单独进行,酸在给出质子同时必定有另一种碱来接受质子。酸(如 HAc)在水中存在如下平衡

$$HAc + H_2O \rightleftharpoons H_3O^+ + Ac^-$$

$$酸_1 \quad 碱_2 \quad 酸_2 \quad 碱_1$$

碱(如 NH₃)在水中存在如下平衡

$$NH_3 + H_2O \rightleftharpoons NH_4^+ + OH^-$$
$$碱_1 \quad 酸_2 \quad\quad 酸_1 \quad\quad 碱_2$$

所以,HAc 的水溶液之所以能表现出酸性,是 HAc 和水溶剂之间发生质子转移反应的结果。NH₃ 的水溶液之所以能表现出碱性,也是由于它与水溶剂之间发生质子转移的反应。前者水是碱,后者水是酸,水是两性溶剂。由此也可知,依据酸碱质子理论,酸碱反应的实质是质子的转移,是两个共轭酸碱对共同作用的结果。

酸碱质子理论不仅适用于以水为溶剂的体系,而且也适用于非水溶剂体系。

### 4.1.2　酸碱离解常数

1. 水的质子自递常数

由于水分子具有两性作用,因此一个水分子可以从另一个水分子中夺取质子而形成 $H_3O^+$ 和 $OH^-$,即

$$H_2O + H_2O \rightleftharpoons H_3O^+ + OH^-$$
$$碱_1 \quad 酸_2 \quad\quad 酸_1 \quad\quad 碱_2$$

水分子之间存在质子的传递作用,称为水的质子自递作用。这个作用的平衡常数称为水的质子自递常数,用 $K_w$ 表示,即

$$K_w = [H_3O^+][OH^-]$$

在 25℃时水的质子自递常数约等于 $10^{-14}$。于是

$$K_w = 10^{-14}, \quad pK_w = 14$$

2. 酸碱离解常数

酸碱的强弱取决于物质给出质子或接受质子能力的强弱。给出质子的能力越强,酸性就越强;反之就越弱。同样,接受质子的能力越强,碱性就越强;反之就越弱。欲定量说明酸碱的强弱程度可以用酸碱离解平衡常数($K$)。

对于弱酸 HA,其在水溶液中的离解反应为

$$HA + H_2O \rightleftharpoons H_3O^+ + A^-$$

通常为了简便起见,$H_3O^+$ 写成 $H^+$,酸碱反应式中,与溶剂的作用不表示出来,即

$$HA \rightleftharpoons H^+ + A^-$$

离解反应达平衡时,其平衡常数为

$$K_a = \frac{[H^+][A^-]}{[HA]} \tag{4-1}$$

$K_a$ 称为酸的离解平衡常数,它是衡量酸强弱的重要参数。$K_a$ 越大,表明该酸的酸性越强。在一定温度下 $K_a$ 是一个常数,它仅随温度的变化而变化。

与此类似,对于碱 $A^-$ 在水溶液中的离解反应与平衡常数为

$$A^- + H_2O \rightleftharpoons HA + OH^-$$

$$K_b = \frac{[HA][OH^-]}{[A^-]} \tag{4-2}$$

$K_b$ 称为碱的离解平衡常数,它是衡量碱强弱的参数。

对于共轭酸碱对而言,它们的 $K_a$ 和 $K_b$ 值之间存在下列关系

$$K_a K_b = \frac{[H^+][A^-]}{[HA]} \times \frac{[HA][OH^-]}{[A^-]} = [H^+][OH^-] = K_w \tag{4-3}$$

或 $$pK_a + pK_b = pK_w$$

因此,在共轭酸碱对中,如果酸的酸性越强(即 $K_a$ 越大),则其对应共轭碱的碱性就越弱(即 $K_b$ 越小);反之,酸的酸性越弱(即 $K_a$ 越小),则其对应共轭碱的碱性就越强(即 $K_b$ 越大)。

对于多元酸,要注意 $K_a$ 与 $K_b$ 的对应关系,如三元酸 $H_3A$ 在水溶液中

$$H_3A \underset{K_{b3}}{\overset{K_{a1}}{\rightleftharpoons}} H_2A^- \underset{K_{b2}}{\overset{K_{a2}}{\rightleftharpoons}} HA^{2-} \underset{K_{b1}}{\overset{K_{a3}}{\rightleftharpoons}} A^{3-}$$

即 $$K_{a1} \cdot K_{b3} = K_{a2} \cdot K_{b2} = K_{a3} \cdot K_{b1} = [H^+][OH^-] = K_w$$

**例 4-1**　试求 $HPO_4^{2-}$ 的 $pK_{b2}$ 和 $K_{b2}$。

解:$HPO_4^{2-}$ 为两性物质,既可作为酸失去质子(以 $pK_{a3}$ 衡量其强度),也可作为碱获得质子(以 $pK_{b2}$ 衡量其强度)。现求 $HPO_4^{2-}$ 的 $pK_{b2}$,所以应查出它的共轭酸 $H_2PO_4^-$ 的 $pK_{a2}$,经查表可知 $K_{a2} = 6.3 \times 10^{-8}$,即 $pK_{a2} = 7.20$。

由于 $$K_{a2} \cdot K_{b2} = 10^{-14}$$

所以 $$pK_{b2} = 14 - pK_{a2} = 14 - 7.20 = 6.80$$

即 $$K_{b2} = 1.6 \times 10^{-7}$$

## 4.1.3　浓度、活度与离子强度

在电解质溶液中,由于离子之间以及离子与溶剂之间的相互作用,使得离子所表现出的有效浓度与其浓度之间存在一定差别。离子的有效浓度称为离子的活度,以 $a$ 表示,它与离子浓度 $c$ 的关系是

$$a = \gamma c \tag{4-4}$$

式中,$\gamma$ 称为离子的活度系数,其大小反映了离子间相互作用力的强弱。对于浓度极低的电解质溶液,由于离子的总浓度很低,离子间相距甚远,离子间的相互作用可忽略,$\gamma \approx 1$,$a \approx c$。而对于浓度较高的电解质溶液,由于离子的总浓度较高,离子间的距离减小,离子间的相互作用变大,因此 $\gamma < 1$,$a < c$。所以,从严格意义上讲,各种离子平衡常数的计算不能用离子浓度,而应当使用离子活度。

由于活度系数反映离子间相互作用力的强弱,因此活度系数的大小不仅与溶液中各种离子的浓度有关,也与离子所带的电荷数有关。离子强度是衡量溶液中存在的离子所产生的电

场强度的物理量,用 $I$ 表示。其计算式为

$$I = \frac{1}{2}\sum_{i=1}^{n} c_i z_i^2 \qquad (4-5)$$

式中,$c_i$ 和 $z_i$ 分别表示溶液中各种离子的浓度和离子所带的电荷数。显然,离子强度只与溶液中各离子的浓度和电荷有关,而与离子本性无关。电解质溶液的浓度越高、电荷数越大,则离子强度越大。

德拜-休克尔从理论上导出了在极稀溶液中电解质离子的活度系数与离子强度的关系

$$\lg \gamma_i = -A z_i^2 \sqrt{I} \qquad (4-6)$$

式中,$A = 0.51(298\,\text{K})$。电解质溶液的离子强度 $I$ 越大,则离子间的相互作用就越强,离子的活度系数就越小,所以离子的活度也就越小,与离子浓度的差别也就越大,用浓度代替活度所产生的偏差也就越大。

### 4.1.4 分布系数与分布曲线

酸碱平衡体系中,溶液中往往存在多种酸碱组分,其中每一组分的浓度称为平衡浓度,各种存在形式平衡浓度的总和称为总浓度或分析浓度;某一存在形式的平衡浓度占总浓度的分数,则称为该存在形式的分布系数,用 $\delta$ 表示。当溶液的 pH 发生变化时,平衡随之移动,因此溶液中各种酸碱存在形式的分布情况也发生变化,所以分布系数也随之发生相应的变化,将分布系数随溶液 pH 变化的曲线称为分布曲线。

1. 一元酸

一元酸 HA 在水溶液中有 HA 与 $A^-$ 两种存在形式。设 HA 在水溶液中的总浓度为 $c$,则 $c = [\text{HA}] + [\text{A}^-]$。若设 HA 在溶液中所占的分数为 $\delta_1$,$A^-$ 所占的分数为 $\delta_0$,则有

$$\delta_1 = \frac{[\text{HA}]}{c} = \frac{[\text{HA}]}{[\text{HA}]+[\text{A}^-]} = \frac{1}{1+\dfrac{[\text{A}^-]}{[\text{HA}]}} = \frac{1}{1+\dfrac{K_a}{[\text{H}^+]}} = \frac{[\text{H}^+]}{[\text{H}^+]+K_a} \qquad (4-7)$$

同理
$$\delta_0 = \frac{[\text{A}^-]}{c} = \frac{K_a}{[\text{H}^+]+K_a} \qquad (4-8)$$

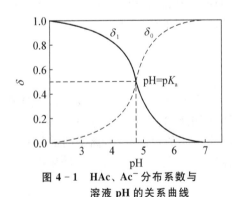

图 4-1  HAc、$Ac^-$ 分布系数与
溶液 pH 的关系曲线

由式(4-7)和式(4-8)可以看出,对于确定的弱酸,其 $K_a$ 一定,$\delta$ 的大小只与 $H^+$ 浓度有关,只要知道溶液的 $H^+$ 浓度,便可求出 $\delta$ 值,如果又知道酸的总浓度,便可求得溶液中酸的各种形式的平衡浓度。同时由上式也可知,两种组分分布系数之和应该等于1,即 $\delta_1 + \delta_0 = 1$。

如果以溶液 pH 为横坐标,溶液中各存在形式的分布系数为纵坐标,则可得到 HA 的分布曲线,图4-1显示了 HAc 的分布曲线。

由图 4-1 可知,当 $\text{pH} \ll pK_a$ 时,$\delta_1 \gg \delta_0$,此时溶液中的 HAc 为主要存在形式;当 $\text{pH} \gg pK_a$ 时,$\delta_1 \ll \delta_0$,此时溶液中的 $Ac^-$ 为主要存在形式;当 $\text{pH} =$

$pK_a = 4.74$ 时,$\delta_1 = \delta_0 = 0.5$,此时溶液中 HAc 和 $Ac^-$ 两种形式各占一半。

**例 4 - 2**　计算 pH = 4.00 时,0.10 mol/L HAc 溶液中各型体的分布系数和平衡浓度。

解:

$$\delta_{HAc} = \frac{[H^+]}{K_a + [H^+]} = \frac{10^{-4}}{1.8 \times 10^{-5} + 10^{-4}} = 0.85$$

$$\delta_{Ac^-} = 0.15$$

$$[HAc] = c\delta_{HAc} = 0.10 \times 0.85 = 0.085 \ (mol/L)$$

$$[Ac^-] = c\delta_{Ac^-} = 0.10 \times 0.15 = 0.015 \ (mol/L)$$

**2. 二元酸**

二元酸 $H_2A$ 在水溶液中有 $H_2A$、$HA^-$、$A^{2-}$ 三种存在形式,有两级离解平衡常数($K_{a_1}$ 与 $K_{a_2}$)。平衡时,如果用 $\delta_2$、$\delta_1$ 与 $\delta_0$ 分别代表溶液中 $H_2A$、$HA^-$ 与 $A^{2-}$ 的分布系数,则二元酸分布系数的计算公式为

$$\delta_2 = \frac{[H_2A]}{c} = \frac{[H_2A]}{[H_2A] + [HA^-] + [A^{2-}]} = \frac{1}{1 + \dfrac{[HA^-]}{[H_2A]} + \dfrac{[A^{2-}]}{[H_2A]}}$$

$$= \frac{1}{1 + \dfrac{K_{a_1}}{[H^+]} + \dfrac{K_{a_1}K_{a_2}}{[H^+]^2}} = \frac{[H^+]^2}{[H^+]^2 + K_{a_1}[H^+] + K_{a_1}K_{a_2}} \qquad (4-9)$$

$$\delta_1 = \frac{[HA^-]}{c} = \frac{K_{a_1}[H^+]}{[H^+]^2 + K_{a_1}[H^+] + K_{a_1}K_{a_2}} \qquad (4-10)$$

$$\delta_0 = \frac{[A^{2-}]}{c} = \frac{K_{a_1}K_{a_2}}{[H^+]^2 + K_{a_1}[H^+] + K_{a_1}K_{a_2}} \qquad (4-11)$$

式中,$\delta_2 + \delta_1 + \delta_0 = 1$。

图 4 - 2 显示了草酸的分布曲线,从中可以看出:当 $pH < pK_{a_1} = 1.23$ 时,溶液中 $H_2C_2O_4$ 为主要的存在形式;当 $pH > pK_{a_2} = 4.19$ 时,溶液中 $C_2O_4^{2-}$ 为主要的存在形式;当 $pK_{a_1} < pH < pK_{a_2}$ 时,则溶液中 $HC_2O_4^-$ 为主要的存在形式。

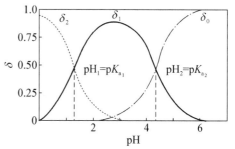

**图 4 - 2**　草酸溶液中各种存在形式的分布系数与溶液 pH 的关系曲线

**例 4 - 3**　计算 pH = 6.00 时,0.10mol/L $H_2C_2O_4$ 溶液中 $[C_2O_4^{2-}]$ 的平衡浓度。

解:$$\delta_{C_2O_4^{2-}} = \frac{K_{a_1}K_{a_2}}{[H^+]^2 + [H^+]K_{a_1} + K_{a_1}K_{a_2}}$$

$$= \frac{10^{-1.23} \times 10^{-4.19}}{(10^{-6})^2 + 10^{-1.23} \times 10^{-6} + 10^{-1.23} \times 10^{-4.19}} = 0.98$$

$$[C_2O_4^{2-}] = c\delta_{C_2O_4^{2-}} = 0.10 \times 0.98 = 0.098 \ (mol/L)$$

### 3. 三元酸

三元酸 $H_3A$ 在水溶液中有 $H_3A$、$H_2A^-$、$HA^{2-}$ 与 $A^{3-}$ 四种存在形式,按上述方法可以推导出平衡时溶液中各种存在形式分布系数的计算公式,即

$$\delta_3 = \frac{[H_3A]}{c} = \frac{[H^+]^3}{[H^+]^3 + [H^+]^2 K_{a_1} + [H^+] K_{a_1} K_{a_2} + K_{a_1} K_{a_2} K_{a_3}} \qquad (4-12)$$

$$\delta_2 = \frac{[H_2A^-]}{c} = \frac{[H^+]^2 K_{a_1}}{[H^+]^3 + [H^+]^2 K_{a_1} + [H^+] K_{a_1} K_{a_2} + K_{a_1} K_{a_2} K_{a_3}} \qquad (4-13)$$

$$\delta_1 = \frac{[HA^{2-}]}{c} = \frac{[H^+] K_{a_1} K_{a_2}}{[H^+]^3 + [H^+]^2 K_{a_1} + [H^+] K_{a_1} K_{a_2} + K_{a_1} K_{a_2} K_{a_3}} \qquad (4-14)$$

$$\delta_0 = \frac{[A^{3-}]}{c} = \frac{K_{a_1} K_{a_2} K_{a_3}}{[H^+]^3 + [H^+]^2 K_{a_1} + [H^+] K_{a_1} K_{a_2} + K_{a_1} K_{a_2} K_{a_3}} \qquad (4-15)$$

$$\delta_3 + \delta_2 + \delta_1 + \delta_0 = 1$$

图 4-3 显示了 $H_3PO_4$ 的分布曲线。当 $pH < pK_{a_1}$ 时,溶液中 $H_3PO_4$ 为主要的存在形式;当 $pK_{a_1} < pH < pK_{a_2}$ 时,溶液中 $H_2PO_4^-$ 为主要的存在形式;当 $pK_{a_2} < pH < pK_{a_3}$ 时,溶液中 $HPO_4^{2-}$ 为主要的存在形式;当 $pH > pK_{a_3}$ 时,溶液中 $PO_4^{3-}$ 为主要的存在形式。

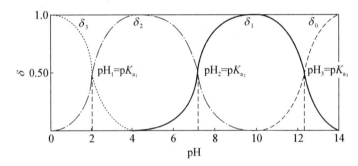

图 4-3　磷酸溶液中各种存在形式的分布系数与溶液 pH 的关系曲线

由于 $H_3PO_4$ 的 $pK_{a_1} = 2.12$,$pK_{a_2} = 7.20$,$pK_{a_3} = 12.36$,三者相差较大,各存在形式同时共存的情况不明显。但也须注意,在 $pH = 4.7$ 时,$H_2PO_4^-$ 占 99.4%,但 $H_3PO_4$ 和 $HPO_4^{2-}$ 也各占有 0.3%。同样,当 $pH = 9.8$ 时,$HPO_4^{2-}$ 占 99.4%,但 $H_2PO_4^-$ 和 $PO_4^{3-}$ 也各占有 0.3%。

由以上讨论可见,分布系数 $\delta$ 主要取决于溶液中 $H^+$ 的浓度及酸本身的 $K_a$,而与酸的总浓度无关。分布系数是一个非常重要的参数,它对于计算平衡时溶液中各组分的浓度,深入了解酸碱滴定的过程、分步滴定的可行性等都是非常有用的。

## 4.1.5　酸碱水溶液中 H⁺ 浓度的计算

酸碱滴定中 $[H^+]$ 或 pH 的计算非常重要。根据酸碱反应中实际存在的平衡关系可推导出计算 $[H^+]$ 的关系式。在允许的计算误差范围内,进行合理的近似处理后可得到结果。

1. 物料平衡、电荷平衡和质子条件

1) 物料平衡

在一个化学平衡体系中，某一给定物质的总浓度等于各种有关形式平衡浓度之和。物质在化学反应中所遵循的这一规律，称为物料平衡或质量平衡。由此建立的数学表达式称为物料平衡方程，用 MBE 表示。例如，浓度为 $c(\text{mol/L})$ 的 HAc 溶液的物料平衡方程为

$$[HAc] + [Ac^-] = c$$

又如，浓度为 $c(\text{mol/L})$ 的 $Na_2SO_3$ 溶液的物料平衡方程为

$$[Na^+] = 2c \qquad [SO_3^{2-}] + [HSO_3^-] + [H_2SO_3] = c$$

2) 电荷平衡

由于溶液呈现电中性，因此溶液中离子所带的正电荷总数和负电荷总数相等，据此考虑离子浓度和所带电荷而建立的数学表达式称为电荷平衡方程，用 CBE 表示。例如，浓度为 $c(\text{mol/L})$ 的 NaCN 溶液的电荷平衡方程为

$$[H^+] + [Na^+] = [CN^-] + [OH^-] \qquad [H^+] + c = [CN^-] + [OH^-]$$

又如，浓度为 $c(\text{mol} \cdot L^{-1})$ 的 $CaCl_2$ 溶液的电荷平衡方程为

$$[H^+] + 2[Ca^{2+}] = [OH^-] + [Cl^-]$$

式中，$[Ca^{2+}]$ 前的系数 2 是 $Ca^{2+}$ 的电荷数。

3) 质子条件

按照酸碱质子理论，酸碱反应达到平衡时，酸失去的质子数应等于碱得到的质子数，即溶液中得质子后产物与失质子后产物的质子得失的量相等。根据质子得失数和相应组分的浓度所列出的数学表达式称为质子平衡方程或质子条件式，用 PBE 表示。

列出质子条件式的步骤是，首先选择质子参考水准（零水准），通常以溶液中大量存在并参与质子转移的物质作为质子参考水准，然后以质子参考水准判断溶液中哪些组分得质子，哪些组分失质子，写出得到质子后的产物和失去质子后的产物，建立得质子后的产物平衡浓度的总和与失质子后的产物平衡浓度的总和相等的质子条件式。值得注意的是各平衡浓度前的系数应为每种物质相对于参考水准的得（失）质子数，而作为质子参考水准的物质不应出现在质子条件式中。

例如，一元弱酸 HA 溶液质子条件式的建立，首先以 HA、$H_2O$ 为参考水准，溶液中质子转移反应有

HA 的离解反应 $\qquad HA \rightleftharpoons H^+ + A^-$

水的质子自递反应 $\qquad H_2O \rightleftharpoons H^+ + OH^-$

因而反应的产物 $H^+$ 是得质子的产物，而 $A^-$ 和 $OH^-$ 是失质子的产物。则质子条件式为

$$[H^+] = [OH^-] + [A^-]$$

又如，二元弱酸 $H_2A$ 溶液的质子条件式的建立，首先以 $H_2O$ 和 $H_2A$ 为参考水准，溶液中质子转移反应有

$$H_2A \rightleftharpoons HA^- + H^+$$

$$H_2A \Longrightarrow A^{2-} + 2H^+$$

$$H_2O \Longrightarrow H^+ + OH^-$$

将各种存在形式与参考水准相比较可知 $OH^-$、$HA^-$、$A^{2-}$ 为失质子的产物,$H^+$ 是得质子的产物,但须注意 $A^{2-}$ 是 $H_2A$ 失 2 个质子的产物,在列出质子条件式时,应在 $[A^{2-}]$ 前乘以系数 2,因此 $H_2A$ 溶液的质子条件式为

$$[H^+] = [HA^-] + 2[A^{2-}] + [OH^-]$$

再如两性物质 NaHA 的质子条件式的建立,首先以 $H_2O$ 和 $HA^-$ 为参考水准,溶液中质子转移反应有

$$HA^- \Longrightarrow H^+ + A^{2-}$$

$$HA^- \Longrightarrow H_2A + OH^-$$

$$H_2O \Longrightarrow H^+ + OH^-$$

式中,$OH^-$、$A^{2-}$ 相较于参考水准为失质子的产物,$H^+$、$H_2A$ 是得质子的产物,因此 $HA^-$ 溶液的质子条件式为

$$[H_2A] + [H^+] = [A^{2-}] + [OH^-]$$

**例 4-4** 写出浓度为 $c(mol/L)$ 的 $Na_2HPO_4$ 溶液的质子条件式。

解:以 $H_2O$ 和 $HPO_4^{2-}$ 为参考水准,溶液中质子转移反应有

$$HPO_4^{2-} + H_2O \Longrightarrow H_2PO_4^- + OH^-$$

$$HPO_4^{2-} + 2H_2O \Longrightarrow H_3PO_4 + 2OH^-$$

$$HPO_4^{2-} \Longrightarrow H^+ + PO_4^{3-}$$

$$H_2O \Longrightarrow H^+ + OH^-$$

则质子条件式为

$$[H^+] + [H_2PO_4^-] + 2[H_3PO_4] = [PO_4^{3-}] + [OH^-]$$

**2. 酸碱溶液 pH 的计算**

**1)一元强酸(强碱)溶液 pH 的计算**

由于强酸(碱)在溶液中全部离解,一般 pH 的计算较为简单,即 $pH = -\lg c$,如 0.1 mol/L HCl 溶液,$pH = -\lg 0.1 = 1$。但若酸(碱)的浓度很稀,则还须考虑水离解的 $H^+$ 和 $OH^-$,此时,可建立质子条件进行有关计算。

以浓度为 $c$ 的 HCl 为例,建立质子条件,得到 $H^+$ 的计算式:

$$[H^+] = [Cl^-] + [OH^-] = c + K_w/[H^+]$$

$$[H^+] = \frac{c \pm \sqrt{c^2 + 4K_w}}{2} \tag{4-16}$$

一般当酸的浓度不小于 $10^{-6}$ mol/L 时,可忽略水离解的 $H^+$。同理对于一元强碱,只须将 $H^+$ 换成 $OH^-$ 即可类似地进行计算。

**例 4-5** 计算 $1.0 \times 10^{-7}$ mol/L HCl 溶液的 pH。

解：$[H^+] = \dfrac{c \pm \sqrt{c^2 + 4K_w}}{2} = \dfrac{1.0 \times 10^{-7} \pm \sqrt{(1.0 \times 10^{-7})^2 + 4 \times 1.0 \times 10^{-14}}}{2}$

$$= 1.6 \times 10^{-7} (\text{mol/L})$$

$$pH = 6.80$$

2）一元弱酸（弱碱）溶液 pH 的计算

一元弱酸 HA 的质子条件式为 $[H^+] = [A^-] + [OH^-]$

以 $[A^-] = K_a \dfrac{[HA]}{[H^+]}$ 和 $[OH^-] = \dfrac{K_w}{[H^+]}$ 代入上述质子条件式可得

$$[H^+] = K_a \frac{[HA]}{[H^+]} + \frac{K_w}{[H^+]}$$

$$[H^+] = \sqrt{K_a[HA] + K_w} \tag{4-17}$$

上式为计算一元弱酸溶液中 $[H^+]$ 的精确公式。式中的 $[HA]$ 为 HA 的平衡浓度，在实际应用中，根据计算 $[H^+]$ 时的允许误差大小，弱酸的 $c$ 与 $K_a$ 值的大小，可采取近似计算的方法[①]。

若计算结果的允许误差在 5%，则以 $cK_a$ 是否大于等于 $10K_w$ 作为判断 $K_w$ 是否可以忽略的判据，以 $c/K_a$ 是否大于等于 100 作为能否用 $c$ 代替 $[HA]$ 的判据。若 $cK_a \geqslant 10K_w$，说明酸不是太弱，$K_w$ 可以忽略；若 $c/K_a \geqslant 100$，说明弱酸离解不是太大，可以用 $c$ 代替 $[HA]$。根据酸碱平衡的具体情况对式（4-17）作出的近似处理如下。

（1）当酸极弱、溶液又极稀时，满足 $c/K_a \leqslant 100$ 和 $cK_a \leqslant 10K_w$ 条件时，$[HA] = c\delta_{HA}$（$c$ 为 HA 的总浓度），代入式（4-17），则可推导出一元三次方程

$$[H^+]^3 + K_a[H^+]^2 + (cK_a + K_w)[H^+] - K_aK_w = 0 \tag{4-18}$$

（2）当酸极弱但浓度不是太低，此时水的离解不能忽略。但 HA 的平衡浓度 $[HA]$ 可以认为近似等于总浓度 $c$，即可以略去弱酸本身的离解，以 $c$ 代替 $[HA]$。在满足 $cK_a < 10K_w$，$c/K_a \geqslant 100$ 条件时，可将式（4-17）简化为近似公式

$$[H^+] = \sqrt{cK_a + K_w} \tag{4-19}$$

（3）当弱酸的 $K_a$ 不是很小、浓度较小时，则由酸离解提供的 $[H^+]$ 将高于水离解所提供的 $[H^+]$，在满足 $cK_a \geqslant 10K_w$、$c/K_a < 100$ 时，可将式（4-17）中的 $K_w$ 项略去，则得

$$[H^+] = \sqrt{K_a[HA]} = \sqrt{K_a(c - [H^+])}$$

即 $$[H^+] = \frac{1}{2}(-K_a + \sqrt{K_a^2 + 4cK_a}) \tag{4-20}$$

（4）当 $K_a$ 和 $c$ 均不是很小，且 $c \gg K_a$ 时，不仅水的离解可以忽略，而且弱酸的离解对其总浓度的影响也可以忽略。即满足 $c/K_a \geqslant 100$ 和 $cK_a \geqslant 10K_w$ 两个条件，则式（4-17）可进一

---

[①] 若计算结果的允许误差在 2%～3%，则以 $c/K_a \geqslant 500$ 和 $cK_a \geqslant 20K_w$ 作为能否近似计算的判断条件；若计算结果的允许误差在 5%，则以 $c/K_a \geqslant 100$ 和 $cK_a \geqslant 10K_w$ 作为能否近似计算的判断条件。本教材采用后者。

步简化为

$$[H^+] = \sqrt{cK_a} \qquad (4-21)$$

**例 4-6** 计算 0.010 mol/L HF 溶液的 pH,已知 $K_a = 3.5 \times 10^{-4}$。

解:因 $cK_a = 0.010 \times 3.5 \times 10^{-4} > 10K_w$,$c/K_a = 0.010/(3.5 \times 10^{-4}) < 100$,故根据式(4-20)

$$[H^+] = \frac{-K_a + \sqrt{K_a^2 + 4cK_a}}{2}$$

$$= \frac{-3.5 \times 10^{-4} + \sqrt{(3.5 \times 10^{-4})^2 + 4 \times 0.010 \times 3.5 \times 10^{-4}}}{2}$$

$$= 1.7 \times 10^{-3} (\text{mol/L})$$

$$pH = 2.77$$

**例 4-7** 计算 $10^{-4}$ mol/L $H_3BO_3$ 溶液的 pH,已知 $pK_a = 9.24$。

解:由题意可得 $cK_a = 10^{-4} \times 10^{-9.24} = 5.8 \times 10^{-14} < 10K_w$,因此水离解产生的 $[H^+]$ 不能忽略。另一方面 $c/K_a = 10^{-4}/10^{-9.24} = 10^{5.24} \gg 100$,可以用总浓度 $c$ 近似代替平衡浓度 $[H_3BO_3]$,应选用式(4-19)

$$[H^+] = \sqrt{cK_a + K_w} = \sqrt{10^{-4} \times 10^{-9.24} + 10^{-14}} = 2.6 \times 10^{-7} (\text{mol/L})$$

$$pH = 6.59$$

对于一元弱碱

当 $cK_b \geqslant 10K_w$,$c/K_b \geqslant 100$ 时,有

$$[OH^-] = \sqrt{cK_b}$$

当 $cK_b \geqslant 10K_w$,$c/K_b < 100$ 时,有

$$[OH^-] = \frac{-K_b + \sqrt{K_b^2 + 4cK_b}}{2}$$

当 $cK_b < 10K_w$,$c/K_b \geqslant 100$ 时,有

$$[OH^-] = \sqrt{K_w + cK_b}$$

当 $cK_b < 10K_w$,$c/K_b < 100$ 时,$[OH^-]^3 + K_b[OH^-]^2 + (cK_b + K_w)[OH^-] - K_bK_w = 0$。

3) 多元酸(碱)溶液

以浓度为 $c$(mol/L)的二元弱酸溶液 $H_2A$ 溶液的氢离子浓度计算为例,$H_2A$ 溶液的质子条件式为

$$[H^+] = [HA^-] + 2[A^{2-}] + [OH^-]$$

由于溶液为酸性,所以 $[OH^-]$ 可忽略不计,由平衡关系

$$[H^+] = K_{a1} \frac{[H_2A]}{[H^+]} + 2K_{a1}K_{a2} \frac{[H_2A]}{[H^+]^2}$$

或
$$[H^+] = \frac{K_{a_1}[H_2A]}{[H^+]}\left(1 + \frac{2K_{a_2}}{[H^+]}\right) \qquad (4-22)$$

通常二元酸的 $K_{a_1} \gg K_{a_2}$，当 $\dfrac{2K_{a_2}}{[H^+]} = \dfrac{2K_{a_2}}{\sqrt{cK_{a_1}}} \ll 1$ 时，可忽略。于是得

$$[H^+] = \sqrt{K_{a_1}[H_2A]} \qquad (4-23)$$

此时二元弱酸的氢离子浓度主要由第一步离解决定，计算可类同于一元酸的处理，按一元弱酸近似处理的条件

当 $cK_{a_1} \geqslant 10K_w$，$c/K_{a_1} \geqslant 100$ 时，

$$[H^+] = \sqrt{cK_{a_1}}$$

当 $cK_{a_1} \geqslant 10K_w$，$c/K_{a_1} < 100$ 时，

$$[H^+] = \frac{-K_{a_1} + \sqrt{K_{a_1}^2 + 4cK_{a_1}}}{2}$$

**例 4-8**　计算 0.10 mol/L $H_3PO_4$ 溶液的中 $H^+$ 及各存在形式的浓度。已知 $K_{a_1} = 7.6 \times 10^{-3}$，$K_{a_2} = 6.3 \times 10^{-8}$，$K_{a_3} = 4.4 \times 10^{-13}$。

解：因为 $K_{a_1} \gg K_{a_2} \gg K_{a_3}$，$\dfrac{2K_{a_2}}{[H^+]} \approx \dfrac{2K_{a_2}}{\sqrt{cK_{a_1}}} \ll 1$，且 $cK_{a_1} = 0.1 \times 7.6 \times 10^{-3} > 10K_w$，因此磷酸的第二、三级离解和水的离解均可忽略，可按一元弱酸来处理。又因为 $c/K_{a_1} = 0.10/(7.6 \times 10^{-3}) < 100$，故根据式(4-20)

$$[H^+] = \frac{-K_{a_1} + \sqrt{K_{a_1}^2 + 4cK_{a_1}}}{2}$$

$$= \frac{-7.6 \times 10^{-3} + \sqrt{(7.6 \times 10^{-3})^2 + 4 \times 0.10 \times 7.6 \times 10^{-3}}}{2}$$

$$= 2.4 \times 10^{-2} (mol/L)$$

$$[H_2PO_4^-] = [H^+] = 2.4 \times 10^{-2} \text{ mol/L}$$

$$[HPO_4^{2-}] = K_{a_2}\frac{[H_2PO_4^-]}{[H^+]} = 6.3 \times 10^{-8} \text{ mol/L}$$

$$[PO_4^{3-}] = K_{a_3}\frac{[HPO_4^{2-}]}{[H^+]} = 4.4 \times 10^{-13} \times \frac{6.3 \times 10^{-8}}{2.4 \times 10^{-2}} = 1.2 \times 10^{-18} (mol/L)$$

对多元弱碱的处理与多元弱酸相似。

4）两性物质

以浓度为 $c$(mol/L)的两性物质 $HA^-$ 溶液的氢离子浓度计算为例，$HA^-$ 溶液的质子条件式为

$$[H_2A] + [H^+] = [A^{2-}] + [OH^-]$$

将平衡常数 $K_{a_1}$、$K_{a_2}$ 及 $K_w$ 代入上式，得

$$\frac{[H^+][HA^-]}{K_{a_1}}+[H^+]=\frac{K_{a_2}[HA^-]}{[H^+]}+\frac{K_w}{[H^+]}$$

经转化得精确表达式

$$[H^+]=\sqrt{\frac{K_{a_1}(K_{a_2}[HA^-]+K_w)}{K_{a_1}+[HA^-]}} \tag{4-24}$$

如果 $HA^-$ 给出质子与接受质子的能力都比较弱,则可以有 $[HA^-]\approx c$;另根据计算可知,若允许误差为 5%,在 $cK_{a_2}\geqslant 10K_w$ 时,$HA^-$ 提供的 $[H^+]$ 比水提供的 $[H^+]$ 大得多,可忽略 $K_w$ 项,则得近似计算式

$$[H^+]=\sqrt{\frac{cK_{a_1}K_{a_2}}{K_{a_1}+c}} \tag{4-25}$$

如果 $c/K_{a_1}\geqslant 10$,则分母中的 $K_{a_1}$ 可略去,经整理可得

$$[H^+]=\sqrt{K_{a_1}K_{a_2}} \tag{4-26}$$

上式为在满足 $cK_{a_2}\geqslant 10K_w$ 和 $c/K_{a_1}\geqslant 10$ 两个条件时的最简式。

**例 4-9**　分别计算 0.05 mol/L $NaH_2PO_4$ 和 $3.33\times10^{-2}$ mol/L $Na_2HPO_4$ 溶液的 pH。

解:查表得 $H_3PO_4$ 的 $pK_{a_1}=2.12$,$pK_{a_2}=7.20$,$pK_{a_3}=12.36$。

$NaH_2PO_4$ 和 $Na_2HPO_4$ 都属于两性物质,它们的酸性和碱性都比较弱,可以认为平衡浓度等于总浓度,因此可根据题设条件,采用适当的计算式进行计算。

(1) 对于 0.05 mol/L $NaH_2PO_4$ 溶液

∵ $cK_{a_2}=0.05\times10^{-7.20}\gg 10K_w$,$c/K_{a_1}=0.05/10^{-2.12}=6.59<10$,根据式(4-25)

∴ $[H^+]=\sqrt{\frac{cK_{a_1}K_{a_2}}{K_{a_1}+c}}=\sqrt{\frac{0.05\times10^{-2.12}\times10^{-7.20}}{(10^{-2.12}+0.05)}}=2.0\times10^{-5}$ (mol/L)

pH=4.70

(2) 对于 $3.33\times10^{-2}$ mol/L $Na_2HPO_4$ 溶液

由于本题涉及 $K_{a_2}$ 和 $K_{a_3}$,所以在运用公式及判别式时,应将有关公式中的 $K_{a_1}$ 和 $K_{a_2}$ 分别换成 $K_{a_2}$ 和 $K_{a_3}$。

∵ $cK_{a_3}=3.33\times10^{-2}\times10^{-12.36}=1.45\times10^{-14}\approx K_w$,$c/K_{a_2}=3.33\times10^{-2}/10^{-7.20}\gg 10$

∴ 式(4-24)中的 $K_w$ 项不能略去。但 $c/K_{a_2}\gg 10$,故式(4-24)中分母项 $K_{a_2}$ 可略去。

$$[H^+]=\sqrt{\frac{K_{a_2}(cK_{a_3}+K_w)}{c}}$$
$$=\sqrt{\frac{10^{-7.20}(10^{-12.36}\times3.33\times10^{-2}+10^{-14})}{3.33\times10^{-2}}}$$
$$=2.2\times10^{-10} \text{ (mol/L)}$$

pH=9.66

5）弱酸弱碱盐溶液 pH 的计算

对于由弱酸弱碱组成的盐，如 $NH_4Ac$、$(NH_4)_2S$ 等，其 pH 的计算类似于两性物质的 pH 计算，对于 $AB$(如 $NH_4Ac$)，其中 $A^+$($NH_4^+$)起酸的作用，$B^-$($Ac^-$)起碱的作用，按照质子条件式

$$[H^+] + [HB] = [OH^-] + [A]$$

$$[H^+] + \frac{[H^+][B^-]}{K_{a(HB)}} = \frac{K_w}{[H^+]} + \frac{[A^+]K_{a(A^+)}}{[H^+]}$$

经转化得

$$[H^+] = \sqrt{\frac{K_{a(HB)}[K_w + [A^+]K_{a(A^+)}]}{K_{a(HB)} + [B^-]}} \qquad (4-27)$$

若 $AB$($NH_4^+$ 和 $Ac^-$)的离解能力较弱且接近，在 $c$ 不是太小的情况下，可忽略两者的离解，因此 $[A^+] = [B^-] = c$，则

$$[H^+] = \sqrt{\frac{K_{a(HB)}[K_w + cK_{a(A^+)}]}{K_{a(HB)} + c}} \qquad (4-28)$$

若 $cK_{a(A^+)} \geqslant 10K_w$，则 $K_w$ 忽略，有

$$[H^+] = \sqrt{\frac{cK_{a(HB)}K_{a(A^+)}}{K_{a(HB)} + c}} \qquad (4-29)$$

若 $c/K_{a(HB)} > 10$，则 $K_{a(HB)}$ 忽略，有

$$[H^+] = \sqrt{K_{a(HB)}K_{a(A^+)}} = \sqrt{\frac{K_{a(HB)}K_w}{K_{b(A)}}} \qquad (4-30)$$

**例 4-10**　计算 0.10 mol/L 氨基乙酸溶液的 pH。($K_{a1} = 4.5 \times 10^{-3}$, $K_{a2} = 2.5 \times 10^{-10}$)

解：氨基乙酸($H_2N-CH_2-COOH$)在溶液中以双偶极离子($^+H_3N-CH_2-COO^-$)的形式存在，既能起酸的作用离解出 $H^+$ 形成 $H_2N-CH_2-COO^-$，也能起碱的作用结合 $H^+$ 形成 $^+H_3N-CH_2-COOH$。离解反应如下：

$$^+H_3N-CH_2-COOH \xrightleftharpoons{K_{a1}} {}^+H_3N-CH_2-COO^- \xrightleftharpoons{K_{a2}} H_2N-CH_2-COO^-$$

氨基乙酸阳离子　　　　氨基乙酸双偶极离子　　　氨基乙酸阴离子
$A^+$　　　　　　　　　　　　$A^0$　　　　　　　　　　　$A^-$

由于 $cK_{a2} > 10K_w$, $c/K_{a1} > 10$，因此可采用最简式。

$$[H^+] = \sqrt{K_{a1}K_{a2}} = \sqrt{4.5 \times 10^{-3} \times 2.5 \times 10^{-10}} = 1.1 \times 10^{-6}(mol/L)$$

$$pH = 5.97$$

对于酸碱组成比例不为 1:1 的弱酸弱碱盐，其溶液 pH 的计算比较复杂，先建立质子条件式，然后根据情况进行必要的简化处理，此处不再赘叙。

6) 混合酸(碱)溶液 pH 的计算

(1) 弱酸(碱)和弱酸(碱)混合溶液

若一元弱酸 HA 和一元弱酸 HB 形成混合溶液,则其 pH 的计算也可由质子条件式经适当转化后得到,具体方法为:设 HA 和 HB 的浓度和离解常数分别为 $c_{HA}$、$K_{a(HA)}$ 和 $c_{HB}$、$K_{a(HB)}$,此溶液的质子条件式为

$$[H^+] = [A^-] + [B^-] + [OH^-]$$

因为是两种酸的混合溶液,故 $[OH^-]$ 可忽略,再经酸离解平衡关系式的转化可得

$$[H^+] = \frac{K_{a(HA)}[HA]}{[H^+]} + \frac{K_{a(HB)}[HB]}{[H^+]}$$

$$[H^+] = \sqrt{K_{a(HA)}[HA] + K_{a(HB)}[HB]} \qquad (4-31)$$

若 $c_{HA}/K_{a(HA)} \geqslant 100$、$c_{HB}/K_{a(HB)} \geqslant 100$,则简化为

$$[H^+] = \sqrt{K_{a(HA)} c_{HA} + K_{a(HB)} c_{HB}} \qquad (4-32)$$

若 $K_{a(HA)} c_{HA} \gg K_{a(HB)} c_{HB}$,则得最简式

$$[H^+] = \sqrt{K_{a(HA)} c_{HA}} \qquad (4-33)$$

**例 4-11**　计算 0.10 mol/L 甲酸和 0.10 mol/L 乙酸混合溶液的 pH。$[K_{a(HCOOH)} = 1.8 \times 10^{-4}$,$K_{a(HAc)} = 1.8 \times 10^{-5}]$

解:满足 $c_{HCOOH}/K_{a(HCOOH)} \geqslant 100$、$c_{HAc}/K_{a(HAc)} \geqslant 100$ 的条件

$$[H^+] = \sqrt{K_{a(HCOOH)} c_{HCOOH} + K_{a(HAc)} c_{HAc}} = \sqrt{0.10 \times 1.8 \times 10^{-4} + 0.10 \times 1.8 \times 10^{-5}}$$
$$= 4.5 \times 10^{-3} (mol/L)$$
$$pH = 2.35$$

(2) 弱酸和弱碱混合溶液

若一元弱酸 HA 和一元弱碱 B(酸 HB 共轭碱的盐)形成混合溶液,它们相互间的酸碱反应可忽略,则其 pH 的计算也可由质子条件式经适当转化后得到,具体方法为:设 HA 和 B 的浓度和离解常数分别为 $c_{HA}$、$K_{a(HA)}$ 和 $c_B$、$K_{b(B)}$,此溶液的质子条件式为

$$[H^+] + [HB^+] = [A^-] + [OH^-]$$

经酸碱离解平衡关系式的转化后可得

$$[H^+] = \sqrt{\frac{K_{a(HA)}[HA] + K_w}{1 + \frac{K_{b(B)}[B]}{K_w}}} \qquad (4-34)$$

若 $c_{HA}/K_{a(HA)} \geqslant 100$、$c_B/K_{b(B)} \geqslant 100$,则

$$[H^+] = \sqrt{\frac{K_{a(HA)} c_{HA} + K_w}{1 + \frac{K_{b(B)} c_B}{K_w}}} \qquad (4-35)$$

再若 $K_{a(HA)} c_{HA} \geqslant 10 K_w, \dfrac{K_{b(B)} c_B}{K_w} \geqslant 10$，则得

$$[H^+] = \sqrt{\dfrac{c_{HA}}{c_B} K_{a(HA)} K_{a(HB)}} \qquad\qquad (4-36)$$

**例 4-12**  计算 0.10 mol/L 甲酸和 0.10 mol/L 氟化钠混合溶液的 pH。$[K_{a(HCOOH)} = 1.8 \times 10^{-4}, K_{a(HF)} = 3.5 \times 10^{-4}]$

**解**：因满足 $K_{a(HCOOH)} c_{HCOOH} \geqslant 10 K_w, \dfrac{K_{b(F)} c_{F^-}}{K_w} \geqslant 10$ 的条件，则有

$$[H^+] = \sqrt{\dfrac{c_{HCOOH}}{c_{HF}} K_{a(HCOOH)} K_{a(HF)}} = \sqrt{\dfrac{0.10}{0.10} \times 1.8 \times 10^{-4} \times 3.5 \times 10^{-4}} = 2.5 \times 10^{-4} \, (mol/L)$$

$$pH = 3.60$$

有关各类酸碱水溶液 $[H^+]$ 的计算式及其在允许有 5% 误差范围内的使用条件归纳见表 4-1。

表 4-1  常见酸溶液计算 $[H^+]$ 的简化公式及使用条件

| | 计算公式 | 使用条件（允许误差 5%） |
|---|---|---|
| 强酸 | 近似式：$[H^+] = c_a$ <br> $[H^+] = \sqrt{K_w}$ <br> 精确式：$[H^+] = \dfrac{1}{2}(c + \sqrt{c^2 + 4K_w})$ | $c_a \geqslant 10^{-6}$ mol/L <br> $c_a < 10^{-8}$ mol/L <br> $10^{-6}$ mol·L$^{-1} \geqslant c_a \geqslant 10^{-8}$ mol/L |
| 一元弱酸 | 最简式：$[H^+] = \sqrt{c K_a}$ <br> 近似式：$[H^+] = \sqrt{c K_a + K_w}$ <br> $[H^+] = \dfrac{1}{2}(K_a + \sqrt{K_a^2 + 4c K_a})$ <br> 精确式：$[H^+] = \sqrt{K_a [HA] + K_w}$ | $c/K_a \geqslant 100, c K_a \geqslant 10 K_w$ <br> $c/K_a \geqslant 100, c K_a < 10 K_w$ <br> $c/K_a < 100, c K_a \geqslant 10 K_w$ <br> $c/K_a < 100, c K_a < 10 K_w$ |
| 二元弱酸 | 最简式：$[H^+] = \sqrt{c K_{a1}}$ <br> 近似式：$[H^+] = \sqrt{K_{a1} [H_2 A]}$ | $c K_{a1} \geqslant 10 K_w, c/K_{a1} \geqslant 100, 2 K_{a2}/[H^+] \ll 1$ <br> $c K_{a1} \geqslant 10 K_w, c/K_{a1} < 100, 2 K_{a2}/[H^+] \ll 1$ |
| 两性物质 | 酸式盐 <br> 最简式：$[H^+] = \sqrt{K_{a1} K_{a2}}$ <br> 近似式：$[H^+] = \sqrt{c K_{a1} K_{a2}/(K_{a1} + c)}$ <br> 精确式： <br> $[H^+] = \sqrt{K_{a1}(K_{a2}[HA^-] + K_w)/(K_{a1} + [HA^-])}$ | $c K_{a2} \geqslant 10 K_w, c/K_{a1} \geqslant 10$ <br><br> $c K_{a2} \geqslant 10 K_w, c/K_{a1} < 10$ |
| 弱酸弱碱盐 | 最简式：$[H^+] = \sqrt{K_a K_a'}$ <br> 近似式：$[H^+] = \sqrt{K_a K_a' c/(K_a + c)}$ <br> 式中，$K_a'$ 为弱碱的共轭酸的离解常数；$K_a$ 为弱酸的离解常数 | $c K_a' \geqslant 10 K_w, c/K_a > 10$ <br> $c K_a' \geqslant 10 K_w, c K_a < 10$ |

| 计算公式 | 使用条件(允许误差 5%) |
|---|---|
| 混合溶液<br><br>弱酸＋弱酸混合溶液<br>最简式：$[H^+] = \sqrt{K_{a(HA)} c_{HA}}$<br>近似式：$[H^+] = \sqrt{K_{a(HA)} c_{HA} + K_{a(HB)} c_{HB}}$<br>精确式：$[H^+] = \sqrt{K_{a(HA)}[HA] + K_{a(HB)}[HB]}$<br><br>弱酸＋弱碱混合溶液<br>最简式：$[H^+] = \sqrt{\dfrac{c_{HA}}{c_{HB}} K_{a(HA)} K_{a(HB)}}$<br>近似式：$[H^+] = \sqrt{\dfrac{K_{a(HA)} c_{HA} + K_w}{1 + \dfrac{K_{b(B)} c_B}{K_w}}}$<br>精确式：$[H^+] = \sqrt{\dfrac{K_{a(HA)}[HA] + K_w}{1 + \dfrac{K_{b(B)}[B]}{K_w}}}$ | $K_{a(HA)} c_{HA} \gg K_{a(HB)} c_{HB}$<br>$c_{HA}/K_{a(HA)} \geqslant 100, c_{HB}/K_{a(HB)} \geqslant 100$<br><br><br><br>$K_{a(HA)} c_{HA} \gg 10 K_w, \dfrac{K_{b(B)} c_B}{K_w} \geqslant 10$<br>$c_{HA}/K_{a(HA)} \geqslant 100, c_B/K_{b(B)} \geqslant 100$ |
| 缓冲溶液<br><br>最简式：$[H^+] = \dfrac{c_a}{c_b} \cdot K_a$<br>($c_a$、$c_b$ 分别为 HA 及其共轭碱 $A^-$ 的浓度)<br>近似式：$[H^+] = \dfrac{K_a(c_a - [H^+])}{(c_b + [H^+])}$<br>精确式：<br>$[H^+] = \dfrac{c_a - [H^+] + [OH^-]}{c_b + [H^+] - [OH^-]} K_a$ | $c_a \gg [OH^-] - [H^+], c_b \gg [H^+] - [OH^-]$<br><br><br>$[H^+] \gg [OH^-]$ |

若需要计算碱性物质的 pH 时,只须将表 4-1 中计算式及使用条件中的$[H^+]$和$K_a$相应地换成$[OH^-]$和$K_b$即可。对于表 4-1 中的精确计算公式,因为计算时数学处理复杂,在实际应用中往往无须进行繁复的计算。

## 4.1.6　酸碱缓冲溶液

缓冲溶液是一类能够抵制外界加入少量酸或碱或稀释的影响,维持溶液的 pH 基本保持不变的溶液。该溶液的这种抵抗 pH 变化的作用称为缓冲作用。酸碱缓冲溶液大都是由一对共轭酸碱对组成,如 HAc - NaAc、$NH_3 \cdot H_2O$ - $NH_4Cl$ 等;也可由一些较浓的强酸或强碱组成,如 HCl 溶液、NaOH 溶液等。

1. 缓冲溶液 pH 的计算

对于由弱酸(HA)与其共轭碱 NaA 组成的缓冲溶液,其 pH 的计算要从多方面考虑。按照物料平衡可得

$$[Na^+] + c_{HA} = [HA] + [A^-] \qquad [Na^+] = c_{A^-}$$

按照电荷平衡可得

$$[Na^+] + [H^+] = [A^-] + [OH^-]$$

即　　　　　$$[A^-] = [Na^+] + [H^+] - [OH^-] = c_{A^-} + [H^+] - [OH^-]$$

代入物料平衡式可得

$$[HA] = c_{HA} - [H^+] + [OH^-]$$

溶液中 HA 和 $A^-$ 的平衡关系为

$$HA \rightleftharpoons H^+ + A^-$$

则
$$[H^+] = K_a \times \frac{[HA]}{[A^-]} = K_a \times \frac{c_{HA} - [H^+] + [OH^-]}{c_{A^-} + [H^+] - [OH^-]} \tag{4-37}$$

这是计算弱酸及其共轭碱组成的缓冲溶液的氢离子浓度计算的精确式。一般可做简化处理。

当溶液 pH<6 时,一般可忽略 $OH^-$ 的浓度,简化为

$$[H^+] = K_a \times \frac{c_{HA} - [H^+]}{c_{A^-} + [H^+]} \tag{4-38}$$

当溶液 pH>8 时,一般可忽略 $H^+$ 的浓度,简化为

$$[H^+] = K_a \times \frac{c_{HA} - [OH^-]}{c_{A^-} - [OH^-]} \tag{4-39}$$

当 $c_{HA} \gg [OH^-] - [H^+]$,$c_{A^-} \gg [H^+] - [OH^-]$时,再简化为

$$[H^+] = K_a \times \frac{c_{HA}}{c_{A^-}}$$

等式两边各取负对数,则得

$$pH = pK_a - \lg \frac{c_{HA}}{c_{A^-}} \tag{4-40}$$

此式是计算缓冲溶液 pH 的最简式。由上述计算关系式可知,缓冲溶液的 pH 首先取决于弱酸的离解常数 $K_a$ 值,对一定的缓冲溶液,$pK_a$ 值一定,其 pH 随着缓冲比的改变而改变。当缓冲比等于 1 时,缓冲溶液的 pH 等于 $pK_a$。

2. 缓冲容量与缓冲范围

1) 缓冲容量 $\beta$

缓冲溶液的缓冲能力是有一定限度的,缓冲容量是衡量缓冲能力的参数,其物理意义为:使 1 L 缓冲溶液的 pH 增加 dpH 单位时,所需强碱的物质的量 db;或使 1 L 缓冲溶液的 pH 降低 dpH 单位时,所须加入强酸的物质的量 da。缓冲容量的数学表达式为

$$\beta = \frac{db}{dpH} = -\frac{da}{dpH} \tag{4-41}$$

由于酸度增加使 pH 降低,故在 $\frac{da}{dpH}$ 前加负号,使 $\beta$ 为正值。$\beta$ 值越大,表明缓冲溶液的缓冲能力越强。

以浓度为 $c$ 的弱酸(HA)和浓度为 $b$ 的强碱(NaOH)溶液混合,组成 HA - $A^-$ 的缓冲溶液体系,说明缓冲容量所受到的影响因素。

按照质子平衡可得

$$[Na^+] + [H^+] = [A^-] + [OH^-]$$

$$b = [A^-] + [OH^-] - [H^+] = \frac{cK_a}{[H^+] + K_a} + \frac{K_w}{[H^+]} - [H^+]$$

$$\frac{db}{d[H^+]} = -\frac{cK_a}{([H^+] + K_a)^2} - \frac{K_w}{([H^+])^2} - 1$$

由 $pH = -\lg[H^+] = -\frac{1}{2.30}\ln[H^+]$,可得 $dpH = -\frac{d[H^+]}{2.30[H^+]}$,$\frac{d[H^+]}{dpH} = -2.30[H^+]$

$$\beta = \frac{db}{dpH} = \frac{db}{d[H^+]} \times \frac{d[H^+]}{dpH} = -2.30[H^+] \times \left[-\frac{cK_a}{([H^+] + K_a)^2} - \frac{K_w}{([H^+])^2} - 1\right]$$

$$= 2.30\left\{[H^+] + [OH^-] + \frac{cK_a[H^+]}{([H^+] + K_a)^2}\right\}$$

其中 $\frac{cK_a[H^+]}{([H^+] + K_a)^2}$ 可转化为 $c\delta_1\delta_0$,则有

$$\beta = 2.30\{[H^+] + [OH^-] + c\delta_1\delta_0\} \qquad (4-42)$$

当 $[H^+]$ 和 $[OH^-]$ 相对于 $c\delta_1\delta_0$ 较小时,可忽略,得到近似式

$$\beta = 2.30c\delta_1\delta_0 = 2.30 \times \frac{cK_a[H^+]}{([H^+] + K_a)^2}$$

当 $[H^+] = K_a$ 时,$\beta$ 有最大值

$$\beta_{max} = 2.3c\frac{K_a^2}{(2K_a)^2} = 0.575c \qquad (4-43)$$

因此,缓冲溶液的总浓度越大,其缓冲容量也越大,过分稀释将导致缓冲能力显著下降。在缓冲溶液总浓度不变的前提下,当弱酸与共轭碱的浓度比为 $1:1$ 时,则 $[H^+] = K_a$ 或 $[OH^-] = K_b$,此时缓冲体系的缓冲容量最大。

2) 缓冲范围

对弱酸及其共轭碱缓冲体系,根据式(4-40)可推出当 $c_a : c_b = 1:10$ 或 $10:1$,即 $pH = pK_a \pm 1$ 时,其缓冲容量为最大值的 $1/3$;当 $c_a : c_b = 1:100$ 或 $100:1$,即 $pH = pK_a \pm 2$ 时,其缓冲容量仅为最大值的 $1/25$。由此可见,若弱酸及其共轭碱缓冲体系的浓度比相差越大,缓冲容量将越小,溶液的缓冲能力将逐渐消失。

一般弱酸及其共轭碱缓冲体系的有效缓冲范围约在 pH 为 $pK_a \pm 1$ 的范围,即约有两个 pH 单位。例如 $HAc - NaAc$ 缓冲体系,$pK_a = 4.76$,其缓冲范围是 $pH = 4.76 \pm 1$。同样,对于弱碱及其共轭酸缓冲体系而言,其有效缓冲范围也约在 pH 为 $pK_w - (pK_b \pm 1)$ 的范围,也是约有两个 pH 单位。例如 $NH_3 \cdot H_2O - NH_4Cl$ 缓冲体系,$pK_b = 4.74$,其缓冲范围为 $pH = 9.26 \pm 1$。

强酸或强碱溶液的缓冲范围一般只在低 pH 区或高 pH 区,而在 pH＝3～11 区间却几乎没有什么缓冲能力(如图 4 - 4 所示,其中实线表示 0.1 mol/L HAc 在不同 pH 下的缓冲容量,虚线则分别表示 0.1 mol/L HCl 与 0.1 mol/L NaOH 在不同 pH 下的缓冲容量)。

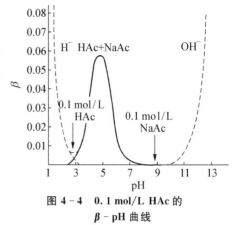

图 4 - 4　0.1 mol/L HAc 的
$\beta$ - pH 曲线

3. 缓冲溶液的选择

分析化学中用于控制溶液酸度的缓冲溶液很多,通常根据实际情况选用不同的缓冲溶液。缓冲溶液的选择原则如下。

第一,缓冲溶液对测量过程没有干扰。

第二,所需控制的 pH 应在缓冲溶液的缓冲范围之内。如果缓冲溶液是由弱酸及其共轭碱组成的,则所选的弱酸的 $pK_a$ 应尽量与所需控制的 pH 一致。

第三,缓冲溶液应有足够的缓冲容量以满足实际工作需要。为此,在配制缓冲溶液时,应尽量控制弱酸与共轭碱的浓度比接近于 1∶1,所用缓冲溶液的总浓度尽量大一些(一般可控制在 0.01～1 mol/L)。

第四,组成缓冲溶液的物质应廉价易得,避免污染环境。

表 4 - 2 列出了常用的酸碱缓冲溶液,供实际选择时参考。

表 4 - 2　常用的酸碱缓冲溶液

| 缓冲溶液 | 共轭酸 | 共轭碱 | $pK_a$ | 可控制的 pH 范围 |
| --- | --- | --- | --- | --- |
| 邻苯二甲酸氢钾- HCl | $C_6H_4\genfrac{}{}{0pt}{}{COOH}{COOH}$ | $C_6H_4\genfrac{}{}{0pt}{}{COOH}{COO^-}$ | 2.89 | 1.9～3.9 |
| HAc - NaAc | HAc | $Ac^-$ | 4.74 | 3.7～5.7 |
| 六次甲基四胺- HCl | $(CH_2)_6N_4H^+$ | $(CH_2)_6N_4$ | 5.15 | 4.2～6.2 |
| $NaH_2PO_4 - Na_2HPO_4$ | $H_2PO_4^-$ | $HPO_4^{2-}$ | 7.20 | 6.2～8.2 |
| $Na_2B_4O_7 - HCl$ | $H_3BO_3$ | $H_2BO_3^-$ | 9.24 | 8.0～9.1 |
| $Na_2B_4O_7 - NaOH$ | $H_3BO_3$ | $H_2BO_3^-$ | 9.24 | 9.2～11.0 |
| $NH_3 - NH_4Cl$ | $NH_4^+$ | $NH_3$ | 9.26 | 8.3～10.3 |
| $NaHCO_3 - Na_2CO_3$ | $HCO_3^-$ | $CO_3^{2-}$ | 10.25 | 9.3～11.3 |

# 4.2　酸碱滴定终点的指示方法

酸碱滴定分析中,确定滴定终点的方法有两类,即指示剂法与仪器法。指示剂法是利用加入的酸碱指示剂在化学计量点附近的颜色变化来确定滴定终点。这种方法简单、方便,是确定滴定终点的基本方法。本章仅讨论指示剂法。

### 4.2.1 酸碱指示剂的作用原理

酸碱指示剂是在某一特定 pH 范围内,随介质酸碱度条件的改变而发生颜色明显变化的物质。常用的酸碱指示剂一般是有机弱酸或弱碱,当溶液 pH 改变时,酸碱指示剂获得质子转化为酸式,或失去质子转化为碱式,在转化过程中指示剂的酸式与碱式具有不同的结构因而显示不同的颜色。下面以最常用的酚酞、甲基橙为例来说明。

酚酞是一种无色的二元有机弱酸,它在溶液中存在如下的离解平衡:

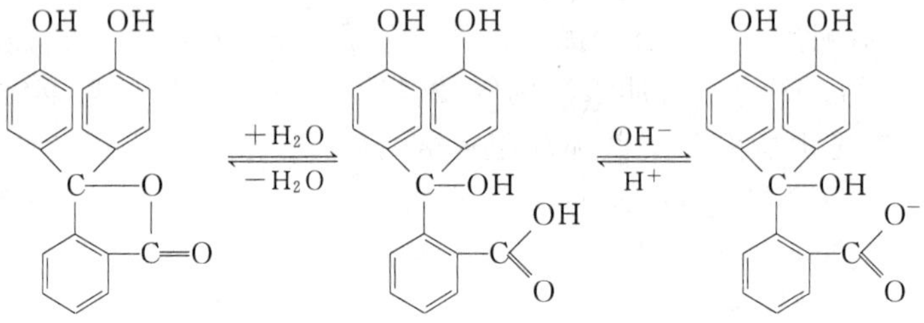

无色分子      无色分子      无色离子

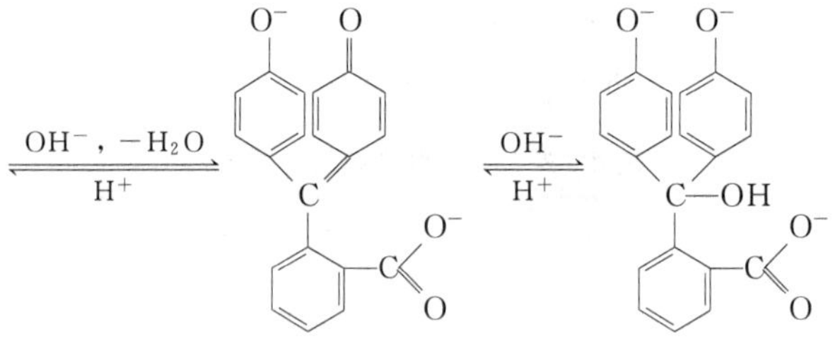

红色离子      无色离子

酚酞结构变化的过程也可简单表示为

$$无色分子 \underset{H^+}{\overset{OH^-}{\rightleftharpoons}} 无色离子 \underset{H^+}{\overset{OH^-}{\rightleftharpoons}} 红色离子 \underset{H^+}{\overset{强碱}{\rightleftharpoons}} 无色离子$$

上式表明,这是一个可逆过程,当溶液中$[H^+]$增大时,平衡向左移动,酚酞主要以羟式结构存在,溶液呈无色;当溶液中$[H^+]$降低,而$[OH^-]$增大时,平衡向右移动,酚酞主要以醌式结构存在,溶液呈红色。因此酚酞在酸性溶液中呈无色,当 pH 升高到一定数值时酚酞变成红色,强碱溶液中酚酞又呈无色。

又如,甲基橙是一种有机弱碱,也是一种双色指示剂,它在溶液中存在如下的离解平衡:

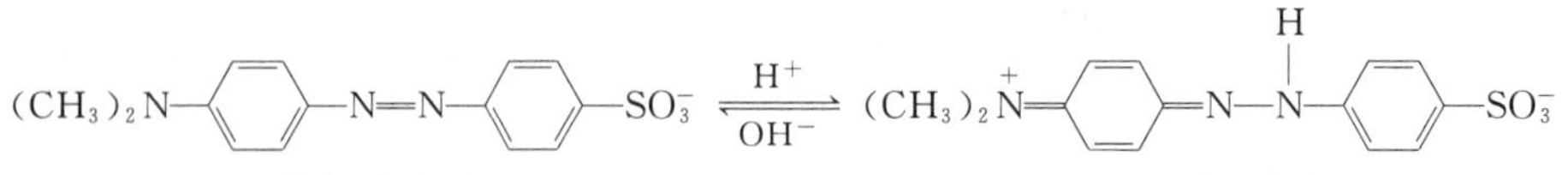

黄色(偶氮式)      红色(醌式)

由平衡关系式可以看出:当溶液中$[H^+]$增大时,平衡向右移动,此时甲基橙主要以醌式存在,溶液呈红色;当溶液中$[H^+]$降低,而$[OH^-]$增大时,平衡向左移动,甲基橙主要以偶氮式存在,溶液呈黄色。

由此可见,当溶液的 pH 发生变化时,由于指示剂结构的变化,颜色也随之发生变化,因而可通过酸碱指示剂颜色的变化来确定酸碱滴定的终点。

## 4.2.2　酸碱指示剂的变色范围和变色点

若以 HIn 代表酸碱指示剂的酸式(其颜色称为指示剂的酸式色),In⁻ 代表酸碱指示剂的碱式(其颜色称为指示剂的碱式色),则离解平衡可表示为

$$\underset{\text{酸式}}{HIn} \Longrightarrow H^+ + \underset{\text{碱式}}{In^-}$$

当离解达到平衡时,

$$K_{HIn} = \frac{[H^+][In^-]}{[HIn]}$$

$K_{HIn}$ 称为指示剂常数,它在一定温度下为一常数。若将上式改变一下形式,可得

$$\frac{[In^-]}{[HIn]} = \frac{K_{HIn}}{[H^+]}$$

或

$$pH = pK_{HIn} + \lg \frac{[In^-]}{[HIn]} \qquad (4-44)$$

溶液的颜色取决于指示剂碱式与酸式的浓度比值,即 $\dfrac{[In^-]}{[HIn]}$ 值。从式(4-44)可知,该比值与 $K_{HIn}$ 和溶液的酸度 $[H^+]$ 有关。$K_{HIn}$ 是由指示剂的本质决定的,对于某种指示剂,它是一个常数,因此指示剂的颜色是由溶液中的 $[H^+]$ 来决定的,$[H^+]$ 不同时,$\dfrac{[In^-]}{[HIn]}$ 的数值就不同,溶液将呈现不同的颜色。

一般来说,当一种形式的浓度大于另一种形式浓度 10 倍以上时,人眼通常只看到较浓形式物质的颜色。即 $\dfrac{[In^-]}{[HIn]} \leqslant \dfrac{1}{10}$,看到的是 HIn 的颜色(即酸式色)。此时,由式(4-44)得

$$pH \leqslant pK_{HIn} + \lg \frac{1}{10} = pK_{HIn} - 1$$

若 $\dfrac{[In^-]}{[HIn]} \geqslant \dfrac{10}{1}$,看到的是 In⁻ 的颜色(即碱式色)。此时,由式(4-44)得

$$pH \geqslant pK_{HIn} + \lg \frac{10}{1} = pK_{HIn} + 1$$

若 $\dfrac{[In^-]}{[HIn]}$ 在 $\dfrac{1}{10} \sim \dfrac{10}{1}$ 时,看到的是酸式色与碱式色复合后的颜色。

因此,当溶液的 pH 由 $pK_{HIn}-1$ 向 $pK_{HIn}+1$ 逐渐改变时,理论上人眼可以看到指示剂由酸式色逐渐过渡到碱式色。这种理论上可以看到的引起指示剂颜色变化的 pH 范围,称为指示剂的理论变色范围。

当指示剂中酸式的浓度与碱式的浓度相同时([HIn]=[In⁻]时),溶液便显示指示剂酸式与碱式的混合色。由式(4-44)可知,此时溶液的 pH=$pK_{HIn}$,这一点称为指示剂的理论变

色点。各种指示剂由于其指示剂常数 $K_{HIn}$ 不同,呈中间颜色时的 pH 也各不相同。

综合上述情况可得

$$\frac{[In^-]}{[HIn]} < \frac{1}{10} = \frac{1}{10} = \quad 1 \quad = \frac{10}{1} > \frac{10}{1}$$

酸色　略带　　中间　略带　碱色
　　　碱色　　颜色　酸色

酸色　←　变色范围　→　碱色

$$pH_1 = pK_{HIn} - 1 \qquad pH_2 = pK_{HIn} + 1$$

$$pH = pK_{HIn} \pm 1$$

由此可知,理论上说指示剂的变色范围是 2 个 pH 单位,但指示剂实际的变色范围(指从一种颜色改变至另一种颜色)是依据目视判断得到的。由于人眼对各种颜色的敏感程度不同,加上两种颜色之间的相互影响,因此大多数指示剂实际的变色范围都小于 2 个 pH 单位。比如甲基红指示剂,它的理论变色点 $pK_{HIn} = 5.0$,其酸式色为红色,碱式色为黄色。由于人眼对红色更为敏感,因此当指示剂酸式的浓度比碱式大 5 倍时,即可看到指示剂的酸式色(红色);由于黄色没有红色那么明显,因此只有当指示剂碱式的浓度比酸式大 12.5 倍时,才能看到指示剂的碱式色(黄色)。所以甲基红指示剂的变色范围不是理论上的 pH = 4.0 ~ 6.0,而是实际上的 pH = 4.4 ~ 6.2(称为指示剂的实际变色范围)。表 4 - 3 列出了常用酸碱指示剂在室温下水溶液中的变色范围。

表 4 - 3　常用酸碱指示剂在室温下水溶液中的变色范围

| 指示剂 | 变色范围<br>(pH) | 颜色<br>变化 | $pK_{HIn}$ | 质量浓度/(g/L) | 用量/(滴/<br>10 mL 试液) |
|---|---|---|---|---|---|
| 百里酚蓝 | 1.2~2.8 | 红—黄 | 1.7 | 1 g/L 的 20%乙醇溶液 | 1~2 |
| 甲基黄 | 2.9~4.0 | 红—黄 | 3.3 | 1 g/L 的 90%乙醇溶液 | 1 |
| 甲基橙 | 3.1~4.4 | 红—黄 | 3.4 | 0.5 g/L 的水溶液 | 1 |
| 溴酚蓝 | 3.0~4.6 | 黄—紫 | 4.1 | 1 g/L 的 20%乙醇溶液或其钠盐水溶液 | 1 |
| 溴甲酚绿 | 4.0~5.6 | 黄—蓝 | 4.9 | 1 g/L 的 20%乙醇溶液或其钠盐水溶液 | 1~3 |
| 甲基红 | 4.4~6.2 | 红—黄 | 5.0 | 1 g/L 的 60%乙醇溶液或其钠盐水溶液 | 1 |
| 溴百里酚蓝 | 6.2~7.6 | 黄—蓝 | 7.3 | 1 g/L 的 20%乙醇溶液或其钠盐水溶液 | 1 |
| 中性红 | 6.8~8.0 | 红—黄橙 | 7.4 | 1 g/L 的 60%乙醇溶液 | 1 |
| 苯酚红 | 6.8~8.4 | 黄—红 | 8.0 | 1 g/L 的 60%乙醇溶液或其钠盐水溶液 | 1 |
| 酚酞 | 8.0~10.0 | 无色—红 | 9.1 | 5 g/L 的 90%乙醇溶液 | 1~3 |
| 百里酚蓝 | 8.0~9.6 | 黄—蓝 | 8.9 | 1 g/L 的 20%乙醇溶液 | 1~4 |
| 百里酚酞 | 9.4~10.6 | 无色—蓝 | 10.0 | 1 g/L 的 90%乙醇溶液 | 1~2 |

### 4.2.3　影响指示剂变色范围的因素

影响指示剂的实际变色范围的因素主要有两方面:一是影响指示剂离解常数 $K_{HIn}$ 的数

值,从而移动了指示剂变色范围的区间;二是对指示剂变色范围宽度的影响,主要的影响因素有溶液温度、指示剂的用量、离子强度等。

1. 温度

指示剂的变色范围和指示剂的离解常数 $K_{HIn}$ 有关,而 $K_{HIn}$ 与温度有关,因此当温度改变时,指示剂的变色范围也随之改变。表 4 - 4 列出了几种常见指示剂在 18℃ 与 100℃ 时的变色范围。

表 4 - 4  温度对指示剂变色范围的影响

| 指示剂 | 变色范围(pH) | | 指示剂 | 变色范围(pH) | |
|---|---|---|---|---|---|
| | 18℃ | 100℃ | | 18℃ | 100℃ |
| 甲基橙 | 3.1～4.4 | 2.5～3.7 | 甲基红 | 4.4～6.2 | 4.0～6.0 |
| 溴酚蓝 | 3.0～4.6 | 3.0～4.5 | 酚 酞 | 8.0～10.0 | 8.0～9.2 |

由表 4 - 4 可以看出,温度改变对指示剂的变色范围具有一定影响。因此,为了确保滴定结果的准确性,滴定分析宜在室温下进行,若须加热,则也要等溶液冷却后再滴定。

2. 指示剂用量

在滴定过程中,指示剂的用量(或浓度)是一个非常重要的因素。若指示剂浓度过高或过低,会使溶液的颜色太深或太浅,变色不够敏锐而影响终点的准确判断。对于单色指示剂(如酚酞),指示剂的颜色仅取决于有色离子的浓度(对酚酞来说是碱式 $[In^-]$),即

$$[In^-] = \frac{K_{HIn}}{[H^+]}[HIn]$$

如果 $[H^+]$ 维持不变,在指示剂变色范围内,溶液颜色的深浅随 $[HIn]$ 的增加而加深。因此,必须严格控制指示剂的用量。

对于双色指示剂(如甲基红),指示剂的颜色取决于 $\dfrac{[In^-]}{[HIn]}$,指示剂的用量多少影响不大,但还是以少为宜,能使指示剂颜色变化敏锐即可。

此外,指示剂本身是弱酸或弱碱,也要消耗一定量的标准溶液。因此,指示剂用量不宜过多,但也不能太少,由于人眼辨色能力的限制,指示剂用量太少无法清晰地观察溶液颜色的变化。实际滴定过程中,通常使用的指示剂浓度为 1 g/L 的溶液,用量比例为每 10 mL 试液滴加 1 滴左右的指示剂溶液(表 4 - 3)。

在滴定过程中,还须注意指示剂的颜色变化应由浅变深,便于人眼辨别。如用碱标准液滴定酸时,一般采用酚酞作指示剂,终点从无色变为红色比较敏锐,若以甲基橙作指示剂,终点颜色由红变黄,人眼辨别就不够敏锐。反之用酸标准液滴定碱时,用甲基橙作指示剂比用酚酞作指示剂变色更易于辨别。

3. 离子强度

指示剂的变色点会随溶液离子强度的不同而稍有变化,因而指示剂的变色范围也随之稍有偏移。若指示剂为 HIn,则其离解平衡式为

$$K_a^0 = \frac{a_{H^+} \, a_{In^-}}{a_{HIn}}$$

$$a_{H^+} = K_a^0 \frac{\gamma_{HIn}[HIn]}{\gamma_{In^-}[In^-]}$$

达到理论变色点时，$[HIn] = [In^-]$，$pH = pK_a^0 + lg\gamma_{HIn} - lg\gamma_{In^-}$

$$= pK_a^0 + 0.51z_{HIn}^2\sqrt{I} - 0.51z_{In^-}^2\sqrt{I}$$

由此可知，酸碱指示剂的理论变色点受溶液离子强度的影响。因而实际滴定过程中，不宜有大量电解质的存在，这样可忽略离子强度的影响。

### 4.2.4　混合指示剂

由于指示剂是在一定的 pH 变色范围内发生颜色的变化，因此当酸碱滴定在化学计量点附近 pH 发生突跃时，指示剂才能从一种颜色突然变为另一种颜色而显示滴定终点的到达。若某些酸碱滴定在化学计量点附近 pH 的突跃范围窄，则有时通过单一指示剂的颜色变化来确定终点无法达到所需要的准确度，因此需要设法使指示剂的变色范围变窄，使指示剂在化学计量点附近的变色更敏锐，此时可采用混合指示剂。

混合指示剂是利用颜色之间的互补作用，使变色范围变窄，从而使终点时颜色变化敏锐。混合指示剂有两种配制方法，一种是由两种或多种指示剂混合而成，另一种是在某种指示剂中加入一种惰性染料(其颜色不随溶液 pH 的变化而变化)混合而成。

例如，溴甲酚绿($pK_{HIn} = 4.9$)与甲基红($pK_{HIn} = 5.0$)指示剂混合，前者在 pH < 4.0 时呈黄色(酸式色)，pH > 5.6 时呈蓝色(碱式色)；后者在 pH < 4.4 时呈红色(酸式色)，pH > 6.2 时呈浅黄色(碱式色)。当它们按一定比例混合后，两种颜色混合在一起，酸式色便成为酒红色(即红稍带黄)，碱式色便成为绿色。在 pH = 5.1 时，也就是溶液中酸式与碱式的浓度大致相同时，溴甲酚绿呈绿色而甲基红呈橙色，两种颜色互为互补色，从而使得溶液呈现浅灰色，因此变色十分敏锐。

再如，中性红与染料亚甲基蓝混合配成的混合指示剂，在 pH = 7.0 时呈紫蓝色，变色范围只有 0.2 个 pH 单位左右，由于颜色互补使变色比单独的中性红的变色范围灵敏。常用的混合指示剂见表 4-5。

表 4-5　几种常见的混合指示剂

| 指示剂溶液的组成 | 变色时 pH | 颜色 | | 备　注 |
| --- | --- | --- | --- | --- |
| | | 酸式色 | 碱式色 | |
| 一份 0.1% 甲基黄乙醇溶液<br>一份 0.1% 次甲基蓝乙醇溶液 | 3.25 | 蓝紫 | 绿 | pH = 3.2，蓝紫色；<br>pH = 3.4，绿色 |
| 一份 0.1% 甲基橙水溶液<br>一份 0.25% 靛蓝二磺酸水溶液 | 4.1 | 紫 | 黄绿 | |
| 一份 0.1% 溴甲酚绿钠盐水溶液<br>一份 0.2% 甲基橙水溶液 | 4.3 | 橙 | 蓝绿 | pH = 3.5，黄色；<br>pH = 4.05，绿色；<br>pH = 4.3，浅绿 |
| 三份 0.1% 溴甲酚绿乙醇溶液<br>一份 0.2% 甲基红乙醇溶液 | 5.1 | 酒红 | 绿 | |

续表

| 指示剂溶液的组成 | 变色时 pH | 颜色 | | 备 注 |
|---|---|---|---|---|
| | | 酸式色 | 碱式色 | |
| 一份 0.1% 溴甲酚绿钠盐水溶液<br>一份 0.1% 氯酚红钠盐水溶液 | 6.1 | 黄绿 | 蓝绿 | pH = 5.4，蓝绿色；<br>pH = 5.8，蓝色；<br>pH = 6.0，蓝带紫；<br>pH = 6.2，蓝紫 |
| 一份 0.1% 中性红乙醇溶液<br>一份 0.1% 次甲基蓝乙醇溶液 | 7.0 | 紫蓝 | 绿 | pH = 7.0，紫蓝 |
| 一份 0.1% 甲酚红钠盐水溶液<br>三份 0.1% 百里酚蓝钠盐水溶液 | 8.3 | 黄 | 紫 | pH = 8.2，玫瑰红；<br>pH = 8.4，清晰的紫色 |
| 一份 0.1% 百里酚蓝 50% 乙醇溶液<br>三份 0.1% 酚酞 50% 乙醇溶液 | 9.0 | 黄 | 紫 | 从黄到绿，再到紫 |
| 一份 0.1% 酚酞乙醇溶液<br>一份 0.1% 百里酚酞乙醇溶液 | 9.9 | 无色 | 紫 | pH = 9.6，玫瑰红；<br>pH = 10，紫色 |
| 二份 0.1% 百里酚酞乙醇溶液<br>一份 0.1% 茜素黄 R 乙醇溶液 | 10.2 | 黄 | 紫 | |

# 4.3 酸碱滴定曲线

酸碱滴定法的滴定终点可借助指示剂颜色的变化显现出来，而指示剂颜色的变化则完全取决于溶液 pH 的大小。因此，为了给某一特定酸碱滴定反应选择合适的指示剂，就必须了解在其滴定过程中溶液 pH 的变化，特别是化学计量点附近 pH 的变化。在滴定过程中用来描述随着标准溶液的加入溶液 pH 变化的曲线称为酸碱滴定曲线(titration curve)。由于各种不同类型的酸碱滴定过程中 $H^+$ 浓度的变化规律是各不相同的，因此下面分别予以讨论。

## 4.3.1 一元酸碱的滴定

1. 强碱(酸)滴定强酸(碱)

在强碱(酸)滴定强酸(碱)过程中，反应的实质是

$$H^+ + OH^- \rightleftharpoons H_2O$$

1) 滴定过程中溶液 pH 的变化

以 0.100 0 mol/L NaOH 标准溶液滴定 20.00 mL 0.100 0 mol/L HCl 为例来说明滴定过程中 pH 的变化与滴定曲线的形状。该滴定过程可分为以下四个阶段。

(1) 滴定开始前：溶液中仅有 HCl 存在，溶液的 pH 由此时 HCl 溶液的酸度决定。

$$[H^+] = 0.100\,0 \text{ mol/L}$$

$$pH = 1.00$$

(2) 滴定开始至化学计量点前:由于加入 NaOH,部分 HCl 被中和,所以溶液的 pH 由剩余 HCl 溶液的酸度决定。例如,当滴入 NaOH 溶液 18.00 mL 时,溶液中剩余 HCl 溶液 2.00 mL,则

$$[H^+] = \frac{0.100\,0 \times 2.00}{20.00 + 18.00} = 5.26 \times 10^{-3} \text{(mol/L)}$$

$$pH = 2.28$$

当滴入 NaOH 溶液 19.98 mL 时,溶液中剩余 HCl 0.02 mL,则

$$[H^+] = \frac{0.100\,0 \times 0.02}{20.00 + 19.98} = 5.00 \times 10^{-5} \text{(mol/L)}$$

$$pH = 4.30$$

(3) 化学计量点时:溶液的 pH 由体系产物的离解决定。此时溶液中的 HCl 全部被 NaOH 中和,其产物为 NaCl 与 $H_2O$,因此溶液呈中性,即

$$[H^+] = [OH^-] = 1.00 \times 10^{-7} \text{ mol/L}$$

$$pH = 7.00$$

(4) 化学计量点后:过了化学计量点,再加入 NaOH 溶液,溶液的 pH 由过量的 NaOH 浓度决定。例如,加入 NaOH 20.02 mL 时,NaOH 过量 0.02 mL,此时溶液中 $[OH^-]$ 为

$$[OH^-] = \frac{0.100\,0 \times 0.02}{20.00 + 20.02} = 5.00 \times 10^{-5} \text{(mol/L)}$$

$$pOH = 4.30; \qquad pH = 9.70$$

用类似的方法可以计算出整个滴定过程中加入不同体积 NaOH 时溶液的 pH,其计算结果列于表 4-6。

表 4-6　用 0.100 0 mol/L NaOH 溶液滴定 20.00 mL 0.100 0 mol/L HCl 的 pH 变化

| 加入 NaOH 溶液体积/mL | HCl 被滴定百分数/% | 剩余 HCl 的体积/mL | 过量 NaOH 的体积/mL | $[H^+]$ | pH | |
|---|---|---|---|---|---|---|
| 0.00 | 0.00 | 20.00 | | $1.00 \times 10^{-1}$ | 1.00 | |
| 18.00 | 90.00 | 2.00 | | $5.26 \times 10^{-3}$ | 2.28 | |
| 19.80 | 99.00 | 0.20 | | $5.02 \times 10^{-4}$ | 3.30 | |
| 19.98 | 99.90 | 0.02 | | $5.00 \times 10^{-5}$ | 4.30 | 突跃范围 |
| 20.00 | 100.00 | 0.00 | | $1.00 \times 10^{-7}$ | 7.00 | |
| 20.02 | 100.10 | | 0.02 | $2.00 \times 10^{-10}$ | 9.70 | |
| 20.20 | 101.00 | | 0.20 | $2.01 \times 10^{-11}$ | 10.70 | |
| 22.00 | 110.00 | | 2.00 | $2.10 \times 10^{-12}$ | 11.70 | |
| 40.00 | 200.00 | | 20.00 | $5.00 \times 10^{-13}$ | 12.50 | |

若以 NaOH 的加入量(或滴定百分数)为横坐标,以溶液的 pH 为纵坐标,可绘制出强碱滴定强酸的滴定曲线,如图 4-5 所示。

2) 滴定曲线的形状和滴定突跃

由表 4-6 与图 4-5 可以看出,从滴定开始到加入 19.98 mL NaOH 滴定溶液,溶液的 pH 仅改变了 3.30 个 pH 单位,曲线比较平坦。而在化学计量点附近,加入 1 滴 NaOH 溶液(相当于 0.04 mL,即从溶液中剩余 0.02 mL HCl 到过量 0.02 mL NaOH)就使溶液的 pH 发生巨大的变化,其 pH 由 4.30 急增至 9.70,增幅达 5.4 个 pH 单位,溶液也由酸性突变到碱性,溶液的性质由量变引起了质变。从图 4-5 也可看到,在化学计量点

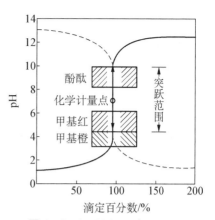

图 4-5　0.100 0 mol/L NaOH 与 0.100 0 mol/L HCl 的滴定曲线

前后 0.1%,此时曲线呈现几乎垂直的一段,表明溶液的 pH 有一个突然的改变,这种 pH 的突然改变称为滴定突跃,而突跃所在的 pH 范围就称为滴定突跃范围。此后,再继续滴加 NaOH 溶液,则溶液的 pH 变化便越来越小,曲线又趋平坦。

如果用 0.100 0 mol/L HCl 标准溶液滴定 20.00 mL 0.100 0 mol/L NaOH,其滴定曲线如图 4-5 中的虚线所示。显然滴定曲线形状与 NaOH 溶液滴定 HCl 溶液相似,但 pH 是随着 HCl 标准溶液的加入而逐渐减小。

需要注意的是滴定的突跃大小与被滴定物质及标准溶液的浓度有关。当用 1.000 mol/L NaOH 滴定 1.000 mol/L HCl 时,其滴定突跃范围就增大为 3.30~10.70,增加了 2 个 pH 单位;反之,若用 0.010 00 mol/L NaOH 滴定 0.010 00 mol/L HCl 时,其滴定突跃范围就减小为 5.30~8.70,减少了 2 个 pH 单位。不同浓度的强碱滴定强酸的滴定曲线如图 4-6 所示。由图可知,酸碱溶液越浓,滴定突跃越大,但化学计量点时溶液的 pH 保持不变。滴定突跃具有非常重要的意义,它是选择指示剂的依据。

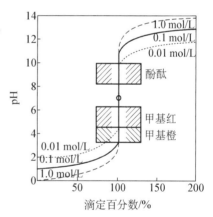

图 4-6　不同浓度的强碱滴定强酸的滴定曲线

3) 指示剂的选择

选择指示剂的原则是指示剂的变色范围全部或部分地落入滴定突跃范围内。当用 0.100 0 mol/L NaOH 滴定 0.100 0 mol/L HCl,其突跃范围为 4.30~9.70,则可选择甲基红、甲基橙与酚酞等作指示剂。如果选择甲基橙作指示剂,当溶液颜色由橙色变为黄色时,溶液的 pH 为 4.4,这时离开化学计量点已不到半滴,滴定误差小于 0.1%,符合滴定分析要求。如果用酚酞作为指示剂,当酚酞颜色由无色变为微红色时,pH 略大于 8.0,此时超过化学计量点也不到半滴,终点误差也不超过 0.1%,同样符合滴定分析要求。实际分析时,为了便于人眼对颜色的辨别,通常选用酚酞作指示剂,其终点颜色由无色变成微红色。

**2. 强碱(酸)滴定弱酸(碱)**

强碱(酸)滴定一元弱酸(碱)的滴定反应可表示为

$$HA + OH^- \rightleftharpoons A^- + H_2O \quad 或 \quad BOH + H^+ \rightleftharpoons B^+ + H_2O$$

**1) 滴定过程中溶液 pH 的变化**

以 0.100 0 mol/L NaOH 标准溶液滴定 20.00 mL 0.100 0 mol/L HAc 为例说明这类滴定过程中 pH 变化与滴定曲线。与讨论强酸强碱滴定曲线方法相似,讨论也分为四个阶段。

(1) 滴定开始前溶液的 pH:此时溶液的 pH 由 0.100 0 mol/L 的 HAc 溶液的酸度决定。根据弱酸 pH 计算的最简式(表 4-1)

$$[H^+] = \sqrt{cK_a}$$

因此　　　　$$[H^+] = \sqrt{0.100\,0 \times 1.8 \times 10^{-5}} = 1.34 \times 10^{-3}\,(mol/L)$$

$$pH = 2.87$$

(2) 滴定开始至化学计量点前溶液的 pH:这一阶段的溶液由未反应的 HAc 与反应产物 NaAc 组成的,其 pH 由 HAc-NaAc 缓冲体系来决定,即

$$[H^+] = K_{a(HAc)} \frac{[HAc]}{[Ac^-]}$$

例如,当滴入 NaOH 19.98 mL(剩余 HAc 0.02 mL)时

$$[HAc] = \frac{0.100\,0 \times 0.02}{20.00 + 19.98} = 5.0 \times 10^{-5}\,(mol/L)$$

$$[Ac^-] = \frac{0.100\,0 \times 19.98}{20.00 + 19.98} = 5.0 \times 10^{-2}\,(mol/L)$$

因此　　　　$$[H^+] = 1.8 \times 10^{-5} \times \frac{5.0 \times 10^{-5}}{5.0 \times 10^{-2}} = 1.8 \times 10^{-8}\,(mol/L)$$

$$pH = 7.74$$

(3) 化学计量点时溶液的 pH:此时溶液的 pH 由体系产物的离解决定。化学计量点时体系产物是 NaAc 与 $H_2O$,$Ac^-$ 是一种弱碱。因此

$$[OH^-] = \sqrt{cK_{b(Ac^-)}}$$

由于　　　$$K_{b(Ac^-)} = \frac{K_w}{K_{a(HAc)}} = \frac{1.0 \times 10^{-14}}{1.8 \times 10^{-5}} = 5.6 \times 10^{-10}$$

$$c = [Ac^-] = \frac{20.00}{20.00 + 20.00} \times 0.100\,0 = 5.0 \times 10^{-2}\,(mol/L)$$

所以　　　$$[OH^-] = \sqrt{5.0 \times 10^{-2} \times 5.56 \times 10^{-10}} = 5.3 \times 10^{-6}\,(mol/L)$$

$$pOH = 5.28; \quad pH = 8.72$$

(4) 化学计量点后溶液的 pH:此时溶液的组成是过量 NaOH 和滴定产物 NaAc。由于过量 NaOH 的存在,抑制了 $Ac^-$ 的水解。因此,溶液的 pH 由过量 NaOH 的浓度来决定。

例如,滴入 20.02 mL NaOH 溶液(过量的 NaOH 为 0.02 mL),则

$$[OH^-] = \frac{0.02 \times 0.100\,0}{20.00 + 20.02} = 5.0 \times 10^{-5}\,(mol/L)$$

$$pOH = 4.30; \qquad pH = 9.70$$

按上述方法,依次计算出滴定过程中溶液的 pH,其计算结果列于表 4-7。

表 4-7 用 0.100 0 mol/L NaOH 滴定 20.00 mL 0.100 0 mol/L HAc 的 pH 变化

| 加入 NaOH 溶液体积/mL | HAc 被滴定 百分数/% | 剩余 HAc 溶液的体积/mL | 过量 NaOH 溶液的体积/mL | pH |
|---|---|---|---|---|
| 0.00 | 0.0 | 20.00 | | 2.87 |
| 10.00 | 50.0 | 10.00 | | 4.74 |
| 18.00 | 90.0 | 2.00 | | 5.70 |
| 19.80 | 99.0 | 0.20 | | 6.74 |
| 19.96 | 99.8 | 0.04 | | 7.46 |
| 19.98 | 99.9 | 0.02 | | 7.74 |
| 20.00 | 100.0 | 0.00 | | 8.72 |
| 20.02 | 100.1 | | 0.02 | 9.70 |
| 20.04 | 100.2 | | 0.04 | 10.00 |
| 20.20 | 101.0 | | 0.20 | 10.70 |
| 22.00 | 110.0 | | 2.00 | 11.70 |
| 40.00 | 200.0 | | 20.00 | 12.50 |

(滴定突跃:7.74~9.70)

根据滴定过程各点的 pH 可以绘出强碱(酸)滴定一元弱酸(碱)的滴定曲线,如图 4-7 所示。同理,酸碱溶液的浓度发生变化时,滴定突跃也随之发生变化,但化学计量点时溶液的 pH 保持不变。

2) 滴定曲线的形状和滴定突跃

由于 HAc 是弱酸,滴定开始前溶液中[H⁺]就较低,pH 较 NaOH 滴定 HCl 时高。滴定开始后 pH 较快地升高,其原因是中和生成的 Ac⁻ 产生同离子效应,使 HAc 更难离解,[H⁺]就较快地降低。但在继续滴入 NaOH 溶液后,由于 NaAc 不断生成,在溶液中形成了弱酸及其共轭碱(HAc - Ac⁻)的缓冲体系,pH 就增加得较慢了,使这一段曲线变得较为平坦。当滴定接近化学计量点时,由于溶液中剩余的 HAc 已很少,溶液的缓冲能力已逐渐减弱,于是随着 NaOH 溶液的不断滴入,溶液的 pH 变化逐渐加快,到达化学计量点时,在其附近出现一个滴定突跃。比较图 4-7 与表 4-7 可以看出,在相同浓度的情况下,强碱滴定弱酸的突跃范围比强碱滴定强酸的突跃范围要小得多,且主要集中在弱碱性区域,其化学计量点时,溶液不是呈中性而呈弱碱性(pH > 7)。

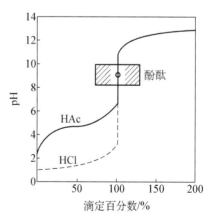

图 4-7 0.100 0 mol/L NaOH 与 0.100 0 mol/L HAc 的滴定曲线

3) 指示剂的选择

在强碱(酸)滴定一元弱酸(碱)中,由于滴定突跃范围变小,因此指示剂的选择便受到一定的限制,对于 0.100 0 mol/L NaOH 滴定 0.100 0 mol/L HAc,其突跃范围为 7.74～9.70(化学计量点时 pH=8.72),因此,只能选择酚酞、百里酚蓝等在碱性区域变色的指示剂。实际应用时,由于酚酞指示剂的理论变色点(pH=9.0)正好落在滴定突跃范围之内,滴定误差为 +0.01%,所以选择酚酞作为指示剂将获得比较准确的结果。

4) 滴定可行性判断

比较 0.100 0 mol/L NaOH 滴定 0.100 0 mol/L HCl 和 0.100 0 mol/L NaOH 滴定 0.100 0 mol/L HAc 可知,滴定的突跃范围从 4.30～9.70 变为 7.74～9.70,已明显减小,若用

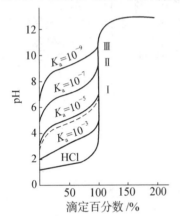

图 4-8　NaOH 滴定不同弱酸的滴定曲线

NaOH 滴定更弱的酸(如离解常数为 $10^{-7}$ 左右的弱酸),则滴定到达化学计量点时溶液的 pH 升高,化学计量点附近的滴定突跃范围更小,见图 4-8 中的曲线 II。在这种滴定中用酚酞指示终点已不合适,应选用变色范围 pH 更高些的指示剂,如百里酚酞(变色范围对应 pH=9.4～10.6)。若被滴定的酸更弱(如离解常数达 $10^{-9}$),则滴定到达化学计量点时,溶液的 pH 更高,图 4-8 的曲线 III 上已看不出滴定突跃。对于这类极弱酸,在水溶液中就无法用一般的酸碱指示剂来指示滴定终点。

从上述情况可知,强碱(酸)滴定一元弱酸(碱)的突跃范围与弱酸(碱)的浓度及其离解常数有关。酸的离解常数越小(即酸的酸性越弱),酸的浓度越低,则滴定突跃范围就越小。一般来讲,若滴定突跃大于 0.3pH 单位,这时人眼能够辨别指示剂颜色的改变,滴定才可以直接进行。因此,在 ΔpH=±0.2,终点误差为±0.1% 时,弱酸溶液的浓度 $c$ 和弱酸的离解常数 $K_a$ 的乘积 $cK_a \geqslant 10^{-8}$ 时,可认为该酸溶液可被强碱直接准确滴定。$cK_a \geqslant 10^{-8}$ 是目视直接滴定的条件。

应该指出,上述判别能否目视直接滴定的条件 $cK_a \geqslant 10^{-8}$ 的导出,还与滴定反应的完全程度、终点检测的灵敏度以及对滴定分析的准确度要求等诸因素有关。当其他因素不变,如把允许的误差放宽至可大于±0.1% 时,目视直接滴定对 $cK_a$ 乘积的要求也可相应降低。

### 4.3.2　多元酸碱、混合酸碱的滴定

多元酸(碱)或混合酸的滴定比一元酸碱的滴定复杂,滴定过程中必须考虑两种情况:一是能否滴定酸或碱的总量,二是能否分步滴定(对多元酸碱而言)、分别滴定(对混合酸碱而言)。

1. 强碱滴定多元酸

以 NaOH 滴定 $H_3PO_4$ 为例,$H_3PO_4$ 是三元酸,在水溶液中分步离解

$$H_3PO_4 \Longleftrightarrow H^+ + H_2PO_4^- \qquad pK_{a_1}=2.12$$

$$H_2PO_4^- \Longleftrightarrow H^+ + HPO_4^{2-} \qquad pK_{a_2}=7.20$$

$$HPO_4^{2-} \Longleftrightarrow H^+ + PO_4^{3-} \qquad pK_{a_3}=12.36$$

如果用 NaOH 滴定 $H_3PO_4$，则 $H_3PO_4$ 首先被中和至 $H_2PO_4^-$，出现第一化学计量点，然后 $H_2PO_4^-$ 再被中和至 $HPO_4^{2-}$，出现第二化学计量点，$HPO_4^{2-}$ 的 $K_{a_3}$ 太小，$cK_{a_3} < 10^{-8}$，不能满足直接滴定的条件，故 $HPO_4^{2-}$ 不能直接滴定。其中和反应可以写成

$$H_3PO_4 + NaOH \rightleftharpoons NaH_2PO_4 + H_2O \tag{1}$$

$$NaH_2PO_4 + NaOH \rightleftharpoons Na_2HPO_4 + H_2O \tag{2}$$

实际滴定时，上述两步中和反应稍有交叉，结合图 4-3 的分布曲线可知，当 pH = 4.7 时，$H_2PO_4^-$ 的分布系数为 99.4%，而同时存在的另外两种形式 $H_3PO_4$ 和 $HPO_4^{2-}$ 各约占 0.3%，这说明当 0.3% 左右的 $H_3PO_4$ 尚未被中和时，已经有 0.3% 左右的 $H_2PO_4^-$ 进一步被中和成 $HPO_4^{2-}$ 了，因此严格地说，反应并未完全按照上述反应式(1)(2)所示分两步完成，而是两步中和反应稍有交叉地进行。同样，当 pH = 9.8 时，$HPO_4^{2-}$ 占 99.5%，两步中和反应也是稍有交叉地进行，即对 $H_3PO_4$ 而言，并不真正存在两个化学计量点。但是一般在分析工作中，对于多元酸的滴定准确度不能要求太高(可允许分步滴定的误差为 ±0.5%)，虽然误差稍大一些，也还可以满足分析要求，因此人们认为 $H_3PO_4$ 能够进行分步滴定。

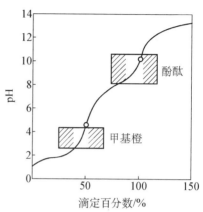

图 4-9 0.100 00 mol/L NaOH 液滴定 0.100 0 mol/L $H_3PO_4$ 的滴定曲线

要准确地计算 $H_3PO_4$ 滴定曲线的各点 pH 是个比较复杂的问题，这里不作介绍。但是通过计算可以求得化学计量点的 pH，以便于指示剂的选择。

以 0.10 mol/L NaOH 溶液滴定 0.10 mol/L $H_3PO_4$ 溶液，第一化学计量点时，$NaH_2PO_4$ 的浓度为 0.050 mol/L，根据两性物质 $H^+$ 浓度计算式计算。

因为 $\dfrac{c}{K_{a_2}} > 10K_w$，$c/K_{a_1} < 10$，则溶液 pH 计算的近似式为

$$[H^+] = \sqrt{\frac{K_{a_1}K_{a_2}c}{K_{a_1} + c}} = \sqrt{\frac{10^{-2.12} \times 10^{-7.20} \times 0.05}{10^{-2.12} + 0.05}} = 2.0 \times 10^{-5} \; (mol/L)$$

$$pH_1 = 4.70$$

第二化学计量点时，$Na_2HPO_4$ 的浓度为 $3.33 \times 10^{-2}$ mol/L(此时溶液的体积已增加了两倍)，此时，$cK_{a_3} < 10K_w$，则溶液 pH 计算式为

$$[H^+] = \sqrt{\frac{K_{a_2}(K_{a_3}c + K_w)}{K_{a_2} + c}} = \sqrt{\frac{10^{-7.20} \times (10^{-12.36} \times 3.33 \times 10^{-2} + 10^{-14})}{10^{-7.20} + 3.33 \times 10^{-2}}} = 2.2 \times 10^{-10} \; (mol/L)$$

$$pH_2 = 9.66$$

由仪器法(电位滴定法)可以绘制出 NaOH 滴定 $H_3PO_4$ 的滴定曲线，如图 4-9 所示。从图可见，由于中和反应交叉进行，使化学计量点附近曲线倾斜，滴定突跃较为短小。如果分别选用甲基橙、酚酞指示终点，则变色不明显，滴定终点很难判断，使得终点误差很大。如果分别改用溴甲酚绿和甲基橙(变色时 pH = 4.3)、酚酞和百里酚酞(变色时 pH = 9.9)混合指示剂，则终点时变色明显，若再采用较浓的试液和标准溶液，就可以获得符合分析要求的结果。但需

注意,由于反应的交叉进行,所指示的终点准确度也是不高的。

再如,以 NaOH 滴定丙二酸,丙二酸的 $pK_{a_1}=2.65$,$pK_{a_2}=5.28$,在不同 pH 时的分布系数 $\delta$ 列于表 4-8。

表 4-8　丙二酸在不同 pH 时的分布系数

| pH | 2.61 | 3.90 | 3.97 | 4.03 | 5.32 | 8.50 |
|---|---|---|---|---|---|---|
| $\delta_2$ | 0.522 | 0.051 | 0.044 | 0.038 | 0.001 | 0 |
| $\delta_1$ | 0.477 | 0.911 | 0.912 | 0.911 | 0.477 | 0.001 |
| $\delta_0$ | 0.001 | 0.038 | 0.044 | 0.051 | 0.522 | 0.999 |

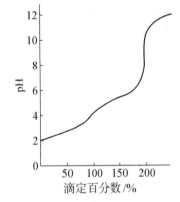

图 4-10　NaOH 溶液滴定丙二酸的滴定曲线

由表 4-8 可知,丙二酸的两步中和反应交叉进行,因而在图 4-10 所示的滴定曲线上,丙二酸被中和第一个 $H^+$ 时滴定曲线的倾斜度很大,以至看不出滴定突跃,当丙二酸的第二个 $H^+$ 被中和时,才出现一个明显的滴定突跃。

由上述两种酸的讨论可知,由于多元酸在水溶液中分步离解,逐级被碱中和,因此多元酸滴定中不一定每个 $H^+$ 都能被准确滴定而产生突跃。多元酸能否被准确滴定的条件之一是 $cK_a \geq 10^{-8}$,哪一级离解的 $H^+$ 能满足此条件,就有被准确滴定的可能性,不能满足此条件,则不能被准确滴定,如 $H_3PO_4$ 的第三级就不能被准确滴定。但若要使相邻的两个 $H^+$ 能被分别滴定,还需要考虑他们各自的离解常数的大小。若多元酸相邻的两个解离常数相差不大,如丙二酸的 $\Delta pK_a=2.63$,则丙二酸的第一个 $H^+$ 还未被完全中和,第二个 $H^+$ 已被碱中和了,两步中和反应交叉严重,这样,第一个化学计量点附近没有明显的 pH 突跃,无法准确滴定。若多元酸相邻的两个解离常数相差较大,如 $H_3PO_4$ 的 $K_{a_1}$ 和 $K_{a_2}$ 之间 $\Delta pK_a=5.08$,则 $H_3PO_4$ 的第一个 $H^+$ 被中和后,碱再中和第二个 $H^+$,可以分步滴定,但根据分布系数,还是稍有交叉反应。因而,多元酸能否分步滴定,需要考虑相邻两个解离常数的大小,当 $K_{a_1}/K_{a_2}>10^5$ 时,能形成两个独立的突跃,两个 $H^+$ 能被分步准确地滴定。

综合多元酸滴定的条件,在允许 $\pm 0.5\%$ 的终点误差,滴定突跃的 $\Delta pH=\pm 0.3$ 时,要进行分步滴定必须满足下列要求:

(1) 当 $cK_{a_1} \geq 10^{-8}$ 时,这一级离解的 $H^+$ 可以被直接滴定;

(2) 当 $cK_{a_1} \geq 10^{-8}$、$cK_{a_2} \geq 10^{-8}$、$K_{a_1}/K_{a_2}>10^5$ 时,第一级离解的 $H^+$ 先被滴定,出现第一个滴定突跃,第二级离解的 $H^+$ 后被滴定,出现第二个滴定突跃,两个 $H^+$ 能被分步滴定。

(3) 若满足 $cK_{a_1} \geq 10^{-8}$,$cK_{a_2} \geq 10^{-8}$,但 $K_{a_1}/K_{a_2}<10^5$,滴定时第一个滴定突跃将不能显现,这时只出现第二个滴定突跃,不能分步滴定。

(4) 若满足 $cK_{a_1} \geq 10^{-8}$,$cK_{a_2} < 10^{-8}$,但 $K_{a_1}/K_{a_2}>10^5$,只能滴定第一级离解的 $H^+$,出现一个滴定突跃,不能分步滴定。

2. 强酸滴定多元碱

以 $Na_2CO_3$ 的滴定为例。$Na_2CO_3$ 是二元碱,在水溶液中存在如下离解平衡

$$CO_3^{2-} + H_2O \rightleftharpoons HCO_3^- + OH^- \qquad pK_{b1} = 3.75$$

$$HCO_3^- + H_2O \rightleftharpoons H_2CO_3 + OH^- \qquad pK_{b2} = 7.62$$

按照滴定条件判断，$Na_2CO_3$ 是能够进行分步滴定的。若以 0.100 0 mol/L HCl 标准溶液滴定 20.00 mL 0.100 0 mol/L $Na_2CO_3$ 溶液，则第一步生成 $NaHCO_3$，反应式为

$$HCl + Na_2CO_3 \longrightarrow NaHCO_3 + NaCl$$

继续用 HCl 滴定，则生成 $H_2CO_3$。$H_2CO_3$ 本身不稳定，很容易分解生成 $CO_2$ 与 $H_2O$，反应式为

$$HCl + NaHCO_3 \longrightarrow H_2CO_3 + NaCl$$
$$\qquad\qquad\qquad\qquad \hookrightarrow CO_2 \uparrow + H_2O$$

第一化学计量点时，反应生成 $NaHCO_3$。$NaHCO_3$ 为两性物质，其浓度为 0.050 mol/L，根据 $H^+$ 浓度计算的最简式

$$[H^+]_1 = \sqrt{K_{a1} K_{a2}} = \sqrt{10^{-6.38} \times 10^{-10.25}} = 4.8 \times 10^{-9} (\text{mol/L})$$

$$pH_1 = 8.32$$

（$H_2CO_3$ 的 $pK_{a1} = 6.38$，$pK_{a2} = 10.25$）

第二化学计量点时，反应生成 $H_2CO_3$（$H_2O +$ $CO_2$），其在水溶液中的饱和浓度约为 0.033 mol/L，因此，按计算二元弱酸 pH 的最简公式计算，则

$$[H^+]_2 = \sqrt{cK_{a1}} = \sqrt{0.033 \times 10^{-6.38}}$$
$$= 1.2 \times 10^{-4} (\text{mol/L})$$

$$pH_2 = 3.92$$

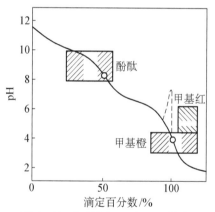

HCl 滴定 $Na_2CO_3$ 的滴定曲线一般也采用电位滴定法来绘制，如图 4 - 11 所示。从图中可看到，在 pH = 8.32 附近，滴定突跃不很明显，其原因是 $K_{b1}$ 与 $K_{b2}$ 之比稍小于 $10^5$，两步中和反应稍有交叉；此时选用酚酞（pH = 9.0）为指示剂，终点误差较大，滴定准确度不高。若采用甲酚红与百里酚蓝混合指示剂（变色时

图 4 - 11　0.100 0 mol/L HCl 滴定
0.100 0 mol/L $Na_2CO_3$
的滴定曲线

pH 为 8.3），则终点变色会明显一些，在 pH = 3.92 附近有一较明显的滴定突跃。若选择甲基橙（pH = 4.0）为指示剂，终点变化不敏锐。为提高滴定准确度，可采用为 $CO_2$ 所饱和并含有相同浓度 NaCl 和指示剂的溶液作对比。也有选择甲基红（pH = 5.0）为指示剂，滴定时加热除去 $CO_2$ 等方法，使滴定终点敏锐，准确度提高。

3. 混合酸碱的滴定

混合酸碱的滴定类似于多元酸碱，不同的是须考虑两种酸的浓度，对于 HA 和 HB 二种酸：

若 $\dfrac{c_{HA} K_{aHA}}{c_{HB} K_{aHB}} > 10^5$，且 $c_{HA} K_{aHA} \geqslant 10^{-8}$，$c_{HB} K_{aHB} \geqslant 10^{-8}$ 时，可分别滴定 HA 和 HB。

若$\dfrac{c_{HA}K_{aHA}}{c_{HB}K_{aHB}} > 10^5$，且$c_{HA}K_{aHA} \geqslant 10^{-8}$，$c_{HB}K_{aHB} < 10^{-8}$时，可滴定 HA。

若$\dfrac{c_{HA}K_{aHA}}{c_{HB}K_{aHB}} < 10^5$，且$c_{HA}K_{aHA} \geqslant 10^{-8}$，$c_{HB}K_{aHB} \geqslant 10^{-8}$时，不能分别滴定 HA 和 HB，但可滴定酸的总量。

### 4.3.3　酸碱滴定中 $CO_2$ 的影响

在酸碱滴定中，$CO_2$ 有时是引起滴定误差的重要因素之一。$CO_2$ 的来源是多方面的，如水中溶有一定量的 $CO_2$，配制 NaOH 标准溶液时吸收了 $CO_2$，NaOH 标准溶液保存不当吸收了 $CO_2$，滴定过程中溶液吸收 $CO_2$ 等。

由 $CO_2$ 引入的误差与具体的滴定体系有关，当用碱溶液滴定酸溶液时，溶液中的 $CO_2$ 会被碱溶液滴定，由于终点时溶液 pH 的不同，使得 $CO_2$ 带来的影响不同。同样，当用含有 $CO_3^{2-}$ 的碱标准溶液滴定酸时，由于终点 pH 的不同，碱标准溶液中的 $CO_3^{2-}$ 被酸中和的情况也不一样，引起的误差也就不同。

若碱标准溶液吸收 $CO_2$ 产生了 $CO_3^{2-}$，用含有 $Na_2CO_3$ 的标准碱溶液滴定强酸时，若使用酚酞为指示剂，则滴定终点时，$Na_2CO_3$ 与酸反应到生成 $NaHCO_3$，仅交换 1 个质子，此时 $Na_2CO_3$ 所造成的误差不可忽视；若以甲基橙为指示剂，则滴定终点时，$CO_3^{2-}$ 被中和为 $CO_2$ 逸出，对滴定结果不产生影响。显然，终点时溶液的 pH 越低，$CO_2$ 的影响越小。一般地说，如果终点时溶液的 pH < 5，则 $CO_2$ 的影响可以忽略。所以，滴定分析时，在保证终点误差在允许范围之内的前提下，应当尽量选用在酸性范围内变色的指示剂。同样，在标定和测定时，采用相同条件、相同指示剂，也有助于减小或消除 $CO_2$ 的影响。

$CO_2$ 的存在也会影响到一些指示剂终点颜色的稳定性。如以酚酞作指示剂时，当滴定至终点时，溶液呈浅红色，但稍放置 0.5～1 min 后，由于 $CO_2$ 的进入，消耗了部分过量的 $OH^-$，溶液 pH 降低，溶液又褪至无色。因此，当使用酚酞、溴百里酚蓝、酚红等指示剂时，滴定至溶液变色后，若 30 s 内溶液颜色不褪表明此时已达终点。

在滴定分析过程，为减少 $CO_2$ 的进入，可以采取以下措施：使用加热煮沸后冷却至室温的蒸馏水，使用不含 $CO_3^{2-}$ 的标准碱溶液，滴定时不要剧烈振荡锥形瓶等。

## 4.4　终点误差

在酸碱滴定中，利用指示剂颜色的变化来确定滴定终点时，滴定终点的 pH 与化学计量点的 pH 往往不完全一致，这就产生一定的误差，这种误差称为"终点误差"，也称为滴定误差，用"$E_t$"表示。终点误差可由在滴定终点时过量或者剩余的酸或碱的物质的量除以理论上应该加入的酸或碱的物质的量计算得到。

### 4.4.1　强酸(碱)滴定的终点误差

以 NaOH 标准溶液滴定 HCl 溶液为例说明强酸(碱)滴定终点误差的计算方法。滴定终

点时,过量或不足的 NaOH 的物质的量为 $[(cV)_{NaOH}-(cV)_{HCl}]$,则滴定终点误差为

$$E_t=\frac{n_{NaOH}-n_{HCl}}{n_{HCl(化学计量点)}}=\frac{(cV)_{NaOH}-(cV)_{HCl}}{(cV)_{HCl}}=\frac{(c_{NaOH}^{ep}-c_{HCl}^{ep})V^{ep}}{c_{HCl}^{sp}V^{sp}}$$

式中,$V^{ep}$ 是终点时的体积;$c^{ep}$ 是终点时的浓度;$V^{sp}$ 是化学计量点时的体积;$c^{sp}$ 是化学计量点时的浓度。一般终点和化学计量点相近,$V^{ep}\approx V^{sp}$,所以

$$E_t=\frac{c_{NaOH}^{ep}-c_{HCl}^{ep}}{c_{HCl}^{sp}}=\frac{[OH^-]_{ep}-[H^+]_{ep}}{c_{HCl}^{sp}} \tag{4-45}$$

若终点和化学计量点的 pH 之差为 ΔpH,可得

$$\Delta pH=pH_{ep}-pH_{sp}=-\lg[H^+]_{ep}+\lg[H^+]_{sp}=-\lg\frac{[H^+]_{ep}}{[H^+]_{sp}}$$

$$\frac{[H^+]_{ep}}{[H^+]_{sp}}=10^{-\Delta pH},\quad [H^+]_{ep}=[H^+]_{sp}\times 10^{-\Delta pH}$$

$$\Delta pOH=pOH_{ep}-pOH_{sp}=(pK_w-pH_{ep})-(pK_w-pH_{sp})=-(pH_{ep}-pH_{sp})=-\Delta pH$$

$$\frac{[OH^-]_{ep}}{[OH^-]_{sp}}=10^{\Delta pH},\quad [OH^-]_{ep}=[OH^-]_{sp}\times 10^{\Delta pH}$$

则　　$$E_t=\frac{c_{NaOH}^{ep}-c_{HCl}^{ep}}{c_{HCl}^{sp}}=\frac{[OH^-]_{ep}-[H^+]_{ep}}{c_{HCl}^{sp}}=\frac{[OH^-]_{sp}\times 10^{\Delta pH}-[H^+]_{sp}\times 10^{-\Delta pH}}{c_{HCl}^{sp}}$$

在强酸(碱)滴定中,$[OH^-]_{sp}=[H^+]_{sp}=\sqrt{K_w}$

$$E_t=\frac{\sqrt{K_w}(10^{\Delta pH}-10^{-\Delta pH})}{c_{HCl}^{sp}}=\frac{(10^{\Delta pH}-10^{-\Delta pH})}{\frac{1}{\sqrt{K_w}}c_{HCl}^{sp}} \tag{4-46}$$

式(4-46)为林邦误差计算公式。当滴定终点在化学计量点前,有部分 HCl 未被中和,由式(4-45)可知,滴定终点误差结果小于零,为负误差。当滴定终点在化学计量点后,有部分 NaOH 过量,则滴定终点误差结果大于零,为正误差。

**例 4-13**　计算 0.100 0 mol/L NaOH 滴定 0.100 0 mol/L HCl 至甲基橙变黄色(pH=4.4)与 0.100 0 mol/L HCl 滴定 0.100 0 mol/L NaOH 至甲基橙转变为橙色(pH=4.0)的终点误差。

解:0.100 0 mol/L NaOH 滴定 0.100 0 mol/L HCl 至甲基橙变色时,pH=4.4,根据式(4-45)得

$$E_t=\frac{c_{NaOH}^{ep}-c_{HCl}^{ep}}{c_{HCl}^{sp}}$$

所以　　$$E_t=\frac{10^{-9.6}-10^{-4.4}}{0.050\ 00}\times 100\%=-0.08\%$$

或根据式(4-46)得

$$E_t = \frac{10^{\Delta pH} - 10^{-\Delta pH}}{\frac{1}{\sqrt{K_w}} c_{HCl}^{sp}} = \frac{10^{(4.4-7)} - 10^{-(4.4-7)}}{\frac{0.05}{\sqrt{10^{-14}}}} \times 100\% = -0.08\%$$

当 0.100 0 mol/L HCl 滴定 0.100 0 mol/L NaOH 至甲基橙变橙色时,pH = 4.0,则

$$E_t = \frac{c_{HCl}^{ep} - c_{NaOH}^{ep}}{c_{NaOH}^{sp}}$$

$$E_t = \frac{10^{-4.0} - 10^{-10.0}}{0.050\,00} \times 100\% = 0.2\%$$

计算结果中的正值表明滴定过程中标准溶液加多了,变色滞后,出现了正误差;负值表明滴定过程中标准溶液加入量不足,变色提前,出现了负误差。

## 4.4.2　弱酸(碱)滴定的终点误差

以 NaOH 标准溶液滴定一元弱酸 HA 溶液为例说明弱酸(碱)滴定终点误差的计算方法。滴定终点时,终点误差为

$$E_t = \frac{c_{NaOH}^{ep} - c_{HA}^{ep}}{c_{HA}^{sp}} = \frac{[OH^-]_{ep} - [HA]_{ep}}{c_{HA}^{sp}} \tag{4-47}$$

若终点和化学计量点 pH 之差为 ΔpH,则

$$\frac{[H^+]_{ep}}{[H^+]_{sp}} = 10^{-\Delta pH},\quad \frac{[OH^-]_{ep}}{[OH^-]_{sp}} = 10^{\Delta pH},\quad [OH^-]_{ep} = [OH^-]_{sp} \times 10^{\Delta pH}$$

又
$$K_a = \frac{[A^-][H^+]}{[HA]} = \frac{[A^-]_{sp}[H^+]_{sp}}{[HA]_{sp}} = \frac{[A^-]_{ep}[H^+]_{ep}}{[HA]_{ep}}$$

一般终点和化学计量点很接近,故 $[A^-]_{sp} \approx [A^-]_{ep}$,则 $\frac{[H^+]_{ep}}{[H^+]_{sp}} = \frac{[HA]_{ep}}{[HA]_{sp}}$

因而 $[HA]_{ep} = [HA]_{sp} \times 10^{-\Delta pH}$

在化学计量点处,$[OH^-]_{sp} = [HA]_{sp} = \sqrt{\frac{K_w}{K_a} c_{HA}^{sp}}$

$$E_t = \frac{[OH^-]_{ep} - [HA]_{ep}}{c_{HA}^{sp}} = \frac{[OH^-]_{sp} \times 10^{\Delta pH} - [HA]_{sp} \times 10^{-\Delta pH}}{c_{HA}^{sp}}$$

$$= \frac{\sqrt{\frac{K_w}{K_a} c_{HA}^{sp}}(10^{\Delta pH} - 10^{-\Delta pH})}{c_{HA}^{sp}} = \frac{(10^{\Delta pH} - 10^{-\Delta pH})}{\sqrt{\frac{K_a}{K_w} c_{HA}^{sp}}} \tag{4-48}$$

**例 4-14**　计算 0.100 0 mol/L NaOH 标准溶液滴定 0.100 0 mol/L HAc 溶液至酚酞变红色(pH = 9.0)的终点误差。

解:0.100 0 mol/L NaOH 标准溶液滴定 0.100 0 mol/L HAc 溶液至酚酞变色,在 pH = 9.0 时

$$c_{HAc}^{sp} = \frac{20.00}{20.00 + 20.00} \times 0.100\,0 = 0.050\,0\,(mol/L)$$

当 pH $= 9.0$ 时，$[H^+] = 10^{-9.0}$ mol/L

$$c_{HAc}^{ep} = \delta_{HAc} c_{HAc}^{sp} = \frac{[H^+]}{[H^+] + K_{a(HAc)}} \times c_{HAc}^{sp}$$

$$= \frac{10^{-9.0}}{10^{-9.0} + 10^{-4.74}} \times 0.050\,0 = 2.75 \times 10^{-6}\,(mol/L)$$

所以，由式（4 - 47）可得

$$E_t = \frac{c_{NaOH}^{ep} - c_{HAc}^{ep}}{c_{HAc}^{sp}} = \frac{10^{-5.0} - 2.75 \times 10^{-6}}{0.050\,0} \times 100\% = 0.014\%$$

同理，由式（4 - 48）也可计算得到，已知化学计量点时的 pH $= 8.73$，则 $\Delta pH = 9.0 - 8.73 = 0.27$

$$E_t = \frac{10^{\Delta pH} - 10^{-\Delta pH}}{\sqrt{\dfrac{K_a}{K_w} c_{HAc}^{sp}}} = \frac{10^{0.27} - 10^{-0.27}}{\sqrt{\dfrac{1.8 \times 10^{-5}}{10^{-14}} \times 0.05}} \times 100\% = 0.014\%$$

### 4.4.3　多元酸碱滴定的终点误差

以 NaOH 滴定二元弱酸 $H_2A$ 为例，分步滴定至第一化学计量点（$HA^-$）时的质子条件式为

$$[H_2A] + [H^+] = [A^{2-}] + [OH^-]$$

设终点在化学计量点之后，此时溶液的质子条件式为

$$c_{NaOH,过} + [H_2A] + [H^+] = [A^{2-}] + [OH^-]$$

$$c_{NaOH,过} = [A^{2-}] + [OH^-] - [H_2A] - [H^+] \approx [A^{2-}] - [H_2A]$$

$$E_t = \frac{c_{A^{2-}}^{ep} - c_{H_2A}^{ep}}{c_{H_2A}^{sp}} = \frac{\dfrac{[HA^-]K_{a2}}{[H^+]} - \dfrac{[HA^-][H^+]}{K_{a1}}}{c_{H_2A}^{sp}}$$

又　　　　　$[H^+]_{ep} = [H^+]_{sp} \times 10^{-\Delta pH} = \sqrt{K_{a1} K_{a2}} \times 10^{-\Delta pH}$

代入上式整理得第一终点时

$$E_t = \frac{(10^{\Delta pH} - 10^{-\Delta pH})}{\sqrt{\dfrac{K_{a1}}{K_{a2}}}} \qquad\qquad (4 - 49)$$

同理第二终点时

$$E_t = \frac{(10^{\Delta pH} - 10^{-\Delta pH})}{2\sqrt{\dfrac{K_{a_1}}{K_{a_2}}}}$$

即多元酸分步滴定的 $E_t$ 与溶液浓度无关,且 $E_t > 0$,正误差,$E_t < 0$,负误差。

**例 4 - 15**　以 0.100 0 mol/L NaOH 滴定 20.00 mL 0.100 0 mol/L $H_3PO_4$,计算滴定至(1) pH = 4.40 时(第一化学计量点),(2) pH = 10.00 时(第二化学计量点)的终点误差。

解:(1) $pH_{终}$ = 4.40,第一化学计量点时,产物为 $H_2PO_4^-$,$c_{H_2PO_4^-}$,计 = 0.050 00 mol/L

$$[H^+] = \sqrt{\frac{cK_{a_1}K_{a_2}}{K_{a_1} + c}} = \sqrt{\frac{7.6 \times 10^{-3} \times 6.3 \times 10^{-8} \times 0.050\,00}{7.6 \times 10^{-3} + 0.050\,00}} = 2.0 \times 10^{-5} \text{(mol/L)}$$

$$pH_{计} = 4.70$$

$$\Delta pH = pH_{ep} - pH_{sp} = 4.40 - 4.70 = -0.30$$

$$E_t = \frac{(10^{\Delta pH} - 10^{-\Delta pH})}{\sqrt{\dfrac{K_{a_1}}{K_{a_2}}}} = \frac{10^{-0.30} - 10^{0.30}}{\sqrt{\dfrac{7.6 \times 10^{-3}}{6.3 \times 10^{-8}}}} \times 100\% = -0.43\%$$

(2) $pH_{终}$ = 10.00,第二化学计量点时,产物为 $HPO_4^{2-}$,$c_{HPO_4^{2-}} \approx 0.033$ mol/L

$$[H^+] = \sqrt{\frac{K_{a_2}(cK_{a_3} + K_w)}{K_{a_2} + c}} = 2.2 \times 10^{-10} \text{ mol/L}$$

$$pH_{计} = 9.66$$

$$\Delta pH = 10.00 - 9.66 = 0.34$$

$$E_t = \frac{(10^{\Delta pH} - 10^{-\Delta pH})}{2\sqrt{\dfrac{K_{a_2}}{K_{a_3}}}} = \frac{10^{0.34} - 10^{-0.34}}{2\sqrt{\dfrac{6.3 \times 10^{-8}}{4.4 \times 10^{-13}}}} \times 100\% = 0.23\%$$

### 4.4.4　混合酸碱滴定的终点误差

混合酸滴定的终点误差类似于多元酸,不同的是须考虑两种酸的浓度,对于 HA 和 HB 两种弱酸,

$$E_t = \frac{10^{\Delta pH} - 10^{-\Delta pH}}{\sqrt{\dfrac{c_{HA}^{sp} K_{aHA}}{c_{HB}^{sp} K_{aHB}}}} \times 100\% \tag{4-50}$$

对于混合碱也是类似。

# 4.5　酸碱滴定法的应用示例

酸碱滴定法在实际生产中应用极为广泛,许多酸、碱物质包括一些有机酸(或碱)物质均可

用酸碱滴定法进行测定。对于一些极弱酸或极弱碱,部分也可在非水溶液中进行测定,也可用线性滴定法进行测定,有些非酸(碱)性物质,还可以用间接酸碱滴定法进行测定。

实际上,酸碱滴定法除广泛应用于化工产品的含量测定外,还广泛应用于钢铁及某些原材料中 C、S、P、Si 与 N 等元素的测定,以及有机合成工业与医药工业中的原料、中间产品和成品等的分析测定,在我国的国家标准(GB)和有关的部颁标准中,如化学试剂、化工产品、食品添加剂、水质标准、石油产品等凡涉及酸度、碱度项目测定的,多数都采用简便易行的酸碱滴定法。

下面列举几个实例,简要叙述酸碱滴定法的应用。

## 4.5.1 混合碱的测定

混合碱的组分主要有:NaOH、$Na_2CO_3$、$NaHCO_3$,由于 NaOH 与 $NaHCO_3$ 不可能共存,因此混合碱的组成或为三种组分中任一种,或为 NaOH 与 $Na_2CO_3$ 的混合物,或为 $Na_2CO_3$ 与 $NaHCO_3$ 的混合物。若是单一组分的化合物,用 HCl 标准溶液直接滴定即可;若是两种组分的混合物,则一般可用双指示剂法进行测定。

双指示剂法测定混合碱时,无论其组成如何,其方法均是相同的,具体操作如下:准确称取一定量试样,用蒸馏水溶解后先以酚酞为指示剂,用 HCl 标准溶液滴定至溶液粉红色消失,记下 HCl 标准溶液所消耗的体积 $V_1$(mL)。此时,存在于溶液中的 NaOH 全部被中和,若存在 $Na_2CO_3$ 则被中和为 $NaHCO_3$。然后在溶液中加入甲基橙指示剂,继续用 HCl 标准溶液滴定至溶液由黄色变为橙红色,记下用去的 HCl 标准溶液的体积 $V_2$(mL)。显然,$V_2$ 是滴定溶液中 $NaHCO_3$(包括溶液中原本存在的 $NaHCO_3$ 与 $Na_2CO_3$ 被中和所生成的 $NaHCO_3$)所消耗的体积。由于 $Na_2CO_3$ 被中和到 $NaHCO_3$ 与 $NaHCO_3$ 被中和到 $H_2CO_3$ 所消耗的 HCl 标准滴定溶液的体积是相等的。因此,有如下判别式:

(1) $V_1 = V_2$ 这表明溶液中只有 $Na_2CO_3$ 存在;
(2) $V_1 \neq 0, V_2 = 0$ 这表明溶液中只有 NaOH 存在;
(3) $V_1 = 0, V_2 \neq 0$ 这表明溶液中只有 $NaHCO_3$ 存在;
(4) $V_1 > V_2$ 这表明溶液中有 NaOH 与 $Na_2CO_3$ 存在;
(5) $V_1 < V_2$ 这表明溶液中有 $Na_2CO_3$ 与 $NaHCO_3$ 存在。

当混合碱由 NaOH 与 $Na_2CO_3$ 组成时,将溶液中的 $Na_2CO_3$ 中和到 $H_2CO_3$ 所消耗的 HCl 标准滴定溶液的体积为 $2V_2$(mL),所以

$$w_{Na_2CO_3} = \frac{\frac{1}{2}(c_{HCl} \times 2V_2) \times M_{Na_2CO_3}}{m \times 1\,000} \times 100\%$$

将溶液中的 NaOH 中和成 NaCl 所消耗的 HCl 标准滴定溶液的体积为 $V_1 - V_2$(mL),所以

$$w_{NaOH} = \frac{c_{HCl}(V_1 - V_2) \times M_{NaOH}}{m \times 1\,000} \times 100\%$$

以上两式中,$m$ 为试样的质量,g;$M_{Na_2CO_3}$ 为 $Na_2CO_3$ 的摩尔质量,g/mol;$M_{NaOH}$ 为 NaOH 的摩尔质量,g/mol;$w_{NaOH}$、$w_{Na_2CO_3}$ 分别为试样中 NaOH、$Na_2CO_3$ 的质量分数。

当混合碱由 $Na_2CO_3$ 与 $NaHCO_3$ 组成时,将溶液中的 $Na_2CO_3$ 中和到 $NaHCO_3$ 所消耗的 HCl 标准滴定溶液的体积为 $V_1(mL)$,所以

$$w_{Na_2CO_3} = \frac{c_{HCl}V_1 \times M_{Na_2CO_3}}{m \times 1\,000} \times 100\%$$

将溶液中原有的 $NaHCO_3$ 中和成 $H_2CO_3$ 所消耗的 HCl 标准滴定溶液的体积为 $V_2 - V_1(mL)$,所以

$$w_{NaHCO_3} = \frac{c_{HCl}(V_2 - V_1) \times M_{NaHCO_3}}{m \times 1\,000} \times 100\%$$

式中,$m$ 为所制备试样溶液中包含试样的质量,g;$M_{NaHCO_3}$ 为 $NaHCO_3$ 的摩尔质量,g/mol;$M_{Na_2CO_3}$ 为 $Na_2CO_3$ 的摩尔质量,g/mol;$w_{NaHCO_3}$、$w_{Na_2CO_3}$ 分别为试样中 $NaHCO_3$、$Na_2CO_3$ 的质量分数。

### 4.5.2　硼酸的测定

硼酸的 $pK_a = 9.24$,不能用标准碱溶液直接滴定。实际测定时一般是在硼酸溶液中加入多元醇(如甘露醇或甘油),使之与硼酸反应,生成配合酸

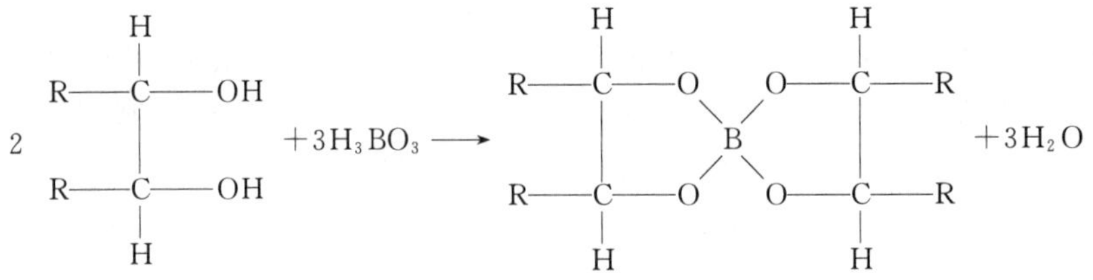

此配合酸的酸性较强,其 $pK_a \approx 6$,因而可用 NaOH 标准溶液直接滴定,滴定时化学计量点的 pH 在 9 左右,可用酚酞或百里酚酞指示终点。

钢铁及合金中的硼,也是采用本法测定(参见 GB/T 223.6—94)。

### 4.5.3　铵盐的测定

$(NH_4)_2SO_4$、$NH_4Cl$ 是常见的铵盐,肥料、土壤以及某些有机化合物也常常需要测定其中氮的含量,通常是将样品先经过适当的处理,将其中的各种含氮化合物全部转化为氨态氮,然后进行测定。但是 $NH_4^+$ 的 $pK_a = 9.26$,不能用标准碱溶液直接滴定,通常测定铵盐可采用下列两种方法。

1. 蒸馏法

准确称取一定量的含铵试样,置于蒸馏瓶中,加入过量浓 NaOH,加热,将 $NH_3$ 蒸馏出来

$$(NH_4)_2SO_4 + 2NaOH(浓) \longrightarrow Na_2SO_4 + 2H_2O + 2NH_3\uparrow$$

蒸馏出来的 $NH_3$ 用过量的 HCl 标准溶液来吸收

$$NH_3 + HCl \longrightarrow NH_4Cl$$

剩余标准 HCl 溶液的量,再用标准 NaOH 溶液滴定,以甲基红为指示剂,则试样中氨的质量分数 $w_{NH_3}$ 为

$$w_{NH_3} = \frac{[(cV)_{HCl} - (cV)_{NaOH}] \times M_N}{m \times 1\,000} \times 100\%$$

式中,$m$ 为试样的质量,g;$M_N$ 为氨的摩尔质量,g/mol;$(cV)_{NaOH}$、$(cV)_{HCl}$ 为标准碱、酸溶液的浓度和消耗标准碱、酸体积的乘积。

也可用 $H_3BO_3$ 溶液吸收蒸馏出的 $NH_3$,然后用 HCl 标准滴定溶液滴定 $H_3BO_3$ 吸收液,选甲基红为指示剂。反应为

$$NH_3 + H_3BO_3 \longrightarrow NH_4BO_2 + H_2O$$

$$HCl + NH_4BO_2 + H_2O \longrightarrow NH_4Cl + H_3BO_3$$

由于 $H_3BO_3$ 是极弱的酸,不影响测定,因此作为吸收剂,其浓度及用量都不要求精确,只需保证过量即可。此法的优点是只需一种标准溶液,且不需特殊的仪器。

2. 甲醛法

甲醛与 $NH_4^+$ 反应,生成质子化的六亚甲基四胺和 $H^+$,反应如下

$$4NH_4^+ + 6HCHO \longrightarrow (CH_2)_6N_4H^+ + 3H^+ + 6H_2O$$

然后用 NaOH 标准溶液滴定。由于 $(CH_2)_6N_4H^+$ 的 $pK_a = 5.15$,所以它也能被 NaOH 所滴定。因此,4 mol 的 $NH_4^+$ 将消耗 4 mol 的 NaOH,即它们之间的化学计量关系为 1:1,反应式为

$$(CH_2)_6N_4H^+ + 3H^+ + 4OH^- \longrightarrow (CH_2)_6N_4 + 4H_2O$$

通常采用酚酞作指示剂。如果试样中含有游离酸,则应先以甲基红作指示剂,用 NaOH 将其中和,然后再测定。

为了提高测定的准确度。也可以加入过量的标准碱溶液,再用标准酸溶液回滴。

3. 克氏定氮法

对于含氮的有机物质(如面粉、谷物、肥料、生物碱、肉类中的蛋白质、土壤、饲料以及合成药等)常通过克氏定氮法测定氮含量,以确定其氨基态氮或蛋白质的含量。

测定时将试样与浓 $H_2SO_4$ 共煮,进行消化分解,并加入 $K_2SO_4$,提高沸点,以促进分解过程,使有机物转化成 $CO_2$ 和 $H_2O$,所含的氮在 $CuSO_4$ 或汞盐催化下生成 $NH_4^+$

$$C_mH_nN \xrightarrow[CuSO_4]{H_2SO_4,\ K_2SO_4} CO_2 \uparrow + H_2O + NH_4^+$$

溶液以过量 NaOH 碱化后,再以蒸馏法测定 $NH_4^+$。

克氏定氮法是酸碱滴定在有机物分析中的重要应用,尽管该法在定氮过程中,消化与蒸馏操作较为费时,而且已有更快的测定蛋白质的方法,也有氨基酸自动分析仪,但是在《中华人民共和国药典》和国际标准方法中,仍确认克氏定氮法为标准检验方法。

## 4.5.4 氟硅酸钾法测定 $SiO_2$ 含量

测定硅酸盐试样中 $SiO_2$ 的含量,一般采用重量法。重量法虽然准确度高,但太费时,因此目前生产上各种试样中 $SiO_2$ 含量的例行分析,一般采用氟硅酸钾容量法,如 GB 205—1981 规定高铝水泥中的 $SiO_2$ 含量即用此法测定。

氟硅酸钾容量法的过程是先将硅酸盐试样用 KOH 或 NaOH 熔融,使之转化为可溶性硅酸盐,如 $K_2SiO_3$。$K_2SiO_3$ 在过量 KCl、KF 存在下与 HF(HF 有剧毒,必须在通风橱中操作)作用,生成微溶的氟硅酸钾($K_2SiF_6$),其反应如下

$$K_2SiO_3 + 6HF \longrightarrow K_2SiF_6 \downarrow + 3H_2O$$

将生成的 $K_2SiF_6$ 沉淀过滤。由于 $K_2SiF_6$ 在水中的溶解度较大,为防止其溶解损失,将其用 KCl 乙醇溶液洗涤。然后用 NaOH 溶液中和溶液中未洗净的游离酸,随后加入沸水使 $K_2SiF_6$ 水解,生成 HF,反应如下

$$K_2SiF_6 + 3H_2O \longrightarrow 2KF + H_2SiO_3 + 4HF$$

$K_2SiF_6$ 水解生成的 HF($pK_a = 3.46$)可用 NaOH 标准溶液滴定,由于整个反应过程中有 HF,而 HF 对玻璃容器有腐蚀作用,因此操作必须在塑料容器中进行。

由上述反应可知,由于 1 mol $K_2SiF_6$ 释放出 4 mol HF,也即消耗 4 mol NaOH,因此试样中的 $SiO_2$ 与 NaOH 的化学计量关系为 $\dfrac{1}{4}$,所以试样中 $SiO_2$ 的质量分数 $w_{SiO_2}$ 为

$$w_{SiO_2} = \frac{\dfrac{1}{4} \times c_{NaOH} V_{NaOH} \times M_{SiO_2}}{m \times 1\,000} \times 100\%$$

式中,$c_{NaOH}$ 为标准碱溶液的浓度,mol/L;$V_{NaOH}$ 为消耗碱溶液的体积,mL;$m$ 为试样的质量,g;$M_{SiO_2}$ 为 $SiO_2$ 的摩尔质量,g/mol。

### 4.5.5　磷含量的测定

钢铁、矿石和土壤中的磷都可用酸碱滴定法测定其含量,试样经预处理后,转化为磷酸或磷酸盐,在含磷的溶液中加入钼酸铵试剂,在酸性溶液中生成淡黄色磷钼酸铵:

$$PO_4^{3-} + 4NH_4^+ + 12MoO_4^{2-} + 22H^+ == (NH_4)_2HPO_4 \cdot 12MoO_3 \cdot H_2O \downarrow + 11H_2O$$

磷钼酸铵沉淀经过滤洗涤,溶于定量过量的 NaOH 溶液中,

$$(NH_4)_2HPO_4 \cdot 12MoO_3 + 24OH^- \longrightarrow 12MoO_4^{2-} + HPO_4^{2-} + 2NH_4^+ + 13H_2O$$

过量的 NaOH 用 $HNO_3$ 标准溶液滴定,以酚酞为指示剂,由此可计算磷的含量。

### 4.5.6　某些有机物含量的测定

应用酸碱滴定法可以测定有机物中的酸、醛、酮、酯类等,也可测定有机碱等。

1. 酸的测定

有些有机酸可直接用碱标准溶液滴定。例如阿司匹林原料药的含量测定就用酸碱滴定法。

阿司匹林又名乙酰水杨酸,微溶于水,易溶于乙醇。阿司匹林的结构中有羧基,$pK_a = 3.49$ 水溶液显酸性,能与碱发生中和反应。测定阿司匹林含量的反应式如下:

阿司匹林在中性乙醇中溶解后,以酚酞为指示剂,用氢氧化钠标准溶液滴定,可测定阿司匹林原料药的含量。

2. 醛和酮的测定

常用的有下列两种方法。

1) 盐酸羟胺法(或称肟化法)

盐酸羟胺与醛、酮反应生成肟和游离酸,其化学反应式如下

$$R-\underset{\underset{H}{|}}{C}=O + NH_2OH \cdot HCl \longrightarrow R-\underset{\underset{H}{|}}{C}=N-OH + H_2O + HCl$$

$$\underset{R'}{\overset{R}{\diagup}}C=O + NH_2OH \cdot HCl \longrightarrow \underset{R'}{\overset{R}{\diagup}}C=NOH + H_2O + HCl$$

生成的游离酸可用标准碱溶液滴定。由于溶液中存在过量的盐酸羟胺,呈酸性,因此采用溴酚蓝指示终点。

例如医用消毒液戊二醛的含量测定就是用此方法。戊二醛是一种广谱、高效、安全、腐蚀性小的消毒液,常用于医院、宾馆、卫生用品等行业环境和物品的灭菌。戊二醛含量测定采用三乙醇胺-硫酸滴定分析方法。戊二醛的羰基先与盐酸羟胺发生肟化反应生成戊二肟,反应生成的盐酸用三乙醇胺中和,过量的三乙醇胺用硫酸标准溶液回滴,以溴酚蓝为指示剂,通过同时进行空白测定的校正,可计算出戊二醛的含量。

2) 亚硫酸钠法

醛、酮与过量亚硫酸钠反应,生成加成化合物和游离碱,如下

$$R-\underset{\underset{H}{|}}{C}=O + Na_2SO_3 + H_2O \Longrightarrow \underset{H}{\overset{R}{\diagup}}\underset{SO_3Na}{\overset{OH}{\diagdown}}C + NaOH$$

$$\underset{R'}{\overset{R}{\diagup}}C=O + Na_2SO_3 + H_2O \Longrightarrow \underset{R'}{\overset{R}{\diagup}}\underset{SO_3Na}{\overset{OH}{\diagdown}}C + NaOH$$

生成的 NaOH 可用标准酸溶液滴定,采用百里酚酞指示终点。

由于测定操作简单,准确度较高,常用这种方法测定甲醛,也可用来测定多种醛和少数几种酮。

3. 酯类的测定

多数酯类与过量的碱共热 1~2 h 使之完成皂化反应转化成有机酸的共轭碱和醇,例如

$$CH_3COOC_2H_5 + NaOH \longrightarrow CH_3COONa + C_2H_5OH$$

多余的碱以标准酸溶液滴定,用酚酞或百里酚蓝指示终点。由于大多数酯难溶于水,皂化时,宜使用 NaOH 的乙醇标准溶液。

例如白酒中的酯就用上述方法测定。酯是白酒中香味的主要来源,是酒的重要质量指标之一。白酒中酯类的成分复杂,有乙酸乙酯、己酸乙酯、丁酸乙酯、乳酸乙酯等,用酸碱滴定法可测定酒中的总酯。先用碱中和酒中的游离酸,再加定量的碱使酯皂化,过量的碱用 HCl 或 $H_2SO_4$ 滴定,用酚酞指示终点。

# 4.6 非水溶液中的酸碱滴定

水是最常见的溶剂,酸碱滴定一般均在水溶液中进行。但是,以水为介质进行滴定分析时,也会受到一定的限制,比如许多有机试样难溶于水;许多弱酸、弱碱,当它们的离解常数小于 $10^{-8}$ 时,不能满足直接滴定的要求,在水溶液中不能直接滴定;另外,当弱酸和弱碱并不很弱时,其共轭碱或共轭酸在水溶液中也不能直接滴定。如果采用各种非水溶剂作为滴定介质,就可以解决上述问题,从而扩大酸碱滴定的应用范围。非水滴定在有机分析中得到了广泛的应用。除酸碱滴定外,氧化还原滴定、配位滴定和沉淀滴定等也可在非水溶液中进行,但以酸碱滴定法应用较广。

## 4.6.1 溶剂的分类和性质

1. 溶剂的分类

非水滴定中常用的溶剂种类很多,根据溶剂酸碱性的差异,可定性地将它们分为四大类。

1) 酸性溶剂

这类溶剂给出质子的能力比水强,接受质子的能力比水弱,即酸性比水强,碱性比水弱,如甲酸、冰醋酸、硫酸等,主要适用于测定弱碱含量。

2) 碱性溶剂

这类溶剂接受质子的能力比水强,给出质子的能力比水弱,即碱性比水强,酸性比水弱,如乙二胺、丁胺、乙醇胺等,主要适用于测定弱酸的含量。

3) 两性溶剂

这类溶剂的酸碱性与水相近,它们给出和接受质子的能力相当。属于这类溶剂的主要是醇类,如甲醇、乙醇、乙二醇等,主要适用于测定酸碱性不太弱的有机酸或有机碱。

4) 惰性溶剂

这类溶剂几乎没有给出质子和接受质子的能力,溶剂分子不参与质子转移过程,如苯、氯仿、四氯化碳等。

2. 溶剂的性质

1) 溶剂的酸碱性质

酸和碱通过溶剂才能顺利地给出或接受质子完成离解,故酸和碱在溶剂中表现出它们的酸性和碱性。根据酸碱质子理论,不同物质所表现出的酸性或碱性的强弱,不仅与这种物质本身给出或接受质子的能力大小有关,而且与溶剂的性质有关。即溶剂的碱性(接受质子的能力)越强,则物质的酸性越强;溶剂的酸性(给出质子的能力)越强,则物质的碱性越强。若以 HS 代表任一溶剂,酸 HB 在其中的离解平衡为

$$HB + HS \Longrightarrow H_2S^+ + B^-$$

$H_2S^+$ 指溶剂化质子。HB 在水、乙醇和冰醋酸中的离解平衡可分别表示如下

$$HB + H_2O \Longrightarrow H_3O^+ + B^-$$

$$HB + C_2H_5OH \Longrightarrow C_2H_5OH_2^+ + B^-$$

$$HB + HAc \Longrightarrow H_2Ac^+ + B^-$$

实验证明，$HClO_4$、$H_2SO_4$、$HCl$、$HNO_3$ 的强度是有差别的，其强度顺序为

$$HClO_4 > H_2SO_4 > HCl > HNO_3$$

可是在水溶液中，它们的强度没有什么差别，这是因为它们在水溶液中给出质子的能力都很强，而水的碱性已足够使它充分接受这些酸给出的质子，只要这些酸的浓度不是太大，则它们将定量地与水作用，全部转化。

$$HClO_4 + H_2O \longrightarrow H_3O^+ + ClO_4^-$$

$$H_2SO_4 + H_2O \longrightarrow H_3O^+ + SO_4^{2-}$$

$$HCl + H_2O \longrightarrow H_3O^+ + Cl^-$$

$$HNO_3 + H_2O \longrightarrow H_3O^+ + NO_3^-$$

因此，它们的酸的强度在水中全部被拉平到 $H_3O^+$ 的水平。这种将各种不同强度酸拉平到溶剂化质子水平的效应称为拉平效应。具有拉平效应的溶剂称为拉平性溶剂。水就是 $HClO_4$、$H_2SO_4$、$HCl$ 和 $HNO_3$ 的拉平性溶剂。通过水的拉平效应，任何一种比 $H_3O^+$ 酸性更强的酸，都将被拉平到 $H_3O^+$ 的水平。

如果以冰醋酸为介质，由于 $H_2Ac^+$ 的酸性较水强，因而 HAc 的碱性比水弱。在这种情况下，这四种酸就不能全部将其质子转移给 HAc 了，并且在程度上有差别。不同酸在冰醋酸介质中的离解反应及相应的 $pK_a$ 如表 4-9 所示。

表 4-9　不同酸在冰醋酸介质中的离解反应及相应的 $pK_a$

| 名称 | 离解方程式 | $pK_a$ |
|---|---|---|
| $HClO_4$ | $HClO_4 + HAc \Longrightarrow H_2Ac^+ + ClO_4^-$ | 5.8 |
| $H_2SO_4$ | $H_2SO_4 + HAc \Longrightarrow H_2Ac^+ + HSO_4^-$ | 8.2($pK_{a1}$) |
| $HCl$ | $HCl + HAc \Longrightarrow H_2Ac^+ + Cl^-$ | 8.8 |
| $HNO_3$ | $HNO_3 + HAc \Longrightarrow H_2Ac^+ + NO_3^-$ | 9.4 |

由表 4-9 可见，在冰醋酸介质中，这四种酸的强度能显示出差别来。这种能区分酸（或碱）的强弱的效应称为区分效应。具有区分效应的溶剂称为区分性溶剂。冰醋酸就是 $HClO_4$、$H_2SO_4$、$HCl$ 和 $HNO_3$ 的区分性溶剂。

同理，在水溶液中最强的碱是 $OH^-$，更强的碱（如 $O^{2-}$、$NH_2^-$ 等）都被拉平到同一水平 $OH^-$，只有比 $OH^-$ 更弱的碱（如 $NH_3$、$HCOO^-$ 等）才能分辨出强弱来。

2）酸碱中和反应的实质

酸和碱中和反应是经过溶剂而发生的质子转移过程。中和反应的产物也不一定是盐和水。中和反应能否发生，全由参加反应的酸、碱以及溶剂的性质决定。

例如，一个酸与碱的反应过程，首先溶剂对于酸必须具有碱性，才能接受酸给出的质子，否则酸不能离解。其次，碱比溶剂有更强的碱性，即溶剂对于碱是酸，是质子的给予体，将质子传

递给碱,从而完成质子由酸经过溶剂向碱的转移过程。

$$HA \Longleftrightarrow A^- + H^+ \text{(酸在溶剂中离解出质子)}$$

$$HS + H^+ \Longleftrightarrow H_2S^+ \text{(溶剂接受质子形成溶剂合质子)}$$

$$H_2S^+ + B \Longleftrightarrow BH^+ + HS\text{(质子转移给碱)}$$

合并上列三式,得

$$HA + B \Longleftrightarrow BH^+ + A^-$$

由此可以看出,酸碱中和反应的实质是质子转移的过程,而酸和碱之间的质子转移是通过溶剂来完成的。故溶剂在酸碱中和反应中起了非常重要的作用。

### 4.6.2 非水滴定溶剂的选择

在非水滴定中,溶剂的选择至关重要。在选择溶剂时首先要考虑的是溶剂的酸碱性,因为它直接影响到滴定反应的完全程度。例如,吡啶在水中是一个极弱的有机碱($K_b = 1.7 \times 10^{-9}$),在水溶液中,中和反应很难发生,进行直接滴定非常困难。如果改用冰醋酸作溶剂,由于冰醋酸是酸性溶剂,给出质子的倾向较强,从而增强了吡啶的碱性,这样就可以顺利地用 $HClO_4$ 进行滴定了。其反应如下

$$HClO_4 \longrightarrow H^+ + ClO_4^-$$

$$CH_3COOH + H^+ \Longleftrightarrow CH_3COOH_2^+$$

$$CH_3COOH_2^+ + C_5H_5N \Longleftrightarrow C_5H_5NH^+ + CH_3COOH$$

三式相加

$$C_5H_5N + HClO_4 \Longleftrightarrow C_5H_5NH^+ + ClO_4^-$$

在这个反应中,冰醋酸的碱性比 $ClO_4^-$ 强,因此它接受 $HClO_4$ 给出的质子,生成溶剂合质子 $CH_3COOH_2^+$,$C_5H_5N$ 接受 $CH_3COOH_2^+$ 给出的质子而生成 $C_5H_5NH^+$。

因此,在非水滴定中,良好的溶剂应具备下列条件。

第一,对试样的溶解度较大,并能提高它的酸度或碱度。

第二,能溶解滴定生成物和过量的滴定剂。

第三,溶剂与样品及滴定剂不发生化学反应。

第四,有合适的终点判断方法(指示剂法或电位滴定法)。

第五,易提纯,黏度小,挥发性低,易于回收,价格便宜,使用安全。

惰性溶剂没有明显的酸性和碱性,因此没有拉平效应,这样就使惰性溶剂成为一种很好的分辨性溶剂。

在非水滴定中,利用拉平效应,可以滴定酸或碱的总量。若要分别滴定混合酸或混合碱,必须利用区分效应,显示其强度差别,从而分别进行滴定。

### 4.6.3 滴定剂的选择和滴定终点的确定

1. 滴定剂的选择

1）酸性滴定剂

在非水介质中滴定碱时,常用的溶剂为冰醋酸,用高氯酸的冰醋酸溶液为滴定剂,滴定过程中产生的高氯酸盐具有较大的溶解度,高氯酸的冰醋酸溶液是用含 $70\%\sim72\%$ 的高氯酸水溶液配制而成的,其中的水分一般通过加入一定量的醋酸酐除去。

$HClO_4$ - HAc 滴定剂一般用邻苯二甲酸氢钾作为基准物质进行标定,滴定反应为

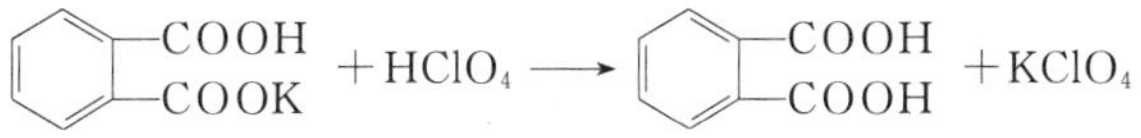

$$\text{COOH / COOK} + HClO_4 \longrightarrow \text{COOH / COOH} + KClO_4$$

滴定时以甲基紫或结晶紫为指示剂。

2）碱性滴定剂

常用的碱性滴定剂为醇钠和醇钾。例如,甲醇钠,它是由金属钠和甲醇反应制得的。

$$2CH_3OH + 2Na \longrightarrow 2CH_3ONa + H_2 \uparrow$$

碱金属氢氧化物和季胺碱（如氢氧化四丁基铵）也可用作滴定剂。季胺碱的优点是碱性强度大,滴定产物易溶于有机溶剂。

标准碱溶液的标定常用苯甲酸作基准物,以甲醇钠标准溶液为例,标定反应如下

$$C_6H_5COOH + CH_3ONa \longrightarrow C_6H_5COO^- + Na^+ + CH_3OH$$

以百里酚蓝指示终点。保存标准碱溶液时要注意防止吸收水分和 $CO_2$。另外,有机溶剂的体积膨胀系数较大,因此当温度改变时,要注意校正标准溶液的浓度。

2. 滴定终点的确定

非水滴定中,确定滴定终点的方法很多,最常用的有电位法和指示剂法。

用指示剂来确定终点,关键在于选用合适的指示剂。一般非水滴定用的指示剂随溶剂而异。在酸性溶剂中,一般使用结晶紫、甲基紫、$\alpha$-萘酚等作指示剂。在碱性溶剂中,百里酚蓝可用在苯、吡啶、二甲基甲酰胺或正丁胺中,但不适用于乙二胺溶液;偶氮紫可用于吡啶、二甲基甲酰胺、乙二胺及正丁胺中,但不适于苯或其他烃类溶液;邻硝基苯胺可用于乙二胺或二甲基甲酰胺中,但在醇、苯或正丁胺中不适用。

### 4.6.4 非水滴定的应用

利用非水滴定可以测定一些酸性物质,如磺酸、羧酸、酚类、酰胺,某些含氮化合物和不同的含硫化合物。还可以测定碱性物质,如脂肪族的伯胺、仲胺和叔胺,芳香胺类,环状结构中含有氮的化合物（如吡啶和吡唑）等。此外,分别测定某些酸的混合物或碱的混合物也可用非水滴定。

1. 钢铁中碳的含量测定

试样在氧气流中经高温燃烧,将产生的二氧化碳导入含有百里酚蓝和百里酚酞指示剂的丙酮-甲醇混合吸收液中,然后以甲醇钾标准溶液滴定至终点,根据消耗甲醇钾的用量,计算试样中碳的质量分数。

在上述反应中,钢铁中碳与甲醇钾之间的定量关系式为

$$1 \text{ 份 } C \sim 1 \text{ 份 } CO_2 \sim 1 \text{ 份 } CH_3OK$$

$$w_C = \frac{c_{CH_3OK} \times (V_1 - V_0) \times M_C}{m \times 1\,000} \times 100\%$$

式中，$w_C$ 为钢铁中碳的质量分数；$c_{CH_3OK}$ 为甲醇钾标准溶液的浓度，mol/L；$V_1$ 为试样测定消耗的甲醇钾标准溶液的体积，mL；$V_0$ 为空白实验消耗的甲醇钾标准溶液的体积，mL；$M_C$ 为碳元素的摩尔质量，g/mol；$m$ 为试样的质量，g。

### 2. 硫酸奎宁的测定

硫酸奎宁片用于治疗耐氯喹和耐多种药物虫株所致的恶性疟。其分子式为 $(C_{20}H_{24}N_2O_2)_2 \cdot H_2SO_4 \cdot 2H_2O$，具有生物碱的性质，不能在水溶液中滴定。在非水酸性介质中可增强其碱性，由此测定其含量。实际测定时，硫酸奎宁在冰醋酸中溶解，加醋酐与结晶紫指示剂，用高氯酸标准溶液滴定至溶液显蓝绿色，也可用电位滴定法测定。其反应如下：

$$(C_{20}H_{24}N_2O_2H^+)_2SO_4^- + 3HClO_4 \longrightarrow (C_{20}H_{24}N_2O_2 \cdot 2H^+) \cdot 2ClO_4^- + (C_{20}H_{24}N_2O_2 \cdot 2H^+) \cdot HSO_4^- \cdot ClO_4^-$$

## 思 考 题

**1.** 在下列各组酸碱物质中，哪些属于共轭酸碱对？

　　(1) $NaH_2PO_4$—$Na_3PO_4$　　　　(2) $H_2SO_4$—$SO_4^{2-}$　　　　(3) $H_2CO_3$—$CO_3^{2-}$

　　(4) $NH_4Cl$—$NH_3 \cdot H_2O$　　　(5) $H_2Ac^+$—$Ac^-$　　　　(6) $(CH_2)_6N_4H^+$—$(CH_2)_6N_4$

**2.** 写出下列物质在水溶液中的质子条件。

　　(1) $NH_3 \cdot H_2O$　　　　　(2) $NaHCO_3$　　　　　(3) $Na_2CO_3$

**3.** 有三种缓冲溶液，它们的组成如下：

　　(1) 1.0 mol/L HAc + 1.0 mol/L NaAc

　　(2) 1.0 mol/L HAc + 0.01 mol/L NaAc

　　(3) 0.01 mol/L HAc + 1.0 mol/L NaAc

这三种缓冲溶液的缓冲能力(或缓冲容量)有什么不同？加入稍多的酸或稍多的碱时，哪种溶液的 pH 将发生较大的改变？哪种溶液仍具有较好的缓冲作用？

**4.** 欲配制 pH 为 3 左右的缓冲溶液，应选下列何种酸及其共轭碱：HAc，甲酸，一氯乙酸，二氯乙酸，苯酚。

**5.** 判断在下列 pH 溶液中，指示剂显什么颜色？

　　(1) pH = 3.5 溶液中滴入甲基红指示剂

　　(2) pH = 7.0 溶液中滴入溴甲酚绿指示剂

　　(3) pH = 10.0 溶液中滴入甲基橙指示剂

**6.** 某溶液滴入酚酞为无色，滴入甲基橙为黄色，指出该溶液的 pH 范围。

**7.** 酸(碱)直接滴定的条件是什么？

**8.** 下列各种物质能否用酸碱滴定法直接测定？如果可以，应选用哪种指示剂？

　　HF，苯酚，盐酸羟胺($NH_2OH \cdot HCl$)，六亚甲基四胺

9. 用 NaOH 溶液滴定下列各种多元酸时会出现几个滴定突跃？分别应选用何种指示剂？
$H_2SO_4$，$H_2SO_3$，$H_2C_2O_4$，$H_2CO_3$，$H_3PO_4$，丙二酸

10. 下列混合酸（碱）中的各组分能否分别直接滴定？如果能够,应选用何种指示剂指示终点？
(1) 0.1 mol/L HCl＋0.1 mol/L $H_3BO_3$
(2) 0.5 mol/L $H_3PO_4$＋0.5 mol/L $H_2SO_4$
(3) 0.1 mol/L NaOH＋0.1 mol/L $Na_2CO_3$

11. NaOH 标准溶液如吸收了空气中的 $CO_2$，当以其测定某一强酸的浓度,分别用甲基橙或酚酞指示终点时,对测定结果的准确度各有何影响？

12. 在酸碱滴定中,如何选择合适的指示剂？为何指示剂选择不同,引入的终点误差不同？

13. 今欲分别测定下列混合物中的各个组分,试拟出测定方案（包括主要步骤、标准溶液、指示剂和含量计算式,以 g/mL 表示）。
(1) $H_3BO_3$＋硼砂　　　　　　　(2) HCl＋$NH_4Cl$
(3) $NH_3·H_2O$＋$NH_4Cl$　　　　(4) $NaH_2PO_4$＋$Na_2HPO_4$
(5) $NaH_2PO_4$＋$H_3PO_4$　　　　(6) NaOH＋$Na_3PO_4$

14. 有一碱液,可能含 NaOH、$Na_2CO_3$、$NaHCO_3$ 或它们的混合物,如何判断其组成并测定各组分的含量？说明理由。

15. 有一溶液,可能含 $Na_3PO_4$、$Na_2HPO_4$、$NaH_2PO_4$ 或它们的混合物,如何判断其组成并测定各组分的含量？说明理由。

16. 今欲分别测定下列混合物中的各组分含量,应如何进行？
(1) NaAc＋NaOH　　　(2) 邻苯二甲酸＋邻苯二甲酸氢钾　　　(3) 苯胺＋盐酸苯胺

17. 欲以非水滴定测定 NaAc、酒石酸钾钠、苯甲酸、苯酚、吡啶时,各应选用何种性质的溶剂？

18. 在什么溶剂中醋酸、水杨酸、HCl、$HClO_4$ 的强度可以区分开？在什么溶剂中它们的强度将被拉平？

## 习　题

1. 已知 $H_3PO_4$ 的 $pK_{a_1}=2.12$，$pK_{a_2}=7.20$，$pK_{a_3}=12.36$。求其共轭碱 $PO_4^{3-}$ 的 $pK_{b_1}$，$HPO_4^{2-}$ 的 $pK_{b_2}$ 和 $H_2PO_4^-$ 的 $pK_{b_3}$。

(1.64，6.80，11.88)

2. 已知琥珀酸$(CH_2COOH)_2$（以 $H_2A$ 表示）的 $pK_{a_1}=4.19$，$pK_{a_2}=5.57$。试计算在 pH＝4.88 和 5.0 时 $H_2A$、$HA^-$ 和 $A^{2-}$ 的分布系数 $\delta_2$、$\delta_1$ 和 $\delta_0$。若该酸的总浓度为 0.01 mol/L,求 pH＝4.88 时的三种形式的平衡浓度。

(0.145，0.710，0.145；0.109，0.702，0.189；0.001 4，0.007 1，0.001 4)

3. 计算下列溶液的 pH。
(1) 0.10 mol/L HAc 溶液
(2) 0.10 mol/L NaAc 溶液
(3) 0.10 mol/L $NH_3·H_2O$
(4) 0.10 mol/L $NH_4Cl$ 溶液

(5) 0.10 mmol/L NH$_4$Ac 溶液

(2.87，8.87，11.13，5.13，7.00)

4. 计算下列溶液的 pH。
   (1) 0.10 mmol/L 草酸
   (2) 0.10 mmol/L HAc 和 0.10 mmol/L 一氯乙酸混合溶液

(1.28，1.92)

5. 计算下列溶液的 pH。
   (1) 0.1 mol/L NaH$_2$PO$_4$ 溶液
   (2) 0.05 mol/L K$_2$HPO$_4$ 溶液

(4.66，9.70)

6. 需配制 pH＝5.2 的缓冲溶液，应在 1 L 0.01 mol/L 的苯甲酸溶液中加入多少克的苯甲酸钠?

(14.1 g)

7. 如以 0.200 0 mol/L NaOH 标准溶液滴定 0.200 0 mol/L 邻苯二甲酸氢钾溶液，化学计量点时的 pH 为多少? 化学计量点附近的滴定突跃为多少? 应选用何种指示剂指示终点?

(9.27，8.54～10.0)

8. 某弱酸的 p$K_a$＝9.21，现有其共轭碱 NaA 溶液 20.00 mL 浓度为 0.100 0 mol/L，当用 0.100 0 mol/L HCl 溶液滴定时，化学计量点的 pH 为多少? 化学计量点附近的滴定突跃为多少?

(5.26，6.21～4.30)

9. 用 0.100 0 mol/L NaOH 溶液滴定 0.100 0 mol/L 酒石酸溶液时，有几个滴定突跃? 在第二化学计量点时 pH 为多少? 应选用何种指示剂指示终点?

(8.53)

10. 有一种三元酸，其 p$K_{a_1}$＝2，p$K_{a_2}$＝6，p$K_{a_3}$＝12。用 NaOH 溶液滴定时，第一和第二化学计量点的 pH 分别为多少? 两个化学计量点附近有无滴定突跃? 可选用何种指示剂指示终点? 能否直接滴定至酸的质子全部被中和?

(4，9)

11. 计算用 0.100 0 mol/L 的 NaOH 滴定 0.100 0 mol/L 的 HCl 在 pH＝4.00 和 pH＝9.00 时的终点误差。

(−0.2%，0.02%)

12. 计算用 0.100 0 mol/L 的 NaOH 滴定 0.050 00 mol/L Na$_2$CO$_3$，用酚酞作指示剂，在 pH＝9.00 时的终点误差。

(5.3%)

13. 称取浓磷酸试样 2.000 g，加入适量的水，用 0.889 2 mol/L NaOH 溶液滴定至甲基橙变色时，消耗 NaOH 标准溶液 21.73 mL。计算试样中 H$_3$PO$_4$ 的质量分数。若以 P$_2$O$_5$ 表示，其质量分数为多少?

(94.68%；68.57%)

14. 取含有 SO$_3$ 的发烟硫酸试样 1.400 g，溶于水，用 0.805 0 mol/L NaOH 溶液滴定时消耗 36.10 mL，求试样中 SO$_3$ 和 H$_2$SO$_4$ 的质量分数(假设试样中不含其他杂质)。

(7.97%；92.03%)

15. 面粉和小麦中粗蛋白质含量是将氮含量乘以 5.7 而得到的(不同物质有不同系数),
    2.449 g 面粉经消化后,用 NaOH 处理,蒸出的 $NH_3$ 以 100.0 mL 0.010 86 mol/L HCl 溶
    液吸收,需用 0.012 28 mol/L NaOH 溶液 15.30 mL 回滴,计算面粉中粗蛋白质的质量
    分数。

    (2.93%)

16. 一试样含丙氨酸[$CH_3CH(NH_2)COOH$]和惰性物质,用克氏法测定氮,称取试样
    2.215 g,消化后,蒸馏出 $NH_3$ 并吸收在 50.00 mL 0.146 8 mol/L $H_2SO_4$ 溶液中,再以
    0.092 14 mol/L NaOH 11.37 mL 回滴,求丙氨酸的质量分数。

    (54.84%)

17. 往 0.358 2 g 含 $CaCO_3$ 及不与酸作用杂质的石灰石里加入 25.00 mL 0.147 1 mol/L HCl
    溶液,过量的酸需用 10.15 mL NaOH 溶液回滴。已知 1.000 mL NaOH 溶液相当于
    1.032 mL HCl 溶液。求石灰石及 $CO_2$ 的质量分数。

    (29.85%;13.12%)

18. 有一 $Na_2CO_3$ 与 $NaHCO_3$ 的混合物 0.372 9 g,以 0.134 8 mol/L HCl 溶液滴定,用酚酞
    指示终点时耗去 21.36 mL,试求当以甲基橙指示终点时,将需要多少毫升的 HCl 溶液?

    (48.70 mL)

19. 称取混合碱试样 0.947 6 g,加酚酞指示剂,用 0.278 5 mol/L HCl 溶液滴定至终点,计耗
    去酸溶液 34.12 mL,再加甲基橙指示剂,滴定至终点,又耗去酸 23.66 mL。求试样中各
    组分的质量分数。

    (73.71%;12.30%)

20. 称取混合碱试样 0.652 4 g,以酚酞为指示剂,用 0.199 2 mol/L HCl 标准溶液滴定至终
    点,用去酸溶液 21.76 mL。再加甲基橙指示剂,滴定至终点,又耗去酸溶液 27.15 mL。
    求试样中各组分的质量分数。

    (70.43%;13.83%)

21. 有一 $Na_3PO_4$ 试样,其中含有 $Na_2HPO_4$。称取 0.997 4 g 试样,以酚酞为指示剂,用
    0.264 8 mol/L HCl 溶液滴定至终点,用去 16.97 mL。再加入甲基橙指示剂,继续用上述
    HCl 溶液滴定至终点时,又用去 23.36 mL。求试样中 $Na_3PO_4$、$Na_2HPO_4$ 的质量分数。

    (73.86%;24.1%)

22. 称取 25.00 g 土壤试样置于玻璃钟罩的密闭空间内,同时也放入盛有 100.0 mL NaOH 溶液
    的圆盘,以吸收 $CO_2$,48 h 后吸取出 25.00 mL NaOH 溶液,用 13.58 mL 0.115 6 mol/L HCl
    溶液滴定至酚酞终点。空白实验时 25.00 mL NaOH 溶液需 25.43 mL 上述酸溶液,计算在
    细菌作用下土壤释放 $CO_2$ 的速度,以 mg $CO_2$/[g(土壤)·h]表示。

    [0.201 0 mg $CO_2$/(g·h)]

23. 一瓶纯 KOH,吸收了 $CO_2$ 和水,称取其混匀试样 1.186 g,溶于水,稀释至 500.0 mL,吸
    取 50.00 mL,以 25.00 mL 0.087 17 mol/L HCl 处理,煮沸驱除 $CO_2$,过量的酸用
    0.023 65 mol/L NaOH 溶液 10.09 mL 滴至酚酞终点。另取 50.00 mL 试样的稀释液,加
    入过量的中性 $BaCl_2$,滤去沉淀,滤液以 20.38 mL 上述酸溶液滴至酚酞终点。计算试样
    中 KOH、$K_2CO_3$ 和 $H_2O$ 的质量分数。

    (84.05%;9.56%;6.39%)

**24.** 称取硅酸盐试样 0.100 0 g,经熔融分解,沉淀 $K_2SiF_6$,然后过滤、洗净,水解产生的 HF 用 0.147 7 mol/L NaOH 标准溶液滴定,以酚酞为指示剂,消耗标准溶液 24.72 mL,计算试样中 $SiO_2$ 的质量分数。

(54.84%)

**25.** 欲检测贴有"3% $H_2O_2$"标签的旧瓶中 $H_2O_2$ 的含量,吸取瓶中溶液 5.00 mL,加入过量 $Br_2$,发生下列反应

$$H_2O_2 + Br_2 \longrightarrow 2H^+ + 2Br^- + O_2$$

作用 10 min 后,赶去过量的 $Br_2$,再以 0.316 2 mol/L 碱溶液滴定上述反应产生的 $H^+$。需 17.08 mL 达到终点,计算瓶中 $H_2O_2$ 的含量(以 g/100 mL 表示)。

(1.84)

**26.** 吸取 25.00 mL 有某 HCl + $H_3BO_3$ 混合溶液,用甲基红 - 溴甲酚绿指示终点,需 0.199 2 mol/L NaOH 溶液 21.22 mL;另取 25.00 mL 试液,加入甘露醇后,需 38.74 mL 上述碱溶液滴定至酚酞终点,求试液中 HCl 与 $H_3BO_3$ 的含量,以 mg/mL 表示。

(6.165;8.631)

**27.** 有机化学家欲求得新合成醇的摩尔质量,取试样 55.0 mg,以醋酸酐法测定时,需用 0.096 90 mol/L NaOH 10.23 mL。用相同量醋酸酐做空白实验时,需用同一浓度的 NaOH 溶液 14.71 mL 滴定生成的酸,试计算醇的相对分子质量,设其分子中只有 1 个羟基。

(127)

**28.** 有一纯的(100%)未知有机酸 400 mg,用 0.099 96 mol/L NaOH 溶液滴定,滴定曲线表明该酸为一元酸,加入 32.80 mL NaOH 溶液时到达终点。当加入 16.40 mL NaOH 溶液时,pH 为 4.20。根据上述数据求:酸的 $pK_a$;酸的相对分子质量;如酸只含 C、H、O,写出符合逻辑的经验式(本题中相对原子质量 C—12、H—1、O—16)。

(4.20;122)

# 第5章 配位滴定法

配位滴定法（complex titration）是以生成配位化合物的化学反应为基础的滴定分析法。主要用于测定金属离子的含量，也可利用间接法测定其他离子的含量。配位反应在分析化学中应用广泛，除了用于滴定分析外，还用于掩蔽、显色、萃取等。本章主要讨论以 EDTA 为滴定剂的配位滴定的原理和应用。

## 5.1 配位滴定中的配位剂

配合物是由中心离子与配位体形成。配位滴定中，通过被测金属离子和一定的配位剂（滴定剂）发生配位反应而进行定量分析。常用的配位剂有两类：一类是无机配位剂，另一类是有机配位剂。一般无机配位剂和中心离子形成简单的配合物，如 $[Cu(NH_3)_4]^{2+}$，这类配合物在形成过程中有逐级配位现象，而且各级配合物的稳定常数相差较小，故溶液中常常同时存在多种形式的配离子，应用于滴定时就会使产物的组成不定，化学计量关系不明确，而且滴定过程中突跃不明显，终点难以判断，不能符合滴定分析的要求，故很少用于滴定分析。但有时可用于掩蔽剂等。

有机配位剂与中心离子的配位反应常可形成螯合物，其配位关系简单，配合物的稳定性较高，能较好地符合滴定分析的要求，故配位滴定中常用有机配位剂，其中最常用的是氨羧类配位剂。

氨羧类配位剂大部分是以氨基二乙酸基团 $[—N(CH_2COOH)_2]$ 为基体的有机配位剂（或称螯合剂），这类配位剂中含有配位能力很强的氨氮 $N—$ 和羧氧 $\begin{matrix} —C—O— \\ \| \\ O \end{matrix}$，这两种配位原子能与多种金属离子形成稳定的可溶性配合物。氨羧配位剂的种类很多，常见的有以下几种。

乙二胺四乙酸，简称为 EDTA

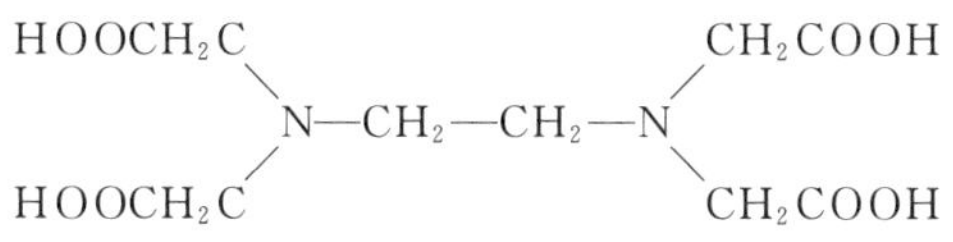

$$
\begin{matrix}
HOOCH_2C & & & & CH_2COOH \\
& N—CH_2—CH_2—N & \\
HOOCH_2C & & & & CH_2COOH
\end{matrix}
$$

环己烷二胺四乙酸，简称为 CyDTA

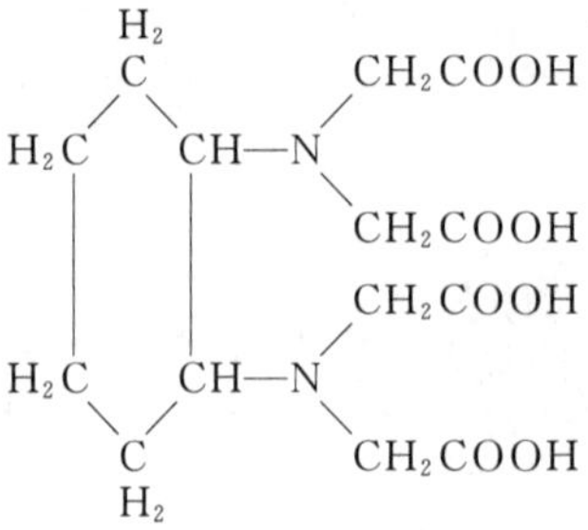

（乙二醇二乙醚二胺四乙酸结构式）

乙二醇二乙醚二胺四乙酸,简称为 EGTA

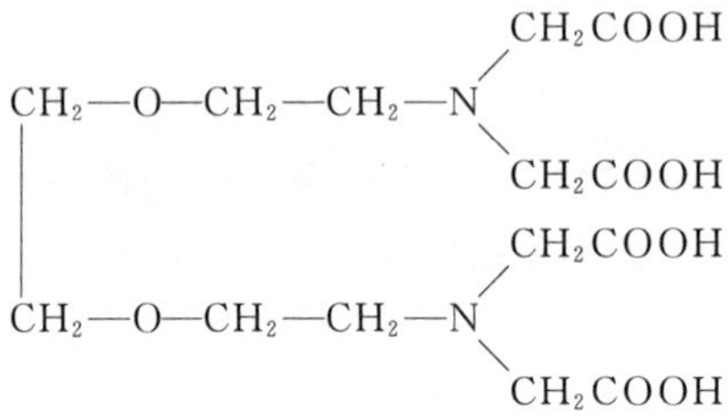

（EDTP 结构式）

乙二胺四丙酸,简称为 EDTP

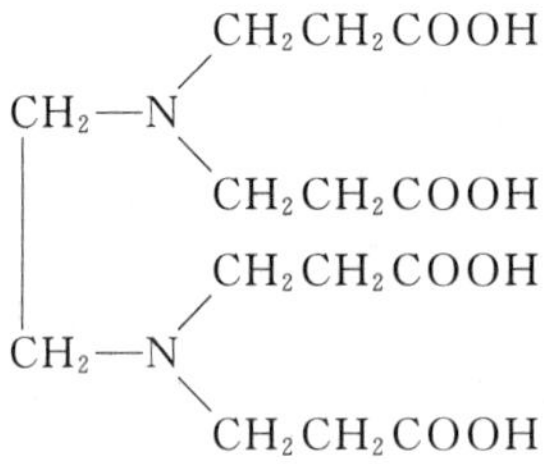

（EDTP 结构式）

　　氨羧配位剂中应用最广泛的是 EDTA,它可以直接或间接滴定几十种金属离子,本章主要讨论以 EDTA 为配位剂滴定金属离子的配位滴定法。

## 5.1.1　乙二胺四乙酸的性质

　　乙二胺四乙酸(ethylene diamine tetraacetic acid)简称为 EDTA 或 EDTA 酸,用 $H_4Y$ 表示。它在水中的溶解度较小(22℃时,每 100 mL 水中仅能溶解0.02 g),也难溶于酸和一般的有机溶剂,但易溶于氨溶液和苛性碱溶液中,生成相应的盐,故实际使用时,常用其二钠盐,即乙二胺四乙酸二钠($Na_2H_2Y \cdot 2H_2O$,相对分子质量为 372.24),一般也简称为 EDTA。它在水中的溶解度较大,22℃时,每 100 mL 水中能溶解 11.1 g(包含结晶水),此溶液的浓度约为 0.3 mol/L,pH 约为 4.4。

　　在 EDTA 的结构中,两个羧基上的 $H^+$ 可转移到氮原子上,形成双偶极离子

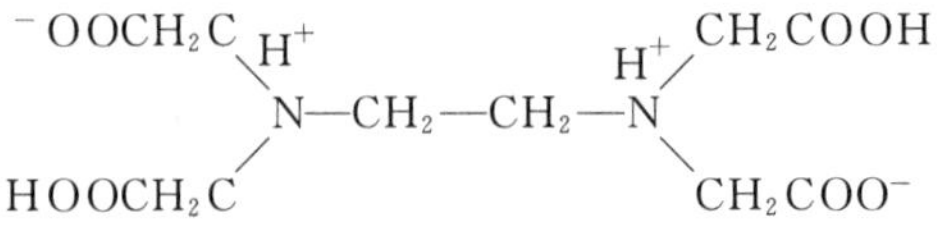

（双偶极离子结构式）

　　若 EDTA 溶于酸度很高的溶液,它的两个羧基可以再接受 $H^+$ 而形成 $H_6Y^{2+}$,相当于形成一个六元酸,EDTA 在水溶液中的六级离解平衡为

$$H_6Y^{2+} \rightleftharpoons H^+ + H_5Y^+ \qquad \frac{[H^+][H_5Y^+]}{[H_6Y^{2+}]} = K_{a_1} = 10^{-0.88}$$

$$H_5Y^+ \rightleftharpoons H^+ + H_4Y \qquad \frac{[H^+][H_4Y]}{[H_5Y^+]} = K_{a_2} = 10^{-1.6}$$

$$H_4Y \rightleftharpoons H^+ + H_3Y^- \qquad \frac{[H^+][H_3Y^-]}{[H_4Y]} = K_{a_3} = 10^{-2.0}$$

$$H_3Y^- \rightleftharpoons H^+ + H_2Y^{2-} \qquad \frac{[H^+][H_2Y^{2-}]}{[H_3Y^-]} = K_{a_4} = 10^{-2.67}$$

$$H_2Y^{2-} \rightleftharpoons H^+ + HY^{3-} \qquad \frac{[H^+][HY^{3-}]}{[H_2Y^{2-}]} = K_{a_5} = 10^{-6.16}$$

$$HY^{3-} \rightleftharpoons H^+ + Y^{4-} \qquad \frac{[H^+][Y^{4-}]}{[HY^{3-}]} = K_{a_6} = 10^{-10.26}$$

联系六级离解关系,存在下列平衡

$$H_6Y^{2+} \underset{+H^+}{\overset{-H^+}{\rightleftharpoons}} H_5Y^+ \underset{+H^+}{\overset{-H^+}{\rightleftharpoons}} H_4Y \underset{+H^+}{\overset{-H^+}{\rightleftharpoons}} H_3Y^- \underset{+H^+}{\overset{-H^+}{\rightleftharpoons}} H_2Y^{2-} \underset{+H^+}{\overset{-H^+}{\rightleftharpoons}} HY^{3-} \underset{+H^+}{\overset{-H^+}{\rightleftharpoons}} Y^{4-}$$

$$(5-1)$$

由于分步离解,EDTA 在水溶液中总是以 $H_6Y^{2+}$、$H_5Y^+$、$H_4Y$、$H_3Y^-$、$H_2Y^{2-}$、$HY^{3-}$ 和 $Y^{4-}$ 等七种形式存在。从式(5-1)可以看出,EDTA 中各种存在形式间的浓度比例取决于溶液的 pH。若溶液酸度增大,pH 减小,上述平衡向左移动;反之,若溶液酸度减小,pH 增大,则上述平衡右移。EDTA 各种存在形式在不同 pH 时的分布曲线如图 5-1 所示。

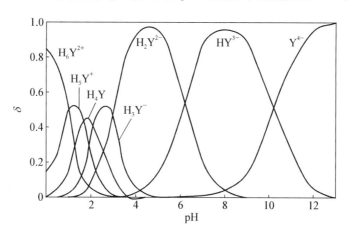

**图 5-1　EDTA 各种存在形式在不同 pH 时的分布曲线**

由图 5-1 可以清楚地看出在不同 pH 时 EDTA 各种存在形式的分布情况。在 pH < 1 的强酸性溶液中,EDTA 主要以 $H_6Y^{2+}$ 形式存在;在 pH 为 1~1.6 的溶液中,主要以 $H_5Y^+$ 形式存在;在 pH 为 1.6~2.0 的溶液中,主要以 $H_4Y$ 形式存在;在 pH 为 2.0~2.67 的溶液中,主要存在形式是 $H_3Y^-$;在 pH 为 2.67~6.16 的溶液中,主要存在形式是 $H_2Y^{2-}$;在 pH 为 6.16~10.26 的溶液中,主要存在形式是 $HY^{3-}$;在 pH 很大(>12)时几乎完全以 $Y^{4-}$ 形式存在。

### 5.1.2 乙二胺四乙酸与金属离子形成的配合物

在 EDTA 分子的结构中,具有六个可与金属离子形成配位键的原子(两个氨基氮和四个羧基氧,它们都有孤对电子,能与金属离子形成配位键),因而,EDTA 可以与金属离子形成配位数为 4 或 6 的稳定的配合物。EDTA 与金属离子的配位反应具有以下几方面的特点。

第一,EDTA 与许多金属离子可形成配位比为 1∶1 的稳定配合物。例如

$$Ca^{2+} + Y^{4-} \rightleftharpoons CaY^{2-}$$

$$Fe^{3+} + Y^{4-} \rightleftharpoons FeY^-$$

反应中无逐级配位现象,反应的定量关系明确。只有极少数金属离子(如 Zr(IV) 和 Mo(VI) 等)例外。

第二,EDTA 与多数金属离子形成的配合物具有相当的稳定性。从 EDTA 与 $Ca^{2+}$、$Fe^{3+}$ 的配合物的结构图(如图 5-2 所示)可以看出,EDTA 与金属离子配位时形成五个五元环(其中四个 $\begin{array}{c} O-C-C-N \\ \underline{\qquad M \qquad} \end{array}$ 五元环,一个 $\begin{array}{c} N-C-C-N \\ \underline{\qquad M \qquad} \end{array}$ 五元环),具有这种环状结构的配合物称为螯合物。从配合物的研究可知,具有五元环或六元环的螯合物很稳定,而且所形成的环愈多,螯合物愈稳定。因而 EDTA 与大多数金属离子形成的螯合物具有较大的稳定性。

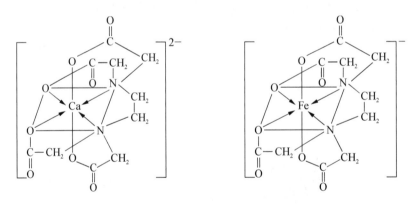

图 5-2　EDTA 与 $Ca^{2+}$、$Fe^{3+}$ 的配合物的结构示意图

第三,EDTA 与金属离子的配合物大多带电荷,水溶性好,反应速率较快。

第四,无色的金属离子与 EDTA 生成的配合物为无色,这有利于用指示剂确定滴定终点;但有色的金属离子与 EDTA 形成配合物则颜色将加深,如表 5-1 所示。

表 5-1　有色金属离子-EDTA 配位化合物

| $CuY^{2-}$ | $FeY^-$ | $CoY^{2-}$ | $NiY^{2-}$ | $MnY^{2-}$ | $CrY^-$ |
|---|---|---|---|---|---|
| 深蓝色 | 黄色 | 紫红色 | 蓝色 | 紫红 | 深紫 |

因此滴定这些离子时,试液的浓度不宜过大,否则将影响指示剂的终点显示。

上述特点说明 EDTA 和金属离子的配位反应能够符合滴定分析对反应的要求。

# 5.2　配合物的稳定性及其影响因素

## 5.2.1　配合物的稳定常数

金属离子与 EDTA(简单表示成 Y)的配位反应,略去电荷,可简写成

$$M + Y \rightleftharpoons MY$$

其稳定常数 $K_{MY}$ 为

$$K_{MY} = \frac{[MY]}{[M][Y]} \qquad (5-2)$$

一些常见金属离子与 EDTA 配合物的稳定常数参见表 5-2。

表 5-2　EDTA 与一些常见金属离子的配合物的稳定常数

(溶液离子强度 $I = 0.1\,mol/L$,温度 293 K)

| 阳离子 | $\lg K_{MY}$ | 阳离子 | $\lg K_{MY}$ | 阳离子 | $\lg K_{MY}$ |
|---|---|---|---|---|---|
| $Na^+$ | 1.66 | $Ce^{4+}$ | 15.98 | $Cu^{2+}$ | 18.80 |
| $Li^+$ | 2.79 | $Al^{3+}$ | 16.30 | $Ga^{2+}$ | 20.30 |
| $Ag^+$ | 7.32 | $Co^{2+}$ | 16.31 | $Ti^{3+}$ | 21.30 |
| $Ba^{2+}$ | 7.86 | $Pt^{2+}$ | 16.31 | $Hg^{2+}$ | 21.80 |
| $Mg^{2+}$ | 8.69 | $Cd^{2+}$ | 16.46 | $Sn^{2+}$ | 22.10 |
| $Sr^{2+}$ | 8.73 | $Zn^{2+}$ | 16.50 | $Th^{4+}$ | 23.20 |
| $Be^{2+}$ | 9.20 | $Pb^{2+}$ | 18.04 | $Cr^{3+}$ | 23.40 |
| $Ca^{2+}$ | 10.69 | $Y^{3+}$ | 18.09 | $Fe^{3+}$ | 25.10 |
| $Mn^{2+}$ | 13.87 | $VO_2^+$ | 18.10 | $U^{4+}$ | 25.80 |
| $Fe^{2+}$ | 14.33 | $Ni^{2+}$ | 18.60 | $Bi^{3+}$ | 27.94 |
| $La^{3+}$ | 15.50 | $VO^{2+}$ | 18.80 | $Co^{3+}$ | 36.00 |

由表 5-2 可见,金属离子与 EDTA 形成配合物的稳定性主要决定于金属离子的种类。碱金属离子的配合物最不稳定;碱土金属离子的配合物 $\lg K_{MY} = 8\sim11$;过渡元素、稀土元素、$Al^{3+}$ 的配合物 $\lg K_{MY} = 15\sim19$;其他三价、四价金属离子和 $Hg^{2+}$ 的配合物 $\lg K_{MY} > 20$。

EDTA 与金属离子形成配合物的稳定性对配位滴定反应的完全程度有着重要的影响,可以用 $K_{MY}$ 衡量在不发生副反应情况下配合物的稳定程度。但外界条件(如溶液的酸度、其他配位剂、干扰离子等的存在)都可能对配位滴定反应的完全程度产生影响。

## 5.2.2　配合物的逐级稳定常数和累积稳定常数

对于配位比为 $1:n$ 的配合物,由于 $ML_n$ 的形成是逐级进行的,其逐级形成反应与相应的

逐级稳定常数($K_{稳n}$)为

$$M + L \rightleftharpoons ML \qquad\qquad K_{稳1} = \frac{[ML]}{[M][L]}$$

$$ML + L \rightleftharpoons ML_2 \qquad\qquad K_{稳2} = \frac{[ML_2]}{[ML][L]}$$

$$\vdots \qquad\qquad\qquad\qquad \vdots$$

$$ML_{(n-1)} + L \rightleftharpoons ML_n \qquad\qquad K_{稳n} = \frac{[ML_n]}{[ML_{n-1}][L]}$$

若将逐级稳定常数渐次相乘,应得到各级累积稳定常数 $\beta_n$

第一级累积稳定常数 $\beta_1 = K_{稳1}$

第二级累积稳定常数 $\beta_2 = K_{稳1} K_{稳2}$

$$\vdots$$

第 $n$ 级累积稳定常数 $\beta_n = K_{稳1} K_{稳2} \cdots K_{稳n}$

$\beta_n$ 即为各级配位化合物的总稳定常数。各配合物的稳定常数见附录。

根据配位化合物的各级累积稳定常数,可以计算各级配合物的浓度,即

$$[ML] = \beta_1[M][L]$$

$$[ML_2] = \beta_2[M][L]^2$$

$$\vdots$$

$$[ML_n] = \beta_n[M][L]^n$$

在配位平衡计算中,常涉及各级配合物的浓度,上述关系式都是很重要的。

设溶液中 M 离子的总浓度为 $c_M$,根据物料平衡

$$c_M = [M] + [ML] + [ML_2] + \cdots + [ML_n]$$

$$= [M] + \beta_1[M][L] + \beta_2[M][L]^2 + \cdots + \beta_n[M][L]^n$$

$$= [M](1 + \beta_1[L] + \beta_2[L]^2 + \cdots + \beta_n[L]^n)$$

$$= [M]\left(1 + \sum_{i=1}^{n} \beta_i[L]^i\right)$$

按分布系数 $\delta$ 的定义,得

$$\delta_M = \frac{[M]}{c_M} = \frac{[M]}{[M]\left(1 + \sum_{i=1}^{n} \beta_i[L]^i\right)} = \frac{1}{1 + \sum_{i=1}^{n} \beta_i[L]^i}$$

$$\delta_{ML} = \frac{[ML]}{c_M} = \frac{\beta_1[M][L]}{[M]\left(1 + \sum_{i=1}^{n} \beta_i[L]^i\right)} = \frac{\beta_1[L]}{1 + \sum_{i=1}^{n} \beta_i[L]^i}$$

$$\cdots\cdots$$

$$\delta_{ML_n} = \frac{[ML_n]}{c_M} = \frac{\beta_n[M][L]^n}{[M]\left(1 + \sum_{i=1}^{n} \beta_i[L]^i\right)} = \frac{\beta_n[L]^n}{1 + \sum_{i=1}^{n} \beta_i[L]^i}$$

由此可见，$\delta$ 仅仅是[L]的函数，与 $c_M$ 无关。

**例 5-1** 在 pH = 12 的 $1.0 \times 10^{-2}$ mol/L CaY 溶液中，$Ca^{2+}$ 浓度和 pCa 为多少？

解：已知 pH = 12 时，$c_{CaY} = 1.0 \times 10^{-2}$ mol/L

查表 5-2 得 $K_{CaY} = 4.9 \times 10^{10}$

$$K_{CaY} = \frac{[CaY]}{[Ca][Y]} \qquad 由于[Ca] = [Y]，[CaY] = c_{CaY}$$

故 $[Ca] = \sqrt{\dfrac{c_{CaY}}{K_{CaY}}} = \sqrt{\dfrac{10^{-2}}{4.9 \times 10^{10}}} = 4.5 \times 10^{-7} \text{（mol/L）}$

pCa = 6.35

因此，溶液中 $Ca^{2+}$ 的浓度为 $4.5 \times 10^{-7}$ mol/L，pCa 为 6.35。

### 5.2.3 外界条件对配合物稳定性的影响

在化学反应中，通常将主要考察的反应当作主反应，其他与之有关的反应当作副反应，副反应对主反应中的反应物或生成物的平衡浓度有影响。

在 EDTA 滴定中，被测金属离子 M 与 EDTA 配位生成配合物 MY，此为主反应。反应物 M、Y 及生成物 MY 都可能同溶液中其他组分发生副反应，使 MY 配合物的稳定性受到影响。

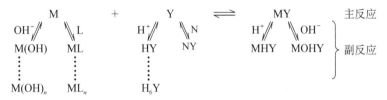

式中，L 为辅助配位剂，N 为干扰离子。

金属离子与 $OH^-$ 或辅助配位剂 L 发生的副反应，EDTA 与 $H^+$ 或干扰离子发生的副反应，都不利于主反应的进行。而生成物 MY 发生的副反应，在酸度较高情况下，生成酸式配合物 MHY；在碱度较高时，生成 M(OH)Y、M(OH)$_2$Y 等碱式配合物，这些副反应称为混合配位效应，混合配位效应使 EDTA 对金属离子总配位能力增强，故有利于主反应的进行。但其产物大多数不太稳定，其影响往往忽略不计。M、Y 及 MY 的各种副反应进行的程度可由其副反应系数表示。

1. EDTA 的副反应及副反应系数

1) EDTA 的酸效应及酸效应系数 $\alpha_{Y(H)}$

EDTA 与金属离子的反应本质上是 $Y^{4-}$ 与金属离子的反应。由 EDTA 的离解平衡可知，$Y^{4-}$ 只是 EDTA 各种存在形式中的一种，只有当 pH ≥ 12 时，EDTA 才全部以 $Y^{4-}$ 形式存在。溶液 pH 减小，将使式（5-1）所示的平衡向左移动，产生 $HY^{3-}$、$H_2Y^{2-}$……使 $Y^{4-}$ 减少，因而使 EDTA 与金属离子的反应能力降低。这种由于 $H^+$ 与 $Y^{4-}$ 作用而使 $Y^{4-}$ 参与主反应能力下降的现象称为 EDTA 的酸效应。酸效应的大小用酸效应系数 $\alpha_{Y(H)}$ 来衡量。酸效应系数表示在一定 pH 下未与 M 配位的 EDTA 各种存在形式的总浓度[Y']与游离的 $Y^{4-}$ 的平衡浓度之比，即

$$\alpha_{Y(H)} = \frac{[Y']}{[Y^{4-}]} \tag{5-3}$$

$$[Y'] = [Y^{4-}] + [HY^{3-}] + [H_2Y^{2-}] + [H_3Y^-] + [H_4Y] + [H_5Y^+] + [H_6Y^{2+}]$$

$$\alpha_{Y(H)} = \frac{[Y^{4-}] + [HY^{3-}] + [H_2Y^{2-}] + [H_3Y^-] + [H_4Y] + [H_5Y^+] + [H_6Y^{2+}]}{[Y^{4-}]}$$

$$= 1 + \frac{[H^+]}{K_{a6}} + \frac{[H^+]^2}{K_{a6}K_{a5}} + \frac{[H^+]^3}{K_{a6}K_{a5}K_{a4}} + \frac{[H^+]^4}{K_{a6}K_{a5}K_{a4}K_{a3}}$$

$$+ \frac{[H^+]^5}{K_{a6}K_{a5}K_{a4}K_{a3}K_{a2}} + \frac{[H^+]^6}{K_{a6}K_{a5}K_{a4}K_{a3}K_{a2}K_{a1}}$$

$$= 1 + \beta_1[H^+] + \beta_2[H^+]^2 + \beta_3[H^+]^3 + \beta_4[H^+]^4 + \beta_5[H^+]^5 + \beta_6[H^+]^6 \tag{5-4}$$

式中,$\beta$ 为累积稳定常数,$\beta_1 = 1/K_{a6}$,$\beta_2 = 1/(K_{a5}K_{a6})$,$\beta_3 = 1/(K_{a4}K_{a5}K_{a6})$……

**例 5-2**　计算在 pH = 2.0 时,EDTA 的酸效应系数及其对数值。

$$\alpha_{Y(H)} = 1 + \beta_1[H^+] + \beta_2[H^+]^2 + \beta_3[H^+]^3 + \beta_4[H^+]^4 + \beta_5[H^+]^5 + \beta_6[H^+]^6$$

$$= 1 + 10^{10.26} \times 10^{-2.0} + 10^{10.26+6.16} \times (10^{-2.0})^2 + \cdots$$

$$+ 10^{10.26+6.16+2.67+2.0+1.6+0.9} \times (10^{-2.0})^6$$

$$= 10^{13.51}$$

$$\lg \alpha_{Y(H)} = 13.51$$

由上述计算关系可见,酸效应系数与 EDTA 的各级离解常数、溶液的酸度有关。在一定温度下,离解常数为定值,因而 $\alpha_{Y(H)}$ 仅随着溶液酸度而变。溶液酸度越大,$\alpha_{Y(H)}$ 值越大,表示酸效应引起的副反应越严重。如果 $Y^{4-}$ 与 $H^+$ 之间未发生副反应,即未参加配位反应的 EDTA 全部以 $Y^{4-}$ 形式存在,则 $\alpha_{Y(H)} = 1$。

不同 pH 时的 $\alpha_{Y(H)}$ 见附录。

2) 共存离子效应

除了被测离子 M 与 EDTA 反应外,若存在共存离子 N,则 N 也可能与 EDTA 反应,此副反应称为共存离子效应,其影响程度可用副反应系数 $\alpha_{Y(N)}$ 表示。

$$\alpha_{Y(N)} = \frac{[Y']}{[Y^{4-}]} = \frac{[NY] + [Y^{4-}]}{[Y^{4-}]} = 1 + K_{NY}[N]$$

式中,$[Y']$ 是 NY 的平衡浓度与游离 Y 的平衡浓度之和;$K_{NY}$ 为 NY 的稳定常数;$[N]$ 为游离 N 的平衡浓度。

若有多种共存离子 $N_1$、$N_2$、$N_3$、$\cdots$、$N_n$ 存在,则

$$\alpha_{Y(N)} = \frac{[Y']}{[Y^{4-}]} = \frac{[Y^{4-}] + [N_1Y] + [N_2Y] + \cdots + [N_nY]}{[Y^{4-}]}$$

$$= 1 + K_{N_1Y}[N_1] + K_{N_2Y}[N_2] + \cdots + K_{N_nY}[N_n]$$

$$= 1 + \alpha_{Y(N_1)} + \alpha_{Y(N_2)} + \cdots + \alpha_{Y(N_n)} - n$$

$$= \alpha_{Y(N_1)} + \alpha_{Y(N_2)} + \cdots + \alpha_{Y(N_n)} - (n-1)$$

当有多种共存离子存在时,往往只取其中一种或少数几种影响较大的共存离子副反应系数之和,而其他次要项可忽略不计。

3）EDTA 的总副反应系数

当酸效应和共存离子效应均存在时，EDTA 的总副反应系数 $\alpha_Y$ 为

$$\alpha_Y = \alpha_{Y(H)} + \alpha_{Y(N)} - 1$$

**例 5-3**　在 pH＝5 的溶液中，含有浓度为 0.01 mol/L $Cu^{2+}$、$Ca^{2+}$，用同浓度的 EDTA 滴定 $Cu^{2+}$ 时，计算 $\alpha_{Y(Ca)}$ 和 $\alpha_Y$。

解：已知 $K_{CaY} = 10^{10.69}$，pH＝5.0 时，$\alpha_{Y(H)} = 10^{6.45}$

$$\alpha_{Y(Ca)} = 1 + K_{CaY}[Ca] = 1 + 10^{10.69} \times 0.01 = 10^{8.69}$$

$$\alpha_Y = \alpha_{Y(H)} + \alpha_{Y(Ca)} - 1 = 10^{6.45} + 10^{8.69} - 1 \approx 10^{8.69}$$

**2. 金属离子 M 的副反应及副反应系数**

**1）羟基配位效应**

在配位滴定中，金属离子常发生两类副反应，一类是金属离子在水中和 $OH^-$ 生成各种羟基配离子，如 $Fe^{3+}$ 在水溶液中能生成 $Fe(OH)^{2+}$、$Fe(OH)_2^+$ 等，使金属离子参与主反应的能力下降，这种现象称为金属离子的羟基配位效应，也称金属离子的水解效应。金属离子的羟基配位效应可用副反应系数 $\alpha_{M(OH)}$ 表示。$\alpha_{M(OH)}$ 等于没有与 EDTA 配位的金属离子各种存在形式的总浓度与游离金属离子的平衡浓度之比。

$$\alpha_{M(OH)} = \frac{[M']}{[M]} = \frac{[M] + [MOH] + [M(OH)_2] + \cdots + [M(OH)_n]}{[M]}$$
$$= 1 + \beta_1[OH^-] + \beta_2[OH^-]^2 + \cdots + \beta_n[OH^-]^n \tag{5-5}$$

式中，$\beta_1 \sim \beta_n$ 是各羟基配离子的累积稳定常数。显然 $\alpha_{M(OH)}$ 与溶液的 pH 有关。pH 越高，$[OH^-]$ 越大，$\alpha_{M(OH)}$ 越大，羟基配位效应越严重，对主反应越不利。$\alpha_{M(OH)}$ 随 pH 的变化见附录。

**2）金属离子的辅助配位效应**

金属离子的另一类副反应是金属离子与辅助配位剂的作用，有时为了防止金属离子在滴定条件下生成沉淀或掩蔽干扰离子等原因，在试液中加入某些辅助配位剂，使金属离子与辅助配位剂发生作用，产生金属离子的辅助配位效应。例如，在 pH = 10 时滴定 $Zn^{2+}$，加入 $NH_3 \cdot H_2O$ - $NH_4Cl$ 缓冲溶液的作用既是为了控制滴定所需要的 pH，同时又能使 $Zn^{2+}$ 与 $NH_3$ 配位形成 $[Zn(NH_3)_4]^{2+}$，从而防止 $Zn(OH)_2$ 沉淀析出。由配体 L 引起的辅助配位效应可用副反应系数 $\alpha_{M(L)}$ 表示。

$$\alpha_{M(L)} = \frac{[M] + [ML] + [ML_2] + \cdots + [ML_n]}{[M]}$$
$$= 1 + \beta_1[L] + \beta_2[L]^2 + \beta_3[L]^3 + \cdots + \beta_n[L]^n \tag{5-6}$$

**3）金属离子的总副反应系数**

综合金属离子以上两类副反应，可得到金属离子总的副反应系数（或称配位效应系数）。

$$\alpha_M = \frac{[M']}{[M]}$$
$$= \frac{[M] + [ML] + [ML_2] + \cdots + [ML_n] + [M(OH)] + [M(OH)_2] + \cdots + [M(OH)_n]}{[M]}$$

$$\alpha_M = \alpha_{M(L)} + \alpha_{M(OH)} - 1 \tag{5-7}$$

同理,若溶液中有多种配体 $L_1$、$L_2$、$L_3$、$\cdots$、$L_n$ 同时与金属离子 M 发生副反应,则 M 的总副反应系数 $\alpha_M$ 为

$$\alpha_M = \alpha_{M(L_1)} + \alpha_{M(L_2)} + \cdots + \alpha_{M(L_n)} - (n-1)$$

一般说来,在有多种配体共存的情况下,只有一种或少数几种配体引起的副反应是主要的,其余的副反应可忽略。

3. 配合物 MY 的副反应及副反应系数

当酸度较高或较低时,配合物 MY 可进一步反应生成 MHY 或 M(OH)Y 等配合物,这种现象称为混合配位效应。这类副反应的存在有利于主反应的进行,形成酸式 EDTA 配合物时的副反应系数

$$\alpha_{MY(H)} = \frac{[MY']}{[MY]} = \frac{[MY] + [MHY]}{[MY]} = 1 + K_{MHY}^H[H^+]$$

式中,$K_{MHY}^H[H^+] = \dfrac{[MHY]}{[MY][H^+]}$。

同理,得

$$\alpha_{MY(OH)} = 1 + K_{M(OH)Y}^{OH}[OH^-]$$

式中,$K_{M(OH)Y}^{OH} = \dfrac{[M(OH)Y]}{[MY][OH^-]}$。

由于酸式、碱式配合物的稳定性一般较差,所以配合物 MY 的副反应常常可以忽略。

总之,影响配位滴定主反应完全程度的因素很多,但一般情况下若系统中无共存离子干扰、也不存在辅助配位剂时,影响主反应的是 EDTA 的酸效应和金属离子的羟基配位效应;当金属离子不会形成羟基配合物时,影响主反应的因素就是 EDTA 的酸效应。在有副反应的影响下,配位滴定主反应进行的完全程度可以用配合物的条件稳定常数来表示。

## 5.2.4　条件稳定常数

由于实际反应中存在诸多副反应,它们对 EDTA 与金属离子的主反应有着不同程度的影响,因此稳定常数已不能反映配合物的真实稳定程度,必须对其进行修正,为了表示副反应存在下主反应的进行程度,引入条件稳定常数 $K'_{MY}$,$K'_{MY}$ 的大小能反映在外界影响下配合物 MY 的实际稳定程度。

$$K'_{MY} = \frac{[MY']}{[M'][Y']} \tag{5-8}$$

式中,$[M']$ 表示平衡时没有与 EDTA 配位的金属离子的总浓度;$[Y']$ 表示平衡时没有与金属离子配位的 EDTA 的总浓度;$[MY']$ 表示平衡时生成 $[MY]$、$[MHY]$ 和 $[M(OH)Y]$ 的总浓度。

从以上副反应系数的讨论中可知,

$$[M'] = [M]\alpha_M$$
$$[Y'] = [Y]\alpha_Y$$
$$[MY'] = [MY]\alpha_{MY}$$

将这些关系式代入式(5-8)中,得

$$K'_{MY} = \frac{[MY']}{[M'][Y']} = \frac{[MY]\alpha_{MY}}{[M]\alpha_M[Y]\alpha_Y} = K_{MY}\frac{\alpha_{MY}}{\alpha_M\alpha_Y}$$

取对数,得

$$\lg K'_{MY} = \lg K_{MY} - \lg \alpha_Y - \lg \alpha_M + \lg \alpha_{MY} \qquad (5-9)$$

式中,$K'_{MY}$ 表示在有副反应的情况下,配位反应进行的程度。在一定条件下,$\alpha_M$、$\alpha_Y$ 及 $\alpha_{MY}$ 为定值,故 $K'_{MY}$ 在一定条件下为常数。

在许多情况下,MHY 和 M(OH)Y 可以忽略,故式(5-9)可简化为

$$\lg K'_{MY} = \lg K_{MY} - \lg \alpha_M - \lg \alpha_Y$$

若仅考虑 EDTA 的酸效应的影响,则式(5-8)可转换成

$$K'_{MY} = \frac{[MY]}{[M][Y']}$$

由于 $[Y'] = [Y^{4-}]\alpha_{Y(H)}$,则上式可得

$$K'_{MY} = \frac{[MY]}{[M][Y']} = \frac{[MY]}{[M][Y]\alpha_{Y(H)}} = \frac{K_{MY}}{\alpha_{Y(H)}} \qquad (5-10)$$

$$\lg K'_{MY} = \lg K_{MY} - \lg \alpha_{Y(H)} \qquad (5-11)$$

上式中 $K'_{MY}$ 是表示在一定酸度条件下用 EDTA 溶液总浓度表示的稳定常数。它的大小说明溶液的酸度对配合物实际稳定性的影响。pH 越大,$\lg \alpha_{Y(H)}$ 值越小,条件稳定常数越大,配位反应越完全,对滴定越有利;反之,pH 降低,条件稳定常数将减小,不利于滴定。

**例 5-4**　计算 pH=10.0,$[NH_3]=0.10\,mol/L$ 时的 $K'_{ZnY}$。若溶液中 $Zn^{2+}$ 的总浓度为 0.05 mol/L,计算游离的 $Zn^{2+}$ 的浓度。已知 $\lg K_{ZnY}=16.50$,$Zn[NH_3]_4^{2+}$ 的 $\beta_1\sim\beta_4$ 分别为 $10^{2.27}$、$10^{4.61}$、$10^{7.01}$、$10^{9.06}$,pH=10.0 时,$\lg \alpha_{Zn(OH)}=2.4$,$\lg \alpha_{Y(H)}=0.45$。

解:此时溶液中的平衡关系表示如下

$$\alpha_{Zn(NH_3)} = 1 + [NH_3]\beta_1 + [NH_3]^2\beta_2 + [NH_3]^3\beta_3 + [NH_3]^4\beta_4$$
$$= 1 + 0.1\times10^{2.27} + (0.1)^2\times10^{4.61} + (0.1)^3\times10^{7.01} + (0.1)^4\times10^{9.06}$$
$$= 10^{5.10}$$

pH = 10.0 时 $\quad \alpha_{Zn} = \alpha_{Zn(NH_3)} + \alpha_{Zn(OH)} - 1 = 10^{5.10} + 10^{2.4} - 1 = 10^{5.1}$

所以 $\quad \lg K'_{ZnY} = \lg K_{ZnY} - \lg \alpha_{Y(H)} - \lg \alpha_{Zn} = 16.50 - 0.45 - 5.1 = 10.95$

$$[Zn^{2+}] = \frac{c_{Zn^{2+}}}{\alpha_{Zn^{2+}}} = \frac{0.05}{10^{5.1}} = 4.0 \times 10^{-7} (mol \cdot L^{-1})$$

# 5.3 滴定曲线

在配位滴定中,随着配位剂的不断加入,被滴定的金属离子不断减少,其变化情况和酸碱滴定类似,在化学计量点附近 pM(pM = -lg[M])发生突跃。 配位滴定过程中 pM 的变化规律可以用 pM 对滴定剂的加入量所绘制的滴定曲线来表示。

## 5.3.1 滴定曲线的绘制

设金属离子 M 的初始浓度为 $c_M^0$,体积为 $V_M$,滴定过程中的浓度为 $c_M$,用等浓度的滴定剂 Y 滴定,滴入的体积为 $V_Y$,则滴定分数:

$$a = \frac{V_Y}{V_M}$$

根据物料平衡,得

$$\begin{cases} [M] + [MY] = c_M & (1) \\ [Y] + [MY] = c_Y = ac_M & (2) \end{cases}$$

由配位平衡可知

$$K_{MY} = \frac{[MY]}{[M][Y]} \qquad (3)$$

由(1)及(2)式可得 $\qquad [MY] = c_M - [M] = ac_M - [Y] \qquad (4)$

$$[Y] = ac_M - c_M + [M] \qquad (5)$$

将(4)式、(5)式代入(3)式得

$$K_{MY} = \frac{c_M - [M]}{[M](ac_M - c_M + [M])} = K_1$$

展开

$$c_M - [M] = K_1[M]^2 - K_1[M]c_M + K_1[M]ac_M$$

整理得

$$K_1[M]^2 + [K_1 c_M(a-1) + 1][M] - c_M = 0 \qquad (5-12)$$

此即配位滴定曲线方程。

在化学计量点时,$a = 1.00$,式(5-12)可简化为

$$K_{MY}[M]_{sp}^2 + [M]_{sp} - c_M^{sp} = 0$$

$$[M]_{sp} = \frac{-1 \pm \sqrt{1 + 4K_{MY}c_M^{sp}}}{2K_{MY}}$$

一般配位滴定要求 $K_{MY} \geqslant 10^7$，若 $c_M = 10^{-2}$ mol·L$^{-1}$，则 $K_{MY}c_M^{sp} \geqslant 10^5$，即 $4K_{MY}c_M^{sp} \gg 1$，故

$$[M]_{sp} \approx \frac{\sqrt{4K_{MY}c_M^{sp}}}{2K_{MY}} = \sqrt{\frac{c_M^{sp}}{K_{MY}}} \tag{5-13a}$$

$c_M^{sp}$ 为化学计量点时的浓度，对式（5-13a）取对数，得

$$pM_{sp} = \frac{1}{2}(pc_M^{sp} + \lg K_{MY}) \tag{5-13b}$$

当已知 $K_{MY}$、$c_M$ 和 $a$ 值，或已知 $K_{MY}$、$c_M$、$V_M$ 和 $V_Y$ 时，便可求得[M]。以 pM 对 $a$（或对 $V_Y$）作图，即得到滴定曲线。若 M、Y 或 MY 有副反应，式（5-13b）中的 $K_{MY}$ 用 $K'_{MY}$ 取代，[M]应为[M']；而滴定曲线图上的纵坐标与横坐标分别为 pM' 及 $a$（或 $V_Y$）。

以在 $NH_3$-$NH_4Cl$ 缓冲溶液（pH=10.0）中用 0.010 00 mol/L EDTA 标准溶液滴定 20.00 mL 0.010 00 mol/L $Ca^{2+}$ 溶液过程中[$Ca^{2+}$]的变化为例说明。

已知 $\lg K_{CaY} = 10.69$，pH=10.0 时，$\lg a_{Y(H)} = 0.45$，则

$\lg K'_{CaY} = \lg K_{CaY} - \lg a_{Y(H)} = 10.69 - 0.45 = 10.24$

$$K'_{CaY} = 10^{10.24} = 1.7 \times 10^{10}$$

滴定前：[$Ca^{2+}$] = 0.010 00 mol/L

故 pCa = -lg 0.010 00 = 2.00

滴定开始至计量点前：当加入 19.98 mL EDTA 标液时

$$[Ca^{2+}] = \frac{c_{Ca^{2+}}(V_{Ca^{2+}} - V_{EDTA})}{V_{Ca^{2+}} + V_{EDTA}} = \frac{0.010\ 00 \times (20.00 - 19.98)}{20.00 + 19.98} = 5.00 \times 10^{-6}\ (mol/L)$$

$$pCa = 5.30$$

计量点时：$K'_{CaY}$ 大，$Ca^{2+}$ 几乎与 EDTA 完全配位

$$[CaY] = \frac{0.010\ 00 \times 20.00}{20.00 + 20.00} = 5.00 \times 10^{-3}\ (mol/L)$$

$$[Ca^{2+}] = [Y']$$

$$K'_{稳} = \frac{[CaY]}{[Ca^{2+}][Y']} \quad [Ca^{2+}] = \sqrt{\frac{[CaY]}{K'_{稳}}} = \sqrt{\frac{5.00 \times 10^{-3}}{1.7 \times 10^{10}}} = 5.4 \times 10^{-7}\ (mol/L)$$

$$pCa = 6.27$$

计量点后：加入 20.02 mL EDTA 标液时

$$[Y'] = \frac{c_{EDTA}(V_{EDTA} - V_{Ca^{2+}})}{V_{Ca^{2+}} + V_{EDTA}} = \frac{0.010\ 00 \times (20.02 - 20.00)}{20.00 + 20.02} = 5.00 \times 10^{-6}\ (mol/L)$$

$$K'_{\text{稳}} = \frac{[\text{CaY}]}{[\text{Ca}^{2+}][\text{Y}']}$$

$$[\text{Ca}^{2+}] = \frac{[\text{CaY}]}{[\text{Y}']K'_{\text{稳}}} = \frac{5.00 \times 10^{-3}}{5.00 \times 10^{-6} \times 1.7 \times 10^{10}} = 5.9 \times 10^{-8}(\text{mol/L})$$

$$\text{pCa} = 7.23$$

计算数据列于表 5-3，据此可绘制相应的滴定曲线(图 5-3)。

表 5-3　0.010 00 mol/L EDTA 溶液滴定 20.00 mL 0.010 00 mol/L Ca$^{2+}$ 溶液

| 加入 EDTA 溶液体积/mL | 加入 EDTA 溶液的量/% | 剩余 Ca$^{2+}$ 溶液的体积 $V$/mL | 过量 EDTA 溶液的体积 $V$/mL | pCa |
|---|---|---|---|---|
| 0.00 | 0.0 | 20.00 | | 2.00 |
| 18.00 | 90.0 | 2.00 | | 3.28 |
| 19.98 | 99.9 | 0.02 | | 5.30 |
| 20.00 | 100.0 | 0.00 | | 6.27 |
| 20.02 | 100.1 | | 0.02 | 7.23 |

对于易水解的金属离子(如 Al$^{3+}$)，还应考虑水解效应，引入 $\alpha_{\text{Y(H)}}$ 和 $\alpha_{\text{M(OH)}}$ 修正 $K_{\text{MY}}$；而对于易水解又易与辅助配位剂配位的金属离子(如 Ni$^{2+}$ 在氨缓冲溶液中)，则应考虑以 $\alpha_{\text{Y(H)}}$、$\alpha_{\text{M(OH)}}$ 和 $\alpha_{\text{M(L)}}$ 修正 $K_{\text{MY}}$。再计算出不同 pH 溶液中，在滴定的不同阶段被滴定金属离子的浓度，据此绘制滴定曲线(图 5-4)。

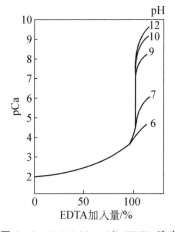

图 5-3　0.010 00 mol/L EDTA 滴定 0.010 00 mol/L Ca$^{2+}$ 溶液的滴定曲线

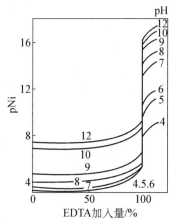

图 5-4　EDTA 滴定 0.010 00 mol/L Ni$^{2+}$ 溶液的滴定曲线(溶液中[NH$_3$]＋[NH$_4^+$]＝0.1 mol/L)

### 5.3.2　影响滴定突跃的因素

在配位滴定中，影响滴定突跃的因素是金属离子浓度 $c_{\text{M}}^0$ 和条件稳定常数 $K'_{\text{MY}}$，具体分析如下。

1. 金属离子浓度对 pM′ 突跃大小的影响

$c_M^0$ 越大，pM′ 突跃越大，$c_M^0$ 增大 10 倍，化学计量点前 pM′ 减小一个单位。

2. $K'_{MY}$ 对 pM′ 突跃大小的影响

$K'_{MY}$ 越大，pM′ 突跃越大，$K'_{MY}$ 增大 10 倍，化学计量点后 pM′ 增加一个单位。$K'_{MY}$ 的大小除了和 $K_{MY}$ 有关外，还和 EDTA 的酸效应、金属离子的副反应等都有关，因此各种副反应对配位滴定的突跃都有影响。

(1) 酸效应对滴定突跃的影响。不同 pH 下，用 EDTA 测定 $Ca^{2+}$ 所得滴定曲线如图5-3所示。化学计量点前的 pCa 只取决于溶液中剩余的 $Ca^{2+}$ 浓度，而与 pH 无关。化学计量点后，溶液中 pCa 主要取决于过量的 EDTA 和 $K'_{MY}$，故滴定曲线的变化与 pH 有关。pH 越小，酸度越大，$K'_{MY}$ 越小，pCa 越小，曲线后一段位置越低，突跃范围越小。图中 pH＝6 时，突跃几乎消失。

(2) 多种副反应存在对滴定突跃的影响。有些金属离子易水解，滴定时往往需加入辅助配位剂防止水解，此时滴定过程中将同时存在酸效应和辅助配位效应。化学计量点前一段曲线的位置，主要因 pH 对辅助配位剂的配位效应的影响而改变；化学计量点后一段曲线位置，主要因 pH 对 EDTA 的酸效应而改变。例如，在碱性条件下测定 $Ni^{2+}$ 时，常加入 $NH_3$－$NH_4Cl$ 缓冲溶液以控制溶液 pH，并使金属离子生成氨配合物，氨配合物的稳定性与氨的浓度及溶液酸度有关。溶液的 pH 越高，溶液中氨的浓度越大，生成的氨配合物越稳定，游离的金属离子的浓度就越小，pM 越高，滴定曲线在化学计量点前的位置越高，如图 5-4 所示在化学计量点前 pM 因溶液 pH 的升高而升高。在化学计量点后 pM 也随溶液 pH 的升高而升高。

应该指出，前一章述及的酸碱滴定，其滴定曲线除说明 pH 在滴定过程中的变化规律外，还具有选择酸碱指示剂的重要功能；配位滴定的滴定曲线仅能说明不同 pH 条件下，金属离子浓度(pM)在滴定过程中的变化情况，而用于选择配位滴定指示剂的实用意义不大，目前选用的金属指示剂都是通过实验确定的。

# 5.4　金属指示剂

配位滴定判断滴定终点的方法有多种，其中最常用的是金属指示剂法，另外还可以运用电位滴定、光度测定等仪器分析技术确定滴定终点。本节主要讨论金属指示剂法。

## 5.4.1　金属指示剂的性质和作用原理

金属指示剂是一些有机配位剂，可与金属离子形成有色配合物，其颜色与游离指示剂的颜色不同，因而能指示滴定过程中金属离子浓度的变化情况。现以铬黑 T 为例说明其作用原理。铬黑 T 在 pH＝8～11 时呈蓝色，它与 $Ca^{2+}$、$Mg^{2+}$、$Zn^{2+}$ 等金属离子形成的配合物呈酒红色。如果用 EDTA 滴定这些金属离子，加入铬黑 T 指示剂，滴定前它与少量金属离子配位成酒红色，绝大部分金属离子处于游离状态。随着 EDTA 的滴入，游离金属离子逐步被配位形成配合物 M－EDTA。等到游离金属离子几乎完全配位后，继续滴加 EDTA 时，由于 EDTA 与金属离子配合物的条件稳定常数大于铬黑 T 与金属离子配合物(M-铬黑 T)的条件稳定常数,因此 EDTA 夺取 M-铬黑 T 中的金属离子,将指示剂游离出来,溶液的颜色由酒红色突变为游离铬黑 T 的蓝色,指示滴定终点的到达。

$$M-铬黑T + EDTA \rightleftharpoons M-EDTA + 铬黑T$$

酒红色                     蓝色

应该指出,许多金属指示剂不仅具有配位剂的性质,而且本身常是多元弱酸或多元弱碱,能随溶液 pH 变化而显示不同的颜色。例如,铬黑 T 是三元酸,第一级离解极容易,第二级和第三级离解则较难($pK_{a2} = 6.4$,$pK_{a3} = 11.5$),在溶液中存在下列平衡

$$H_2In^- \underset{+H^+}{\overset{-H^+}{\rightleftharpoons}} HIn^{2-} \underset{+H^+}{\overset{-H^+}{\rightleftharpoons}} In^{3-}$$

红色       蓝色       橙色

$pH < 6.4$   $pH = 8 \sim 11$   $pH > 11.5$

铬黑 T 与许多阳离子(如 $Ca^{2+}$、$Mg^{2+}$、$Zn^{2+}$、$Cd^{2+}$ 等)形成酒红色的配合物(M-铬黑 T)。显然,铬黑 T 在 pH<6 或 pH>12 时,游离指示剂的颜色与 M-铬黑 T 的颜色没有显著差别。理论上应控制溶液 pH=6.4~11.5,实际控制为 pH=8~11,终点时溶液颜色由金属离子配合物的酒红色变成游离指示剂的蓝色,颜色变化才显著。因此使用金属指示剂,必须注意选用合适的 pH 范围。

### 5.4.2 金属指示剂的选择

与酸碱滴定相类似,在化学计量点附近,被滴定金属离子的 pM 产生"突跃"。因此要求指示剂能在突跃区间内发生颜色变化,并且指示剂变色时的 $pM_{ep}$ 应尽量与化学计量点的 $pM_{sp}$ 一致,以减小终点误差。

金属-指示剂配合物在溶液中有下列解离平衡:

$$MIn \rightleftharpoons M + In$$
$$\downarrow H^+$$
$$HIn$$
$$\downarrow H^+$$
$$H_2In$$

其条件常数为

$$K'_{MIn} = \frac{[MIn]}{[M][In']}$$

$$\lg K'_{MIn} = pM + \lg \frac{[MIn]}{[In']}$$

当达到指示剂的变色点时,$[MIn] = [In']$,故此时

$$pM_{ep} = \lg K'_{MIn} = \lg K_{MIn} - \lg \alpha_{In(H)}$$

配位滴定中所用的指示剂一般为有机弱酸,存在着酸效应。指示剂变色点的 $pM_{ep}$ 也随 pH 的变化而变化。因此金属指示剂不可能像酸碱指示剂那样,有一个确定的变色点。在选择配位滴定指示剂时,必须考虑体系的酸度,使 $pM_{ep}$ 与 $pM_{sp}$ 尽量一致。如果 M 也有副反应,

则应使 $pM'_{ep}$ 与 $pM'_{sp}$ 尽量一致。此时

$$pM'_{ep}=lgK_{MIn}-lg\alpha_{In(H)}-lg\alpha_M$$

### 5.4.3　金属指示剂应具备的条件

从以上讨论可知,作为金属指示剂,必须具备下列条件。

第一,在滴定的 pH 范围内,游离指示剂和指示剂与金属离子的配合物两者的颜色应有显著的差别,这样才能使终点颜色变化明显。

第二,指示剂与金属离子形成的有色配合物要有适当的稳定性。指示剂与金属离子配合物的稳定性必须小于 EDTA 与金属离子配合物的稳定性,这样在滴定到达化学计量点附近时,指示剂才能被 EDTA 置换出来,从而显示终点的颜色变化。如果指示剂与金属离子所形成的配合物太不稳定,则在化学计量点前指示剂就开始游离出来,使终点变色不敏锐,并使终点提前出现而引入误差。

另一方面,如果指示剂与金属离子形成更稳定的配合物而不能被 EDTA 置换,则虽加入过量 EDTA 也达不到终点,这种现象称为指示剂的封闭。例如,铬黑 T 能被 $Fe^{3+}$、$Al^{3+}$、$Cu^{2+}$ 和 $Ni^{2+}$ 等离子封闭。

为了消除封闭现象,可以加入适当的配位剂来掩蔽能封闭指示剂的离子(量多时要分离除去)。有时使用的蒸馏水不合要求,其中含微量重金属离子,也能引起指示剂封闭,所以配位滴定要求蒸馏水有一定的质量指标。

第三,指示剂与金属离子形成的配合物应易溶于水。

如果生成胶体溶液或沉淀,在滴定时指示剂与 EDTA 的置换作用将进行缓慢而使终点拖长,这种现象称为指示剂的僵化。例如,用 PAN 作指示剂,在温度较低时易发生僵化。

为了避免指示剂的僵化,可以加入有机溶剂或将溶液加热,以增大有关物质的溶解度。加热还可加快反应速率。在可能发生僵化时,接近终点更要缓慢滴定,剧烈振摇。

第四,金属指示剂应比较稳定,便于储存和使用。

金属指示剂多数是具有若干双键的有色有机化合物,易受日光、氧化剂、空气等作用而分解,有些在水溶液中不稳定,有些日久会变质。为了避免指示剂变质,有些指示剂用中性盐(如 NaCl 固体等)稀释后配成固体指示剂使用,有些在指示剂溶液中加入可以防止指示剂变质的试剂,如在铬黑 T 溶液中加三乙醇胺等。

### 5.4.4　常用的金属指示剂

一些常用的金属指示剂的主要使用情况列于表 5-4 中。

表 5-4　常用的金属指示剂

| 指示剂 | 适用的 pH 范围 | 颜色变化 | | 直接滴定的离子 | 配制 | 注意事项 |
|---|---|---|---|---|---|---|
| | | In | MIn | | | |
| 铬黑 T(eriochrome black T,简称 EB 或 EBT) | 8~10 | 蓝 | 红 | pH=10,$Mg^{2+}$、$Zn^{2+}$、$Cd^{2+}$、$Pb^{2+}$、$Mn^{2+}$、稀土元素离子 | 1:100NaCl(固体) | $Fe^{3+}$、$Al^{3+}$、$Cu^{2+}$、$Ni^{2+}$ 等离子封闭 EBT |

续表

| 指示剂 | 适用的pH 范围 | 颜色变化 | | 直接滴定的离子 | 配制 | 注意事项 |
|---|---|---|---|---|---|---|
| | | In | MIn | | | |
| 酸性铬蓝 K（acid chrome blue K） | 8～13 | 蓝 | 红 | pH＝10，$Mg^{2+}$、$Zn^{2+}$、$Mn^{2+}$；pH＝13，$Ca^{2+}$ | 1∶100NaCl（固体） | |
| 二甲酚橙 (xylenol orange，简称 XO) | ＜6 | 亮黄 | 红 | pH＜1，$ZrO^{2+}$；pH＝1～3.5，$Bi^{3+}$、$Th^{4+}$；pH＝5～6，$Tl^{3+}$、$Zn^{2+}$、$Pb^{2+}$、$Cd^{2+}$、$Hg^{2+}$、稀土元素离子 | 5 g/L 水溶液 | $Fe^{3+}$、$Al^{3+}$、$Ni^{2+}$、$Ti(Ⅳ)$等离子封闭 XO |
| 磺基水杨酸（sulfosalicylic acid，简称 ssal） | 1.5～2.5 | 无色 | 紫红 | pH＝1.5～2.5，$Fe^{3+}$ | 50 g/L 水溶液 | ssal 本身无色，$[FeY]^-$呈黄色 |
| 钙指示剂（calconcarboxylic acid，简称 NN） | 12～13 | 蓝 | 红 | pH＝12～13，$Ca^{2+}$ | 1∶100NaCl（固体） | $Ti(Ⅳ)$、$Fe^{3+}$、$Al^{3+}$、$Cu^{2+}$、$Ni^{2+}$、$Co^{2+}$、$Mn^{2+}$等离子封闭 NN |
| 1-(2-吡啶偶氮)-2-萘酚[1-(2-pyridylazo)-2-naphthol，简称 PAN] | 2～12 | 黄 | 紫红 | pH＝2～3，$Th^{4+}$、$Bi^{3+}$；pH＝4～5，$Cu^{2+}$、$Ni^{2+}$、$Pb^{2+}$、$Cd^{2+}$、$Zn^{2+}$、$Mn^{2+}$、$Fe^{2+}$ | 1 g/L 乙醇溶液 | MIn 在水中溶解度很小，为防止 PAN 僵化，滴定时要加热 |

除表 5-4 中所列指示剂外，还有一种 Cu-PAN 指示剂，它是 CuY 与少量 PAN 的混合溶液。用此指示剂可以滴定许多金属离子，包括一些与 PAN 配位不够稳定或不显色的离子。将此指示剂加到含有被测金属离子 M 的试液中时，发生如下置换反应

$$\underset{蓝}{CuY} + \underset{黄}{PAN} + M \rightleftharpoons MY + \underset{紫红}{Cu\text{-}PAN}$$

溶液呈现紫红色。用 EDTA 滴定时，EDTA 先与游离的金属离子 M 配位，当加入的 EDTA 定量配位 M 后，EDTA 将夺取 Cu-PAN 中的 $Cu^{2+}$，使 PAN 游离出来

$$\underset{紫红}{Cu\text{-}PAN} + Y \rightleftharpoons \underset{蓝}{CuY} + \underset{黄}{PAN}$$

溶液由紫红变为 CuY 及 PAN 混合而成的绿色，即到达终点。因滴定前加入的 CuY 与最后生成的 CuY 是相等的，故加入的 CuY 不影响测定结果。

Cu-PAN 指示剂可在很宽的 pH 范围（pH＝2～12）内使用。该指示剂能被 $Ni^{2+}$ 封闭。此外，使用该指示剂时不可同时加入能与 $Cu^{2+}$ 生成更稳定配合物的其他掩蔽剂。

## 5.5　终点误差

配位滴定终点误差的计算与酸碱滴定的误差的计算相似。根据滴定误差的定义可得误差的计算公式如下

$$E_t = \frac{(cV)_{EDTA}^{ep} - (cV)_M^{ep}}{(cV)_M^{sp}} \tag{5-14}$$

在滴定过程中,若不考虑离子强度,可以用$[M']_{ep}$代替$c_M^{ep}$,用$[Y']_{ep}$代替$c_{EDTA}^{ep}$,同时在一般情况下,终点在化学计量点附近,所以$c_M^{sp} \approx c_M^{ep}$,$V_M^{sp} \approx V_M^{ep} \approx V_{EDTA}^{ep}$,则上式可表示为

$$E_t = \frac{[Y']_{ep} - [M']_{ep}}{c_M^{sp}} = \frac{[Y']_{ep} - [M']_{ep}}{c_M^{ep}} \tag{5-15}$$

若终点和化学计量点的 pM 之差为 $\Delta pM'$,则

$$\Delta pM' = pM_{ep}' - pM_{sp}'$$

即
$$[M']_{ep} = [M']_{sp} \times 10^{-\Delta pM'} \tag{1}$$

同理可得
$$[Y']_{ep} = [Y']_{sp} \times 10^{-\Delta pY'} \tag{2}$$

由于 $[MY]_{sp} \approx [MY]_{ep}$,所以

$$\frac{[MY]_{sp}}{[M']_{sp}[Y']_{sp}} = \frac{[MY]_{ep}}{[M']_{ep}[Y']_{ep}} \Rightarrow \frac{[M']_{ep}}{[M']_{sp}} = \frac{[Y']_{sp}}{[Y']_{ep}} \tag{3}$$

将上式取对数则得　　　$pM_{ep}' - pM_{sp}' = pY_{sp}' - pY_{ep}'$

$$\Delta pM' = -\Delta pY' \tag{4}$$

在化学计量点时

$$[M']_{sp} = [Y']_{sp} = \sqrt{\frac{c_M^{sp}}{K_{MY}'}} \tag{5}$$

将式(1)~式(5)代入式(5-15)则得终点误差计算公式

$$E_t = \frac{10^{\Delta pM} - 10^{-\Delta pM}}{\sqrt{c_M^{sp} K_{MY}'}} \tag{5-16}$$

由上式可知,终点误差与$c_M^{sp} K_{MY}'$有关,还与$\Delta pM$有关。$c_M^{sp}$越大,$K_{MY}'$越大,终点误差越小;$\Delta pM$越小,即终点和化学计量点越接近,终点误差就越小。

**例 5-5**　计算 pH = 10.00 时,以铬黑 T 为指示剂,用 0.020 00 mol/L EDTA 滴定 0.020 00 mol/L $Ca^{2+}$ 溶液的终点误差。已知 $\lg K_{CaY} = 10.69$,$\lg K_{Ca\text{-}EBT} = 5.4$,EBT 的 $pK_{a2} = 6.3$,$pK_{a3} = 11.6$。

解:pH = 10.00 时,$\lg \alpha_{Y(H)} = 0.45$

计算得到

$$\lg K'_{CaY} = \lg K_{CaY} - \lg \alpha_{Y(H)} = 10.69 - 0.45 = 10.24$$

$$[Ca']_{sp} = \sqrt{\frac{c_M^{sp}}{K'_{MY}}} = \sqrt{\frac{c_{Ca}^{sp}}{K'_{MY}}} = \sqrt{\frac{\frac{0.020\,00}{2}}{10^{10.24}}} = 10^{-6.12}$$

$$p[Ca']_{sp} = 6.12$$

因为 EBT 的 $pK_{a2} = 6.3$,$pK_{a3} = 11.6$,所以

$$\alpha_{EBT(H)} = 1 + \frac{[H^+]}{K_{a3}} + \frac{[H^+]^2}{K_{a2}K_{a3}} + \frac{[H^+]^3}{K_{a1}K_{a2}K_{a3}}$$

忽略最后一项

$$\alpha_{EBT(H)} = 1 + 10^{11.6} \times 10^{-10} + 10^{11.6} \times 10^{6.3} \times (10^{-10})^2 = 41$$

$$\lg \alpha_{EBT(H)} = 1.6$$

$$\lg K'_{Ca-EBT} = \lg K_{Ca-EBT} - \lg \alpha_{EBT(H)} = 5.4 - 1.6 = 3.8$$

又由于指示剂变色点时

$$p[Ca']_{ep} = \lg K'_{Ca-EBT}$$

$$\Delta pCa' = p[Ca']_{ep} - p[Ca']_{sp} = 3.8 - 6.1 = -2.3$$

故

$$E_t = \frac{10^{\Delta pM} - 10^{-\Delta pM}}{\sqrt{c_M^{sp} K'_{MY}}} = \frac{10^{-2.3} - 10^{2.3}}{\sqrt{0.010\,00 \times 10^{10.24}}} \times 100\% = -1.5\%$$

# 5.6 单一离子直接准确滴定的条件

## 5.6.1 单一离子直接准确滴定的条件

一般滴定允许的相对误差为 $\pm 0.1\%$,终点判断的准确度 $\Delta pM$($\Delta pM = pM_{ep} - pM_{sp}$)一般为 $\pm(0.2 \sim 0.5)$,即至少为 $\pm 0.2$。在此条件下,用等浓度的 EDTA 滴定金属离子,则按终点误差公式可得

$$c_M^{sp} K'_{MY} \geqslant \left(\frac{10^{0.2} - 10^{-0.2}}{0.001}\right)^2$$

由此可得准确滴定单一金属离子的条件

$$c_M^{sp} K'_{MY} \geqslant 10^6$$

即

$$\lg c_M^{sp} + \lg K'_{MY} \geqslant 6 \tag{5-17}$$

当金属离子的 $c = 0.01$ mol/L 时 $\lg K'_{MY} \geqslant 8$

需要注意,上述条件是在 $E_t \leqslant \pm 0.1\%$、$\Delta pM = \pm 0.2$ 时判断金属离子能否准确滴定的判据。若 $E_t \leqslant \pm 0.3\%$、$\Delta pM = \pm 0.2$ 时,判断金属离子能否准确滴定的条件会变化为 $c_M^{sp} K'_{MY} \approx 10^5$,因此,判断金属离子能否准确滴定的条件并非是固定不变的。实际滴定时,溶液酸碱度的控制、共存离子的影响及指示剂变色等因素都会影响滴定的准确性。

### 5.6.2　配位滴定中适宜 pH 条件的控制

由上述准确滴定的判断条件可知,在一定的 $c_M$ 时,能否准确滴定取决于 $K'_{MY}$,而 $K'_{MY}$ 与各种副反应系数有关,一般 EDTA 的酸效应是影响滴定的最主要因素,若不考虑其他副反应,$K'_{MY}$ 仅受到 EDTA 的酸效应的影响,因此 $K'_{MY}$ 与 $\alpha_{Y(H)}$ 有关,由式(5 - 10)可知

$$\lg \alpha_{Y(H)} = \lg K_{MY} - \lg K'_{MY}$$

结合式(5 - 17)可得

$$\lg \alpha_{Y(H)} \leqslant \lg c_M^{sp} + \lg K_{MY} - 6 \qquad (5 - 18)$$

当 $c_M$、$\lg K_{MY}$ 一定时,可求得 $\lg \alpha_{Y(H)}$,查附录可求得对应的 pH,此 pH 即为直接准确滴定所允许的最低 pH($pH_{min}$)。

由于不同金属离子的 $\lg K_{MY}$ 不同,所以滴定时允许的最低 pH 也不相同。将各种金属离子的 $\lg K_{MY}$ 值与其最低 pH(或对应的 $\lg \alpha_{Y(H)}$ 与最低 pH)绘成曲线,称为 EDTA 的酸效应曲线,如图 5 - 5 所示。图中金属离子位置所对应的 pH,就是滴定该金属离子时所允许的最低 pH。

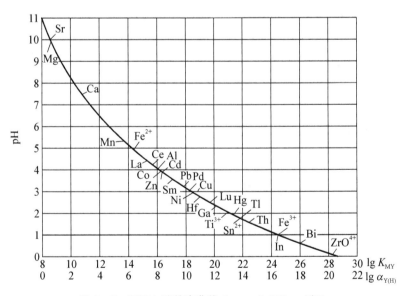

图 5 - 5　EDTA 酸效应曲线($c_M = 0.010$ mol/L)

从图 5 - 5 可以查出单独滴定某种金属离子时允许的最低 pH。例如,FeY⁻ 配合物很稳定($\lg K_{FeY^-} = 25.1$),查图 5 - 5 得 pH > 1,即可在强酸性溶液中滴定;而 ZnY²⁻ 配合物的稳定性($\lg K_{ZnY^{2-}} = 16.5$)比 FeY⁻ 的稍差些,可在弱酸性溶液中(pH ≥ 4.0)滴定;CaY²⁻ 配合物的稳定性更差一些($\lg K_{CaY^{2-}} = 10.69$),可在 pH ≥ 7.6 的碱性溶液中滴定。

在满足滴定允许的最低 pH 条件下,若溶液的 pH 升高,则 lg $K_{MY}'$ 增大,配位反应的完全程度也增大。但若溶液的 pH 太高,则某些金属离子会形成羟基配合物,致使羟基配位效应增大,最终反而影响滴定的主反应。因此,配位滴定还应考虑不使金属离子发生羟基化反应的 pH 条件,这个允许的最高 pH 通常由金属离子氢氧化物的溶度积常数估算求得。

根据酸效应可确定滴定时允许的最低 pH,根据羟基配位效应可估算滴定允许的最高 pH,从而可得出滴定的适宜 pH 范围。

**例 5-6** 试计算 0.020 mol/L EDTA 滴定同浓度 $Zn^{2+}$ 溶液的最低和最高 pH(已知 lg $K_{ZnY} = 16.50$, $K_{sp} = 1.2 \times 10^{-17}$)。

解:已知 $c_{sp} = 0.01$ mol/L　　　　　lg $K_{ZnY} = 16.50$

由式(5-18)可得 lg $\alpha_{Y(H)} \leqslant$ lg $c_{Zn}^{sp}$ + lg $K_{ZnY} - 6$

$$= \lg 0.01 + 16.50 - 6 = 8.50$$

查附录,用内插法求得 $pH_{min} > 3.97$。

由 $K_{sp}$ 计算式可得
$$[OH^-] = \sqrt{\frac{K_{sp}}{[Zn^{2+}]}} = \sqrt{\frac{1.2 \times 10^{-17}}{0.02}} = 2.4 \times 10^{-8}$$

$$pOH = 7.61 \qquad pH = 6.39$$

所以,用 EDTA 滴定 0.02 mol/L $Zn^{2+}$ 溶液适宜 pH 范围为 3.97~6.39。

实际滴定时除了要从酸效应和羟基配位效应来考虑配位滴定的适宜 pH 范围,还需要考虑指示剂的颜色变化对 pH 的要求。滴定时实际应用的 pH 比理论上允许的最低 pH 要大一些,这样其他非主要影响因素也考虑在内了。但也应该指出,不同的情况下,矛盾的主要方面不同,如果加入的辅助配位剂的浓度过大,辅助配位效应就可能变成主要影响;若加入的辅助配位剂与金属离子形成的配合物比 EDTA 形成的配合物更稳定,则将掩蔽欲测定的金属离子,而使滴定无法进行。

# 5.7　混合离子的分别滴定

由于 EDTA 能和许多金属离子形成稳定的配合物,实际的分析对象又常常比较复杂,在被测定溶液中可能存在多种金属离子,在滴定时很可能相互干扰,因此在混合离子中如何滴定某一种离子或分别滴定某几种离子是配位滴定中要解决的重要问题。

## 5.7.1　混合离子分步滴定可能性的判断

当滴定单独一种金属离子时,若满足 lg $c_M^{sp} K_{MY}' \geqslant 6$ 的条件,就可以准确地进行滴定。但当溶液中有两种或两种以上的金属离子共存时,情况就比较复杂。若溶液中含有金属离子 M 和 N,它们均可与 EDTA 形成配合物,此时欲测定 M 的含量,共存的 N 对 M 的测定可能产生干扰,则须考虑干扰离子 N 的副反应,设该副反应系数为 $\alpha_{Y(N)}$,$\alpha_{Y(N)} = 1 + [N]K_{NY} \approx c_N^{sp} K_{NY}$,当 $K_{MY} > K_{NY}$ 且 $\alpha_{Y(N)} \gg \alpha_{Y(H)}$ 情况下,则得

$$\lg K_{MY}' = \lg K_{MY} - \lg \alpha_{Y(N)} \approx \lg K_{MY} - \lg c_N^{sp} K_{NY} = \lg K_{MY} - \lg K_{NY} - \lg c_N^{sp}$$

$$\lg c_M^{sp} K'_{MY} \approx \lg K_{MY} - \lg K_{NY} + \lg \frac{c_M^{sp}}{c_N^{sp}}$$

$$\approx \Delta \lg K + \lg \frac{c_M^{sp}}{c_N^{sp}} \qquad (5-19)$$

即两种金属离子配合物的稳定常数差值 $\Delta \lg K$ 越大,被测离子浓度 $c_M$ 越大,干扰离子浓度 $c_N$ 越小,则在 N 存在下准确滴定 M 的可能性就越大。至于 $\Delta \lg K$ 应满足怎样的数值,才能准确滴定 M 离子而 N 离子不干扰,则须根据所要求的测定准确度、两种金属离子的浓度比 $\left(\frac{c_M}{c_N}\right)$ 及在终点和化学计量点之间 pM 的差值 $\Delta$pM 等因素来决定。

对于有干扰离子存在时的配位滴定,当允许的相对误差 $\leqslant \pm 0.5\%$,当用指示剂检测终点的 $\Delta$pM $\approx 0.3$,$c_M = c_N$ 时,则

$$\Delta \lg K \geqslant 5 \qquad (5-20)$$

式(5-20)是判断混合离子有无相互干扰、能否分别滴定的判断条件。若相互无干扰,则可通过控制酸度依次测出各组分的含量。若相互有干扰,则采用掩蔽、解蔽或分离的方法去除干扰后再测定。

**例 5-7**　溶液中 $Bi^{3+}$、$Pb^{2+}$ 浓度皆为 0.01 mol/L 时,用 EDTA 滴定 $Bi^{3+}$ 有无可能?

**解:**查表 5-2 可知,$\lg K_{BiY} = 27.94$,$\lg K_{PbY} = 18.04$,则

$$\Delta \lg K = 27.94 - 18.04 = 9.9 > 5$$

故滴定 $Bi^{3+}$ 时 $Pb^{2+}$ 不干扰。由酸效应曲线可查得滴定 $Bi^{3+}$ 的最低 pH 约为 0.7,由水解效应可得在 pH $\approx 2$ 时,$Bi^{3+}$ 将开始水解析出沉淀。因此滴定 $Bi^{3+}$ 的适宜 pH 范围为 0.7~2。通常选取 pH=1 时进行滴定,以保证滴定时不会析出铋的水解产物,$Pb^{2+}$ 也不会干扰 $Bi^{3+}$ 与 EDTA 的反应。

### 5.7.2　控制溶液酸度法进行混合离子的分别滴定

混合液中有金属离子 M、N,若满足 $\Delta \lg K \geqslant 5$,则只要 M 离子满足 $\lg c_M^{sp} K'_{MY} \geqslant 6$ 的条件,就可不经分离,只控制适宜 pH 即可采用直接配位滴定法选择性滴定金属离子 M。若同时还满足 $\lg c_N^{sp} K'_{NY} \geqslant 6$,则表明在滴定金属离子 M 后,还可以重新调整 pH 直接滴定金属离子 N。

假如金属离子没有副反应,通过控制酸度分步滴定的具体步骤如下。

第一,比较混合物中各组分离子与 EDTA 形成配合物的稳定常数大小,得出首先被滴定的应是 $K_{MY}$ 最大的那种离子。

第二,用式(5-20)判断稳定常数最大的金属离子和与其相邻的另一金属离子之间有无干扰。

第三,若无干扰,则可通过计算确定稳定常数最大的金属离子测定的 pH 范围,选择指示剂,按照与单组分测定相同的方式进行测定,其他离子依此类推。

**例 5-8**　溶液中含有 $Fe^{3+}$、$Al^{3+}$、$Ca^{2+}$ 和 $Mg^{2+}$,假定它们的浓度皆为 $2 \times 10^{-2}$ mol/L,能否借控制溶液酸度分别滴定 $Fe^{3+}$ 和 $Al^{3+}$。已知 $\lg K_{FeY} = 25.1$,$\lg K_{AlY} = 16.3$,$\lg K_{CaY} = 10.69$,$\lg K_{MgY} = 8.69$。

解:比较已知的稳定常数可知,$K_{FeY}$最大,$K_{AlY}$次之,所以滴定$Fe^{3+}$时,最可能发生干扰的是$Al^{3+}$。

$$\Delta \lg K = \lg K_{FeY} - \lg K_{AlY} = 25.1 - 16.3 = 8.8 > 5$$

由此可知滴定$Fe^{3+}$时,共存的$Al^{3+}$没有干扰。

从图5-5查得测$Fe^{3+}$的$pH_{min}$约为1,考虑到$Fe^{3+}$的水解效应,pH<2.2,因此测定$Fe^{3+}$的pH范围应在1~2.2。查表5-3可知,磺基水杨酸在pH=1.5~2.0内,与$Fe^{3+}$形成的配合物呈现紫红色,据此可选定pH为1.5~2.0,用EDTA直接滴定$Fe^{3+}$,终点时溶液颜色由紫红色变为黄色。$Al^{3+}$、$Ca^{2+}$及$Mg^{2+}$不干扰。

滴定$Fe^{3+}$后的溶液继续滴定$Al^{3+}$,此时应考虑$Ca^{2+}$、$Mg^{2+}$是否会干扰$Al^{3+}$的测定,由于

$$\Delta \lg K = \lg K_{AlY} - \lg K_{CaY} = 16.3 - 10.69 = 5.61 > 5$$

故$Ca^{2+}$、$Mg^{2+}$不会造成干扰。

与确定测$Fe^{3+}$的pH范围步骤相似,可得出应在pH为4~6测定$Al^{3+}$,实验时先调节pH为3,加入过量的EDTA,煮沸,使大部分$Al^{3+}$与EDTA配位,再加六次甲基四胺缓冲溶液,控制pH为4~6,使$Al^{3+}$与EDTA配位完全,然后用PAN作指示剂,用$Cu^{2+}$标准溶液回滴过量的EDTA,即可测出$Al^{3+}$的含量。

控制溶液的pH范围是在混合离子溶液中进行选择性滴定的途径之一,滴定的pH范围是综合了滴定适宜的pH、指示剂的变色、共存离子的存在等情况确定的,而且实际滴定时选取的pH范围一般比上述求得的适宜pH范围要更狭窄一些。

### 5.7.3 用掩蔽和解蔽的方法进行分别滴定

若被测金属离子的配合物与干扰离子的配合物的稳定常数相差不大($\Delta \lg K < 5$),就不能用控制酸度的方法进行分别滴定,此时可利用掩蔽剂来降低干扰离子的浓度以消除干扰。但必须注意干扰离子存在的量不能太大,否则得不到满意的结果。

掩蔽方法按所用反应类型不同可分为配位掩蔽法、沉淀掩蔽法和氧化还原掩蔽法等,其中用得最多的是配位掩蔽法。

1. 配位掩蔽法

配位掩蔽法是基于干扰离子与掩蔽剂形成稳定配合物以消除干扰的方法。例如,石灰石、白云石中CaO与MgO的含量测定,即以三乙醇胺掩蔽试样中的$Fe^{3+}$、$Al^{3+}$和$Mn^{2+}$,使之生成更稳定的配合物,消除干扰。然后取一份试液在pH>12时,以EDTA滴定$Ca^{2+}$的含量,用钙指示剂指示终点;另取一份试液在pH=10时,以EDTA滴定$Ca^{2+}$和$Mg^{2+}$的总量,用KB指示剂[①]确定终点。

又如,在$Al^{3+}$与$Zn^{2+}$两种离子共存时,可用$NH_4F$掩蔽$Al^{3+}$,使其生成稳定的$AlF_6^{3-}$离子;再于pH=5~6时,用EDTA滴定$Zn^{2+}$。

常见的配位掩蔽剂见表5-5。

--------

① KB指示剂是酸性铬蓝K和萘酚氯B以一定比例混合配制而成的指示剂,其终点敏锐性比单纯的酸性铬蓝K高。

表 5-5 一些常见的配位掩蔽剂

| 名称 | pH 范围 | 被掩蔽离子 | 备注 |
|---|---|---|---|
| KCN | >8 | $Co^{2+}$、$Ni^{2+}$、$Cu^{2+}$、$Zn^{2+}$、$Hg^{2+}$、$Cd^{2+}$、$Ag^+$、$Tl^+$ 及铂系元素 | |
| $NH_4F$ | 4~6 | $Al^{3+}$、$Ti(\mathrm{IV})$、$Sn^{4+}$、$W(\mathrm{VI})$等 | $NH_4F$ 比 $NaF$ 好,加入后溶液 pH 变化不大 |
| | 10 | $Al^{3+}$、$Mg^{2+}$、$Ca^{2+}$、$Sr^{2+}$、$Ba^{2+}$ 及稀土元素 | |
| 邻二氮菲 | 5~6 | $Cu^{2+}$、$Co^{2+}$、$Ni^{2+}$、$Zn^{2+}$、$Hg^{2+}$、$Cd^{2+}$、$Mn^{2+}$ | |
| 三乙醇胺(TEA) | 10 | $Al^{3+}$、$Sn^{4+}$、$Ti(\mathrm{IV})$、$Fe^{3+}$ | 与 KCN 并用,可提高掩蔽效果 |
| | 11~12 | $Fe^{3+}$、$Al^{3+}$ 及少量 $Mn^{2+}$ | |
| 二巯基丙醇 | 10 | $Hg^{2+}$、$Cd^{2+}$、$Zn^{2+}$、$Bi^{3+}$、$Pb^{2+}$、$Ag^+$、$As^{3+}$、$Sn^{4+}$ 及少量 $Cu^{2+}$、$Co^{2+}$、$Ni^{2+}$、$Fe^{3+}$ | |
| 硫脲 | 弱酸性 | $Cu^{2+}$、$Hg^{2+}$、$Tl^+$ | |
| 酒石酸 | 1.5~2 | $Sb^{3+}$、$Sn^{4+}$ | 在抗坏血酸存在下 |
| | 5.5 | $Fe^{3+}$、$Al^{3+}$、$Sn^{4+}$、$Ca^{2+}$ | |
| | 6~7.5 | $Mg^{2+}$、$Cu^{2+}$、$Fe^{3+}$、$Al^{3+}$、$Mo^{4+}$ | |
| | 10 | $Al^{3+}$、$Sn^{4+}$、$Fe^{3+}$ | |

使用掩蔽剂时须注意下列几点。

第一,干扰离子与掩蔽剂形成的配合物应远比与 EDTA 形成的配合物稳定。而且形成的配合物应为无色或浅色,不影响滴定终点的判断。

第二,掩蔽剂不与待测离子配位,即使形成配合物,其稳定性也应远小于待测离子与 EDTA 形成配合物的稳定性。

第三,使用掩蔽剂时应注意适用的 pH 范围,如在 pH=8~10 时测定 $Zn^{2+}$,用铬黑 T 作指示剂,则用 $NH_4F$ 可掩蔽 $Al^{3+}$。但是在测定含有 $Ca^{2+}$、$Mg^{2+}$、$Al^{3+}$ 溶液中的 $Ca^{2+}$、$Mg^{2+}$ 总量时,应在 pH=10 时滴定,因为 $F^-$ 与被测物 $Ca^{2+}$ 要生成 $CaF_2$ 沉淀,所以就不能用氟化物来掩蔽 $Al^{3+}$。此外,选用掩蔽剂还要注意它的性质和加入时的 pH 条件。例如,KCN 是剧毒物,只允许在碱性溶液中使用;若将它加入酸性溶液中,则产生剧毒的 HCN 呈气体逸出,对环境与人有严重危害;滴定后的溶液也应注意处理,以免造成污染①。掩蔽 $Fe^{3+}$、$Al^{3+}$ 等的三乙醇胺,必须在酸性溶液中加入,然后再碱化,否则 $Fe^{3+}$ 将生成氢氧化物沉淀而不能进行配位掩蔽。

2. 沉淀掩蔽法

沉淀掩蔽法是加入选择性沉淀剂作掩蔽剂,使干扰离子形成沉淀以降低其浓度的方法。

例如,欲测定 $Ca^{2+}$、$Mg^{2+}$,由于 $\lg K_{CaY}=10.7$, $\lg K_{MgY}=8.7$,它们的 $\Delta \lg K < 5$,故不能利用控制酸度进行分别滴定。这时可根据氢氧化钙、氢氧化镁溶解度的差异,加入 NaOH

---

① 用含 $Na_2CO_3$ 的 $FeSO_4$ 溶液处理,使 $CN^-$ 转化为稳定的 $[Fe(CN)_6]^{4-}$。

溶液,使 pH>12,则 $Mg^{2+}$ 生成 $Mg(OH)_2$ 沉淀,而 $Ca^{2+}$ 不产生沉淀。用钙指示剂可以指示 EDTA 滴定 $Ca^{2+}$ 的终点。

用于沉淀掩蔽法的沉淀反应必须具备下列条件。

第一,生成的沉淀溶解度要小,使反应完全。

第二,生成的沉淀应是无色或浅色致密的,最好是晶形沉淀,使其吸附能力小。

实际应用时,较难完全满足上述条件,故沉淀掩蔽法应用不广。常用的沉淀掩蔽剂见表 5-6。

表 5-6　配位滴定中常用的沉淀掩蔽剂

| 名称 | 被掩蔽的离子 | 待测定的离子 | pH 范围 | 指示剂 |
|---|---|---|---|---|
| $NH_4F$ | $Mg^{2+}$、$Ca^{2+}$、$Sr^{2+}$、$Ba^{2+}$、Ti(Ⅳ)、$Al^{3+}$ 及稀土 | $Zn^{2+}$、$Cd^{2+}$、$Mn^{2+}$(有还原剂存在下) | 10 | 铬黑 T |
| | | $Cu^{2+}$、$Co^{2+}$、$Ni^{2+}$ | 10 | 紫脲酸铵 |
| $K_2CrO_4$ | $Ba^{2+}$ | $Sr^{2+}$ | 10 | Mg-EDTA 铬黑 T |
| $Na_2S$ 或铜试剂 | $Bi^{3+}$、$Cd^{2+}$、$Cu^{2+}$、$Hg^{2+}$、$Pb^{2+}$ 等 | $Mg^{2+}$、$Ca^{2+}$ | 10 | 铬黑 T |
| $H_2SO_4$ | $Pb^{2+}$ | $Bi^{3+}$ | 1 | 二甲酚橙 |
| $K_4[Fe(CN)_6]$ | 微量 $Zn^{2+}$ | $Pb^{2+}$ | 5~6 | 二甲酚橙 |

3. 氧化还原掩蔽法

氧化还原掩蔽法是利用氧化还原反应,变更干扰离子价态,以消除干扰的方法。例如,用 EDTA 滴定 $Bi^{3+}$、$Zr^{4+}$、$Th^{4+}$ 等离子时,溶液中如果存在 $Fe^{3+}$,将有干扰。由于 $Fe^{2+}$-EDTA 配合物的稳定常数比 $Fe^{3+}$-EDTA 的小得多($\lg K_{FeY^-}$ =25.1; $\lg K_{FeY^{2-}}$ =14.33),因此可加入抗坏血酸或羟胺等,将 $Fe^{3+}$ 还原成 $Fe^{2+}$,消除干扰。

常用的还原剂有抗坏血酸、羟胺、联胺、硫脲、半胱氨酸等,其中有些还原剂同时又是配位剂。

有时,有些干扰离子的高价态与 EDTA 的配合物的稳定常数比低价态与 EDTA 的配合物的小,则可以预先将低价干扰离子(如 $Cr^{3+}$、$VO^{2+}$ 等离子)氧化成高价酸根(如 $Cr_2O_7^{2-}$、$VO_3^-$ 等)来消除干扰。

4. 解蔽方法

将一些离子掩蔽,对某种离子进行滴定后,使用另一种试剂破坏掩蔽所产生配合物,使被掩蔽的离子重新释放出来,这种作用称为解蔽,所用的试剂称为解蔽剂。

例如,铜合金中 $Cu^{2+}$、$Zn^{2+}$、$Pb^{2+}$ 三种离子共存,欲测定其中 $Zn^{2+}$ 和 $Pb^{2+}$,用氨水中和试液,加 KCN 掩蔽 $Cu^{2+}$ 和 $Zn^{2+}$,在 pH=10 时用铬黑 T 作指示剂,用 EDTA 滴定 $Pb^{2+}$。滴定后的溶液,加入甲醛或三氯乙醛作解蔽剂,破坏 $[Zn(CN)_4]^{2-}$

$$[Zn(CN)_4]^{2-} + 4HCHO + 4H_2O \Longrightarrow Zn^{2+} + 4\underset{\text{羟基乙腈}}{H_2\overset{\displaystyle OH}{\overset{|}{C}}—CN} + 4OH^-$$

再用 EDTA 继续滴定释放出的 $Zn^{2+}$。$[Cu(CN)_3]^{2-}$ 比较稳定,不易被醛类解蔽,但要注意甲醛应分次滴加,用量也不宜过多。如甲醛过多,温度较高,可能使$[Cu(CN)_3]^{2-}$部分破坏而影响 $Zn^{2+}$ 的测定结果。

### 5. 7. 4　用分离方法去除干扰

当用控制溶液酸度进行分别滴定或掩蔽干扰离子都有困难的时候,可采用分离的方法。

分离的方法有很多种,在配位滴定中进行分离的实例如下:钴、镍混合液中测定 $Co^{2+}$、$Ni^{2+}$,必须先进行离子交换分离。磷矿石中一般含 $Fe^{3+}$、$Al^{3+}$、$Ca^{2+}$、$Mg^{2+}$、$PO_4^{3-}$、$F^-$ 等离子,其中 $F^-$ 的干扰最为严重,它能与 $Al^{3+}$ 生成很稳定的配合物,在酸度低时 $F^-$ 又能与 $Ca^{2+}$ 生成 $CaF_2$ 沉淀,因此在配位滴定中必须首先加酸、加热,使 $F^-$ 生成 HF 挥发逸去。如果测定中必须进行沉淀分离时,为了避免待测离子的损失,决不允许先沉淀分离大量的干扰离子后,再测定少量离子。此外,还应尽可能选用能同时沉淀多种干扰离子的试剂来进行分离,以简化分离步骤。

# 5.8　配位滴定的方式和应用

在配位滴定中,采用不同的滴定方式不仅可以扩大配位滴定的应用范围,而且可以提高配位滴定的选择性。

### 5. 8. 1　直接滴定法

直接滴定法是在满足滴定条件的基础上,用 EDTA 标准溶液直接滴定待测离子的方法。该法操作简便,一般情况下引入的误差也较少,故在可能的范围内应尽可能采用直接滴定法。

在适宜的条件下,大多数金属离子都可以采用 EDTA 直接滴定。例如,pH＝1,滴定 $Bi^{3+}$;pH＝1.5～2.5,滴定 $Fe^{3+}$;pH＝2.5～3.5,滴定 $Th^{4+}$;pH＝5～6,滴定 $Zn^{2+}$、$Pb^{2+}$、$Cd^{2+}$ 及稀土;pH＝9～10,滴定 $Zn^{2+}$、$Mn^{2+}$、$Cd^{2+}$ 和稀土;pH＝10,滴定 $Mg^{2+}$;pH＝12～13,滴定 $Ca^{2+}$。

但在下列情况下,不宜采用直接滴定法。

第一,待测离子(如 $Al^{3+}$、$Cr^{3+}$ 等)与 EDTA 配位速率很慢,本身又易水解或封闭指示剂。

第二,待测离子(如 $Ba^{2+}$、$Sr^{2+}$ 等)虽能与 EDTA 形成稳定的配合物,但缺少变色敏锐的指示剂。

第三,待测离子(如 $SO_4^{2-}$、$PO_4^{3-}$ 等)不与 EDTA 形成配合物或待测离子(如 $Na^+$ 等)与 EDTA 形成的配合物不稳定。

这些情况下须采用其他滴定方式。

### 5. 8. 2　返滴定法

返滴定法是在试液中先加入已知过量的 EDTA 标准溶液,使待测离子与 EDTA 完全配位,再用其他金属离子的标准溶液滴定过量的 EDTA,从而求得被测物质的含量。上述第一和第二种情况可采用返滴定法。

例如,在 $Al^{3+}$ 的滴定中,$Al^{3+}$ 与 EDTA 的反应速率缓慢,$Al^{3+}$ 对二甲酚橙等指示剂有封闭作用,而且 $Al^{3+}$ 又易水解生成一系列多核羟基配合物,如 $[Al_2(H_2O)_6(OH)_3]^{3+}$、$[Al_3(H_2O)_6(OH)_6]^{3+}$ 等,因而配位比不恒定。为解决上述一系列问题,可采用返滴定法。具体过程为:先加入已知过量的 EDTA 标准溶液,在 $pH \approx 3.5$(防止 $Al^{3+}$ 水解)时,煮沸溶液,使 $Al^{3+}$ 与 EDTA 配位完全,然后调节溶液 pH 至 $5 \sim 6$(此时 AlY 稳定,也不会重新水解析出多核配合物),以二甲酚橙为指示剂,用 $Zn^{2+}$ 或 $Cu^{2+}$ 标准溶液返滴定过量的 EDTA 以测得铝的含量。

又如,测定 $Ba^{2+}$ 时没有变色敏锐的指示剂,可加入过量 EDTA 溶液,与 $Ba^{2+}$ 配位后,用铬黑 T 作指示剂,再用 $Mg^{2+}$ 标准溶液返滴定过量的 EDTA。

值得注意的是,作为返滴定的金属离子,它与 EDTA 配合物的稳定性要适当;既要有足够的稳定性以保证滴定的准确度,又不宜比待测离子与 EDTA 的配合物更为稳定,否则在返滴定的过程中,它可能将被测离子从已生成的配合物中置换出来,造成测定误差。一般在 $pH = 4 \sim 6$ 时,$Zn^{2+}$、$Cu^{2+}$ 是良好的返滴定剂;在 $pH = 10$ 时,宜选 $Mg^{2+}$ 作返滴定剂。

### 5.8.3 置换滴定法

置换滴定是利用置换反应,置换出相应数量的金属离子或 EDTA,然后用 EDTA 或金属离子标准溶液滴定被置换出的金属离子或 EDTA。5.8.2 节中两种情况,除了采用返滴定法外,还可采用置换滴定法。

**1. 置换出金属离子**

若被测离子 M 与 EDTA 反应不完全或所形成的配合物不够稳定,用 M 置换出另一配合物(NL)中的 N,然后用 EDTA 滴定 N,即可间接求得 M 的含量。

$$M + NL \longrightarrow ML + N$$

例如,$Ag^+$ 与 EDTA 的配合物不稳定($\lg K_{AgY} = 7.32$),不能用 EDTA 直接滴定,但可使 $Ag^+$ 与 $Ni(CN)_4^{2-}$ 反应,则 $Ni^{2+}$ 被置换出来

$$2Ag^+ + Ni(CN)_4^{2-} \longrightarrow 2Ag(CN)_2^- + Ni^{2+}$$

在 $pH = 10$ 的氨性溶液中,以紫脲酸铵作指示剂,用 EDTA 滴定被置换出来的 $Ni^{2+}$,即可间接求得 $Ag^+$ 的含量。

**2. 置换出 EDTA**

先将 EDTA 与被测离子 M 全部配位,再加入对被测离子 M 选择性高的配位剂 L,使生成 ML,并释放出 EDTA

$$MY + L \longrightarrow ML + Y$$

待反应完全后,用另一金属离子标准溶液滴定释放出来的 EDTA,即可求得 M 的含量。

例如,铜及铜合金中的 Al 测定是在试液中加入过量的 EDTA,使与 Al 配位完全,用 $Zn^{2+}$ 溶液去除过量的 EDTA 后,加 NaF 或 KF,置换出与 Al 配位的 EDTA,再以 $Zn^{2+}$ 标准溶液滴定之。

又如,测定锡合金中的 Sn 时,可于试液中加入过量的 EDTA,将可能存在的 $Pb^{2+}$、$Zn^{2+}$、$Cd^{2+}$、$Bi^{3+}$ 等与 $Sn(\mathrm{IV})$ 一起发生配位反应。用 $Zn^{2+}$ 标准溶液除去过量的 EDTA。加入

$NH_4F$,选择性地与 SnY 中的 Sn(Ⅳ)发生配位反应,并将 EDTA 置换释放出来,再用 $Zn^{2+}$ 标准溶液滴定释放出的 EDTA,即可求得 Sn(Ⅳ)的含量。

置换滴定法是提高配位滴定选择性的途径之一,同时也扩大了配位滴定的应用范围。

此外,利用置换滴定的原理,也可以提高指示剂指示终点的敏锐性。例如,铬黑 T 与 $Ca^{2+}$ 显色的灵敏度较差,但与 $Mg^{2+}$ 显色却很灵敏,利用这一差异,在 $pH=10$ 的溶液中用 EDTA 滴定 $Ca^{2+}$ 时,常在溶液中先加入少量 MgY,由于 $\lg K_{CaY}=10.69$,$\lg K_{MgY}=8.69$,此时发生下列置换反应

$$MgY + Ca^{2+} \longrightarrow CaY + Mg^{2+}$$

置换出的 $Mg^{2+}$ 与铬黑 T 的配合物溶液呈现很深的红色。滴定时,EDTA 先与 $Ca^{2+}$ 配位,到滴定终点时,EDTA 夺取 Mg-铬黑 T 配合物中的 $Mg^{2+}$,游离出蓝色的指示剂,颜色变化很明显。此处,滴定前加入的少量 MgY 与最后生成的 MgY 的量相等,故加入的 MgY 不影响测定结果。

用 CuY-PAN 作指示剂时,也是利用置换滴定法的原理。

### 5.8.4 间接滴定法

对于不能形成配合物或形成的配合物不稳定的情况可采用间接滴定。这种方法是加入过量的、能与 EDTA 形成稳定配合物的金属离子作沉淀剂,以沉淀待测离子,过量沉淀剂用 EDTA 滴定(或将沉淀分离、溶解后,再用 EDTA 滴定其中的金属离子)。例如,测定 $PO_4^{3-}$,可加过量的 $Bi(NO_3)_3$,使之生成 $BiPO_4$ 沉淀,再用 EDTA 滴定剩余的 $Bi^{3+}$。又如,测定 $Na^+$ 时,将 $Na^+$ 沉淀为醋酸铀酰锌钠 $NaAc \cdot Zn(Ac)_2 \cdot 3UO_2(Ac)_2 \cdot 9H_2O$,分离沉淀,溶解后,用 EDTA 滴定 $Zn^{2+}$,从而求得 $Na^+$ 含量。

间接滴定法操作较烦琐,引入误差的机会也增多,不是一种很好的分析测定方法。

## 思 考 题

1. EDTA 与金属离子的配合物有哪些特点?
2. 配合物的稳定常数与条件稳定常数有什么不同? 为什么要引入条件稳定常数?
3. 在配位滴定中控制适当的酸度有什么重要意义? 实际应用时应如何全面考虑选择滴定时的 pH?
4. 在配位滴定中影响滴定突跃范围大小的主要因素有哪些?
5. 金属指示剂的作用原理如何? 它应该具备哪些条件?
6. 什么是金属指示剂的封闭和僵化? 如何避免?
7. 直接滴定单一金属离子的条件是什么?
8. 金属离子分步滴定的条件是什么?
9. 掩蔽的方法有哪些? 各运用于什么场合? 为防止干扰,是否在任何情况下都能使用掩蔽方法?
10. 用 EDTA 滴定含有少量 $Fe^{3+}$ 的 $Ca^{2+}$、$Mg^{2+}$ 试液时,用三乙醇胺、KCN 都可以掩蔽 $Fe^{3+}$,抗坏血酸则不能掩蔽;在滴定有少量 $Fe^{3+}$ 存在的 $Bi^{3+}$ 时,恰恰相反,即抗坏血酸可以掩蔽

$Fe^{3+}$,而三乙醇胺、KCN 则不能掩蔽。请说明理由。

11. 如何利用掩蔽和解蔽作用来测定 $Ni^{2+}$、$Zn^{2+}$、$Mg^{2+}$ 混合溶液中各组分的含量?

12. 欲测定含 $Pb^{2+}$、$Al^{3+}$ 和 $Mg^{2+}$ 试液中的 $Pb^{2+}$ 含量,共存的两种离子是否有干扰? 应如何测定 $Pb^{2+}$ 含量? 试拟出简要方案。

13. 若配制 EDTA 溶液时所用的水中含有 $Ca^{2+}$,则下列情况对测定结果有何影响?
    (1) 以 $CaCO_3$ 为基准物质标定 EDTA 溶液,用所得 EDTA 标准溶液滴定试液中的 $Zn^{2+}$,以二甲酚橙为指示剂。
    (2) 以金属锌为基准物质、二甲酚橙为指示剂标定 EDTA 溶液。用所得 EDTA 标准溶液滴定试液中 $Ca^{2+}$ 的含量。
    (3) 以金属锌为基准物质、铬黑 T 为指示剂标定 EDTA 溶液。用所得 EDTA 标准溶液滴定试液中的 $Ca^{2+}$ 含量。

14. 用返滴定法测定 $Al^{3+}$ 含量时,首先在 pH=3 左右加入过量 EDTA 并加热,使 $Al^{3+}$ 配位。试说明选择此 pH 的理由。

15. 若不经分离用配位滴定法测定下列混合溶液中各组分的含量,试设计简要方案(包括滴定剂、酸度、指示剂、所需其他试剂以及滴定方式)。
    (1) $Zn^{2+}$、$Mg^{2+}$ 混合液中两者含量的测定。
    (2) 含有 $Fe^{3+}$ 的试液中测定 $Bi^{3+}$。
    (3) $Fe^{3+}$、$Cu^{2+}$、$Ni^{2+}$ 混合液中各离子含量的测定。
    (4) 水泥中 $Fe^{3+}$、$Al^{3+}$、$Ca^{2+}$ 和 $Mg^{2+}$ 的分别测定。

## 习　题

1. 计算 pH=5.0 时 EDTA 的酸效应系数 $\alpha_{Y(H)}$。若此时 EDTA 各种存在形式的总浓度为 0.020 0 mol/L,则 $[Y^{4-}]$ 为多少?

$$(7.1 \times 10^{-9} \text{ mol/L})$$

2. 当 pH=5 时,$Zn^{2+}$ 和 EDTA 形成的配合物的条件稳定常数是多少? 假设 $Zn^{2+}$ 和 EDTA 的浓度皆为 $2 \times 10^{-2}$ mol/L(不考虑羟基配位等副反应)。当 pH=5 时,能否用 EDTA 标准溶液滴定 $Zn^{2+}$?

$$(K_{ZnY'} = 10^{10.05},能)$$

3. 假设 $Mg^{2+}$ 和 EDTA 的浓度皆为 $2 \times 10^{-2}$ mol/L,在 pH=6 时,$Mg^{2+}$ 与 EDTA 配合物的条件稳定常数是多少(不考虑羟基配位等副反应)? 并说明在此 pH 下能否用 EDTA 标准溶液滴定 $Mg^{2+}$;如不能滴定,求其允许的最小 pH。

$$(10^{4.04}, 9.6)$$

4. 试求以 EDTA 滴定浓度均为 0.02 mol/L 的 $Fe^{3+}$ 和 $Fe^{2+}$ 溶液时所允许的最小 pH。

$$(1.2, 5.0)$$

5. 计算用 0.020 0 mol/L EDTA 标准溶液滴定同浓度的 $Cu^{2+}$ 溶液时的适宜酸度范围。

$$(2.9 \sim 5.0)$$

6. 在 pH=10 的 $NH_3 - NH_4Cl$ 缓冲溶液中,游离的 $NH_3$ 浓度为 0.1 mol/L,用 0.01 mol/L EDTA 滴定 0.01 mol/L $Zn^{2+}$。计算 $\lg \alpha_{Zn(NH_3)}$、$\lg K'_{ZnY}$、化学计量点时的 pZn。

已知 pH＝10.0 时 $Zn^{2+}$ 的 $NH_3$ 配合物的各累积常数为：$\lg \beta_1 = 2.27$；$\lg \beta_2 = 4.61$；$\lg \beta_3 = 7.01$；$\lg \beta_4 = 9.06$；$\lg \alpha_{Zn(OH)} = 2.4$。

$$(5.10, 10.95, 6.62)$$

**7.** 在含有 0.01 mol/L $Zn^{2+}$ 和 0.01 mol/L $Al^{3+}$ 的试液中，用 0.010 mol/L EDTA 能否选择性滴定 $Zn^{2+}$？若加入 $NH_4F$，使 $[F^-]$ 为 0.27 mol/L，调节溶液 pH 为 5.5，以二甲酚橙作指示剂，用 0.010 mol/L EDTA 滴定 $Zn^{2+}$，能否准确滴定？终点误差为多少？

已知 $Al^{3+}$ 的氟配合物的各累积常数 $\lg \beta_1 \sim \lg \beta_6$ 为：6.1、11.15、15.0、17.7、19.4、19.7；$\lg K'_{ZnIn} = 5.7$。

$$(-0.04\%)$$

**8.** 计算在 pH＝10.0 时，用 0.010 mol/L EDTA 滴定 20.00 mL 同浓度的 $Ca^{2+}$，滴定百分数为 50%、100%、200% 时的 pCa？

$$(2.48, 6.27, 10.24)$$

**9.** 用纯 Zn 标定 EDTA 溶液，若称取的纯 Zn 粒为 0.171 2 克，用 HCl 溶液溶解后转移入 250 mL 容量瓶中，稀释至标线。吸取该锌标准溶液 25.00 mL，用 EDTA 溶液滴定，消耗 24.05 mL，计算 EDTA 溶液的准确浓度。

$$(0.010\ 88\ mol/L)$$

**10.** 称取 0.100 5 g 纯 $CaCO_3$，溶解后，用容量瓶配成 100 mL 溶液。吸取 25 mL，在 pH＞12 时，用钙指示剂指示终点，用 EDTA 标准溶液滴定，用去 24.90 mL。
（1）求 EDTA 溶液的浓度。
（2）求每毫升 EDTA 溶液相当于多少克 ZnO、$Fe_2O_3$。

$$(0.010\ 08;\ 0.008\ 204\ g\ ZnO,\ 0.008\ 048\ g\ Fe_2O_3)$$

**11.** 用配位滴定法测定氯化锌（$ZnCl_2$）的含量。称取 0.250 0 g 试样，溶于水后，稀释至 250 mL，吸取 25.00 mL，在 pH＝5～6 时用二甲酚橙作指示剂，用 0.010 24 mol/L EDTA 标准溶液滴定，用去 17.61 mL。计算试样中含 $ZnCl_2$ 的质量分数。

$$(98.31\%)$$

**12.** 称取 1.032 g 氧化铝试样，溶解后移入 250 mL 容量瓶，稀释至刻度。吸取 25.00 mL，加入 $T_{Al_2O_3} = 1.505$ mg/mL 的 EDTA 标准溶液 10.00 mL，以二甲酚橙为指示剂，用 $Zn(Ac)_2$ 标准溶液进行返滴定，至红紫色终点，消耗 $Zn(Ac)_2$ 标准溶液 12.20 mL。已知 1 mL $Zn(Ac)_2$ 溶液相当于 0.681 2 mL EDTA 溶液。求试样中 $Al_2O_3$ 的质量分数。

$$(2.46\%)$$

**13.** 用 0.010 60 mol/L EDTA 标准溶液滴定水中钙和镁的含量，取 100.0 mL 水样，以铬黑 T 为指示剂，在 pH＝10 时滴定，消耗 EDTA 31.30 mL。另取一份 100.0 mL 水样，加 NaOH 使呈强碱性，使 $Mg^{2+}$ 成 $Mg(OH)_2$ 沉淀，用钙指示剂指示终点，继续用 EDTA 滴定，消耗 19.20 mL。
（1）求水的总硬度（以 $CaCO_3$ mg/L 表示）。
（2）求水中钙和镁的含量（以 $CaCO_3$ mg/L 和 $MgCO_3$ mg/L 表示）。

$$(332.1\ mg/L;\ 203.7\ mg/L,\ 108.1\ mg/L)$$

**14.** 分析含铜、锌、镁合金时，称取 0.500 0 g 试样，溶解后用容量瓶配成 100 mL 试液。吸取 25.00 mL，调至 pH＝6，用 PAN 作指示剂，用 0.050 00 mol/L EDTA 标准溶液滴定铜和锌，用去 37.30 mL。另外又吸取 25.00 mL 试液，调至 pH＝10，加 KCN 以掩蔽铜和锌，用同浓度 EDTA 溶液滴定 $Mg^{2+}$,用去 4.10 mL,然后再滴加甲醛以解蔽锌,又用同浓度 EDTA 溶液滴定,用去 13.40 mL。计算试样中铜、锌、镁的质量分数。

(60.75%,35.05%,3.99%)

15. 称取含 $Fe_2O_3$ 和 $Al_2O_3$ 试样 0.201 5 g,溶解后,在 pH=2.0 时以磺基水杨酸为指示剂,加热至 50℃左右,以 0.020 08 mol/L 的 EDTA 滴定至红色消失,消耗 EDTA 15.20 mL。然后加入上述 EDTA 标准溶液 25.00 mL,加热煮沸,调节 pH=4.5,以 PAN 为指示剂,趁热用 0.021 12 mol/L $Cu^{2+}$ 标准溶液返滴定,用去 8.16 mL。计算试样中 $Fe_2O_3$ 和 $Al_2O_3$ 的质量分数。

(12.09%,8.34%)

16. 分析含铅、铋和镉的合金试样时,称取试样 1.936 g,溶于 $HNO_3$ 溶液后,用容量瓶配成 100.0 mL 试液。吸取该试液 25.00 mL,调至 pH 为 1,以二甲酚橙为指示剂,用 0.024 79 mol/L EDTA 溶液滴定,消耗 25.67 mL,然后加六次甲基四胺缓冲溶液调节 pH=5,继续用上述 EDTA 滴定,又消耗 EDTA 24.76 mL。加入邻二氮菲,置换出 EDTA 配合物中的 $Cd^{2+}$,然后用 0.021 74 mol/L $Pb(NO_3)_2$ 标准溶液滴定游离 EDTA,消耗 6.76 mL。计算合金中铅、铋和镉的质量分数。

(19.98%,27.48%,3.41%)

17. 称取含锌、铝的试样 0.120 0 g,溶解后,调至 pH 为 3.5,加入 50.00 mL 0.025 00 mol/L EDTA 溶液,加热煮沸,冷却后加醋酸缓冲溶液,此时 pH 为 5.5,以二甲酚橙为指示剂,用 0.020 00 mol/L 标准锌溶液滴定至红色,用去 5.08 mL。加足量 $NH_4F$,煮沸,再用上述锌标准溶液滴定,用去 20.70 mL。计算试样中锌、铝的质量分数。

(9.31%,40.02%)

18. 称取苯巴比妥钠($C_{12}H_{11}N_2O_3Na$,摩尔质量为 254.2 g/mol)试样 0.201 4 g,溶于稀碱溶液中并加热(60℃)使之溶解,冷却后加醋酸酸化并移入 250 mL 容量瓶中,加入 0.030 00 mol/L $Hg(ClO_4)_2$ 标准溶液 25.00 mL,稀释至刻度,放置待下述反应发生

$$Hg^{2+} + 2C_{12}H_{11}N_2O_3^- \longrightarrow Hg(C_{12}H_{11}N_2O_3)_2$$

干过滤弃去沉淀,滤液用干烧杯接收。吸取 25.00 mL 滤液,加入 10 mL 0.01 mol/L MgY 溶液,释放出的 $Mg^{2+}$ 在 pH=10 时以铬黑 T 为指示剂,用 0.010 0 mol/L EDTA 滴定至终点,消耗 3.60 mL。计算试样中苯巴比妥钠的质量分数。　　　　(98.45%)

# 第6章 氧化还原滴定法

氧化还原滴定法（oxidation/reduction titration）是以氧化还原反应为基础的滴定分析方法。在氧化还原反应中，还原剂给出电子转化成它的共轭氧化态，氧化剂则接受电子转化成它的共轭还原态。这类基于电子转移的反应机理比较复杂，有些反应速度比较慢，还有些不符合化学计量关系。因此，在讨论氧化还原滴定时，除了以平衡的观点判断反应的可行性外，还应考虑反应机理、反应速度、反应条件及滴定条件等问题，通过适当的选择，满足滴定分析要求。

## 6.1 氧化还原反应

### 6.1.1 条件电极电位

氧化还原半反应为

$$Ox + ne^- \rightleftharpoons Red$$

氧化态        还原态

对于可逆的氧化还原电对[1]，其电位可用能斯特方程式表示

$$\varphi_{Ox/Red} = \varphi^{\ominus}_{Ox/Red} - \frac{RT}{nF}\lg\frac{a_{Red}}{a_{Ox}} \qquad (6-1)$$

式中，$a_{Ox}$ 和 $a_{Red}$ 分别表示氧化态和还原态的活度，当氧化态或还原态为金属或固体时，活度为 1；$\varphi^{\ominus}_{Ox/Red}$ 是电对的标准电极电位，即 $a_{Ox} = a_{Red} = 1$ mol/L 时的电极电位；$T$ 为绝对温度（K）；$R$ 是气体常数 [8.314 J/(K·mol)]；$F$ 是法拉第常数（96 485 C/mol）；$n$ 为半反应的电子得失数。

将各常数代入式（6-1），并取常用对数，则 25℃时有

$$\varphi_{Ox/Red} = \varphi^{\ominus}_{Ox/Red} + \frac{0.059}{n}\lg\frac{a_{Ox}}{a_{Red}} \qquad (6-2)$$

---

[1] 如果是不可逆电对，电位的计算值和实验测得值之间差异较大。可逆电对是指其电极反应在电流反向流动时会改变为原反应的逆向反应，反应在任何一瞬间迅速建立起氧化还原平衡，其电极电位符合能斯特方程，如 $Fe^{3+}/Fe^{2+}$、$Fe(CN)_6^{3-}/Fe(CN)_6^{4-}$ 及 $I_2/2I^-$ 等；另一方面，对于不可逆电对（如 $MnO_4^-/Mn^{2+}$、$Cr_2O_7^{2-}/Cr^{3+}$、$SO_4^{2-}/SO_3^{2-}$ 等），用能斯特方程对反应进行初步判断仍有一定意义。

通常离子活度难以得到,容易得到的是离子浓度。当忽略溶液中离子强度的影响时,可以用浓度代替活度进行计算,但离子强度较大时,用这种代替会引起较大误差。此外,电对的氧化态和还原态的存在形式亦可能随溶液组成的改变而变化,同样会导致电极电位的变化。因此,实际应用能斯特方程计算时,必须考虑这两个因素。

例如,计算 HCl 溶液中 Fe(Ⅲ)/Fe(Ⅱ)体系的电势时,由能斯特公式可得

$$\varphi = \varphi^{\ominus} + 0.059 \lg \frac{a_{Fe^{3+}}}{a_{Fe^{2+}}} = \varphi^{\ominus} + 0.059 \lg \frac{\gamma_{Fe^{3+}} c_{Fe^{3+}}}{\gamma_{Fe^{2+}} c_{Fe^{2+}}} \tag{6-3}$$

但是在 HCl 溶液中,除了 $Fe^{3+}$、$Fe^{2+}$ 外,铁离子与溶剂、$Cl^-$ 还会形成 $FeOH^{2+}$、$FeCl^{2+}$、$FeCl_2^+$、$FeCl^+$、$FeCl_2$ 等,此时

$$[Fe^{3+}] = \frac{c_{Fe^{3+}}}{\alpha_{Fe^{3+}}} \tag{6-4}$$

$$[Fe^{2+}] = \frac{c_{Fe^{2+}}}{\alpha_{Fe^{2+}}} \tag{6-5}$$

式中,$\alpha_{Fe^{3+}}$、$\alpha_{Fe^{2+}}$ 分别是 HCl 溶液中 $Fe^{3+}$ 和 $Fe^{2+}$ 的副反应系数。将式(6-4)、式(6-5)代入式(6-3)中得到

$$\varphi = \varphi^{\ominus} + 0.059 \lg \frac{\gamma_{Fe^{3+}} \alpha_{Fe^{2+}} c_{Fe^{3+}}}{\gamma_{Fe^{2+}} \alpha_{Fe^{3+}} c_{Fe^{2+}}}$$

当溶液中离子强度较大时,$\gamma$ 不易求得;当副反应较多时,$\alpha$ 值也难得到。若用上式来计算将十分复杂。在分析化学中,可应用简化式解决实际问题,即 $Fe^{3+}$ 和 $Fe^{2+}$ 的总浓度容易得到,将其他不易得到的数据并入常数,控制实验条件,将上式改写为

$$\varphi = \varphi^{\ominus} + 0.059 \lg \frac{\gamma_{Fe^{3+}} \alpha_{Fe^{2+}}}{\gamma_{Fe^{2+}} \alpha_{Fe^{3+}}} + 0.059 \lg \frac{c_{Fe^{3+}}}{c_{Fe^{2+}}} \tag{6-6}$$

当 $c_{Fe^{3+}} = c_{Fe^{2+}} = 1$ mol/L 时,上式为

$$\varphi = \varphi^{\ominus} + 0.059 \lg \frac{\gamma_{Fe^{3+}} \alpha_{Fe^{2+}}}{\gamma_{Fe^{2+}} \alpha_{Fe^{3+}}} = \varphi^{\ominus\prime} \tag{6-7}$$

而式(6-6)可简化为 $\varphi = \varphi^{\ominus\prime} + 0.059 \lg \frac{c_{Fe^{2+}}}{c_{Fe^{3+}}}$

$\varphi^{\ominus\prime}$ 称为条件电极电位,或简称条件电势,它是在特定条件下,氧化态和还原态的总浓度皆为 1 mol/$L^{-1}$ 时的实际电极电位,$\varphi^{\ominus\prime}$ 与 $\varphi^{\ominus}$ 的关系就如同条件稳定常数 $K'$ 与稳定常数 $K$ 之间的关系一样。条件电势反映了离子强度与各种副反应影响的总结果,用它来处理实际问题,既简便又准确,其通式可表达为

$$\varphi_{Ox/Red} = \varphi^{\ominus\prime}_{Ox/Red} + \frac{0.059}{n} \lg \frac{c_{Ox}}{c_{Red}}$$

$$\varphi^{\ominus\prime}_{Ox/Red} = \varphi^{\ominus}_{Ox/Red} + \frac{0.059}{n} \lg \frac{\gamma_{Ox} \alpha_{Red}}{\gamma_{Red} \alpha_{Ox}} \qquad (25℃) \tag{6-8}$$

条件电势应用时要求实验条件固定,由于目前缺乏各种条件下的条件电势,其应用范围受

到限制。若无条件完全一致的条件电势,也可采用条件尽量相近的数据,以减少误差。附录中列出了部分氧化还原半反应的条件电极电位。

## 6.1.2　条件电极电位的应用

在氧化还原反应中,常利用沉淀反应和配位反应来控制反应进行的方向和程度,这可以通过条件电极电位的计算来说明。

当加入一种可与电对的氧化态或还原态生成沉淀的沉淀剂时,电对的电极电位就会发生改变。氧化态生成沉淀时使电对的电极电位降低,而还原态生成沉淀时则使电对的电极电位增高。例如,碘化物还原 $Cu^{2+}$ 的反应式及半反应的标准电极电位为

$$2Cu^{2+} + 2I^- \longrightarrow 2Cu^+ + I_2$$

$$\varphi^{\ominus}_{Cu^{2+}/Cu^+} = 0.16 \text{ V} \quad \varphi^{\ominus}_{I_2/2I^-} = 0.53 \text{ V}$$

从标准电极电位看,应当是 $I_2$ 氧化 $Cu^+$,事实上是 $Cu^{2+}$ 氧化 $I^-$ 的反应进行得很完全,原因在于 $I^-$ 与 $Cu^+$ 生成了难溶解的 $CuI$ 沉淀。若用条件电位来比较,该反应就较易理解。

**例 6-1**　计算 KI 浓度为 1 mol/L 时, $Cu^{2+}/Cu^+$ 电对的条件电极电位。

**解:** 已知 $\varphi^{\ominus}_{Cu^{2+}/Cu^+} = 0.16 \text{ V}$, $K_{sp(CuI)} = 1.1 \times 10^{-12}$。 根据式(6-1)得

$$\begin{aligned}\varphi_{Cu^{2+}/Cu^+} &= \varphi^{\ominus}_{Cu^{2+}/Cu^+} + 0.059\lg \frac{[Cu^{2+}]}{[Cu^+]} \\ &= \varphi^{\ominus}_{Cu^{2+}/Cu^+} + 0.059\lg \frac{[Cu^{2+}][I^-]}{K_{sp(CuI)}} \\ &= \varphi^{\ominus}_{Cu^{2+}/Cu^+} + 0.059\lg \frac{[I^-]}{K_{sp(CuI)}} + 0.059\lg[Cu^{2+}]\end{aligned}$$

若 $Cu^{2+}$ 未发生副反应,则 $[Cu^{2+}] = c_{Cu^{2+}}$, $[Cu^{2+}] = [I^-] = 1 \text{ mol/L}$,则

$$\varphi^{\ominus'}_{Cu^{2+}/Cu^+} = \varphi_{Cu^{2+}/Cu^+} + 0.059\lg \frac{[I^-]}{K_{sp(CuI)}} = 0.16 - 0.059\lg(1.1 \times 10^{-12}) = 0.87(\text{V})$$

此时 $\varphi^{\ominus'}_{Cu^{2+}/Cu^+} > \varphi_{I_2/2I^-}$,因此 $Cu^{2+}$ 能够氧化 $I^-$。

当溶液中存在的与金属离子的氧化态及还原态生成稳定性不同的配合物时,也可能改变电对的电极电位。若氧化态生成的配合物更稳定,其结果是电对的电极电位降低;若还原态生成的配合物更稳定,则使电对的电极电位增高。例如,用碘量法测定 $Cu^{2+}$ 时, $Fe^{3+}$ 也能氧化 $I^-$,从而干扰 $Cu^{2+}$ 的测定,若加入 NaF,则 $Fe^{3+}$ 与 $F^-$ 形成稳定的配合物, $Fe^{3+}/Fe^{2+}$ 电对的电极电位显著降低, $Fe^{3+}$ 就不再氧化 $I^-$ 了。

**例 6-2**　计算 pH 为 3.0、NaF 浓度为 0.2 mol/L 时, $Fe^{3+}/Fe^{2+}$ 电对的条件电极电位。在此条件下,用碘量法测定 $Cu^{2+}$ 时, $Fe^{3+}$ 会不会干扰测定? 若 pH 改为 1.0,结果又如何?

(已知 $Fe^{3+}$ 氟配合物的 $\lg \beta_1 \sim \lg \beta_3$ 分别是 5.2、9.2、11.9。 $Fe^{2+}$ 基本不与 $F^-$ 配合, $\lg K^H_{HF} = 3.1$。 $\varphi^{\ominus}_{Fe^{3+}/Fe^{2+}} = 0.77 \text{ V}$, $\varphi^{\ominus}_{I_2/2I^-} = 0.54 \text{ V}$)

**解:**
$$\varphi_{Fe^{3+}/Fe^{2+}} = \varphi^{\ominus}_{Fe^{3+}/Fe^{2+}} + 0.059\lg \frac{[Fe^{3+}]}{[Fe^{2+}]}$$

$$= \varphi_{Fe^{3+}/Fe^{2+}}^{\ominus} - 0.059 \lg \alpha_{Fe^{3+}} + 0.059 \lg \frac{c_{Fe^{3+}}}{c_{Fe^{2+}}}$$

$$\varphi_{Fe^{3+}/Fe^{2+}}^{\ominus'} = \varphi_{Fe^{3+}/Fe^{2+}}^{\ominus} - 0.059 \lg \alpha_{Fe^{3+}}$$

pH = 3.0 时

$$\alpha_{F(H)} = 1 + K_{HF}^{H}[H^+] = 1 + 10^{-3.0+3.1} = 10^{0.4}$$

$$[F^-] = \frac{0.2 \text{ mol} \cdot L^{-1}}{10^{0.4}} = 10^{-1.1} \text{ mol/L}$$

$$\alpha_{Fe^{3+}(F)} = 1 + \beta_1[F^-] + \beta_2[F^-]^2 + \beta_3[F^-]^3$$
$$= 1 + 10^{-1.1+5.2} + 10^{-2.2+9.2} + 10^{-3.3+11.9}$$
$$= 10^{8.6} \gg 10^{0.4} = \alpha_{F(H)}$$

所以
$$\alpha_{Fe^{3+}} \approx \alpha_{Fe^{3+}(F)} = 10^{8.6}$$

故
$$\varphi_{Fe^{3+}/Fe^{2+}}^{\ominus'} = 0.77 - 0.059 \lg 10^{8.6} = 0.26(V)$$

此时 $\varphi_{I_2/2I^-}^{\ominus} > \varphi_{Fe^{3+}/Fe^{2+}}^{\ominus'}$，$Fe^{3+}$ 不氧化 $I^-$，不干扰碘量法测 $Cu^{2+}$。

若 pH = 1.0 时，同理可得 $\alpha_{Fe^{3+}(F)} = 10^{3.8} \approx \alpha_{Fe^{3+}}$，$\varphi_{Fe^{3+}/Fe^{2+}}^{\ominus'} = 0.55$ V，这时 $\varphi_{Fe^{3+}/Fe^{2+}}^{\ominus'} > \varphi_{I_2/2I^-}^{\ominus}$，$Fe^{3+}$ 将氧化 $I^-$，不能消除 $Fe^{3+}$ 的干扰。

若有 $H^+$ 或 $OH^-$ 参加氧化还原半反应，则酸度变化直接影响电对的电极电位。

**例 6-3** 碘法中的一个重要反应是

$$H_3AsO_4 + 2I^- + 2H^+ \longrightarrow HAsO_2 + I_2 + 2H_2O$$

已知 $\varphi_{H_3AsO_4/HAsO_2}^{\ominus} = 0.56$ V，$\varphi_{I_2/2I^-}^{\ominus} = 0.53$ V，$H_3AsO_4$ 的 $pK_{a1}$、$pK_{a2}$ 和 $pK_{a3}$ 分别是 2.2、7.0 和 11.5，$HAsO_2$ 的 $pK_a = 9.2$。计算 pH = 8 时 $NaHCO_3$ 溶液中 $H_3AsO_4/HAsO_2$ 电对的条件电极电位，并判断反应进行的方向。

**解:** $I_2/2I^-$ 电对的电极电位在 pH ≤ 8 时几乎与 pH 无关，而 $H_3AsO_4/HAsO_2$ 电对的电极电位则受酸度的影响较大。从标准电极电位看 $\varphi_{H_3AsO_4/HAsO_2}^{\ominus} > \varphi_{I_2/2I^-}^{\ominus}$，在酸性溶液中上述反应向右进行，$H_3AsO_4$ 氧化 $I^-$ 为 $I_2$。如果加入 $NaHCO_3$ 使溶液的 pH = 8，则 $H_3AsO_4/HAsO_2$ 电对的条件电极电位将发生变化。

在酸性条件下 $H_3AsO_4/HAsO_2$ 电对的半反应为

$$H_3AsO_4 + 2H^+ + 2e^- \longrightarrow HAsO_2 + 2H_2O$$

根据能斯特方程式

$$\varphi_{H_3AsO_4/HAsO_2}^{\ominus} = \varphi_{H_3AsO_4/HAsO_2}^{\ominus} + \frac{0.059}{2} \lg \frac{[H_3AsO_4][H^+]^2}{[HAsO_2]}$$

若考虑副反应，由于不同 pH 时 $H_3AsO_4 - HAsO_2$ 体系中各型体的分布是不同的，它们的平衡浓度在总浓度一定时，由其分布系数决定

$$[H_3AsO_4] = c_{H_3AsO_4} \cdot \delta_{H_3AsO_4}$$

$$[HAsO_2] = c_{HAsO_2} \cdot \delta_{HAsO_2}$$

$$\varphi_{H_3AsO_4/HAsO_2} = \varphi^{\ominus}_{H_3AsO_4/HAsO_2} + \frac{0.059}{2}\lg\frac{\delta_{H_3AsO_4}\cdot[H^+]^2}{\delta_{HAsO_2}} + \frac{0.059}{2}\lg\frac{c_{H_3AsO_4}}{c_{HAsO_2}}$$

条件电极电位

$$\varphi^{\ominus'}_{H_3AsO_4/HAsO_2} = \varphi^{\ominus}_{H_3AsO_4/HAsO_2} + \frac{0.059}{2}\lg\frac{\delta_{H_3AsO_4}\cdot[H^+]^2}{\delta_{HAsO_2}}$$

由于 $HAsO_2$ 是很弱的酸,当 pH=8 时,主要以 $HAsO_2$ 形式存在,$\delta_{HAsO_2}\approx 1$。

$$\begin{aligned}\delta_{H_3AsO_4} &= \frac{[H^+]^3}{[H^+]^3 + [H^+]^2 K_{a_1} + [H^+]K_{a_1}K_{a_2} + K_{a_1}K_{a_2}K_{a_3}}\\ &= \frac{10^{-24}}{10^{-24} + 10^{(-16-2.2)} + 10^{(-8-2.2-7.0)} + 10^{(-2.2-7.0-11.5)}}\\ &= 10^{-6.8}\end{aligned}$$

将此值代入上式,得

$$\varphi^{\ominus'}_{H_3AsO_4/HAsO_2} = 0.56 + \frac{0.059}{2}\lg 10^{(-6.8-16)} = -0.109(V)$$

通过计算可见,酸度减小,$H_3AsO_4/HAsO_2$ 电对的条件电极电位变小,致使 $\varphi^{\ominus}_{I_2/2I^-} > \varphi^{\ominus'}_{H_3AsO_4/HAsO_2}$,因此 $I_2$ 可氧化 $HAsO_2$ 为 $H_3AsO_4$,此时上述氧化还原反应的方向发生了改变。

以上三例说明,氧化还原反应方向受到副反应、酸度等实验条件的影响,用条件电极电位来计算和讨论就显得容易把握。

### 6.1.3 条件平衡常数及反应进行的程度

氧化还原反应进行的程度由反应的平衡常数来衡量,平衡常数则可根据能斯特方程式从有关电对的标准电极电位或条件电极电位求得。若考虑了溶液中的实际情况,用条件电极电位更合理,此时求得的是条件平衡常数 $K'$。

氧化还原反应的通式为

$$a O_1 + b R_2 \Longrightarrow a R_1 + b O_2$$

条件平衡常数 $K'$ 定义为

$$K' = \frac{c^a_{R_1}\, c^b_{R_2}}{c^a_{O_1}\, c^b_{O_2}}$$

该常数考虑了溶液中各种副反应和活度系数的影响。

上式反应相关半反应及电势为

$$O_1 + n_1 e^- \Longrightarrow R_1$$

$$O_2 + n_2 e^- \Longrightarrow R_2$$

$$\varphi_1 = \varphi^{\ominus'}_1 + \frac{0.059}{n_1}\lg\frac{c_{O_1}}{c_{R_1}}$$

$$\varphi_2 = \varphi_2^{\ominus\prime} + \frac{0.059}{n_2} \lg \frac{c_{O2}}{c_{R2}}$$

反应平衡时,得到两电势相等,$\varphi_1 = \varphi_2$,故

$$\varphi_1^{\ominus\prime} + \frac{0.059}{n_1} \lg \frac{c_{O1}}{c_{R1}} = \varphi_2^{\ominus\prime} + \frac{0.059}{n_2} \lg \frac{c_{O2}}{c_{R2}}$$

两边同乘 $n_1$ 和 $n_2$ 的最小公倍数 $n$,且 $n_1 = n/a$,$n_2 = n/b$,经整理后得

$$\frac{(\varphi_1^{\ominus\prime} - \varphi_2^{\ominus\prime})n}{0.059} = \lg \frac{c_{R1}^a c_{O2}^b}{c_{O1}^a c_{R2}^b} = \lg K' \tag{6-9}$$

由上式可见,$\varphi_1^{\ominus\prime}$ 与 $\varphi_2^{\ominus\prime}$ 的差值越大,条件平衡常数 $K'$ 越大,这意味着反应进行得越完全。$K'$ 还与转移电子数有关。

到达化学计量点时,反应进行的程度可由反应物与产物浓度的比值来衡量。例如,对反应完全程度要求大于 99.9% 的化学计量点

$$\frac{c_{R1}}{c_{O1}} \geqslant \frac{99.9}{0.1} \approx 10^3, \quad \frac{c_{O2}}{c_{R2}} \geqslant \frac{99.9}{0.1} \approx 10^3$$

若 $n_1 = n_2 = 1$[①],将其代入得

$$\lg K' = \lg \left[ \frac{c_{R1}}{c_{O1}} \right] \left[ \frac{c_{O2}}{c_{R2}} \right] \geqslant \lg(10^3 \times 10^3) = 6$$

即 $\varphi_1^{\ominus\prime} - \varphi_2^{\ominus\prime} = 0.059 \lg K' = 0.059 \times 6 = 0.35$

由此可得,两个电对的条件电极电位之差必须大于 0.4,才能满足滴定分析的要求。

**例 6-4**　计算 1 mol/L $H_2SO_4$ 溶液中下述反应的条件平衡常数。

$$Ce^{4+} + Fe^{2+} \longrightarrow Ce^{3+} + Fe^{3+}$$

已知 $\varphi_{Fe^{3+}/Fe^{2+}}^{\ominus\prime} = 0.68$ V,$\varphi_{Ce^{4+}/Ce^{3+}}^{\ominus\prime} = 1.44$ V

解:根据题意得

$$\lg K' = \frac{(\varphi_{Ce^{4+}/Ce^{3+}}^{\ominus\prime} - \varphi_{Fe^{3+}/Fe^{2+}}^{\ominus\prime})n_1 n_2}{0.059}$$

$$= \frac{(1.44 - 0.68) \times 1 \times 1}{0.059} = 12.9$$

$$K' = 8 \times 10^{12}$$

---

① 其通式为,$\lg K' = \lg \left[ \frac{c_{R1}}{c_{O1}} \right]^a \left[ \frac{c_{O2}}{c_{R2}} \right]^b \geqslant \lg(10^{3a} \times 10^{3b})$,$\lg K' \geqslant 3(a+b)$,要求两个电对的条件电极电位差值 $\varphi_1^{\ominus\prime} - \varphi_2^{\ominus\prime} \geqslant 3(a+b) \frac{0.059}{n_1 n_2}$。

若 $n_1 = n_2 = 2$,则 $a = b = 1$,$n = 2$,$\varphi_1^{\ominus\prime} - \varphi_2^{\ominus\prime} \geqslant 0.059 \times 3 \approx 0.18$ (V)。

若 $n_1 = 2$,$n_2 = 1$,则 $a = 1$,$b = 2$,$n = 2$,$\varphi_1^{\ominus\prime} - \varphi_2^{\ominus\prime} \geqslant 0.059 \times 9/2 \approx 0.27$ (V)。

计算结果说明条件平衡常数 $K'$ 很大,反应完全。

**例 6-5**　计算 1 mol/L HCl 介质中 $Fe^{3+}$ 与 $Sn^{2+}$ 反应的平衡常数及化学计量点时反应进行的程度。

解:反应为 $2Fe^{3+} + Sn^{2+} \longrightarrow 2Fe^{2+} + Sn^{4+}$

已知 $\varphi_{Fe^{3+}/Fe^{2+}}^{\ominus\prime} = 0.68 \text{ V}$, $\varphi_{Sn^{4+}/Sn^{2+}}^{\ominus\prime} = 0.14 \text{ V}$,

两电对电子转移数 $n_1 = 1$, $n_2 = 2$,故 $n = 2$

根据式(6-9)得

$$\lg K' = \frac{(\varphi_{Fe^{3+}/Fe^{2+}}^{\ominus\prime} - \varphi_{Sn^{4+}/Sn^{3+}}^{\ominus\prime})n}{0.059} = \frac{(0.68 - 0.14) \times 2}{0.059} = 18.30$$

$$K' = 2.0 \times 10^{18}$$

$$K' = \frac{(c_{Fe^{2+}})^2 c_{Sn^{4+}}}{(c_{Fe^{3+}})^2 c_{Sn^{2+}}} = \frac{(c_{Fe^{2+}})^3}{(c_{Fe^{3+}})^3} = 2.0 \times 10^{18}$$

$$\frac{c_{Fe^{2+}}}{c_{Fe^{2+}}} = 1.3 \times 10^6$$

该计算表明溶液中 $Fe^{3+}$ 近 99.999 9% 被还原为 $Fe^{2+}$。

## 6.1.4　氧化还原反应的速率及滴定控制条件

根据氧化还原电对的标准电势或条件电势,可以判断反应进行的方向和程度,但这只表明反应进行的可能性,并未指出反应的速率。实际上不同的氧化还原反应进行的速率会有很大差别。有的反应虽然从理论上看是可以进行的,但由于反应速率太慢而可以当作不会发生。

例如,水溶液中的溶解氧

$$O_2 + 4H^+ + 4e^- \longrightarrow 2H_2O \qquad \varphi^\ominus = 1.23 \text{ V}$$

其标准电极电位较高,应该很容易氧化一些强还原剂,如

$$Sn^{4+} + 2e^- \longrightarrow Sn^{2+} \qquad \varphi^\ominus = 0.154 \text{ V}$$

而强氧化剂

$$Ce^{4+} + 2e^- \longrightarrow Ce^{3+} \qquad \varphi^\ominus = 1.61 \text{ V}$$

从标准电位来看,它应该氧化产生 $O_2$,但实际上由于反应速率很慢,$Ce^{4+}$ 与 $Sn^{2+}$ 在水溶液中均比较稳定。

反应速率缓慢的原因是电子在氧化剂和还原剂之间转移时会受到很多阻力,如溶液中溶剂分子和各种配位体的阻碍、物质之间的静电排斥力等。此外,由于价态的改变而引起的电子层结构、化学键性质和物质组成的变化也会阻碍电子的转移。例如,$Cr_2O_7^{2-}$ 被还原为 $Cr^{3+}$ 及 $MnO_4^-$ 被还原为 $Mn^{2+}$ 时,由带负电荷的含氧酸根转变为带正电荷的水合离子,结构发生了很大的改变,从而导致了反应速率很慢。

影响氧化还原反应速率的因素,首先是电对本身的性质,另外还取决于外界条件,如反应物浓度、温度、催化剂等。因此,许多氧化还原滴定需要控制条件加以完成。具体因素包括:

1. 反应物浓度

根据质量作用定律,反应速度与反应物浓度的乘积成正比。许多氧化还原反应是分步进

行的,整个反应的速度由最慢的一步决定,因此不能根据总的氧化还原反应方程式来判断反应物浓度对速度的影响程度,但一般说来,反应物浓度越大,反应的速度越快。例如,$K_2Cr_2O_7$在酸性溶液中与过量 KI 反应

$$Cr_2O_7^{2-} + 6I^- + 14H^+ \longrightarrow 2Cr^{3+} + 3I_2 + 7H_2O$$

该反应在用于滴定分析时,增大 $I^-$ 的浓度,提高溶液的酸度,都可以加快反应速度。

### 2. 温度

对大多数反应来说,升高溶液的温度,可提高反应速度,通常溶液温度每升高 10℃,反应速度约增加 2~3 倍。例如,在酸性溶液中 $MnO_4^-$ 和 $C_2O_4^{2-}$ 的反应为

$$2MnO_4^- + 5C_2O_4^{2-} + 16H^+ \longrightarrow 2Mn^{2+} + 10CO_2 + 8H_2O$$

室温下反应速度很慢,不符合滴定分析要求,如果加热到 80℃ 左右,反应速度大大加快,滴定便可以顺利进行。

用提高温度来加快反应速度的方法并非适用于所有情况。有些物质(如 $I_2$)具有挥发性,加热会引起挥发损失;有些物质在加热时发生副反应,这时若要提高反应速度,就应采用其他方法。

### 3. 催化剂

氧化还原反应中经常利用催化剂来改变反应速度,催化剂可分为正催化剂和负催化剂。正催化剂加快反应速度,负催化剂减慢反应速度(因此又称阻化剂)。

催化反应的过程非常复杂。例如,在酸性溶液中以 $KMnO_4$ 滴定 $H_2C_2O_4$,即使加热,反应速度仍较慢,若加入 $Mn^{2+}$,则反应速度大为提高。这里 $Mn^{2+}$ 就是催化剂,其作用机理可能是

$$2MnO_4^- + 3Mn^{2+} + 2H_2O \longrightarrow 5MnO_2 + 4H^+ \text{(慢)}$$

$$2MnO_2 + C_2O_4^{2-} + 8H^+ \longrightarrow 2Mn^{3+} + 2CO_2 + 4H_2O$$

$$2Mn^{3+} + C_2O_4^{2-} \longrightarrow 2Mn^{2+} + 2CO_2$$

上述第一步反应速度较慢,增加 $Mn^{2+}$ 的浓度就会加速第一步反应,从而使整个反应速度加快。反应一经发生,产物 $Mn^{2+}$ 就起着催化剂的作用,使反应速度加快。该过程中,加速反应的催化剂 $Mn^{2+}$ 是反应产物本身,此现象称为自动催化作用。

在分析化学中,还常用到负催化剂。例如,加入多元醇可以减慢 $SnCl_2$ 与空气中氧的作用;加入 $AsO_3^{3-}$ 可以防止 $SO_3^{2-}$ 与空气中的氧反应等。

### 4. 诱导作用

$KMnO_4$ 氧化 $Cl^-$ 的速度很慢,但当溶液中同时存在 $Fe^{2+}$ 时,$KMnO_4$ 与 $Fe^{2+}$ 的反应可以加速 $KMnO_4$ 与 $Cl^-$ 的反应。这种由于一个反应发生,促进另一个反应进行的现象称为诱导作用。

$$MnO_4^- + 5Fe^{2+} + 8H^+ \longrightarrow Mn^{2+} + 5Fe^{3+} + 4H_2O \text{(诱导反应)}$$

$$2MnO_4^- + 10Cl^- + 16H^+ \longrightarrow 2Mn^{2+} + 5Cl_2 + 8H_2O \text{(受诱反应)}$$

此时,$MnO_4^-$ 称为作用体,$Fe^{2+}$ 称为诱导体,$Cl^-$ 称为受诱体。

诱导反应不同于催化反应。在催化反应中,催化剂并不消耗,而在诱导反应中,诱导体和

受诱体参加反应后都变成了其他形式。

诱导反应的产生有着不同的解释,一般认为与氧化还原反应的中间步骤中产生的不稳定中间价态离子或游离基等因素有关。例如,上述 $Cl^-$ 存在时,$KMnO_4$ 氧化 $Fe^{2+}$ 所产生的诱导反应就是 $KMnO_4$ 氧化 $Fe^{2+}$ 的过程中形成了一系列中间产物 $Mn(Ⅵ)$、$Mn(Ⅴ)$、$Mn(Ⅳ)$、$Mn(Ⅲ)$ 等,它们均能氧化 $Cl^-$,因而发生了诱导反应。该诱导反应不利于定量分析,应设法消除,可通过加入大量 $Mn(Ⅱ)$,使 $Mn(Ⅶ)$ 迅速转变为 $Mn(Ⅲ)$,加入 $H_3PO_4$ 使其与 $Mn(Ⅲ)$ 配位,则 $Mn(Ⅲ)/Mn(Ⅱ)$ 电对的电位降低,此时 $Mn(Ⅲ)$ 无法氧化 $Cl^-$,因而防止了 $Cl^-$ 对 $MnO_4^-$ 的还原作用。实际应用时,在 HCl 介质中用 $KMnO_4$ 法测 $Fe^{2+}$,要加入 $MnSO_4 + H_2SO_4 + H_3PO_4$ 混合溶液(又称 Zimmermann Reinhardt 溶液)来消除诱导反应。

# 6.2　氧化还原滴定

## 6.2.1　氧化还原滴定曲线

氧化还原滴定法和其他滴定方法类似,随着滴定剂的不断加入,被滴定物质的氧化态和还原态的浓度逐渐改变,有关电对的电极电位也随之不断变化。这种变化可用滴定曲线来形象表达。滴定曲线一般用实验方法测得,对于可逆的氧化还原体系,也可根据能斯特方程式计算得出,并且计算出的滴定曲线与实验测得的较吻合。

例如,在 1 mol/L $H_2SO_4$ 中用 0.100 0 mol/L $Ce(SO_4)_2$ 溶液滴定同样浓度的 $FeSO_4$,可以说明可逆且对称的氧化还原电对的滴定曲线。

滴定反应为

$$Ce^{4+} + Fe^{2+} \longrightarrow Ce^{3+} + Fe^{3+}$$

$$\varphi_{Ce^{4+}/Ce^{3+}}^{\ominus'} = 1.44 \text{ V} \qquad \varphi_{Fe^{3+}/Fe^{2+}}^{\ominus'} = 0.68 \text{ V}$$

滴定开始后,溶液中同时存在两个电对。在滴定过程中,每加入一定量滴定剂,反应达到一个新的平衡,此时两个电对的电极电位相等,即

$$\varphi_{Fe^{3+}/Fe^{2+}}^{\ominus'} + 0.059 \lg \frac{c_{Fe(Ⅲ)}}{c_{Fe(Ⅱ)}} = \varphi_{Ce^{4+}/Ce^{3+}}^{\ominus'} + 0.059 \lg \frac{c_{Ce(Ⅳ)}}{c_{Ce(Ⅲ)}}$$

因此,在滴定的不同阶段可选用便于计算的电对,按能斯特方程式计算体系的电极电位值。各滴定阶段电极电位的计算方法如下。

1. 化学计量点前

滴定加入的 $Ce^{4+}$ 几乎全部被 $Fe^{2+}$ 还原成 $Ce^{3+}$,$Ce^{4+}$ 的浓度极小,不易直接求得。但知道了滴定百分数,$c_{Fe(Ⅲ)}/c_{Fe(Ⅱ)}$ 值就确定了,这时可以利用 $Fe^{3+}/Fe^{2+}$ 电对来计算电极电位值。例如,当滴定了 99.9% 的 $Fe^{2+}$ 时(即剩余 0.1% 的 $Fe^{2+}$ 时)

$$c_{Fe(Ⅲ)}/c_{Fe(Ⅱ)} = 999/1 \approx 10^3$$

故

$$\varphi = \varphi_{Fe^{3+}/Fe^{2+}}^{\ominus'} + 0.059\lg \frac{c_{Fe(\text{III})}}{c_{Fe(\text{II})}}$$

$$= 0.068 + 0.059\lg 10^3$$

$$= 0.86$$

**2. 化学计量点时**

此时，$Ce^{4+}$ 和 $Fe^{2+}$ 都定量地转变成 $Ce^{3+}$ 和 $Fe^{3+}$。未反应的 $Ce^{4+}$ 和 $Fe^{2+}$ 浓度都很小，不易直接单独按某一电对来计算电极电位，而要由两个电对的能斯特方程式联立求得。

令化学计量点时的电极电位为 $\varphi_{sp}$，则

$$\varphi_{sp} = \varphi_{Ce^{4+}/Ce^{3+}}^{\ominus'} + 0.059\lg \frac{c_{Ce(\text{IV})}}{c_{Ce(\text{III})}}$$

$$= \varphi_{Fe^{3+}/Fe^{2+}}^{\ominus'} + 0.059\lg \frac{c_{Fe(\text{III})}}{c_{Fe(\text{II})}}$$

又令 $\varphi_1^{\ominus'} = \varphi_{Ce^{4+}/Ce^{3+}}^{\ominus'}$ 　　　$\varphi_2^{\ominus'} = \varphi_{Fe^{3+}/Fe^{2+}}^{\ominus'}$

则上式变为

$$\varphi_{sp} = \varphi_1^{\ominus'} + 0.059\lg \frac{c_{Ce(\text{IV})}}{c_{Ce(\text{III})}}$$

$$\varphi_{sp} = \varphi_2^{\ominus'} + 0.059\lg \frac{c_{Fe(\text{III})}}{c_{Fe(\text{II})}}$$

将上两式相加得

$$2\varphi_{sp} = \varphi_1^{\ominus'} + \varphi_2^{\ominus'} + 0.059\lg \frac{c_{Ce(\text{IV})}\, c_{Fe(\text{III})}}{c_{Ce(\text{III})}\, c_{Fe(\text{II})}}$$

根据前述滴定反应式，当加入 $Ce(SO_4)_2$ 物质的量与 $Fe^{2+}$ 物质的量相等时，$c_{Ce(\text{IV})} = c_{Fe(\text{II})}$，$c_{Ce(\text{III})} = c_{Fe(\text{III})}$，此时

$$\lg \frac{c_{Ce(\text{IV})}\, c_{Fe(\text{III})}}{c_{Ce(\text{III})}\, c_{Fe(\text{II})}} = 0$$

故

$$\varphi_{sp} = \frac{\varphi_1^{\ominus'} + \varphi_2^{\ominus'}}{2}$$

即

$$\varphi_{sp} = \frac{0.68 \text{ V} + 1.44 \text{ V}}{2} = 1.06 \text{ V}$$

因此，氧化还原滴定突跃的大小和氧化剂与还原剂电对的条件电位(或标准电位)的差值有关，差值越大，滴定突跃就越大；反之亦然。

**3. 化学计量点后**

此时可利用 $Ce^{4+}/Ce^{3+}$ 电对来计算电位值。例如，当加入过量 0.1% $Ce^{4+}$ 时，$c_{Ce(\text{IV})}/c_{Ce(\text{III})} = 1/1\,000$。

故

$$\varphi = \varphi_{Ce^{4+}/Ce^{3+}}^{\ominus'} + 0.059 \lg \frac{c_{Ce(\text{IV})}}{c_{Ce(\text{III})}}$$

$$= 1.44 + 0.059 \lg 10^{-3}$$

$$= 1.26$$

通过上述计算,不同滴定电位值的结果列于表 6-1,相应滴定曲线如图 6-1 所示。在该体系中化学计量点的电位 1.06 V 正好处于滴定突跃的中间,化学计量点前后的曲线基本对称。

表 6-1  以 0.100 0 mol/L Ce⁴⁺ 溶液滴定含 1 mol/L H₂SO₄ 的 0.100 0 mol/L Fe²⁺ 溶液时电极电位的变化(25℃)

| 滴定分数/% | $\dfrac{c_{Ox}}{c_{Red}}$ | 电极电位 $\varphi$/V |
|---|---|---|
| | $\dfrac{c_{Fe(\text{III})}}{c_{Fe(\text{II})}}$ | |
| 9 | $10^{-1}$ | 0.62 |
| 50 | $10^{0}$ | 0.68 |
| 91 | $10^{1}$ | 0.74 |
| 99 | $10^{2}$ | 0.80 |
| 99.9 | $10^{3}$ | 0.86 |
| 100 | $\dfrac{c_{Ce(\text{IV})}}{c_{Ce(\text{III})}}$ | 1.06 } 突跃范围 |
| 100.1 | $10^{-3}$ | 1.26 |
| 101 | $10^{-2}$ | 1.32 |
| 110 | $10^{-1}$ | 1.38 |
| 200 | $10^{0}$ | 1.44 |

由表 6-1 及图 6-1 可见,对于可逆的、对称的氧化还原电对,滴定分数为 50% 时溶液的电极电位就是被测物电对的条件电极电位;滴定分数为 200% 时,溶液的电极电位就是滴定剂电对的条件电极电位。

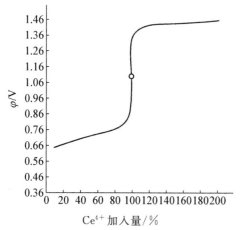

图 6-1  以 0.100 0 mol/L Ce⁴⁺ 溶液滴定 0.100 0 mol/L Fe²⁺ 溶液的滴定曲线

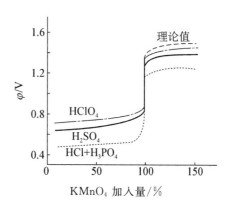

图 6-2  用 KMnO₄ 溶液在不同介质中滴定 Fe²⁺ 的滴定曲线

4. 化学计量点与滴定突跃的进一步讨论

氧化还原滴定曲线常因滴定时介质的不同而改变其位置和突跃的长短。图 6-2 是用 $KMnO_4$ 溶液在不同介质中滴定 $Fe^{2+}$ 的滴定曲线。

化学计量点前,曲线的位置取决于 $\varphi^{\ominus'}_{Fe^{3+}/Fe^{2+}}$,而 $\varphi^{\ominus'}_{Fe^{3+}/Fe^{2+}}$ 的大小与 $Fe^{3+}$ 和介质阴离子的配位作用有关。由于 $PO_4^{3-}$ 易与 $Fe^{3+}$ 形成稳定的无色 $[Fe(PO_4)_2]^{3-}$ 而使 $Fe^{3+}/Fe^{2+}$ 电对的条件电极电位降低,$ClO_4^-$ 则不与 $Fe^{3+}$ 形成配合物,故 $\varphi'_{Fe^{3+}/Fe^{2+}}$ 较高。所以在有 $H_3PO_4$ 存在的 HCl 溶液中,用 $KMnO_4$ 溶液滴定 $Fe^{2+}$ 的曲线位置最低,滴定突跃最长。因此无论用 $Ce(SO_4)_2$、$KMnO_4$ 或 $K_2Cr_2O_7$ 标准溶液滴定 $Fe^{2+}$,在 $H_3PO_4$ 和 HCl 溶液中终点时颜色变化都较敏锐。

化学计量点后,溶液中存在过量的 $KMnO_4$,但实际上决定电极电位的是 $Mn(Ⅲ)/Mn(Ⅱ)$ 电对,因而曲线的位置取决于 $\varphi'_{Mn(Ⅲ)/Mn(Ⅱ)}$。由于 $Mn(Ⅲ)$ 易与 $PO_4^{3-}$、$SO_4^{2-}$ 等阴离子配位而降低其条件电极电位,与 $ClO_4^-$ 则不配位,所以在 $HClO_4$ 介质中用 $KMnO_4$ 滴定 $Fe^{2+}$,在化学计量点后曲线位置最高。

上文通过实例讨论了氧化还原滴定过程的电位变化。对于一般半反应系数不变的对称反应,用氧化剂 $Ox_1$ 滴定还原剂 $Red_2$ 滴定反应为

$$a\,Ox_1 + b\,Red_2 \rightleftharpoons a\,Red_1 + b\,Ox_2$$

设 $n_1$、$\varphi^{\ominus'}_1$ 和 $n_2$、$\varphi^{\ominus'}_2$ 分别为物质1电对、物质2电对的电子转移数和相应条件电位,根据实例的思路,可以推出化学计量点时

$$\varphi_{sp} = \frac{n_1\varphi^{\ominus'}_1 + n_2\varphi^{\ominus'}_2}{n_1 + n_2} \tag{6-10}$$

此式为计算化学计量点电位的通式。上式表明,该情况下,氧化还原滴定的计量点与氧化剂和还原剂的浓度无关。

若以化学计量点前后 0.1% 电位的变化为突跃范围,则滴定突跃范围 .

$$\varphi^{\ominus'}_2 + \frac{3\times0.059}{n_2} \rightarrow \varphi^{\ominus'}_1 - \frac{3\times0.059}{n_1}$$

当 $n_1 = n_2$ 时,计量点处于滴定突跃中点,滴定曲线在计量点的前后是对称的;如果 $n_1 \neq n_2$,则 $\varphi_{sp}$ 将偏向 $n$ 值较大电对的条件电位一方。

应该注意,以上计量点电位的计算通式仅适用于参加滴定反应的两个电对都是对称电对的情况,所谓对称电对指的是电对半反应方程式中氧化型与还原型的系数相等,如 $Fe^{3+}/Fe^{2+}$、$MnO_4^-/Mn^{2+}$ 等。如果类似 $Cr_2O_7^{2-}/Cr^{3+}$ 电对,半反应为

$$Cr_2O_7^{2-} + 14H^+ + 6e^- \longrightarrow 2Cr^{3+} + 7H_2O$$

由于 $Cr_2O_7^{2-}$ 的系数与 $Cr^{3+}$ 不等,因此是不对称电对。涉及不对称电对的氧化还原滴定,计量点电位计算式较复杂,并且与参与反应物质的浓度有关。

## 6.2.2　氧化还原滴定指示剂

在氧化还原滴定中,除了用电位滴定法确定终点外,还常用指示剂来指示终点,指示剂又分为氧化还原指示剂和其他类型的指示剂。

1. 氧化还原指示剂

氧化还原指示剂是一类本身具有氧化还原性质的有机化合物,其氧化态和还原态具有不同的颜色。进行氧化还原滴定时,在化学计量点附近,指示剂发生上述两种状态的转变,引起溶液颜色的变化,因此可以指示滴定终点。

若以 In(Ox)和 In(Red)代表指示剂的氧化型和还原型,则指示剂的氧化还原半反应为

$$In(Ox) + ne^- \longrightarrow In(Red)$$

$$\varphi = \varphi_{In}^{\ominus'} + \frac{0.059}{n}\lg\frac{[In(Ox)]}{[In(Red)]}$$

式中,$\varphi_{In}^{\ominus'}$ 为指示剂在一定条件下的条件电位,在滴定过程中体系电位 $\varphi$ 发生变化时,指示剂的氧化型与还原型的浓度比 $\dfrac{[In(Ox)]}{[In(Red)]}$ 也随之变化。从理论上讲,当浓度比 $\dfrac{[In(Ox)]}{[In(Red)]} > 10$ 时,溶液呈现氧化型的颜色;而当 $\dfrac{[In(Ox)]}{[In(Red)]} < \dfrac{1}{10}$ 时,溶液呈现还原型的颜色;而当 $\dfrac{1}{10} \leqslant \dfrac{[In(Ox)]}{[In(Red)]} \leqslant 10$ 时,能明显观察到溶液颜色的变化,所以氧化还原指示剂的理论变色范围是 $\varphi_{In}^{\ominus'} \pm \dfrac{0.059}{n}$。

表 6-2 列出了一些常用氧化还原指示剂及其条件电位,在选择指示剂时应使其条件电位尽量与化学计量点时的电位一致,从而减小终点误差。

表 6-2　一些氧化还原指示剂的条件电极电位及颜色变化

| 指示剂 | $\varphi_{In}^{\ominus'}/V$ | 颜色变化 | |
| --- | --- | --- | --- |
| | $[H^+] = 1\ mol/L$ | 氧化态 | 还原态 |
| 亚甲基蓝 | 0.53 | 蓝 | 无色 |
| 二苯胺 | 0.76 | 紫 | 无色 |
| 二苯胺磺酸钠 | 0.84 | 紫红 | 无色 |
| 邻苯氨基苯甲酸 | 0.89 | 紫红 | 无色 |
| 邻二氮杂菲-亚铁 | 1.06 | 浅蓝 | 红 |
| 硝基邻二氮杂菲-亚铁 | 1.25 | 浅蓝 | 紫红 |

例如,二苯胺磺酸钠是滴定时常用的一种氧化还原指示剂,通常以还原型存在,为无色,氧化型则为紫红色,氧化还原反应为

在 $[H^+] = 1\ mol/L$ 时的条件电位为 0.84 V。当用氧化剂滴定 $Fe^{2+}$ 时,二苯胺磺酸钠由无色变为紫红色,指示滴定终点。如果用 $Ce^{4+}$ 滴定 $Fe^{2+}$,在所用实验条件下,滴定突跃为

0.86~1.26,若选择二苯胺磺酸钠作为指示剂,其终点 0.84 V 在突跃范围外,会产生较大误差。此时,可加入一些 $H_3PO_4$,使其同 $Fe^{3+}$ 形成稳定的 $Fe(HPO_4)_2^-$ 配合物,从而降低 $Fe(Ⅲ)/Fe(Ⅱ)$ 的电位,突跃范围扩大,指示剂的变色点落入其中。此外,由于生成无色的 $Fe(HPO_4)_2^-$,还可消除 $Fe^{3+}$ 的黄色对观察终点的影响。

由于氧化还原指示剂原则上对氧化还原滴定普遍适用,因此应用范围较广泛。

**2. 自身指示剂**

自身指示剂本身并无氧化还原性质,但能与滴定体系中氧化剂或还原剂结合而显示出与本身不同的颜色。

例如,用 $KMnO_4$ 作滴定剂滴定无色或浅色的还原剂溶液时,由于 $MnO_4^-$ 本身呈紫红色,反应后它被还原为 $Mn^{2+}$,$Mn^{2+}$ 几乎无色,因而滴定到化学计量点后,稍过量的 $MnO_4^-$ 就可使溶液呈粉红色(此时 $MnO_4^-$ 的浓度约为 $2×10^{-6}$ mol/L),可指示终点的到达。

**3. 专属指示剂**

可溶性淀粉与游离碘生成深蓝色配合物的反应是专属反应。当 $I_2$ 被还原为 $I^-$ 时,蓝色消失;当 $I^-$ 被氧化为 $I_2$ 时,蓝色出现。当 $I_2$ 溶液的浓度为 $5×10^{-6}$ mol/L 时,即可看到蓝色,反应相当灵敏,因此淀粉是碘量法的专属指示剂。

### 6.2.3 氧化还原滴定法中的终点误差

用具有氧化态的物质 1 滴定还原态的物质 2

$$Ox_1 + Red_2 \Longrightarrow Red_1 + Ox_2$$

若两个半反应电子转移数均为 1,且皆为对称电对,按终点误差公式可推导出

$$T_E = \frac{10^{\Delta\varphi/0.059} - 10^{-\Delta\varphi/0.059}}{10^{\Delta\varphi^\ominus/(2×0.059)}} \tag{6-11}$$

式中,$\Delta\varphi = \varphi_{ep} - \varphi_{sp}$ 为实际滴定终点与化学计量点的电位差,$\Delta\varphi^\ominus = \varphi_1^\ominus - \varphi_2^\ominus$ 为标准电极电位或条件电极电位差。

**例 6-6** 在 1 mol/L $H_2SO_4$ 中用 0.100 0 mol/L $Fe^{2+}$ 溶液滴定同样浓度 $Ce^{4+}$,若滴定终点为 0.84 V,计算终点误差。

滴定反应为

$$Ce^{4+} + Fe^{2+} \longrightarrow Ce^{3+} + Fe^{3+}$$

$$\varphi_{Ce^{4+}/Ce^{3+}}^{\ominus'} = 1.44 \text{ V} \qquad \varphi_{Fe^{3+}/Fe^{2+}}^{\ominus'} = 0.68 \text{ V}$$

解:$\Delta\varphi^\ominus = 1.44 - 0.68 = 0.76(V)$

$$\varphi_{sp} = \frac{1.44 + 0.68}{2} = 1.06(V) \qquad \varphi_{ep} = 0.84 \text{ V}$$

$$\Delta\varphi = \varphi_{ep} - \varphi_{sp} = 0.84 - 1.06 = -0.22(V)$$

$$T_E = \frac{10^{\Delta\varphi/0.059} - 10^{-\Delta\varphi/0.059}}{10^{\Delta\varphi^\ominus/(2×0.059)}} × 100\%$$

$$= \frac{10^{-0.22/0.059} - 10^{0.22/0.059}}{10^{0.76/(2\times0.059)}} \times 100\%$$

$$= -0.19\%$$

当 $n_1 \neq n_2$，但两电对仍是对称电对时，终点误差公式为

$$T_E = \frac{10^{n_1\Delta\varphi/0.059} - 10^{-n_2\Delta\varphi/0.059}}{10^{n_1n_2\Delta\varphi^{\ominus}/[(n_1+n_2)0.059]}}$$

**例 6-7**　在 1 mol/L HCl 中用 0.100 0 mol/L $Fe^{3+}$ 溶液滴定 0.050 0 mol/L $Sn^{2+}$，若以亚甲基蓝为指示剂，计算终点误差。

解：查得　　　　　　$\varphi_{Fe^{3+}/Fe^{2+}}^{\ominus'} = 0.68$ V　　　　　$\varphi_{Sn^{4+}/Sn^{2+}}^{\ominus'} = 0.14$ V

亚甲基蓝的条件电位 $\varphi_{In}^{\ominus'} = 0.53$ V

将 $n_1 = 1$，$n_2 = 2$，$\varphi_1 = 0.68$ V，$\varphi_2 = 0.14$ V 代入公式得

$$\Delta\varphi^{\ominus} = 0.68 - 0.14 = 0.54(V)$$

$$\varphi_{sp} = \frac{0.68 + 2 \times 0.14}{1 + 2} = 0.32(V) \qquad \varphi_{ep} = 0.53 \text{ V}$$

$$\Delta\varphi = \varphi_{ep} - \varphi_{sp} = 0.53 - 0.32 = 0.21(V)$$

$$T_E = \frac{10^{0.21/0.059} - 10^{-2\times0.21/0.059}}{10^{1\times2\times0.54/[(1+2)0.059]}} \times 100\%$$

$$= 0.29\%$$

## 6.2.4　氧化还原滴定法中的预处理

在氧化还原滴定中，通常将欲测组分氧化为高价状态后，再用还原剂滴定；或将欲测组分还原为低价状态后，再用氧化剂滴定。这种滴定前使欲测组分转变为一定价态的步骤称为预氧化或预还原。

预处理时所用的氧化剂或还原剂必须符合以下条件。

第一，反应速率快。

第二，必须将欲测组分定量地氧化或还原。

第三，反应具有一定的选择性。例如，用金属锌为预还原剂，由于 $\varphi_{Zn^{2+}/Zn}$ 值较低（$-0.76$ V），电位比它高的金属离子都可被还原，所以金属锌的选择性较差。而用 $SnCl_2$ 为预还原剂，则选择性较高。

第四，过量的氧化剂或还原剂要易于除去。除去的方法有以下几种。

加热分解：如 $(NH_4)_2S_2O_8$、$H_2O_2$ 可加热煮沸，分解除去。

过滤：如 $NaBiO_3$ 不溶于水，可过滤除去。

利用化学反应：如 $HgCl_2$ 可除去过量的 $SnCl_2$，其反应为

$$SnCl_2 + 2HgCl_2 \longrightarrow SnCl_4 + Hg_2Cl_2 \downarrow$$

生成的 $Hg_2Cl_2$ 沉淀不被一般滴定剂氧化，不必过滤除去。

预处理时常用的氧化剂和还原剂列于表 6-3 和表 6-4 中。

表 6 - 3　预处理时常用的氧化剂

| 氧化剂 | 反应条件 | 主要应用 | 除去方法 |
|---|---|---|---|
| $NaBiO_3$<br>$NaBiO_3(固)+6H^++2e^- \longrightarrow$<br>$Bi^{3+}+Na^++H_2O$<br>$\varphi^\ominus = 1.80$ V | 室温，$HNO_3$ 介质或 $H_2SO_4$ 介质 | $Mn^{2+} \rightarrow MnO_4^-$<br>$Ce(III) \rightarrow Ce(IV)$ | 过滤 |
| $PbO_2$ | pH＝2～6<br><br>焦磷酸盐缓冲液 | $Mn(II) \rightarrow Mn(III)$<br>$Ce(III) \rightarrow Ce(IV)$<br>$Cr(III) \rightarrow Cr(VI)$ | 过滤 |
| $(NH_4)_2S_2O_8$<br>$S_2O_8^{2-}+2e^- \longrightarrow 2SO_4^{2-}$<br>$\varphi^\ominus = 2.00$ V | 酸性介质<br>$Ag^+$ 作催化剂 | $Ce(III) \rightarrow Ce(IV)$<br>$Mn^{2+} \rightarrow MnO_4^-$<br>$Cr(III) \rightarrow Cr(VI)$<br>$VO^{2+} \rightarrow VO_3^-$ | 煮沸分解 |
| $H_2O_2$<br>$H_2O_2+2e^- \longrightarrow 2OH^-$<br>$\varphi^\ominus = 0.88$ V | NaOH 介质<br>$HCO_3^-$ 介质<br>碱性介质 | $Cr^{3+} \rightarrow CrO_4^{2-}$<br>$Co(II) \rightarrow Co(III)$<br>$Mn(II) \rightarrow Mn(IV)$ | 煮沸分解，加少量 $Ni^{2+}$ 或 $I^-$ 作催化剂，加速 $H_2O_2$ 分解 |
| 高锰酸盐 | 焦磷酸盐和氟化物，$Cr(III)$存在时 | $Ce(III) \rightarrow Ce(IV)$<br>$V(IV) \rightarrow V(V)$ | 亚硝酸钠和尿素 |
| 高氯酸 | 浓、热的 $HClO_4$ | $V(IV) \rightarrow V(V)$<br>$Cr(III) \rightarrow Cr(VI)$ | 迅速冷却至室温，用水稀释 |

表 6 - 4　预处理时常用的还原剂

| 还原剂 | 反应条件 | 主要应用 | 除去方法 |
|---|---|---|---|
| $SO_2$<br>$SO_4^{2-}+4H^++2e^- \longrightarrow$<br>$SO_2(水)+2H_2O$<br>$\varphi^\ominus = 0.20$ V | 室温，$HNO_3$ 介质 $H_2SO_4$ 介质 | $Fe(III) \rightarrow Fe(II)$<br>$As(V) \rightarrow As(III)$<br>$Sb(V) \rightarrow Sb(III)$<br>$Cu(II) \rightarrow Cu(I)$ | 煮沸，通 $CO_2$ |
| $SnCl_2$<br>$Sn^{4+}+2e^- \longrightarrow Sn^{2-}$<br>$\varphi^\ominus = 0.15$ V | 酸性，加热 | $Fe(III) \rightarrow Fe(II)$<br>$Mo(VI) \rightarrow Mo(V)$<br>$As(V) \rightarrow As(III)$ | 快速加入过量的 $Hg_2Cl_2$<br>$Sn^{2+}+2HgCl_2 \longrightarrow Sn^{4+}+2Hg_2Cl_2+2Cl^-$ |
| 锌-汞齐还原柱 | $H_2SO_4$ 介质 | $Cr(III) \rightarrow Cr(II)$<br>$Fe(III) \rightarrow Fe(II)$<br>$Ti(IV) \rightarrow Ti(III)$<br>$V(V) \rightarrow V(II)$ | |
| 盐酸肼、硫酸肼或肼 | 酸性 | $As(V) \rightarrow As(III)$ | 浓 $H_2SO_4$，加热 |
| 汞阴极 | 恒定电位下 | $Fe(III) \rightarrow Fe(II)$<br>$Cr(III) \rightarrow Cr(II)$ | |

此外,可采用过柱方法对样品进行预处理,方法是将金属还原剂填充成柱,使待处理溶液流经此柱,溶液中待测组分被还原到指定价态,这种技术由于预还原剂固定于柱内,因此无需除去过量还原剂。

对某些干扰测定的有机物,必须事先除去,可采用高温或加入氧化性酸的方法分别进行干法或湿法灰化。

# 6.3　常用氧化还原滴定法

氧化还原滴定法习惯上根据所采用的滴定剂进行分类,如高锰酸钾法、碘量法等。各种方法有相应的特点和应用范围,常用方法简要介绍如下。

## 6.3.1　高锰酸钾法

1. 概述

高锰酸钾是一种强氧化剂,它的氧化能力和还原产物都与溶液的酸度有关。在强酸性溶液中,半反应为

$$MnO_4^- + 8H^+ + 5e^- \longrightarrow Mn^{2+} + 4H_2O \qquad \Delta\varphi^\ominus = 1.51\ V$$

在中性、弱酸性或中等强度的碱性溶液中,半反应为

$$MnO_4^- + 2H_2O + 3e^- \longrightarrow MnO_2\downarrow + 4OH^- \qquad \Delta\varphi^\ominus = 0.59\ V$$

由于 $KMnO_4$ 在强酸中有更强的氧化能力,因此一般都在强酸条件下使用,酸化时用硫酸。盐酸具有还原性,会产生诱导反应;硝酸含氮氧,易发生副反应,因此这两种酸一般都不用。

用 $KMnO_4$ 氧化有机物时,由于在强碱性的条件下反应速度比在酸性条件下更快,所以通常测定有机物的溶液在大于 2 mol/L NaOH 溶液中进行,此时反应为

$$MnO_4^- + e^- \longrightarrow MnO_4^{2-} \qquad \Delta\varphi^\ominus = 0.56\ V$$

用 $KMnO_4$ 作氧化剂,可直接滴定许多还原性物质,如 Fe(Ⅱ)、As(Ⅲ)、$C_2O_4^{2-}$、$NO_2^-$、$H_2O_2$ 及 W(Ⅴ)等。也可以通过间接法测定一些不能被直接还原的物质,如 $Ca^{2+}$,先将 $Ca^{2+}$ 沉淀为 $CaC_2O_4$,再将 $CaC_2O_4$ 沉淀分离,用 $H_2SO_4$ 溶解,用 $KMnO_4$ 标准溶液滴定 $C_2O_4^{2-}$,从而得到 $Ca^{2+}$ 的量。

高锰酸钾法的优点是氧化能力强,应用广泛;缺点是标准溶液不够稳定,氧化反应复杂,易发生副反应,滴定选择性较差。

2. 高锰酸钾标准溶液

市售的高锰酸钾常含有少量杂质,因此不能用直接法配制准确浓度的标准溶液。$KMnO_4$ 氧化能力强,容易同水中的有机物、空气中的尘埃、氨等还原性物质作用。$KMnO_4$ 还能自行分解,反应如下

$$4KMnO_4 + 2H_2O \longrightarrow 4MnO_2\downarrow + 4KOH + 3O_2\uparrow$$

分解速度随溶液的 pH 而改变,在中性溶液中分解缓慢,但 $Mn^{2+}$ 和 $MnO_2$ 的存在能加速其分解,见光时分解更快。因此,$KMnO_4$ 溶液的浓度容易改变。

为了配制稳定的 $KMnO_4$ 溶液,可称取稍多于理论量的 $KMnO_4$ 固体,溶于一定体积的蒸馏水中,加热煮沸,冷却后储于棕色瓶中,于暗处放置数天,使溶液中可能存在的还原性物质完全氧化。然后过滤除去析出的 $MnO_2$ 沉淀,再进行标定。使用经久放置的 $KMnO_4$ 溶液时应重新标定浓度。

$KMnO_4$ 溶液可用还原剂作基准物来标定。$H_2C_2O_4 \cdot 2H_2O$、$Na_2C_2O_4$、$FeSO_4 \cdot (NH_4)_2SO_4 \cdot 6H_2O$、纯铁丝及 $As_2O_3$ 等都可用作基准物。其中,草酸钠不含结晶水,容易提纯,是最常用的基准物质。

在 $H_2SO_4$ 溶液中,$MnO_4^-$ 与 $C_2O_4^{2-}$ 的反应为

$$2MnO_4^- + 5C_2O_4^{2-} + 16H^+ \longrightarrow 2Mn^{2+} + 10CO_2\uparrow + 8H_2O$$

在此溶液中,应注意以下几点:①溶液保持足够酸度,酸度太低会产生 $MnO(OH)_2$ 沉淀,酸度太高则会使 $H_2C_2O_4$ 分解,一般控制硫酸浓度在 $0.5\sim1\ mol/L$;②控制滴定温度,通常在 $75\sim85℃$,温度过高 $H_2C_2O_4$ 会分解,温度过低则反应速度缓慢;③控制滴定速度,开始滴定时,因反应速度很慢,滴定速度不宜过快,当反应中产生较多的 $Mn^{2+}$ 后,$Mn^{2+}$ 的自动催化作用会使反应速度加快,滴定速度也可以稍快些,否则溶液中过量的 $KMnO_4$ 来不及与 $C_2O_4^{2-}$ 反应,在热的酸性溶液中会发生分解反应。

3. 应用示例

例1　$H_2O_2$ 的测定

可用 $KMnO_4$ 标准溶液在酸性条件下直接滴定,反应为

$$5H_2O_2 + 2MnO_4^- + 6H^+ \longrightarrow 2Mn^{2+} + 5O_2\uparrow + 8H_2O$$

反应可在室温下进行,开始时反应较慢,随着 $Mn^{2+}$ 生成,产生自催化效应,反应加快。也可预先加少量 $Mn^{2+}$ 作为催化剂。$FeSO_4$、$As(Ⅲ)$ 等都可用同样方法直接测定。

例2　$Ca^{2+}$ 的测定

利用 $Ca^{2+}$ 在一定条件下定量生成草酸盐沉淀的性质,采用高锰酸钾间接法测定。即先将 $Ca^{2+}$ 全部沉淀为 $CaC_2O_4$,沉淀经过滤、洗涤后,溶解于稀 $H_2SO_4$ 中

$$CaC_2O_4 + 2H^+ \longrightarrow Ca^{2+} + H_2C_2O_4$$

再用 $KMnO_4$ 标准溶液滴定生成的 $H_2C_2O_4$,求得 $Ca^{2+}$ 的含量。

凡能与 $C_2O_4^{2-}$ 定量生成沉淀的金属离子,如钍和某些稀土离子,只要本身不与 $KMnO_4$ 反应,都可用类似间接法测定。

例3　软锰矿中 $MnO_2$ 含量的测定

利用 $MnO_2$ 的氧化性,在试样中加入过量的 $Na_2C_2O_4$,于 $H_2SO_4$ 介质中加热分解至所含残渣为白色(表明 $MnO_2$ 已全部被还原)。

$$MnO_2 + H_2C_2O_4 + 2H^+ \longrightarrow Mn^{2+} + 2CO_2\uparrow + 2H_2O$$

再用 $KMnO_4$ 标准溶液趁热返滴定剩余 $Na_2C_2O_4$,即可求出软锰矿中 $MnO_2$ 的含量。此法亦可用于测定某些氧化物(如 $PbO_2$)的含量。

例 4　某些有机化合物的测定

在强碱性溶液中,过量 $KMnO_4$ 能定量地氧化某些有机物。例如,$KMnO_4$ 与甲酸反应为

$$HCOO^- + 2MnO_4^- + 3OH^- \longrightarrow CO_3^{2-} + 2MnO_4^{2-} + 2H_2O$$

待反应完成后,将溶液酸化,再用还原剂标准溶液(亚铁离子标准溶液)滴定溶液中所有的高价锰,使之还原为 $Mn(Ⅱ)$,计算出消耗还原剂物质的量。用同样方法测出反应前一定量碱性 $KMnO_4$ 溶液相当于还原剂物质的量,根据两者之差即可计算出甲酸的含量。

用此方法还可测定甘油、甲醇、甲醛、酒石酸、柠檬酸、苯酚、水杨酸和葡萄糖等有机化合物的含量。

## 6.3.2　重铬酸钾法

1. 概述

$K_2Cr_2O_7$ 是一种常用的氧化剂,在酸性溶液中半反应为

$$Cr_2O_7^{2-} + 14H^+ + 6e^- \longrightarrow 2Cr^{3+} + 7H_2O \qquad \Delta\varphi^\ominus = 1.33 \text{ V}$$

其氧化能力较 $KMnO_4$ 弱,但仍是一种较强的氧化剂,同高锰酸钾法相比,重铬酸钾法有以下特点。

第一,$K_2Cr_2O_7$ 试剂易提纯且稳定,干燥后可作为基准物质直接配制标准溶液。

第二,$K_2Cr_2O_7$ 溶液相当稳定,可长期保存使用。

第三,在 $1 \text{ mol} \cdot L^{-1}$ 溶液中,$K_2Cr_2O_7$ 的 $\Delta\varphi^{\ominus'} = 1.00 \text{ V}$,而 $Cl_2/Cl^-$ $\Delta\varphi^{\ominus'} = 1.36 \text{ V}$,故在通常情况下 $K_2Cr_2O_7$ 不与 $Cl^-$ 反应;因此可以在 $HCl$ 溶液中用 $K_2Cr_2O_7$ 滴定 $Fe^{2+}$。

第四,$Cr_2O_7^{2-}$ 为橙色,但不够鲜明,且还原产物 $Cr^{3+}$ 为绿色,对橙色有干扰,故不能利用本身颜色变化指示终点,通常采用二苯胺磺酸钠为指示剂。

2. 应用示例

例 1　铁的测定

重铬酸钾法测定铁是利用下列反应

$$6Fe^{2+} + Cr_2O_7^{2-} + 14H^+ \longrightarrow 6Fe^{3+} + 2Cr^{3+} + 7H_2O$$

试样(铁矿石等)一般用 $HCl$ 溶液加热分解。在热的浓 $HCl$ 溶液中,将铁还原为亚铁,然后用 $K_2Cr_2O_7$ 标准溶液滴定。铁的还原方法与高锰酸钾法测定铁相同,但在测定步骤上有两点不同处:一是在 $HCl$ 溶液中进行滴定时,不会因氧化 $Cl^-$ 而发生误差,因而滴定时不需加入 $MnSO_4$;二是滴定时需要采用氧化还原指示剂,如用二苯胺磺酸钠,终点时溶液由绿色($Cr^{3+}$ 的颜色)突变为紫色或紫蓝色。

例 2　水样中化学耗氧量的测定

化学耗氧量简称 COD(Chemical Oxygen Demand)是一个度量水体受污染程度的重要指标,是水质分析的一项重要内容。它是指一定体积的水体中能被强氧化剂氧化的还原性物质的量,表示为氧化这些还原性物质所消耗的 $O_2$ 的量(以 mg/L 计)。由于废水中的还原性物质大部分是有机物,因此常将 COD 作为水质是否受到有机物污染的依据。

$K_2Cr_2O_7$ 法测定 COD 的步骤:在强酸性的水样中,以 $Ag_2SO_4$ 为催化剂,加入过量的 $K_2Cr_2O_7$ 溶液,回流加热,以邻二氮菲-$Fe(Ⅱ)$ 为指示剂,用 $Fe^{2+}$ 标准溶液返滴定过量的

$K_2Cr_2O_7$,根据所消耗的 $K_2Cr_2O_7$ 换算为 COD。氧化有机物的反应式为

$$2Cr_2O_7^{2-} + 3C + 16H^+ \longrightarrow 4Cr^{3+} + 3CO_2 \uparrow + 8H_2O$$

### 6.3.3　碘量法

1. 概述

碘量法是重要的氧化还原滴定法之一,它以下面的半反应为基础

$$I_2(s) + 2e^- \longrightarrow 2I^- \qquad \Delta\varphi^\ominus = 0.534\,5\ V$$

从标准电极电位上看,$I_2$ 是较弱的氧化剂,而 $I^-$ 是中等强度的还原剂,因此可以用 $I_2$ 标准溶液滴定一些强还原剂,如 Sn(II)、$H_2S$、$H_2SO_3$、As(III)、Sb(III)等,这种方法称为直接碘量法。也可用 $I^-$ 与氧化剂(如 $KMnO_4$、$K_2Cr_2O_7$、$KBrO_3$、$Cu^{2+}$ 等)反应,产生相应量的 $I_2$,再利用还原剂 $Na_2S_2O_3$ 溶液滴定析出的 $I_2$[①],从而间接测出这些氧化剂的含量。这种方法称为间接碘量法,在实际工作中,间接碘量法应用更广泛。

$I_2/I^-$ 电对的可逆性好,在相当宽的 pH 范围内(pH<8),电位不受酸度及其他配位剂的影响,碘量法采用淀粉为指示剂,灵敏度高,基于这些优点,该方法应用广泛。

碘量法的主要误差来源是 $I_2$ 的挥发和 $I^-$ 被空气中的 $O_2$ 氧化。

针对 $I_2$ 的挥发,采取以下措施:①加入过量 KI,与 $I_2$ 形成溶解度较大的 $I_3^-$ 配离子;②避免高温,反应在室温下进行;③析出碘在带塞的碘量瓶中进行,反应完成后立即滴定,滴定时避免剧烈摇动。

针对 $I^-$ 的氧化,一般避免使用不必要的高酸度,因为 $I^-$ 在酸性溶液中更容易被氧化,有时可以事先除去溶解氧。

2. 直接碘量法

直接碘量法是用 $I_2$ 溶液作为滴定剂的方法,故又称为碘滴定法。由于固体 $I_2$ 在水中溶解度很小(0.001 33 mol/L)。同时碘有挥发性,所以通常将碘溶解在 KI 溶液中形成 $I_3^-$ 溶液,既增加了碘的溶解度,又降低了其挥发性。有关半反应为 $I_3^- + 2e^- \longrightarrow 3I^-$,为了简化和强调化学计量关系,通常将 $I_3^-$ 简写成 $I^-$。

另外,由于 $I_2$ 在碱性溶液中会发生歧化反应,所以碘滴定法不在碱性溶液中使用。用升华法制得的纯 $I_2$ 可直接配制标准溶液,但由于 $I_2$ 的挥发,通常不直接配制,而是将 $I_2$ 溶于少量浓 KI 溶液中,稀释后再标定。

3. 间接碘量法

$I^-$ 是还原剂,但不用于直接滴定氧化性物质,因为反应速度慢,且缺少合适的指示剂;而是首先将待测氧化物与过量 $I^-$ 反应,生成 $I_2$,再用 $Na_2S_2O_3$ 标准溶液滴定生成的 $I_2$,进而求得氧化物的含量。反应式为

$$2Na_2S_2O_3 + I_2 \longrightarrow Na_2S_4O_6 + 2NaI$$

因此,间接碘量法又称为滴定碘法。该方法可用于测定相当多的氧化性物质。间接碘量

---

① 之所以不用 $Na_2S_2O_3$ 直接与氧化物反应,主要是由于某些氧化剂的强氧化性使部分 $S_2O_3^{2-}$ 氧化为 $SO_4^{2-}$,反应没有确定的计量关系,而 $I_2$ 与 $Na_2S_2O_3$ 的反应有严格的计量关系。

法的滴定反应需要在中性或弱酸条件下进行,因为在碱性条件下 $I_2$ 会发生歧化反应,部分 $S_2O_3^{2-}$ 将会被氧化成 $SO_4^{2-}$,而强酸溶液中 $Na_2S_2O_3$ 会分解成亚硫酸和硫。不过,该反应比 $Na_2S_2O_3$ 与 $I_2$ 的反应慢得多,只要滴加 $Na_2S_2O_3$ 溶液速度不是太快,注意搅拌,勿使 $S_2O_3^{2-}$ 局部过浓,在较强的酸度下,仍可以得到满意结果。

间接碘量法使用淀粉作指示剂,但淀粉应在溶液中大部分 $I_2$ 已被 $Na_2S_2O_3$ 还原(即临近终点)时加入,否则会有较多的 $I_2$ 被淀粉包合,引起终点滞后。

间接碘量法中使用的标准硫代硫酸钠溶液一般采用间接法配制,具体步骤是:称取一定量固体 $Na_2S_2O_3$ 溶于新煮沸并冷却的蒸馏水中,加入少许 $Na_2CO_3$,使溶液呈微碱性,放置几天后标定。这样做的目的是防止 $Na_2S_2O_3$ 发生分解反应,该反应在微酸性、含氧及微生物的环境里更容易产生。标定采用的基准物质有 $K_2Cr_2O_7$、$KBrO_3$、$KIO_3$ 等。这些物质都能与 KI 反应,定量析出 $I_2$,再与 $Na_2S_2O_3$ 反应。

4. 应用

(1)直接碘量法(碘滴定法)

例 1　硫化钠总还原能力的测定

在弱酸性溶液中,$I_2$ 能氧化 $H_2S$

$$H_2S + I_2 \longrightarrow S\downarrow + 2H^+ + 2I^-$$

这是用直接法测定硫化物。为了防止 $S^{2-}$ 在酸性条件下生成 $H_2S$ 而损失,在测定时应用移液管加硫化钠试液于过量酸性碘溶液中,反应完毕后,再用 $Na_2S_2O_3$ 标准溶液回滴多余的碘。硫化钠中常含有 $Na_2SO_3$ 和 $Na_2S_2O_3$ 等还原性物质,它们也与 $I_2$ 作用,因此测定结果实际上是硫化钠的总还原能力。

其他能与酸作用生成 $H_2S$ 的试样(如某些含硫的矿石、石油和废水中的硫化物、钢铁中的硫、有机物中的硫等都可使其转化为 $H_2S$),可用镉盐或锌盐的氨溶液吸收它们与酸反应时生成的 $H_2S$,然后用碘量法测定其中的含硫量。

例 2　卡尔-费休法测定微量水

此法可测有机物和无机物中的水分,其基本原理是 $I_2$ 氧化 $SO_2$ 时需要定量的水。

$$I_2 + SO_2 + 2H_2O \longrightarrow 2HI + H_2SO_4$$

为使反应定量向右进行,须加入碱性物质中和生成的酸,因此加入吡啶,总反应为

$$\underset{\text{碘吡啶}}{C_5H_5N \cdot I_2} + \underset{\text{亚硫酸吡啶}}{C_5H_5N \cdot SO_2} + C_5H_5N + H_2O$$

$$\longrightarrow \underset{\text{氢碘酸吡啶}}{2C_5H_5N \Big\langle \begin{matrix} H \\ I \end{matrix}} + \underset{\text{硫酸吡啶}}{C_5H_5N \Big\langle \begin{matrix} SO_2 \\ | \\ O \end{matrix}}$$

生成的硫酸吡啶很不稳定,能与水发生副反应,消耗一部分水而干扰测定

$$C_5H_5N \Big\langle \begin{matrix} SO_2 \\ | \\ O \end{matrix} + H_2O \longrightarrow C_5H_5N \Big\langle \begin{matrix} H \\ SO_4H \end{matrix}$$

若有甲醇存在,则硫酸吡啶可生成稳定的甲基硫酸氢吡啶

$$C_5H_5N \Big\langle \begin{matrix} SO_2 \\ | \\ O \end{matrix} + CH_3OH \longrightarrow C_5H_5N \Big\langle \begin{matrix} H \\ \\ SO_4 \cdot CH_3 \end{matrix}$$

使反应能顺利地向右进行。

由上述可知,滴定时的标准溶液是含 $I_2$、$SO_2$、$C_5H_5N$ 及 $CH_3OH$ 的混合溶液。此溶液称为费休试剂。

(2) 间接碘量法

例 1　硫酸铜中铜的测定

二价铜盐与 $I_2$ 的反应如下

$$2Cu^{2+} + 4I^- \longrightarrow 2CuI\downarrow + I_2$$

析出的碘用 $Na_2S_2O_3$ 标准溶液滴定,由此计算出铜的含量。

上述反应是可逆的,为了促使反应向右,必须加入过量的 KI。由于 CuI 沉淀强烈吸附 $I_2$,导致测定结果偏低。

如果加入 KSCN,使 CuI 转化为溶解度更小的 CuSCN 沉淀

$$CuI + KSCN \longrightarrow CuSCN\downarrow + KI$$

则不仅释放出被 CuI 吸附的 $I_2$,而且反应时再生出来的 $I^-$ 可与未作用的 $Cu^{2+}$ 反应。这样,就可以使用较少的 KI 而能使反应进行得更完全。但是,KSCN 只能在接近终点时加入,否则 $SCN^-$ 可能被氧化而使结果偏低。

为了防止铜盐水解,反应必须在酸性溶液中进行(一般控制 pH 为 3～4)。酸度过低,反应速度慢,终点拖长;酸度过高,则 $I^-$ 被空气中的氧氧化为 $I_2$ 的反应被 $Cu^{2+}$ 催化而加速,使结果偏高。又因大量 $Cl^-$ 与 $Cu^{2+}$ 配合,因此应用 $H_2SO_4$ 而不用 HCl(少量 HCl 不干扰)溶液。

矿石(铜矿等)、合金、炉渣或电镀液中的铜,也可用碘量法测定。对于固体试样,可选用适当的溶剂溶解后,再用上述方法测定。但应注意防止其他共存离子的干扰,如试样含有 $Fe^{3+}$,由于 $Fe^{3+}$ 能氧化 $I^-$

$$2Fe^{3+} + 2I^- \longrightarrow 2Fe^{2+} + I_2$$

该反应干扰铜的测定。若加入 $NH_4HF_2$,可使 $Fe^{3+}$ 生成稳定的 $FeF_6^{3-}$ 配位离子,使 $Fe^{3+}/Fe^{2+}$ 电对的电极电位降低,从而可防止 $Fe^{3+}$ 氧化 $I_2$。$NH_4HF_2$ 还可控制溶液的酸度,使 pH 约为 3～4。

例 2　葡萄糖含量测定

在碱性溶液中,$I_2$(过量)生成 $IO^-$,将葡萄糖定量氧化

$$I_2 + 2OH^- \longrightarrow IO^- + I^- + H_2O$$
$$CH_2OH(CHOH)_4CHO^- + IO^- + OH^- \longrightarrow CH_2OH(CHOH)_4COO^- + I^- + H_2O$$

总反应为

$$C_6H_{12}O_6 + I_2 + 3OH^- \longrightarrow C_6H_{11}O_7^- + 2I^- + 2H_2O$$

剩余的 $IO^-$ 在碱性溶液中发生歧化反应

$$3IO^- \longrightarrow IO_3^- + 2I^-$$

酸化试液后,上述歧化反应产物可转变成 $I_2$ 析出,再用 $Na_2S_2O_3$ 标准溶液进行滴定。

$$IO_3^- + 5I^- + 6H^+ \longrightarrow 3I_2 + 3H_2O$$

### 6.3.4　其他氧化还原滴定方法

**1. 硫酸铈法**

$Ce(SO_4)_2$ 是一种强氧化剂,其氧化还原半反应为

$$Ce^{4+} + e^- \longrightarrow Ce^{3+}$$

由于酸度较低时 $Ce^{4+}$ 易水解,故本法应在强酸条件下使用。与高锰酸钾法相比,硫酸铈法的优点是:①试剂 $Ce(SO_4)_2 \cdot (NH_4)_2SO_4 \cdot 2H_2O$ 易提纯,因而可以作为基准物质直接配制标准溶液;②$Ce(SO_4)_2$ 标准溶液稳定,可长时间放置;③可在 HCl 介质中用 $Ce^{4+}$ 滴定 $Fe^{2+}$;④$Ce^{4+}$ 还原为 $Ce^{3+}$ 是单电子转移,反应简单,没有诱导反应。

硫酸铈法一般采用邻二氮菲-Fe(Ⅱ)为指示剂,以使终点变色较敏锐。

**2. 溴酸钾法**

$KBrO_3$ 是一种强氧化剂,它在酸性溶液中的氧化还原半反应为

$$BrO_3^- + 6H^+ + 6e^- \longrightarrow Br^- + 3H_2O$$

$KBrO_3$ 试剂易提纯,可作为基准物质直接配制标准溶液,其浓度可采用间接碘量法标定,即在酸性 $KBrO_3$ 溶液中加入过量 KI,使之定量生成 $I_2$

$$BrO_3^- + 6I^- + 6H^+ \longrightarrow 3I_2 + Br^- + 3H_2O$$

再以淀粉为指示剂,用 $Na_2S_2O_3$ 标准溶液进行滴定。

在酸性溶液中,还可以用 $KBrO_3$ 标准溶液直接滴定一些还原性物质,如 As(Ⅲ)、Sb(Ⅲ)和 Sn(Ⅱ)等。

溴酸钾法主要用于测定有机物。$Br_2$ 可以与许多有机物定量发生取代反应或加成反应,但其水溶液不稳定,不适合作为标准溶液。为此可在 $KBrO_3$ 标准溶液中加入过量 KBr,酸化时发生下述反应,生成与 $KBrO_3$ 计量相当的 $Br_2$

$$BrO_3^- + 5Br^- + 6H^+ \longrightarrow 3Br_2 + 3H_2O$$

因此,此时 $KBrO_3$ 标准溶液就相当于 $Br_2$ 标准溶液。

以苯酚的测定为例,在试液中加入一定量且过量的 $KBrO_3$-KBr 标准溶液,酸化后生成 $Br_2$,其中一部分与苯酚反应。反应完成后,加入过量的 $I^-$ 与剩余的 $Br_2$ 作用

$$Br_2 + 2I^- \longrightarrow I_2 + 2Br^-$$

再用 $Na_2S_2O_3$ 标准溶液滴定析出的 $I_2$,从而间接求得试液中苯酚的含量。

## 6.4　氧化还原滴定结果的计算

氧化还原滴定结果计算的关键是求得待测组分与滴定剂之间的计量关系,这涉及相关化学反应方程式。当计量关系得到后,一般根据滴定剂体积直接得到待测组分量。如待测组分 X 经一系列反应后得到 Z,用滴定剂 T 滴定,各步计量关系为

$$aX \sim bY \sim \cdots\cdots \sim cZ \sim dT$$

因此,

$$aX \sim dT$$

试样中 X 组分的质量分数用下式计算:

$$\omega_X = \frac{\frac{a}{d} c_T V_T M_X}{m_S} \qquad (6-12)$$

式中,$c_T$ 和 $V_T$ 分别是滴定剂的浓度(mol/L)和体积(L);$M_X$ 和 $m_S$ 分别为 X 的摩尔质量(g/mol)和试样的质量(g)。

**例 6-8** 称取软锰矿试样 0.500 0 g,在酸性溶液中将试样与 0.670 0 g 纯 $Na_2C_2O_4$ 充分反应,最后以 0.020 00 mol/L $KMnO_4$ 溶液滴定剩余的 $Na_2C_2O_4$,至终点时消耗 30.00 mL。计算试样中 $MnO_2$ 的质量分数。

解:本题为高锰酸钾返滴定测 $MnO_2$ 含量,相关反应为

$$MnO_2 + C_2O_4^{2-} + 4H^+ \mathop{=\!=\!=} Mn^{2+} + CO_2\uparrow + 2H_2O$$

$$2MnO_4^- + 5C_2O_4^{2-} + 16H^+ \mathop{=\!=\!=} 2Mn^{2+} + 10CO_2\uparrow + 8H_2O$$

各物质计量关系为

$$5MnO_2 \sim 5C_2O_4^{2-} \sim 2MnO_4^-$$

$MnO_2$ 的含量为

$$\omega_{MnO_2} = \frac{\left( \dfrac{m_{Na2C2O4}}{M_{Na2C2O4}} - \dfrac{5}{2} c_{KMnO_4} V_{KMnO_4} \right) \times M_{MnO_2}}{m_S} \times 100\%$$

$$= \frac{\left( \dfrac{0.670\ 0\ g}{134.00\ g/mol} - \dfrac{5}{2} \times 0.020\ 00\ mol/L \times 30.00 \times 10^{-3}\ L \right) \times 86.94\ g/mol}{0.500\ 0\ g} \times 100\%$$

$$= 60.86\%$$

**例 6-9** 用 25.00 mL $KMnO_4$ 溶液恰能氧化一定量的 $KHC_2O_4 \cdot H_2O$,而同量 $KHC_2O_4 \cdot H_2O$ 又恰能被 20.00 mL 0.200 0 mol/L KOH 溶液中和,求 $KMnO_4$ 溶液的浓度。

解:由氧化还原反应式 $2MnO_4^- + 5C_2O_4^{2-} + 16H^+ \longrightarrow 2Mn^{2+} + 10CO_2\uparrow + 8H_2O$,其化学计量关系为

$$n_{KMnO_4} = \frac{2}{5} n_{C_2O_4^{-}}$$

故

$$c_{KMnO_4} \cdot V_{KMnO_4} = \frac{2}{5} \cdot \frac{m_{KHC_2O_4 \cdot H_2O}}{M_{KHC_2O_4 \cdot H_2O}}$$

$$m_{KHC_2O_4 \cdot H_2O} = c_{KMnO_4} \cdot V_{KMnO_4} \cdot \frac{5M_{KHC_2O_4 \cdot H_2O}}{2}$$

酸碱反应中，$n_{KOH} = n_{HC_2O_4^-}$

$$c_{KOH} \cdot V_{KOH} = \frac{m_{KHC_2O_4 \cdot H_2O}}{M_{KHC_2O_4 \cdot H_2O}}$$

即

$$m_{KHC_2O_4 \cdot H_2O} = c_{KOH} \cdot V_{KOH} \cdot M_{KHC_2O_4 \cdot H_2O}$$

两次 $KHC_2O_4 \cdot H_2O$ 量相同，$V_{KMnO_4} = 25.00$ mL，$V_{KOH} = 20.00$ mL，$c_{KOH} = 0.200\,0$ mol/L

故

$$c_{KMnO_4} \cdot V_{KMnO_4} \times \frac{5}{2} \cdot \frac{M_{KHC_2O_4 \cdot H_2O}}{1\,000} = c_{KOH} \cdot V_{KOH} \cdot \frac{M_{KHC_2O_4 \cdot H_2O}}{1\,000}$$

即

$$c_{KMnO_4} \times 25.00 \text{ mL} \times \frac{5}{2\,000} = 0.200\,0 \text{ mol/L} \times 20.00 \text{ mL} \times \frac{1}{1\,000}$$

$$c_{KMnO_4} = 0.064\,00 \text{ mol/L}$$

**例 6 - 10**　称取苯酚试样 0.501 5 g，用 NaOH 溶液溶解后，用水准确稀释至 250.0 mL，移取 25 mL 试液于碘量瓶中，加入 $KBrO_3 - KBr$ 标准溶液 25.00 mL 及 HCl，使苯酚溴化为三溴苯酚。加入 KI 溶液，使未反应的 $Br_2$ 还原并析出定量的 $I_2$，然后用 0.101 2 mol/L $Na_2S_2O_3$ 标准溶液滴定，用去 15.05 mL。另取 25.00 mL $KBrO_3 - KBr$ 标准溶液，加入 HCl 及 KI 溶液，析出的 $I_2$ 用 0.101 2 mol/L $Na_2S_2O_3$ 标准溶液滴定，用去 40.20 mL。计算试样中苯酚的质量分数。

解：有关反应式如下

$$KBrO_3 + 5KBr + 5HCl \longrightarrow 6KCl + 3Br_2 + 3H_2O$$

$$C_6H_5OH + 3Br_2 \longrightarrow C_6H_2Br_3OH + 3HBr$$

$$Br_2 + 2KI \longrightarrow I_2 + 2KBr$$

$$I_2 + 2Na_2S_2O_3 \longrightarrow 2NaI + Na_2S_4O_6$$

$$1C_6H_5OH \sim 3Br_2 \sim 3I_2 \sim 6Na_2S_2O_3$$

因此

$$n_{C_6H_5OH} = \frac{1}{6} n_{S_2O_3^{2-}}$$

故

$$w_{苯酚} = \frac{\frac{1}{6} \times c_{Na_2S_2O_3} \times [V_{1(Na_2S_2O_3)} - V_{2(Na_2S_2O_3)}] \cdot M_{C_6H_5OH}}{m_s \times \frac{25.00}{250.0}} \times 100\%$$

$$= \frac{\frac{1}{6} \times 0.101\,2 \times [40.20 - 15.02] \times 10^{-3} \times 94.11}{0.501\,5 \times \frac{25.00}{250.0}} \times 100\%$$

$$= 79.60\%$$

## 思 考 题

1. 氧化还原反应平衡时,标准电极电位与条件电极电位有何区别? 条件电极电位受哪些因素影响?

2. 如何判断氧化还原反应进行的完全程度? 是否平衡常数大的氧化还原反应都能用于氧化还原滴定中? 为什么?

3. 影响氧化还原反应速率的主要因素有哪些?

4. 解释下列现象。

   (1) 虽然 $\varphi_{I_2/2I^-} > \varphi_{Cu^{2+}/Cu^+}$,从电位的大小看,应该 $I_2$ 氧化 $Cu^{2+}$,但是 $Cu^{2+}$ 却能将 $I^-$ 氧化为 $I_2$。

   (2) 用 $KMnO_4$ 溶液滴定 $C_2O_4^{2-}$,开始滴入 $KMnO_4$ 溶液时,虽然 $C_2O_4^{2-}$ 的浓度高,但红色褪去的速度较慢,随着滴定剂的加入,褪色速度加快。

   (3) 用 $K_2Cr_2O_7$ 标定 $Na_2S_2O_3$ 溶液浓度时,采用间接碘量法。能否用 $K_2Cr_2O_7$ 溶液直接滴定 $Na_2S_2O_3$ 溶液? 为什么?

5. 哪些因素影响氧化还原滴定突跃范围的大小? 如何确定化学计量点时的电极电位?

6. 测定软锰矿中 $MnO_2$ 含量时,可利用酸性溶液中 $MnO_2$ 氧化 $I^-$ 析出 $I_2$,进而用碘量法测定 $MnO_2$ 的含量,但在一般盐酸中 $Fe^{3+}$ 有干扰。而用磷酸代替盐酸时,则无 $Fe^{3+}$ 干扰,试分析其原因。

## 习 题

1. 计算在 $H_2SO_4$ 介质中,$H^+$ 浓度分别为 $1\ mol/L$ 和 $0.1\ mol/L$ 的溶液中 $VO_2^+/VO^{2+}$ 电对的条件电极电位。(忽略离子强度的影响,已知 $\varphi_{VO_2^+/VO^{2+}}^{\ominus} = 1.00\ V$)

(1.00 V, 0.88 V)

2. 根据 $\varphi_{Hg^{2+}/Hg}^{\ominus}$ 和 $Hg_2Cl_2$ 的溶度积计算 $\varphi_{Hg_2Cl_2/Hg}^{\ominus}$。如果溶液中 $Cl^-$ 浓度为 $0.010\ mol/L$,$Hg_2Cl_2/Hg$ 电对的电位为多少?

(0.242 V, 0.360 V)

3. 找出以下半反应的条件电极电位。(已知 $\varphi^{\ominus} = 0.390\ V$, $pH = 7$,抗坏血酸 $pK_{a_1} = 4.10$, $pK_{a_2} = 11.79$)

脱氢抗坏血酸(氧化态) $+2H^+ +2e^- \rightleftharpoons$ 抗坏血酸(还原态)

提示:半反应为 $D+2H^++2e^- \longrightarrow H_2A+H_2$,能斯特方程式为 $\varphi = \varphi^\ominus + \dfrac{0.059}{2} \lg \dfrac{[D][H^+]^2}{[H_2A]}$,设 $c=[D]$,找出二元酸的分布系数.

(0.063 V)

4. 计算 pH$=10.0$ 时 $c_{NH_3}=0.1$ mol/L 的溶液中 $Zn^{2+}/Zn$ 电对的条件电极电位(忽略离子强度的影响)。已知锌氨配离子的各级累积稳定常数为:$\lg \beta_1 = 2.27$,$\lg \beta_2 = 4.61$,$\lg \beta_3 = 7.01$,$\lg \beta_4 = 9.06$;$NH_4^+$ 的离解常数为 $K_a = 10^{-9.25}$。

(-0.905 V)

5. 称取软锰矿试样 $0.500\,0$ g,在酸性溶液中将试样与 $0.670\,0$ g 纯 $Na_2C_2O_4$ 充分反应,最后以 $0.020\,00$ mol/L $KMnO_4$ 溶液滴定剩余的 $Na_2C_2O_4$,至终点时消耗 $30.00$ mL。计算试样中 $MnO_2$ 的质量分数。

(60.86%)

6. 取含 KI 的试样 $1.000$ g 溶于水,加入 10 mL $0.050\,00$ mol/L $KIO_3$ 溶液,反应后煮沸驱尽所生成的 $I_2$,冷却后加入过量 KI 溶液与剩余的 $KIO_3$ 反应。析出的 $I_2$ 用 $21.14$ mL $0.100\,8$ mol/L $Na_2S_2O_3$ 溶液滴定。计算试样中 KI 的质量分数。

(12.03%)

7. 将 $1.000$ g 钢样中的铬处理成 $Cr_2O_7^{2-}$ 后,加入 $25.00$ mL $0.100\,0$ mol/L $FeSO_4$ 标准溶液完全反应,然后用去 $0.018\,0$ mol/L $KMnO_4$ 标准溶液 $7.00$ mL 回滴剩余的 $FeSO_4$ 溶液。计算钢样中铬的质量分数。

(3.24%)

8. 采用碘量法测定某铜矿试样含量时,取样品 $0.600\,0$ g,用酸溶解后,控制溶液的 pH 为 $3\sim 4$,用 $20.00$ mL $Na_2S_2O_3$ 溶液滴定 $I_2$ 至终点。已知 1 mL $Na_2S_2O_3$ 相当于 $0.004\,175$ g $KBrO_3$。计算 $Na_2S_2O_3$ 溶液的准确浓度及样品中 $Cu_2O$ 的质量分数。

(0.150 0 mol/L, 35.78%)

9. 称取含有 $As_2O_3$ 与 $As_2O_5$ 的试样 $1.500$ g,处理为含 $AsO_3^{3-}$ 和 $AsO_4^{3-}$ 的溶液。将溶液调节为弱碱性,以 $0.050\,00$ mol/L 碘溶液滴定至终点,消耗 $30.00$ mL。将此溶液用盐酸调节至酸性并加入过量 KI 溶液,释放出的 $I_2$ 再用 $0.300\,0$ mol/L $Na_2S_2O_3$ 溶液滴定至终点,消耗 $30.00$ mL。计算试样中 $As_2O_3$ 与 $As_2O_5$ 的质量分数。

提示:弱碱性时滴定三价砷,反应如下

$$H_3AsO_3 + I_2 + H_2O \longrightarrow H_3AsO_4 + 2I^- + 2H^+$$

在酸性介质中,反应如下

$$H_3AsO_4 + 2I^- + 2H^+ \longrightarrow H_3AsO_3 + I_2 + H_2O$$

(9.89%, 22.98%)

10. 化学耗氧量(COD)的测定。取废水样 $100.0$ mL,用 $H_2SO_4$ 酸化后,加入 $25.00$ mL $0.016\,67$ mol/L $K_2Cr_2O_7$ 溶液,以 $Ag_2SO_4$ 为催化剂,煮沸一定时间,待水样中还原性物质较完全氧化后,以邻二氮杂菲-亚铁为指示剂,用 $0.100\,0$ mol/L $FeSO_4$ 溶液滴定剩余的 $Cr_2O_7^{2-}$,用去 $15.00$ mL。计算废水样中的化学耗氧量,以 mg/L 表示。

(80.04 mg/L)

**11.** 称取丙酮试样 1.000 g,定容于 250 mL 容量瓶中,移取 25.00 mL 于盛有 NaOH 溶液的碘量瓶中,准确加入 50.00 mL 0.050 00 mol/L $I_2$ 标准溶液,放置一定时间后,加 $H_2SO_4$ 调节溶液呈弱酸性,立即用 0.100 0 mol/L $Na_2S_2O_3$ 溶液滴定过量的 $I_2$,消耗 10.00 mL。计算试样中丙酮的质量分数。

提示:丙酮与碘的反应为

$$CH_3COCH_3 + 3I_2 + 4NaOH \longrightarrow CH_3COONa + 3NaI + 3H_2O + CHI_3$$

(38.71%)

**12.** 称取含有 PbO 和 $PbO_2$ 的混合试样 1.234 g,用 20.00 mL 0.250 0 mol/L $H_2C_2O_4$ 溶液处理,此时 Pb(Ⅳ)被还原为 Pb(Ⅱ),将溶液中和后,使 $Pb^{2+}$ 定量沉淀为 $PbC_2O_4$。过滤,将滤液酸化,以 0.040 00 mol/L $KMnO_4$ 溶液滴定,用去 10.00 mL。沉淀用酸溶解后,用相同浓度 $KMnO_4$ 溶液滴定至终点,消耗 30.00 mL。计算试样中 PbO 及 $PbO_2$ 的质量分数。

(36.18%,19.38%)

**13.** 移取一定体积的乙二醇试液,用 50.00 mL 高碘酸钾溶液处理,待反应完全后,将混合溶液调节至 pH 为 8.0,加入过量 KI,释放出的 $I_2$ 以 0.050 00 mol/L 亚砷酸盐溶液滴定至终点,消耗 14.30 mL,已知 50.00 mL 该高碘酸钾的空白溶液在 pH 为 8.0 时,加入过量 KI,释放出的 $I_2$ 所消耗等浓度的亚砷酸盐溶液为 30.10 mL。计算试液中含乙醇的质量(mg)。

提示:反应式为

$$CH_2OHCH_2OH + IO_4^- \longrightarrow 2HCHO + IO_3^- + H_2O$$
$$IO_4^- + 2I^- + H_2O \longrightarrow IO_3^- + I_2 + 2OH^-$$
$$I_2 + AsO_3^{2-} + H_2O \longrightarrow 2I^- + AsO_4^{3-} + 2H^+$$

(49.04 mg)

**14.** 甲酸钠(HCOONa)和 $KMnO_4$ 在中性介质中按下述反应式反应

$$3HOO^- + 2MnO_4^- + H_2O \longrightarrow 2MnO_2 \downarrow + 3CO_2 + 5OH^-$$

称取 HCOONa 试样 0.500 0 g,溶于水,在中性介质中加入过量的 0.060 00 mol/L $KMnO_4$ 溶液 50.00 mL,过滤除去 $MnO_2$ 沉淀,以 $H_2SO_4$ 酸化溶液后,用 0.100 0 mol/L $H_2C_2O_4$ 溶液滴定过量的 $KMnO_4$ 至终点,消耗 25.00 mL。计算试样中 HCOONa 的质量分数。

(40.80%)

**15.** 在仅含有 $Al^{3+}$ 的水溶液中加 $NH_3 - NH_4Ac$ 缓冲溶液使 pH 为 9.0,然后加入稍过量的 8-羟基喹啉,使 $Al^{3+}$ 定量地生成喹啉铝沉淀

$$Al^{3+} + 3HOC_9H_6N \longrightarrow Al(OC_9H_6N)_3 \downarrow + 3H^+$$

将沉淀过滤并洗去过量的 8-羟基喹啉,然后将沉淀溶于 HCl 溶液中。用 15.00 mL 0.123 8 mol/L $KBrO_3 - KBr$ 标准溶液处理,产生的 $Br_2$ 与 8-羟基喹啉发生取代反应。待反应完全后,再加入过量的 KI,使其与剩余的 $Br_2$ 反应生成 $I_2$

$$Br_2 + 2I^- \longrightarrow I_2 + 2Br^-$$

最后用 0.102 8 mol/L $Na_2S_2O_3$ 标准溶液滴定析出的 $I_2$，用去 5.45 mL。计算试液中铝的质量(以 mg 表示)。

(23.80 mg)

16. 用碘量法测定葡萄糖的含量。准确称取 10.00 g 试样溶解后，定容于 250 mL 容量瓶中，移取 50.00 mL 试液于碘量瓶中，加入 0.050 00 mol/L $I_2$ 溶液 30.00 mL(过量的)，在搅拌下加入 40 mL 0.1 mol/L NaOH 溶液，摇匀后放置暗处 20 min。然后加入 0.5 mol/L HCl 8 mL，析出的 $I_2$ 用 0.100 0 mol/L $Na_2S_2O_3$ 溶液滴定至终点，消耗 9.96 mL。计算试样中葡萄糖的质量分数。

(9.03%)

# 第7章 重量分析法和沉淀滴定法

重量分析法（gravimetry）是用适当方法先将试样中的待测组分与其他组分分离，然后用称量的方法测定该组分的含量。待测组分与试样中其他组分分离的方法，常用的有下面三种。

沉淀法：这种方法是使待测组分生成难溶化合物沉淀下来，然后称量沉淀的质量，根据沉淀的质量算出待测组分的含量。

汽化法：又称挥发法。一般是用加热或蒸馏等方法使被测组分转化为挥发性物质逸出，然后根据试样质量的减少来计算试样中该组分的含量；或用吸收剂将逸出的挥发性物质全部吸收，根据吸收剂质量的增加来计算该组分的含量。

电解法：利用电解原理，使待测金属离子在电极上还原析出，经称量换算得含量。

重量法是一种经典的化学分析方法，其全部数据都需由分析天平称量得到，在分析过程中不需要基准物质，对高含量组分的测定准确性高。重量法不足之处是操作较繁，费时较多，不适于生产中的控制分析，对低含量组分的测定误差较大。

本章主要讨论重量法中更为常用的沉淀法。沉淀法离不开沉淀反应，沉淀剂的选择与用量、沉淀反应的条件等都会影响分析结果的准确度，因此重量分析法的重点是关于沉淀反应的讨论。

沉淀滴定法是以沉淀反应为基础的分析方法，作为一种滴定分析方法，它和前面已介绍过的酸碱滴定、配位滴定以及氧化还原滴定存在许多共性，但其理论基础和实验技术却和重量分析一样，离不开对沉淀过程的认识，因此本章从沉淀反应的一些基本概念入手，然后依次介绍重量分析法和沉淀滴定法。

## 7.1 沉淀的溶解度及其影响因素

利用沉淀反应进行重量分析时要求反应沉淀完全，沉淀完全程度一般可以根据沉淀溶解度大小来衡量。在重量分析中，要求被测组分在溶液中的残留量一般在 0.000 1 g 内，即小于分析天平的称量允许误差，但是很多沉淀不能满足该条件。例如，$BaSO_4$ 在 1 000 mL 水中的溶解度是 0.002 3 g。可见沉淀的溶解损失是重量分析法误差的重要来源之一。因此，在重量分析法中，首先要了解沉淀溶解度及其影响因素。

### 7.1.1　溶解度、溶度积与条件溶度积

难溶化合物 MA 在水溶液中达到平衡时,有如下平衡关系

$$MA_{(固)} \rightleftharpoons MA_{(水)} \rightleftharpoons M^+ + A^-$$

式中,$MA_{(水)}$ 是未解离的分子状态的 MA。它的浓度在一定温度下是常数,称作固有溶解度或分子溶解度,以 $S^0$ 表示。若溶液中不存在其他平衡,则固体 MA 的溶解度 $S$ 应为固有溶解度和离子 $M^+$(或 $A^-$)浓度之和,即

$$S = S^0 + [M^+] = S^0 + [A^-]$$

多数沉淀的 $S^0$ 数值很小,在一般情况下可以忽略,此时溶解度为

$$S = [M^+] = [A^-]$$

根据沉淀 MA 在水溶液中的平衡关系,得

$$a_{M^+} a_{A^-} = K_{sp}^0$$

$K_{sp}^0$ 是离子的活度积,称为活度积常数。它与溶度积常数 $K_{sp}$ 的关系是

$$K_{sp} = [M^+][A^-] = \frac{a_{M^+} a_{A^-}}{\gamma_{M^+} \gamma_{A^-}} = \frac{K_{sp}^0}{\gamma_{M^+} \gamma_{A^-}}$$

当溶液中的离子强度不大(如微溶化合物在水中的溶解度很小)时,$\gamma_{M^+}$、$\gamma_{A^-}$ 近似为 1,$K_{sp}$ 与 $K_{sp}^0$ 不加区别,但若溶液中离子强度较大时,两者的差别就不可忽略。

实际溶液中,在形成沉淀主反应的同时,还可能存在多种副反应使 M 和 A 形成多种存在形式,如

$$[M'] = [M] + [ML] + [ML_2] + \cdots + [M(OH)] + [M(OH)]_2 + \cdots$$
$$[A'] = [A] + [HA] + [H_2A] + \cdots + [NA] + \cdots$$

引入相应的副反应系数 $\alpha_M$、$\alpha_A$ 后,有

$$K_{sp} = [M][A] = \frac{[M'][A']}{\alpha_M \alpha_A} = \frac{K_{sp}'}{\alpha_M \alpha_A}$$

即 $K_{sp}' = [M'][A'] = K_{sp}\alpha_M \alpha_A$

$K_{sp}'$ 称为条件溶度积,此时,$S = [M'] = [A'] = \sqrt{K_{sp}'} = \sqrt{K_{sp}\alpha_M \alpha_A}$,$K_{sp}'$ 在一定条件体系下为常数。由于 $\alpha_M$ 和 $\alpha_A$ 均大于 1,$K_{sp}'$ 大于 $K_{sp}$。

对于 $MA_2$ 型化合物,则有

$$K_{sp}' = [M'][A']^2 = [M]\alpha_M [A]^2 \alpha_A^2 = K_{sp}\alpha_M \alpha_A^2$$

$$S = [M'] = \frac{1}{2}[A'] = \sqrt[3]{\frac{K_{sp}'}{4}}$$

### 7.1.2　影响沉淀溶解度的因素

影响沉淀溶解度的因素很多,如共同离子效应、盐效应、酸效应及配位效应等。此外,温

度、溶剂、沉淀的颗粒大小和结构,也对溶解度有影响,下面分别讨论。

1. 同离子效应(common-ion effect)

组成沉淀晶体的离子称为构晶离子。当溶液中有过量的某一构晶离子存在时,会使沉淀的溶解度减小,这就是同离子效应。

例如,25℃时 $BaSO_4$ 在水中的溶解度为

$$S = [Ba^{2+}] = [SO_4^{2-}] = \sqrt{K_{sp}} = \sqrt{1.1 \times 10^{-10}} = 1.0 \times 10^{-5} (mol/L)$$

如果使溶液中的 $SO_4^{2-}$ 增至 $0.10 \ mol \cdot L^{-1}$,此时 $BaSO_4$ 的溶解度为

$$S = [Ba^{2+}] = \frac{\sqrt{K_{sp}}}{[SO_4^{2-}]} = \frac{1.1 \times 10^{-10}}{0.10} = 1.1 \times 10^{-9} (mol/L)$$

即 $BaSO_4$ 的溶解度减少至原来的万分之一。

因此,在进行重量分析确定沉淀剂用量时,常利用同离子效应,即加入过量的沉淀剂,降低沉淀的溶解度,使沉淀完全。但沉淀剂加得过多,有可能引起盐效应、酸效应及配位效应等增加溶解度的不利后果。一般情况下,沉淀剂过量 $50\% \sim 100\%$;若沉淀剂不易挥发,则以过量 $20\% \sim 30\%$ 为宜。

2. 盐效应(salt effect)

在难溶电解质的饱和溶液中加入强电解质,会使难溶电解质的溶解度增加,这种现象称为盐效应。

例如,在 $KNO_3$ 强电解质存在的情况下,$AgCl$、$BaSO_4$ 的溶解度比在纯水中大,而且溶解度随强电解质的浓度增大而增大。当溶液中 $KNO_3$ 浓度由 0 增到 $0.01 \ mol/L$ 时,$AgCl$ 的溶解度由 $1.28 \times 10^{-8} \ mol/L$ 增到 $1.43 \times 10^{-5} \ mol/L$。

盐效应的原因是离子活度系数与溶液中加入强电解质的种类和浓度有关。根据前面的叙述可知溶度积与活度积的区别,而沉淀平衡严格来说应该用活度积来代替溶度积。在一定范围内,活度系数随电解质浓度增加而减小,$K_{sp}^0$ 为常数,$\gamma_{M^+}$、$\gamma_{A^-}$ 均小于 1,使得 $K_{sp}$ 增大。

因此在利用同离子效应降低沉淀溶解度时,应考虑到盐效应的影响,即沉淀剂不能过量太多。

此外,如果沉淀本身的溶解度很小,则盐效应很小,可以不予考虑。只有当沉淀的溶解度比较大,而且溶液的离子强度很高时,才考虑盐效应的影响。

3. 酸效应(acidic effect)

溶液的酸度对沉淀溶解度的影响称为酸效应。它是由 $H^+$ 浓度影响溶液中弱酸、多元酸或难溶酸的离解平衡而造成的。因此,若沉淀是强酸盐,如 $BaSO_4$、$AgCl$ 等,其溶解度受酸度影响不大。若沉淀是弱酸或多元酸盐[如 $CaC_2O_4$、$Ca_3(PO_4)_2$]或难溶酸(如硅酸、钨酸)以及许多与有机沉淀剂形成的沉淀,则酸效应就很显著。

一般酸性溶液中,$H^+$ 浓度增大会使平衡移向生成酸的方向,导致弱酸、多元酸盐沉淀和氢氧化物沉淀溶解度的增加。因此,在重量分析中,必须注意酸效应引起的溶解损失。

**例 7 - 1**　比较 $CaC_2O_4$ 在 pH 为 4.00 和 2.00 溶液中的溶解度。

解:已知 $CaC_2O_4$ $K_{sp} = 2.0 \times 10^{-9}$,$H_2C_2O_4$ 的 $K_{a_1} = 5.9 \times 10^{-2}$,$K_{a_2} = 6.4 \times 10^{-5}$,设 $CaC_2O_4$ 在 pH 为 4.00 的溶液中的溶解度为 $S$。

$$\alpha_{C_2O_4^{2-}(H)} = 1 + \beta_1[H^+] + \beta_2[H^+]^2 = 2.56$$

$$S = \sqrt{K'_{sp}} = \sqrt{K_{sp}\alpha_{C_2O_4^{2-}(H)}} = \sqrt{2.0 \times 10^{-9} \times 2.56} = 7.2 \times 10^{-5}(\text{mol/L})$$

当 pH = 2.00 时,设溶解度为 $S'$

$$\alpha_{C_2O_4^{2-}(H)} = 185$$

$$S' = \sqrt{2.0 \times 10^{-9} \times 185} = 6.1 \times 10^{-4}(\text{mol/L})$$

由此可见,$CaC_2O_4$ 在 pH 为 2.00 的溶液中溶解度比在 pH 为 4.00 时扩大了约 10 倍。

4. 配位效应(coordination effect)

沉淀反应时,若溶液中存在配位剂,它能与生成沉淀的离子形成配合物,将使沉淀溶解度增大,甚至不产生沉淀,这种现象称为配位效应。

配位效应对沉淀溶解度的影响与配位离子浓度及配合物的稳定性有关,配位离子浓度越大,配合物越稳定,沉淀的溶解度就越大。

有些沉淀剂本身就是配位剂,因此体系中既有同离子效应,起到降低沉淀溶解度的作用,又有配位效应,能够增大沉淀的溶解度。如果沉淀剂适当过量,同离子效应起主导作用,沉淀的溶解度降低;如果沉淀剂过量太多,则配位效应起主导作用,沉淀溶解度反而增大。

例如,$Cl^-$ 既是 $Ag^+$ 的沉淀剂($K_{sp,AgCl} = 10^{-9.5}$),又是 $Ag^+$ 的配位剂,可与 $Ag^+$ 生成配合物 $AgCl$、$AgCl_2^-$、$AgCl_3^{2-}$、$AgCl_4^{3-}$(lg $\beta_1 \sim$ lg $\beta_4$ 分别为 2.9,4.7,5.0,5.9)。$AgCl$ 的溶解度为

$$\begin{aligned} S &= [Ag^+] + [AgCl] + [AgCl_2^-] + [AgCl_3^{2-}] + [AgCl_4^{3-}] \\ &= [Ag^+](1 + \beta_1[Cl^-] + \beta_2[Cl^-]^2 + \beta_3[Cl^-]^3 + \beta_4[Cl^-]^4) \\ &= K_{sp}(1/[Cl^-] + \beta_1 + \beta_2[Cl^-] + \beta_3[Cl^-]^2 + \beta_4[Cl^-]^3) \end{aligned}$$

溶解度受 $[Cl^-]$ 的影响存在最小值,可以通过计算求得,经计算约为 $4 \times 10^{-3}$ mol/L。

如果用 $Ag^+$ 作沉淀剂沉淀 $Cl^-$,生成的 $AgCl$ 沉淀也能与过量的 $Ag^+$ 形成 $[Ag_2Cl]^+$、$[Ag_3Cl]^{2+}$ 等配离子。同样可求得一个最佳 $[Ag^+]$ 值,约为 $4.5 \times 10^{-4}$ mol/L,此时溶解度最小。

5. 其他影响因素

1) 温度

多数沉淀的溶解度随温度升高而增大,但增大的程度不同,由图 7-1 可见,温度对 $BaSO_4$ 溶解度影响较小,而对 $AgCl$ 影响较大。

2) 溶剂

多数无机物沉淀的溶解度在有机溶剂存在时都能显著降低。在重量分析中,有时通过加入一些能与水混溶的有机溶剂来降低沉淀的溶解度。例如,$PbSO_4$ 沉淀在水中的溶解度为 4.5 mg/100 mL,而在 30% 乙醇的水溶液中,溶解度降为 0.23 mg/100 mL。另一方面,当采用有机沉淀剂时,所得沉淀在有机溶剂中的溶解度一般较大,此时就要考虑溶解损失的影响因素了。

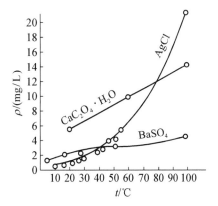

图 7-1　温度对三种沉淀溶解度的影响

3）沉淀颗粒大小的影响

对同种沉淀来说，颗粒越小，溶解度越大。例如，直径为 $0.01\ \mu m$ 左右的 $SrSO_4$，其溶解度为晶粒直径为 $0.05\ \mu m$ 的大颗粒溶解度的 1.5 倍，这是因为小晶体比大晶体有更大的表面积，处于表面的离子受晶体内的离子吸引小，又受到溶剂分子的作用，所以容易进入溶液中。利用该性质，在沉淀完全后，将沉淀与母液一起放置一段时间进行陈化，使小晶体逐渐转化为大晶体，有利于重量分析。

4）形成胶体溶液的影响

进行沉淀反应特别是产物为无定形沉淀时，如果条件掌握不好，常会形成胶体溶液，已经凝聚的胶体沉淀甚至还会因"胶溶"作用而重新分散在溶液中。胶体微粒很小，极易透过滤纸而引起损失，因此应防止形成胶体溶液。将溶液加热和加入大量电解质，对破坏胶体和促进胶凝作用甚为有效。

5）沉淀析出形式的影响

有许多沉淀，初形成时为"亚稳态"，放置后逐渐转化为"稳定态"。亚稳态沉淀的溶解度比稳定态沉淀大，所以沉淀能自发地由亚稳态转化为稳定态。例如，初生的 $CoS$ 沉淀为 $\alpha$ 型，$K_{sp}$ 为 $4\times10^{-20}$，放置后，转化为 $\beta$ 型，$K_{sp}$ 为 $7.9\times10^{-24}$。

## 7.2 沉淀的形成与条件选择

### 7.2.1 沉淀的类型

根据沉淀的物理性质，沉淀可分为三种。

第一种，晶形沉淀。例如，$BaSO_4$ 沉淀颗粒直径在 $0.1\sim1\ \mu m$，内部排列较规则，结构紧密，比表面积较小。

第二种，无定形沉淀，又称胶状沉淀或非晶形沉淀。例如，$Fe_2O_3\cdot nH_2O$ 沉淀就是无定形沉淀。无定形沉淀是由细小的胶体微粒凝聚在一起形成的，微粒直径在 $0.02\ \mu m$ 以下。这种沉淀是杂乱疏松的，比表面积比晶体沉淀大得多。X 射线衍射法证明，一般情况下无定形沉淀不具有晶体结构。

第三种，介于两者之间的凝乳状沉淀。例如，$AgCl$ 沉淀就是凝乳状沉淀。凝乳状沉淀也是由胶体微粒凝聚在一起组成的，微粒直径在 $0.02\sim0.1\ \mu m$，微粒本身是结构紧密的微小晶体。

这三种沉淀最大差别是沉淀颗粒的大小不同。重量分析中最好是避免形成无定形沉淀。因为这种沉淀颗粒排列杂乱，包含大量水分子，并且体积大，形成的疏松絮状沉淀过滤时速度慢，容易堵塞滤纸孔隙。再有就是因沉淀比表面积大，易吸附杂质。相比之下，凝乳状沉淀和晶形沉淀在过滤时速度较快，表面吸附的杂质也易于洗涤。

### 7.2.2 沉淀的形成

沉淀的形成是一个复杂的过程，一般要经过晶核形成和晶核长大两个阶段。

晶核的形成有两种情况：均相成核和异相成核。均相成核是指构晶离子在过饱和溶液中，通过离子的缔合作用,自发地形成晶核。异相成核是指溶液中混有固体微粒,在沉淀过程中,这些微粒起着晶种的作用,诱导沉淀的形成。在沉淀过程中,形成晶核后,溶液中的构晶离子向晶核表面扩散,并沉积在晶核上,晶核就逐渐长大成沉淀微粒。这种由离子形成晶核,再进一步聚集成沉淀微粒的速率称为聚集速率。在聚集的同时,构晶离子在一定晶格中定向排列的速率称为定向速率。如果聚集速率大,而定向速率小,即离子很快聚集生成沉淀微粒,却来不及进行晶格排列,则得到非晶形沉淀。反之,如果定向速率大,而聚集速率小,即离子较缓慢地聚集成沉淀,有足够时间进行晶格排列,则得到晶形沉淀。

聚集速率(或称为形成沉淀的初始速率)主要由沉淀时的条件决定,其中最重要的是溶液中生成沉淀物质的过饱和度。聚集速率与溶液的相对过饱和度成正比。槐氏(Von Weimarn)根据有关实验现象,总结了一个经验公式,表示如下

$$v = K(Q - S)/S \qquad\qquad (7-1)$$

式中,$v$ 为形成沉淀的初始速率(聚集速率);$Q$ 为加入沉淀剂瞬间生成沉淀物质的浓度;$S$ 为沉淀的溶解度;$Q-S$ 为沉淀物质的过饱和度;$(Q-S)/S$ 为相对过饱和度;$K$ 为比例常数,它与沉淀的性质、温度、溶液中存在的其他物质等因素有关。

由式(7-1)可知,相对过饱和度越大,聚集速率越大。若要聚集速率小,必须使相对过饱和度小,就是要求沉淀的溶解度($S$)大,加入沉淀剂瞬间生成沉淀物质的浓度($Q$)不太大,即可获得晶形沉淀。反之,若沉淀的溶解度很小,瞬间生成沉淀物质的浓度又很大,则将形成非晶形沉淀,甚至形成胶体。例如,在稀溶液中沉淀 $BaSO_4$,通常都能获得细晶形沉淀;若在浓溶液(如 $0.75\sim3\ mol\cdot L^{-1}$)中,则形成胶状沉淀。

定向速率主要取决于沉淀物质的本性。一般极性强的盐类,如 $MgNH_4PO_4$、$BaSO_4$、$CaC_2O_4$ 等,具有较大的定向速率,易形成晶形沉淀。而氢氧化物的定向速率较小,因此其沉淀一般为非晶形的,特别是高价金属离子的氢氧化物,如 $Fe(OH)_3$、$Al(OH)_3$ 等。结合的 $OH^-$ 愈多,定向排列愈困难,定向速率愈小。而这类沉淀的溶解度极小,聚集速率很大,加入沉淀剂瞬间形成大量晶核,使水合离子来不及脱水,便带着水分子进入晶核,晶核又进一步聚集起来,因而一般都形成质地疏松、体积庞大、含有大量水分的非晶形或胶状沉淀。二价金属离子(如 $Mg^{2+}$、$Zn^{2+}$、$Cd^{2+}$ 等离子)的氢氧化物含 $OH^-$ 较少,如果条件适当,可能形成晶形沉淀。金属离子的硫化物一般都比其氢氧化物溶解度小,硫化物聚集速率很大,定向速率很小,所以大多数二价金属离子的硫化物也是非晶形或胶状沉淀。

如上所述,从很浓的溶液中析出 $BaSO_4$ 时,可以得到非晶形沉淀;而从很稀的热溶液中析出 $Ca^{2+}$、$Mg^{2+}$ 等二价金属离子的氢氧化物并经过放置后,也可能得到晶形沉淀。因此,沉淀的类型不仅取决于沉淀的本质,也取决于沉淀时的条件,即可通过改变沉淀条件来改变沉淀的类型。

### 7.2.3　沉淀的纯度

在重量分析中,要求获得纯净的沉淀。但当难溶物质从溶液中析出时,会或多或少地夹杂溶液中的其他组分,造成沉淀沾污。因此,必须了解影响沉淀纯度的各种因素,找出减少杂质的方法,以获得符合重量分析要求的沉淀。

1. 共沉淀

当一种难溶物质从溶液中沉淀析出时,溶液中的某些可溶性杂质会被沉淀带下来而混杂

于沉淀中,这种现象称为共沉淀(coprecipitation)。因共沉淀而使沉淀沾污,这是重量分析中最重要的误差来源之一。产生共沉淀的原因是表面吸附、形成混晶、吸留和包藏等,其中主要原因是表面吸附。

1) 表面吸附

由于沉淀表面离子电荷的作用力未完全平衡,因而在沉淀表面上形成自由力场,特别是在棱边和顶角,自由力场更显著。于是溶液中带相反电荷的离子被吸引到沉淀表面上,形成吸附层。沉淀吸附离子时,优先吸附与沉淀中的离子相同的或大小相近、电荷相等的离子,或能与沉淀中的离子生成溶解度较小的物质的离子。此外,由于带电荷多的高价离子静电引力强,也易被吸附,因此对这些离子应设法除去或掩蔽。沉淀吸附杂质的量还与下列因素有关。

沉淀的总表面积:沉淀的总表面积越大,吸附杂质就越多。

杂质离子的浓度:溶液中杂质浓度越大,吸附现象越严重。

温度:吸附与解吸是可逆过程,吸附是放热过程,增高溶液温度将减少吸附。

2) 混晶

如果试液中的杂质与沉淀具有相同的晶格,或杂质离子与构晶离子具有相同的电荷和相近的离子半径,杂质将进入晶格中形成混晶,而沾污沉淀。例如,$MgNH_4PO_4 \cdot 6H_2O$ 和 $MgNH_4AsO_4 \cdot 6H_2O$、$CaCO_3$ 和 $NaNO_3$、$BaSO_4$ 和 $PbSO_4$ 等,当有符合条件的杂质离子存在时,它们就会在沉淀过程中取代构晶离子而进入沉淀内部,这时即使用洗涤或陈化的方法净化沉淀,效果也不显著。为减免混晶的生成,最好事先将这类杂质分离除去。

3) 吸留和包藏

在沉淀过程中,如果沉淀生成太快,则表面吸附的杂质离子来不及离开沉淀表面就被随后沉淀上来的离子覆盖,这样杂质就被包夹在沉淀内部,引起共沉淀,这种现象称吸留;有时母液也可能被包夹在沉淀中,引起共沉淀,这种情况称包藏。以上两种共沉淀不能用洗涤的方法除去杂质,但可以借改变沉淀条件、陈化或重结晶的方法来减免。

2. 后沉淀

后沉淀(postprecipitation)是由于沉淀速度的差异,而在已形成的沉淀上形成第二种不溶物质,这种情况大多发生在特定组分形成的稳定的过饱和溶液中。例如,在 $Mg^{2+}$ 存在下沉淀 $CaC_2O_4$ 时,镁由于形成稳定的草酸盐过饱和溶液而不立即析出。如果把草酸钙沉淀立即过滤,则沉淀只吸附少量镁;若把含有 $Mg^{2+}$ 的母液与草酸钙沉淀共置一段时间,则草酸镁的后沉淀量将会增多。

后沉淀所引入的杂质量比共沉淀要多,且随着沉淀放置时间的延长而增多。因此为防止后沉淀现象的发生,某些沉淀的陈化时间不宜过久。

3. 减小沉淀沾污的措施

1) 采用适当的分析程序和沉淀方法

如果溶液中同时存在含量相差很大的两种离子,需要沉淀分离,为了防止含量少的离子因共沉淀而损失,应该先沉淀含量少的离子。例如,分析烧结菱镁矿(含 MgO 90% 以上、CaO 1% 左右)时,先沉淀 $Ca^{2+}$。但由于 $Mg^{2+}$ 含量太大,不能采用一般的草酸铵沉淀 $Ca^{2+}$ 方法,否则 $MgC_2O_4$ 共沉淀严重。可采用在大量乙醇介质中用稀硫酸将 $Ca^{2+}$ 沉淀成 $CaSO_4$ 而分离。此外,对一些离子采用均相沉淀法或选用适当的有机沉淀剂,也可以减免共沉淀,这在下文中述及。

2) 降低易被吸附离子的浓度

对于易被吸附的杂质离子,必要时应先分离除去或加以掩蔽。为了减小杂质浓度,一般都是在稀溶液中进行沉淀。但对一些高价离子或含量较多的杂质,就必须加以分离或掩蔽。例如,将 $SO_4^{2-}$ 沉淀成 $BaSO_4$ 时,溶液中若有较多的 $Fe^{3+}$ 可将 $Fe^{3+}$ 还原为 $Fe^{2+}$,或者用 EDTA 将 $Fe^{3+}$ 络合,$Fe^{3+}$ 的共沉淀就大为减少。

3) 其他减小沉淀沾污的方法

针对不同类型的沉淀,选用适当的沉淀条件。

在沉淀分离后,用适当的洗涤剂洗涤沉淀。

必要时进行再沉淀(或称二次沉淀)。该方法是将沉淀过滤、洗涤、溶解后,再进行一次沉淀。再沉淀时由于杂质浓度已大为减小,共沉淀现象可以得到减免。

有时采用上述措施后,沉淀的纯度提高仍然不大,则可以对沉淀中的杂质进行测定,再对分析结果加以校正。

在重量分析中,共沉淀或后沉淀现象对分析结果的影响程度随具体情况的不同而不同。例如,用 $BaCl_2$ 作为沉淀剂,用 $BaSO_4$ 重量法测定 $SO_4^{2-}$ 含量,如果沉淀中包藏了 $BaCl_2$,则引起正误差。如果沉淀表面吸附了 $Cl^-$、$NO_3^-$ 等杂质,灼烧后不能除去,也会引起正误差。如果沉淀吸附的是挥发性的物质,灼烧后能完全除去,则不会引起误差。

# 7.3　重量分析法

重量分析中使用较多的是采用晶形沉淀形式的测定方法,其过程包括沉淀、过滤、洗涤、烘干、灼烧和称重等环节,其中对测定准确度影响最为关键的一环就是使被测组分生成纯净、颗粒粗大、易于分离和洗涤的沉淀。所以学习重量分析(沉淀法)的着重点应放在如何创造生成晶形沉淀的反应条件上,其余的内容都是围绕这一重点展开的。

在沉淀法的重量分析中,先要将待测组分转化为沉淀形式析出,再经过烘干或灼烧将沉淀转化为称量形式称重。沉淀形式和称量形式不一定相同。例如,测定 $SO_4^{2-}$ 时,沉淀形式和称量形式相同,都是 $BaSO_4$ 沉淀;而在测定 $Ca^{2+}$ 时,沉淀形式是 $CaC_2O_4 \cdot H_2O$,称量形式则是 $CaCO_3$ 或 $CaO$。

重量分析对沉淀形式的要求:沉淀要完全,沉淀的溶解度要小;沉淀要纯净,尽量避免混进杂质,并应易于过滤和洗涤,因此希望尽量获得粗大的晶形沉淀,如果是无定形沉淀,应注意掌握好沉淀条件;易转化为称量形式。

重量分析对称量形式的要求:称量形式必须有确定的化学组成,这是计算分析结果的依据;称量形式要稳定,不易吸收空气中的水分和二氧化碳,而且在干燥、灼烧时也不易分解;称量形式的摩尔质量尽可能地大,使少量的待测组分转化为较大量的称量物质,从而提高分析灵敏度,减少称量误差。

## 7.3.1　沉淀剂的选择

重量分析中,选择沉淀剂时,除了考虑上述对沉淀的要求外,还希望沉淀剂具有较好的选择性,即要求沉淀剂只能和待测组分生成沉淀,而与试液中的其他共存组分不起作用。例如,丁二酮肟和 $H_2S$ 都可使 $Ni^{2+}$ 沉淀,但在测定 $Ni^{2+}$ 时常选用前者,这是由于 $H_2S$ 的选择性较差。又如沉淀锆离子时,选用在盐酸溶液中与锆有特效反应的苦杏仁酸作沉淀剂,这时即使有钛、铁、钒、铝、铬等离子存在,也不会发生干扰。

此外,还应尽可能选用易挥发或易灼烧除去的沉淀剂。这样,沉淀中带有的沉淀剂即使未经洗净,也可以借烘干或灼烧除去。一些铵盐和有机沉淀剂都能满足这项要求。

许多有机沉淀剂的选择性较好,而且组成固定,易于分离和洗涤,简化操作,加快分析速度,称量形式的摩尔质量也较大,因此有机沉淀剂在沉淀分离中的应用日益广泛。

相对无机沉淀剂而言,有机沉淀剂一般具有以下优点:沉淀在水中溶解度很小;吸附的无机杂质较少;试剂种类多,选择性高;沉淀摩尔质量大。

有机沉淀剂的主要缺点:沉淀剂本身在水中溶解度较小,容易被夹杂在沉淀中;有些沉淀容易黏附于器壁或漂浮于溶液表面,引起操作的不便。

有机沉淀剂的较详细介绍可参见第 9 章。

### 7.3.2　均匀沉淀法

一般沉淀法中,沉淀剂是在搅拌溶液的同时逐渐加入,沉淀剂局部过浓的现象较难避免。采用均匀沉淀法则可克服该现象,在该方法中,沉淀剂是通过溶液中的化学反应逐步、均匀地产生出来的。用均匀沉淀法得到的沉淀颗粒大,表面吸附杂质少,易于过滤洗涤。甚至可以得到 $Fe_2O_3 \cdot nH_2O$、$Al_2O_3 \cdot nH_2O$ 等水合氧化物晶形沉淀。具体方法有以下几种。

1. 改变溶液 pH 法

利用某种试剂的水解反应,使溶液的 pH 逐渐改变,当溶液中的 pH 达到某一数值时沉淀就逐渐形成。最典型的例子就是利用尿素的水解反应

$$(NH_3)_2CO + H_2O \longrightarrow 2NH_3 + CO_2 \uparrow$$

例如,用均相沉淀法沉淀 $Ca^{2+}$ 时,首先在 $Ca^{2+}$ 酸性溶液中加入 $H_2C_2O_4$,此时不会产生 $CaC_2O_4$ 沉淀,溶液中加入尿素后加热,尿素水解生成氨,体系 pH 逐渐均匀上升,pH 的上升速度和数值,可由加热速度、共存盐、浓度等加以调节。通过适当控制,可以得到粗大晶粒的 $CaC_2O_4$ 沉淀。

2. 溶液生成沉淀剂法

在试液中加入能生成沉淀剂的试剂,通过反应,逐渐、均匀地产生出沉淀剂,使被测组分沉淀。

有些酯类水解,能形成阴离子沉淀剂。例如,硫酸二甲酯水解,生成用于 $Ba^{2+}$、$Ca^{2+}$、$Pb^{2+}$ 硫酸盐的均相沉淀剂;草酸二甲酯、草酸二乙酯水解,生成草酸盐沉淀剂用于测定 $Ca^{2+}$、$Mg^{2+}$、$Zr^{4+}$;磷酸三甲酯、磷酸三乙酯、过磷酸四乙酯水解,用于均相沉淀磷酸盐。硫脲、硫代乙酰胺、硫代氨基甲酸铵等含硫化合物的水解,可生成硫化物沉淀等。

3. 蒸发溶剂法

这种方法是预先加入挥发性比水大,且易将待测沉淀溶解的有机溶剂,通过加热将有机溶剂蒸发,使沉淀均匀析出。例如,用 8-羟基喹啉沉淀 $Al^{3+}$ 时,可以在 $Al^{3+}$ 试液中加入 $NH_4Ac$ 缓冲溶液、8-羟基喹啉的丙酮溶液,在 $70 \sim 80℃$ 加热,使丙酮蒸发逸出,15 min 后即有 8-羟基喹啉铝的晶形沉淀出现。

**4. 可溶性配合物破坏法**

通过破坏被测离子的配合物也可以进行均相沉淀。破坏方法一般采用加热或从配合物中置换出被测离子。例如,已知钡、镁的 EDTA 螯合物的稳定常数分别为 $10^{7.76}$ 和 $10^{8.69}$,当 pH 为 8~9 的溶液中存在 $SO_4^{2-}$ 时,$Mg^{2+}$ 就可以把 $Ba^{2+}$ 从 $EDTA-Ba^{2+}$ 螯合物中置换出来生成 $BaSO_4$ 沉淀,利用该置换反应可实现 $BaSO_4$ 的均相沉淀。

## 7.3.3 重量分析的计算

在重量分析中,多数情况下得到的称量形式与待测组分的形式不同,常需要将称量形式的质量换算为待测组分的质量。

例如,测定某试样中的硫含量时,使之沉淀为 $BaSO_4$,灼烧后称量 $BaSO_4$ 沉淀,其质量为 0.556 2 g,则试样中的硫含量可计算如下

$$m_S = m_{BaSO_4} \times \frac{M_S}{M_{BaSO_4}} = 0.556\ 2 \times \frac{32.07}{233.4} = 0.076\ 42(\text{g})$$

在上例计算过程中,用到的待测组分的摩尔质量与称量形式的摩尔质量之比值为一常数,通常称为化学因数(chemical factor)或换算因数,以 $F$ 表示。在计算化学因数时,必须给待测组分的摩尔质量和(或)称量形式的摩尔质量乘以适当系数,使分子和分母中待测元素的原子数目相等。

**例 7-2**　镁的测定中,先将 $Mg^{2+}$ 沉淀为 $MgNH_4PO_4$,再灼烧成 $Mg_2P_4O_7$ 称量。若 $Mg_2P_4O_7$ 质量为 0.351 5 g,则镁的质量为多少?

解:每一个 $Mg_2P_4O_7$ 分子含有两个 Mg 原子,故得

$$m_{Mg} = m_{Mg2\,P2\,O7} \times \frac{2M_{Mg}}{M_{Mg2\,P2\,O7}} = 0.351\ 5 \times \frac{2 \times 24.31}{222.6}\ \text{g} = 0.076\ 77\ \text{g}$$

若须计算待测组分在试样中的质量分数,则

$$w_{待测组分} = \frac{m_{待测组分}}{m_{试样质量}} \times 100\% = \frac{m_{称量形式} \times F}{m_{试样质量}} \times 100\%$$

式中,$F$ 为待测组分在该换算中的化学因数。

实际样品分析中,有时需要测定化学性质十分相似的元素,但要从它们的混合物中分别测定各种成分,往往较困难。此时可以采用几种方法配合使用。

**例 7-3**　分析不纯的 NaCl 和 NaBr 混合物时,称取试样 1.000 g,溶于水,加入沉淀剂 $AgNO_3$,得到 AgCl 和 AgBr 沉淀的总质量为 0.526 0 g。若将此沉淀在氯气流中加热,使 AgBr 转变为 AgCl,再称其质量为 0.426 0 g。试样中 NaCl 和 NaBr 的质量分数各为多少?

解:设 NaCl 的质量为 $x(\text{g})$,NaBr 的质量为 $y(\text{g})$,则

$$m_{AgCl} = \frac{M_{AgCl}}{M_{NaCl}} x$$

$$m_{AgBr} = \frac{M_{AgBr}}{M_{NaBr}} y$$

$$\left(\frac{M_{AgCl}}{M_{NaCl}}x\right)+\left(\frac{M_{AgBr}}{M_{NaBr}}y\right)=0.526\,0$$

即

$$\left(\frac{143.3}{58.44}x\right)+\left(\frac{187.8}{102.9}y\right)=0.526\,0$$

$$2.452x+1.825y=0.526\,0 \tag{1}$$

经氯气流处理后 AgCl 质量等于

$$\left(\frac{M_{AgCl}}{M_{NaCl}}x\right)+\left(\frac{M_{AgCl}}{M_{NaBr}}y\right)=0.426\,0$$

$$\left(\frac{143.3}{58.44}x\right)+\left(\frac{143.3}{102.9}y\right)=0.426\,0$$

$$2.452x+1.393y=0.426\,0 \tag{2}$$

联立(1)式、(2)式可得

$$x=0.042\,23\,(g) \qquad\qquad y=0.231\,5\,(g)$$
$$w_{NaCl}=4.22\% \qquad\qquad w_{NaBr}=23.15\%$$

# 7.4 沉淀滴定法

沉淀滴定法(precipitation titration)是以沉淀反应为基础的一种滴定分析方法。虽然能形成沉淀的反应很多,但并不是所有的沉淀反应都能用于滴定分析。用于沉淀滴定法的沉淀反应必须符合下列几个条件。

第一,生成的沉淀应具有恒定的组成,而且溶解度必须很小。

第二,沉淀反应必须迅速、定量地进行。

第三,能够用适当的指示剂或其他方法确定滴定的终点。

由于上述条件的限制,能用于沉淀滴定法的反应就不是很多了。现主要使用生成难溶银盐的沉淀反应,例如

$$Ag^{+}+Cl^{-}\longrightarrow AgCl\downarrow$$
$$Ag^{+}+SCN^{-}\longrightarrow AgSCN\downarrow$$

这类利用生成难溶银盐反应的测定方法称为银量法,用银量法可以测定 $Cl^{-}$、$Br^{-}$、$I^{-}$、$Ag^{+}$、$CN^{-}$、$SCN^{-}$ 等离子。

## 7.4.1 滴定曲线

以银量法中用 $Ag^{+}$(或 $AgNO_3$)滴定 $Cl^{-}$(或 NaCl)为例,进行简单讨论和计算绘制滴定曲线,反应为

$$Ag^{+}+Cl^{-}\rightleftharpoons AgCl\downarrow \qquad\qquad K_{sp}=1.8\times10^{-10}$$

此反应的平衡常数为

$$K = K_{sp}^{-1} = (1.8 \times 10^{-10})^{-1} = 5.6 \times 10^9$$

式中，$K_{sp}$ 是 AgCl 沉淀的溶度积。

设用 0.100 0 mol/L Ag$^+$ 溶液滴定 50.00 mL 0.050 00 mol/L 的 Cl$^-$ 溶液，由于反应平衡常数大，可以认为 Ag$^+$ 和 Cl$^-$ 反应完全，因此可采用类似酸碱滴定、配位滴定和氧化还原滴定中的计算方法，计算达到化学反应计量点所需的 Ag$^+$ 溶液体积。根据

$$c_{Ag^+} V_{Ag^+} = c_{Cl^-} V_{Cl^-}$$

$$V_{Ag^+} = \frac{c_{Cl^-} V_{Cl^-}}{c_{Ag^+}} = \frac{0.050\ 00\ mol \cdot L^{-1} \times 50.00\ mL}{0.100\ 0\ mol \cdot L^{-1}} = 25.00\ mL$$

达到化学反应计量点需要 25.00 mL 的 Ag$^+$ 标准溶液。

在达到化学计量点前，如果加入 10.00 mL Ag$^+$ 标准溶液，Cl$^-$ 是过量的，未反应的 Cl$^-$ 浓度为

$$[Cl^-] = \frac{c_{Cl^-} V_{Cl^-} - c_{Ag^+} V_{Ag^+}}{V_{Cl^-} + V_{Ag^+}}$$

$$= \frac{0.050\ 00\ mol/L \times 50.00\ mL - 0.100\ 0\ mol/L \times 10.00\ mL}{50.00\ mL + 10.00\ mL}$$

$$= 2.500 \times 10^{-2}\ mol/L$$

将 $[Cl^-]$ 取负对数，用 pCl 表示，则

$$pCl = -\lg[Cl^-] = -\lg(2.500 \times 10^{-2}) = 1.60$$

$[Ag^+]$ 可以根据氯化银的溶度积计算

$$[Ag^+] = \frac{K_{sp}}{[Cl^-]} = \frac{1.8 \times 10^{-10}}{2.500 \times 10^{-2}}\ mol/L = 7.2 \times 10^{-9}\ mol/L$$

此时，pAg = 8.14。

在达到化学计量点时，Ag$^+$ 和 Cl$^-$ 两种离子的浓度是相等的，根据溶度积计算两者的浓度为

$$K_{sp} = [Ag^+][Cl^-] = [Ag^+]^2 = 1.8 \times 10^{-10}$$

$$[Ag^+] = [Cl^-] = 1.3 \times 10^{-5}\ mol/L$$

此时 pAg 和 pCl 都为 4.89。

在达到化学计量点后，滴定混合物中含有过量 Ag$^+$，如果加入 35.00 mL 滴定剂，Ag$^+$ 浓度计算如下：

$$[Ag^+] = \frac{c_{Ag^+} V_{Ag^+} - c_{Cl^-} V_{Cl^-}}{V_{Cl^-} + V_{Ag^+}}$$

$$= \frac{0.100\ 0\ mol/L \times 35.00\ mL - 0.050\ 00\ mol/L \times 50.00\ mL}{50.00\ mL + 35.00\ mL}$$

$$= 1.180 \times 10^{-2}\ mol/L$$

此时，pAg = 1.93，Cl$^-$ 浓度为

$$[Cl^-] = \frac{K_{sp}}{[Ag^+]} = \frac{1.8 \times 10^{-10}}{1.180 \times 10^{-2}} \text{ mol/L} = 1.5 \times 10^{-8} \text{ mol/L}$$

pCl＝7.82。

　　计算的 pAg 和 pCl 的其他数据见表 7-1,根据这些数据绘出沉淀滴定曲线(图 7-2)。

　　由图 7-2 可看出,化学计量点附近 pCl 发生突跃,如果有一种指示剂在突跃范围内指示终点,则在实际滴定时可得到较准确的结果。

表 7-1　用 0.100 0 mol/L AgNO₃ 滴定 50.00 mL 0.050 00 mol/L NaCl 的数据

| $V_{AgNO_3}$ /mL | pCl | pAg |
|---|---|---|
| 0.00 | 1.30 | |
| 5.00 | 1.44 | 8.31 |
| 10.00 | 1.60 | 8.14 |
| 15.00 | 1.81 | 7.93 |
| 20.00 | 2.15 | 7.60 |
| 25.00 | 4.89 | 4.89 |
| 30.00 | 7.54 | 2.20 |
| 35.00 | 7.82 | 1.93 |
| 40.00 | 7.97 | 1.78 |
| 45.00 | 8.07 | 1.68 |
| 50.00 | 8.14 | 1.60 |

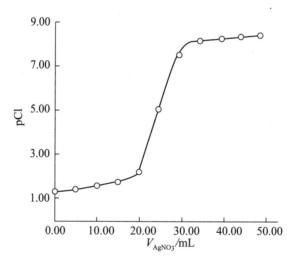

图 7-2　用 0.100 0 mol/L AgNO₃ 滴定 50.00 mL 0.50 00 mol/L NaCl 的滴定曲线

　　滴定突跃的大小与溶液浓度以及沉淀的溶解度有关。若浓度增加或减小 10 倍,滴定突跃的范围则增加或减小 2 个单位;而 0.100 0 mol/L AgNO₃ 滴定 NaI($K_{sp,AgI} = 10^{-15.8}$)时,突跃范围是 7.2(pI 4.3→11.5),较之滴定 NaCl($K_{sp,AgCl} = 10^{-9.5}$)时,突跃范围是 0.9(pI 4.3→5.2),前者突跃更为明显。

### 7.4.2　沉淀滴定终点指示剂和沉淀滴定分析方法

合适的指示剂对沉淀滴定方法起着关键作用,因此常用的沉淀滴定方法多以特征终点指示剂命名。

1. 莫尔法——铬酸钾作指示剂(Mohr method)

莫尔法是以 $K_2CrO_4$ 为指示剂,用 $AgNO_3$ 标准溶液滴定 $Cl^-$ 的滴定方法。由于 $AgCl$ 的溶解度比 $Ag_2CrO_4$ 小,因此在用 $AgNO_3$ 溶液滴定过程中,首先生成 $AgCl$ 沉淀,待 $AgCl$ 定量沉淀后,稍微过量的 $AgNO_3$ 溶液才与 $K_2CrO_4$ 反应,并立即形成砖红色的 $Ag_2CrO_4$ 沉淀,指示终点到达。这种方法适合测定天然水或饮用水中 $Cl^-$ 含量(当水中含有 $PO_4^{3-}$、$SO_3^{2-}$ 和 $S^{2-}$ 时,则须采用佛尔哈德法测定 $Cl^-$)。

该方法中指示剂 $K_2CrO_4$ 的用量对于指示终点有较大影响。$CrO_4^{2-}$ 浓度过高或过低,沉淀的析出就会提前或推迟,将产生一定的终点误差。因此要求 $Ag_2CrO_4$ 沉淀应该恰好在滴定反应化学计量点时产生,根据溶度积可以计算出化学计量点时

$$[Ag^+]_{sp} = \sqrt{K_{sp}(AgCl)} = \sqrt{1.8 \times 10^{-10}} = 1.34 \times 10^{-5}(mol/L)$$

此时产生 $Ag_2CrO_4$ 沉淀所需的 $CrO_4^{2-}$ 浓度为

$$[CrO_4^{2-}] = \frac{K_{sp}(Ag_2CrO_4)}{[Ag^+]^2} = \frac{1.12 \times 10^{-12}}{(1.34 \times 10^{-5})^2} = 6.2 \times 10^{-3}(mol/L)$$

滴定时,由于 $K_2CrO_4$ 呈黄色,当其浓度较高时颜色较深,不易判断砖红色沉淀的出现,因此指示剂的浓度以略低一些为好。一般滴定溶液中 $CrO_4^{2-}$ 浓度宜控制在 $5 \times 10^{-3}$ mol/L。

$CrO_4^{2-}$ 在浓度较低时,要使 $Ag_2CrO_4$ 析出沉淀,必须消耗 $AgNO_3$ 溶液,因此会产生滴定剂过量的正误差,该终点误差一般都小于 0.1%,可以认为不影响分析结果的准确度。但是如果溶液较稀,如用 0.010 00 mol/L $AgNO_3$ 溶液滴定 0.010 00 mol/L KCl 溶液,则终点误差可达 0.8%,就会影响分析结果的准确度。在这种情况下,通常需要用指示剂的空白值对测定结果进行校正。

$CrO_4^{2-}$ 与 $H^+$ 有如下的平衡关系

$$2H^+ + 2CrO_4^{2-} \Longleftrightarrow 2HCrO_4^- \Longleftrightarrow Cr_2O_7^{2-} + H_2O$$

在酸性溶液中,上述平衡将向右移动,使 $CrO_4^{2-}$ 浓度降低,影响 $Ag_2CrO_4$ 沉淀的生成,因此也就影响到终点的判断。另外,由于 $AgNO_3$ 在强碱性溶液中会沉淀为 $Ag_2O$,因此莫尔法只能在中性或弱碱性(pH=6.5～10.5)溶液中进行。如果试液为酸性或强碱性,可用酚酞作指示剂,以稀 NaOH 溶液或稀 $H_2SO_4$ 溶液调节至酚酞的红色刚好褪去,也可用 $NaHCO_3$、$CaCO_3$ 或 $Na_2B_4O_7$ 等预先中和,然后再滴定。

由于生成的 $AgCl$ 沉淀容易吸附溶液中过量的 $Cl^-$,使溶液中 $Cl^-$ 浓度降低,与之平衡的 $Ag^+$ 浓度增加,以致 $Ag_2CrO_4$ 沉淀过早产生,引入误差,故滴定时必须剧烈摇动,使被吸附的 $Cl^-$ 释出。$AgBr$ 吸附 $Br^-$ 比 $AgCl$ 吸附 $Cl^-$ 严重,滴定时更要注意剧烈摇动,否则会引入较大误差。

$AgI$ 和 $AgSCN$ 沉淀分别吸附 $I^-$ 和 $SCN^-$,并且吸附量更大,所以莫尔法不适用于测定 $I^-$ 和 $SCN^-$。

能与 $Ag^+$ 生成沉淀的 $PO_4^{3-}$、$AsO_3^{3-}$、$CO_3^{2-}$、$S^{2-}$、$C_2O_4^{2-}$ 等阴离子,和能与 $CrO_4^{2-}$ 生成沉淀的 $Ba^{2+}$、$Pb^{2+}$ 等阳离子,以及在中性或弱碱性溶液中发生水解的 $Fe^{3+}$、$Al^{3+}$、$Bi^{3+}$、$Sn^{4+}$ 等离子,对测定都有干扰,应预先将其分离。

**2. 佛尔哈德法——铁铵矾作指示剂(Volhard method)**

佛尔哈德法是在含 $Ag^+$ 的酸性溶液中加入铁铵矾[$NH_4Fe(SO_4)_2 \cdot 12H_2O$]指示剂,用 $NH_4SCN$ 标准溶液直接进行滴定。滴定过程中首先生成白色的 $AgSCN$ 沉淀,接近化学计量点时,$Ag^+$ 浓度迅速降低,$SCN^-$ 浓度迅速增加,当 $SCN^-$ 与铁铵矾中的 $Fe^{3+}$ 反应生成红色 $FeSCN^{2+}$ 配合物时,即可作为终点指示。

上述滴定过程中生成的 $AgSCN$ 沉淀会吸附溶液中的 $Ag^+$,结果使 $Ag^+$ 浓度降低,造成红色的出现会略早于化学计量点。因此滴定过程中需剧烈摇动,释出被吸附的 $Ag^+$。

此法的优点在于可以在酸性溶液中直接测定 $Ag^+$。

用佛尔哈德法测定卤素时采用间接法,即先加入已知过量的 $AgNO_3$ 标准溶液,再以铁铵矾作指示剂,用 $NH_4SCN$ 标准溶液回滴剩余的 $Ag^+$。

由于 $AgSCN$ 的溶解度小于 $AgCl$ 的溶解度,所以用 $NH_4SCN$ 溶液回滴剩余的 $Ag^+$ 达化学计量点后,稍微过量的 $SCN^-$ 可能与 $AgCl$ 作用,使 $AgCl$ 转化为 $AgSCN$

$$AgCl + SCN^- \longrightarrow AgSCN + Cl^-$$

如果剧烈摇动溶液,可使反应不断向右进行,直至平衡。此时作为终点,已多消耗了一部分 $NH_4SCN$ 标准溶液。为了避免上述误差,通常可采用以下两种措施。

一是在试液中加入过量的 $AgNO_3$ 标准溶液后,将溶液煮沸,使 $AgCl$ 凝聚,减少 $AgCl$ 沉淀对 $Ag^+$ 的吸附。滤去沉淀,并用稀 $HNO_3$ 充分洗涤沉淀,然后用 $NH_4SCN$ 标准溶液回滴滤液中过量的 $Ag^+$。这一措施要用到沉淀、过滤等操作,过程烦琐,耗时较长。

另一种措施是在滴加 $NH_4SCN$ 标准溶液前加入硝基苯 $1\sim 2$ mL(由于 $AgCl$ 沉淀转化成 $AgSCN$ 沉淀的反应速度较慢,又因为硝基苯毒性大,所以在某些工厂分析中,如果要求不高,可不加硝基苯,而直接滴定,不过滴定速度要快,近终点时摇动不要太剧烈,使 $AgCl$ 沉淀来不及转化),摇动后,$AgCl$ 沉淀进入硝基苯层中,不再与滴定溶液接触,这样就避免发生上述 $AgCl$ 沉淀与 $SCN^-$ 沉淀间的转化。

比较溶度积的数值可知,用本法测定 $Br^-$ 和 $I^-$ 时,不会发生上述沉淀转化反应。但在测定 $I^-$ 时,应先加 $AgNO_3$,再加指示剂,以避免 $I^-$ 对 $Fe^{3+}$ 的还原作用。

由于指示剂中的 $Fe^{3+}$ 在中性或碱性溶液中会发生水解,因此佛尔哈德法一般在强酸性溶液($0.3\sim 1.0$ mol/L)中进行。

许多弱酸根如 $AsO_4^{3-}$、$C_2O_4^{2-}$、$CrO_4^{2-}$、$CO_3^{2-}$、$PO_4^{3-}$ 等均不干扰,一些能与 $SCN^-$ 反应的汞盐、铜盐及强氧化剂等干扰测定,须预先除去。

**3. 法扬司法——吸附指示剂(Fajans method)**

用吸附指示剂指示滴定终点的银量法称为法扬司法。吸附指示剂是一类有色的有机化合物,它被吸附在胶体微粒表面后,发生分子结构的变化,从而引起颜色的变化。

例如,用 $AgNO_3$ 作标准溶液测定 $Cl^-$ 含量时,可用荧光黄作指示剂。荧光黄是一种有机弱酸,可用 HFI 表示。在溶液中它可离解为荧光黄阴离子 $FI^-$,呈黄绿色。在化学计量点之前,溶液中存在过量 $Cl^-$,$AgCl$ 沉淀胶体微粒吸附 $Cl^-$ 而带有负电荷,不会吸附指示剂阴离子 $FI^-$,溶液仍呈 $FI^-$ 的黄绿色;而在化学计量点后,稍过量的 $AgNO_3$ 标准溶液即可使 $AgCl$ 沉

淀胶体微粒吸附 $Ag^+$ 而带正电荷,形成 $AgCl \cdot Ag^+$,这时带正电荷的胶体微粒将吸附 $FI^-$,并发生分子结构的变化,出现由黄绿变成淡红的颜色变化,指示终点的到达。

$$AgCl \cdot Ag^+ + FI^- \xrightarrow{\text{吸附}} AgCl \cdot Ag^+ FI^-$$
$$\text{(黄绿色)} \qquad\qquad \text{(淡红色)}$$

为了使终点变色敏锐,使用吸附指示剂时需要注意以下几个问题。

第一,由于吸附指示剂的颜色变化发生在沉淀微粒表面上,因此应尽可能使卤化银沉淀呈胶体状态,而具有较大的表面积。为此,在滴定前应将溶液稀释,并加入糊精、淀粉等高分子化合物作为保护胶体,以防止 AgCl 沉淀凝聚。

第二,常用的吸附指示剂大多是有机弱酸,而起指示作用的是它们的阴离子。例如,荧光黄 $pK_a \approx 7$。当溶液 pH 低时,荧光黄大部分以 HFI 形式存在,不会被卤化银沉淀吸附,不能指示终点。所以用荧光黄作指示剂时,溶液的 pH 应为 $7 \sim 10$。若选用 $pK_a$ 较小的指示剂,则可以在 pH 较低的溶液中指示终点。

第三,卤化银沉淀对光敏感,遇光易分解析出金属银,使沉淀很快转变为灰黑色,影响终点观察,因此在滴定过程中应避免强光照射。

第四,胶体微粒对指示剂离子的吸附能力,应略小于对待测离子的吸附能力,否则指示剂将在化学计量点前变色,但如果吸附能力太差,终点时变色也不敏锐。卤化银对卤化物和几种吸附指示剂的吸附能力大小的比较如下

$$I^- > SCN^- > Br^- > \text{曙红} > Cl^- > \text{荧光黄}$$

第五,溶液中被滴定离子的浓度不能太低,因为浓度太低时,沉淀很少,观察终点比较困难。如用荧光黄作指示剂,用 $AgNO_3$ 溶液滴定 $Cl^-$ 时,$Cl^-$ 浓度要求在 0.005 mol/L 以上。但 $Br^-$、$I^-$、$SCN^-$ 等的灵敏度稍高,浓度低至 0.001 mol/L 仍可准确滴定。

吸附指示剂除用于银量法以外,还可用于测定 $Ba^{2+}$ 及 $SO_4^{2-}$。吸附指示剂种类较多,常用的列于表 7-2 中。

表 7-2　常用的吸附指示剂

| 指示剂名称 | 待测离子 | 滴定剂 | 适用的 pH 范围 |
|---|---|---|---|
| 荧光黄 | $Cl^-$、$Br^-$、$I^-$、$SCN^-$ | $Ag^+$ | $7 \sim 10$ |
| 二氯荧光黄 | $Cl^-$、$Br^-$、$I^-$、$SCN^-$ | $Ag^+$ | $4 \sim 6$ |
| 溴甲酚绿 | $SCN^-$ | $Ag^+$ | $4 \sim 5$ |
| 曙红 | $Br^-$、$I^-$、$SCN^-$ | $Ag^+$ | $2 \sim 10$ |
| 溴酚蓝 | $Cl^-$、$SCN^-$ | $Ag^+$ | $2 \sim 3$ |
| 甲基紫 | $SO_4^{2-}$、$Ag^+$ | $Ba^{2+}$、$Cl^-$ | 酸性溶液 |
| 罗丹明 6G | $Ag^+$ | $Br^-$ | 稀 $HNO_3$ |

## 思 考 题

**1.** 影响沉淀溶解度的因素有哪些？它们是怎样发生影响的？在分析工作中,对于复杂的情况,应如何考虑主要影响因素？

**2.** 共沉淀和后沉淀对重量分析有哪些不良影响？在分析化学中什么情况下需要利用共沉淀？

**3.** 要获得纯净而易于分离和洗涤的晶形沉淀,需采取哪些措施？为什么？

**4.** 什么是均相沉淀法？与一般沉淀法相比,它有何优点？

**5.** 试述银量法指示剂的作用原理,并与酸碱滴定法比较。

**6.** 试讨论莫尔法的局限性。

## 习 题

**1.** 求 $CaF_2$ 在下述条件下的溶解度。

(1) 纯水中(忽略水解)。

(2) 0.01 mol/L $CaCl_2$ 溶液中。

(3) 0.01 mol/L HCl 溶液中。

$$(1.9 \times 10^{-4} \text{ mol/L}; 2.6 \times 10^{-5} \text{ mol/L}; 1.9 \times 10^{-3} \text{ mol/L})$$

**2.** 0.01 mol/L 的某金属 $M^{2+}$ 溶液中加入 NaOH,使之产生 $M(OH)_2$ 沉淀,若忽略体积变化,计算下列情况下溶液的 pH。(已知 $K_{sp} = 4.0 \times 10^{-15}$)

(1) $M^{2+}$ 1%沉淀。(2) $M^{2+}$ 50%沉淀。(3) $M^{2+}$ 99%沉淀。

$$(7.8; 8.0; 8.8)$$

**3.** 在 100 mL 纯水中加入 AgCl 和 AgBr 固体,计算平衡状态下溶液中 $Ag^+$ 的浓度。

$$(1.34 \times 10^{-5} \text{ mol/L})$$

**4.** 往 100 mL 0.030 mol/L KCl 溶液中加入 0.340 0 g 固体 $AgNO_3$,计算此溶液中 pCl 及 pAg。

$$(2.0, 7.8)$$

**5.** 计算下列化学因数 $F$。

(1) 从 $Mg_2P_2O_7$ 的质量计算 $MgSO_4 \cdot 7H_2O$ 的质量。

(2) 从 $(NH_4)_3PO_4 \cdot 12MoO_3$ 的质量计算 P 和 $P_2O_5$ 的质量。

(3) 从 $Cu(C_2H_3O_2)_2 \cdot 3Cu(AsO_2)_2$ 的质量计算 $As_2O_3$ 和 CuO 的质量。

(4) 从丁二酮肟镍 $Ni(C_4H_8N_2O_2)_2$ 的质量计算 Ni 的质量。

(5) 从 8-羟基喹啉铝 $(C_9H_6NO)_3Al$ 的质量计算 $Al_2O_3$ 的质量。

$$(2.21; 0.038; 0.0585, 0.315; 0.203; 0.11)$$

**6.** 取正长石试样 0.467 0 g,经熔样处理后,将其中 $K^+$ 沉淀为四苯硼酸钾 $K[B(C_6H_5)_4]$,烘干后,沉淀质量为 0.172 6 g,计算试样中 $K_2O$ 的质量分数。

$$(4.86\%)$$

**7.** 设试样仅含有 NaCl 及 KCl,称 0.132 5 g 用 0.103 2 mol/L $AgNO_3$ 标准溶液滴定,用去 $AgNO_3$ 溶液 21.84 mL。求试样中 NaCl 及 KCl 的质量分数。

(93.81%；6.19%)

**8.** 称取一定量约含 52% NaCl 和 44% KCl 的试样。将试样溶于水后，加入 0.112 8 mol/L AgNO₃ 溶液 30.00 mL。过量的 AgNO₃ 需用 10.00 mL 标准 NH₄SCN 溶液滴定。已知 1.00 mL 标准 NH₄SCN 溶液相当于 1.15 mL AgNO₃ 溶液。应称取试样多少克？

(0.14 g)

**9.** 称取 0.577 6 克含有 NaCl 和 NaBr 的试样，用重量法测定得到两者的银盐沉淀 0.440 3 g；另取同样质量的试样用沉淀法测定，用去 0.107 4 mol/L AgNO₃ 溶液 25.25 mL。求 NaCl 和 NaBr 的质量分数。

(15.68%，20.71%)

**10.** 设某纯有机化合物 $C_4H_8SO_x$，将该化合物试样 174.4 mg 进行试样分析处理，使 S 转化为 $SO_4^{2-}$，取其 1/10 体积以 0.012 68 mol/L Ba(ClO₄)₂ 溶液滴定，以吸附指示剂指示终点，达到终点时，耗去 11.45 mL，求 $x$ 值。

(2)

# 第8章 吸光光度法

基于物质对光的选择性吸收而建立起来的分析方法称为吸光光度法（adsorption photometry），其中基于有色物质对可见光的选择性吸收建立起来的分析方法称为可见分光光度法（visible spectrophotometry），又称为吸光光度法或比色法（colorimetry）；而基于物质对紫外光的选择性吸收建立的分析方法则称为紫外分光光度法（ultraviolet spectrophotometry）或紫外吸收光谱法。由于大多数被测组分本身对可见光无吸收或吸收较弱，不能直接采用可见分光光度计进行测定，需要通过化学反应先将其转变成对可见光有吸收的物质，再进行测定。因此，吸光光度分析的实验方法涉及化学反应，与其他仪器分析方法相比较为特殊，且分光光度计结构简单，操作方便，应用广泛，故本书也作重点介绍。

## 8.1 吸光光度法的特点

吸光光度法与化学分析方法或其他仪器分析方法相比，具有以下特点。

第一，灵敏度高。主要用于试样中微量或痕量组分的含量测定，被测试样的浓度下限可达 $10^{-6} \sim 10^{-5}$ mol/L。

第二，准确度高。采用精密度较高的分光光度计时，测定相对误差为 1%～2%，方法的准确度能够满足微量组分测定的要求。

第三，仪器简单，应用广泛。与其他分析仪器相比，可见分光光度计结构简单，操作方便。随着近年来高灵敏度、高选择性的显色剂和掩蔽剂不断出现，吸光光度法已用于多种无机离子和有机化合物的含量分析。该方法还可用于反应机理及化学平衡的研究，如配合物的组成，有机酸、碱的离解常数的测定等。

## 8.2 吸光光度法的基本原理

### 8.2.1 物质对可见光的选择性吸收与溶液颜色的关系

光是一种电磁波。电磁波范围很宽，波长为 $10^{-1}$ nm～$10^3$ m，根据波长或频率排列，得到如图 8-1 所示的电磁波谱图。

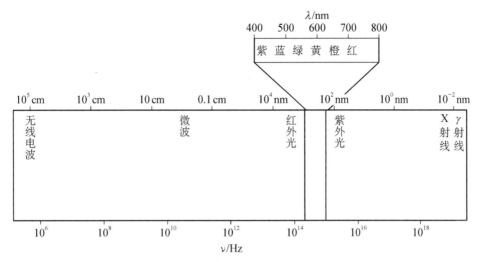

图 8-1 电磁波谱图

人的眼睛能感觉到的光称为可见光(visible light),可见光区的波长范围为 400~760 nm,不同波长的光具有不同的颜色。只具有单一波长的光称为单色光,由不同波长的光组成的光称为复合光,白光(如日光等)就是由多种不同颜色的光组成的复合光。如果将两种适当颜色的单色光按一定强度比例混合,也可以得到白光,这两种颜色的单色光称为互补色光,两种颜色称为互补色。

当一束白光通过某溶液时,如果溶液对各种颜色的光均不吸收,入射光全透过,则溶液是无色的。如果溶液吸收了白光中一部分波长的光,剩余的光透过溶液,这部分透射光将到达观测者的眼睛而使人感受到颜色,因此溶液呈现出的颜色由透射光的波长决定。在透射光中,由于除吸收光的互补色光外,其他的光都互补为白光,所以溶液呈现的是吸收光颜色的互补色。例如,$KMnO_4$ 溶液选择性地吸收了波长在 525 nm 附近的绿色光,而呈现其互补色紫红色。表 8-1 列出了溶液颜色与吸收光颜色的互补关系。

表 8-1 溶液颜色与吸收光颜色的互补关系

| 溶液颜色 | 吸收光 | |
|---|---|---|
| | 颜色 | $\lambda$/nm |
| 黄绿 | 紫 | 400~450 |
| 黄 | 蓝 | 450~480 |
| 橙 | 绿蓝 | 480~490 |
| 红 | 蓝绿 | 490~500 |
| 紫红 | 绿 | 500~560 |
| 紫 | 黄绿 | 560~580 |
| 蓝 | 黄 | 580~600 |
| 绿蓝 | 橙 | 600~650 |
| 蓝绿 | 红 | 650~760 |

### 8.2.2  物质对可见光产生选择性吸收的原因

物质的分子或离子中,无论是电子运动的能量还是分子振动能、转动能,均为不连续的,即分子内部能量是量子化的。当照射光的光量子能量与分子内两能级间能量差相等时,分子可将光量子吸收,本身被激发至较高的能量状态,此即是物质对光的选择性吸收。

电荷迁移跃迁和配位场跃迁是引起物质对可见光产生选择性吸收的主要能级跃迁形式。

#### 1. 电荷迁移跃迁

某些分子同时具有电子给予体部分和电子接受体部分,它们在电磁波的照射下,电子从给予体向接受体相联系的能级轨道上跃迁,电荷迁移跃迁的实质是一个分子内氧化还原的过程。许多无机化合物、有机化合物及过渡金属配合物都会吸收光量子而产生电荷迁移跃迁,形成对光的选择性吸收。

例如,$Fe^{3+}$ 与 $SCN^-$ 形成的红色配合物离子受辐射能激发后,发生如下电荷迁移跃迁

$$[Fe^{3+}SCN^-]^{2+} \xrightarrow{h\nu} [Fe^{2+}SCN]^{2+}$$

此处,$Fe^{3+}$ 为中心离子,是电子接受体,$SCN^-$ 是配体,为电子给予体。具有 $d^{10}$ 电子结构的过渡金属元素形成的卤化物及硫化物(如 $AgBr$、$HgS$ 等)也是由于电荷迁移跃迁而产生颜色。

电荷迁移吸收最大的特点是摩尔吸光系数(反映物质吸光能力的参数)较大,一般大于 $10^4$ L/(mol·cm),因此常用于微量元素的定量分析。电荷迁移吸收出现的波长取决于电子给予体和电子接受体相应的电子轨道能级差,若中心离子的氧化(还原)能力越强或配体的还原(氧化)能力越强,则发生电荷迁移所吸收的辐射能量越小,波长越长。

#### 2. 配位场跃迁

元素周期表中第四、第五周期的过渡金属元素分别具有 3d 和 4d 轨道,镧系和锕系分别具有 4f 和 5f 轨道,这些轨道的能量通常是相等的(简并的)。当配位体按一定的几何方向配位在金属离子的周围时,使得原来简并的 5 个 d 轨道和 7 个 f 轨道分别分裂成几组能量不等的 d 轨道和 f 轨道。当它们吸收光能后,低能态的 d 电子或 f 电子可分别跃迁至高能态的 d 或 f 轨道上,称为 d−d 跃迁和 f−f 跃迁。由于这两类跃迁必须在配体的配位场作用下才有可能产生,因此称之为配位场跃迁。

由于 d 电子和 f 电子的基态与激发态之间的能量差别不大,由配位场跃迁引起的配位场跃迁吸收一般位于可见光区。配位场跃迁吸收的摩尔吸光系数较小,一般小于 $10^2$ L/(mol·cm),因此较少用于定量分析,但可用于研究配合物的结构及无机配合物键合理论等。

### 8.2.3  吸收光谱曲线

#### 1. 吸光度

当一束强度为 $I_0$ 的单色光照射试样溶液时,部分光量子与溶液中吸光质点(分子或离子)"碰撞"而被吸收,因此透射光强度减弱为 $I_t$。溶液对入射单色光的吸收程度,可用透光率(transmittance,$T$)和吸光度(absorbance,$A$)来表示。

$$T = \frac{I_t}{I_0} \qquad\qquad (8-1)$$

$$A = \lg \frac{I_0}{I_t} \qquad\qquad (8-2)$$

透光率通常用百分率来表示,透光率的取值范围是 $0\sim100\%$。吸光度与透光率的关系为

$$A = \lg \frac{1}{T} = -\lg T \qquad\qquad (8-3)$$

2. 吸收光谱曲线

将各种波长的单色光依次通过一定浓度的试样溶液,测量其对各种单色光的吸收程度,然后以波长为横坐标,以吸光度为纵坐标作图,即得到该溶液的吸收光谱曲线,也称为吸收曲线。如图 8-2 所示为高锰酸钾水溶液的吸收曲线。

由图可见,分子吸收光谱呈现为带状的连续光谱。这是由于可见光及紫外光在引起分子发生电子能级跃迁时,可能跃迁至同一电子能级的不同振动能级和转动能级,振动能级之间以及转动能级之间的能量差值均很小,使得各吸收波长的差异很小。而目前使用的仪器无法分辨出如此小的波长差异,因此分子吸收光谱为带状光谱。

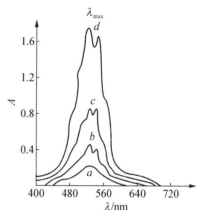

图 8-2　高锰酸钾水溶液的吸收曲线
（溶液浓度 $a<b<c<d$）

吸收光谱曲线可以清楚、直观地反映出物质对不同波长光的吸收情况。在可见光范围内,$KMnO_4$ 溶液对不同波长的光的吸收情况不同,对波长为 525 nm 的绿色光吸收最多,吸光度最大,此处的波长称最大吸收波长,以 $\lambda_{max}$ 表示。

不同浓度的高锰酸钾溶液对应的 4 条吸收曲线的最大值均出现在 525 nm 波长处,吸收光谱形状相似。在一定波长处高锰酸钾溶液的吸光度随浓度的增加而增大,此为吸光光度法定量分析的依据。

如在最大吸收波长下进行测定,高锰酸钾浓度的微小变化可使吸光度有较大改变,测定的灵敏度高,故吸收光谱曲线是吸光光度法中选择检测波长的重要依据。定量分析时,需先绘制被测溶液的吸收曲线,确定 $\lambda_{max}$,并在此波长下进行测定。

## 8.2.4　光吸收定律——朗伯-比尔定律

德国物理学家朗伯(Lambert)早在 18 世纪就系统阐述了物质对光的吸收与吸收物质的厚度之间的正比关系,此关系称为朗伯定律。1852 年,德国数学家比尔(Beer)证明了光的吸收程度与透明介质中光所遇到的吸光质点数目成正比,即与溶液中吸光物质的浓度成正比,此关系称为比尔定律。将朗伯定律和比尔定律合并,称为朗伯-比尔定律(Lambert-Beer 定律)。朗伯-比尔定律又称光吸收定律,它描述了物质量与光吸收程度的定量关系,是多种吸光光度法定量分析的理论基础。

1. 光吸收定律的推导

当一束平行的、强度为 $I_0$ 的单色光垂直照射于厚度为 $b$、浓度为 $c$、单位截面积为 $S$ 的均、

非散射性有色溶液时,由于溶液中吸光质点对入射
光部分吸收,使透射光强度降至 $I_t$ ,见图 8-3。

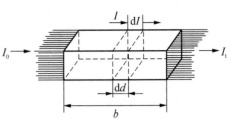

如果将液层分成厚度为无限小的相等薄层,每
一薄层厚度为 $db$ ,则该薄层的体积为

$$dV = S\,db \qquad (8-4)$$

该薄层内含有的吸光物质分子数为

$$dn = Kc\,dV = KcS\,db \qquad (8-5)$$

**图 8-3　入射光透过溶液示意图**

式中, $K$ 为常数。

若照射到薄层上的光强度为 $I$ ,光通过薄层后,强度减小量为 $-dI$ ,则 $dI/I$ 与 $dn$ 成正
比,即

$$-\frac{dI}{I} = K'dn = K'KcS\,db \qquad (8-6)$$

式中, $K'$ 为常数,对式(8-6)进行积分,得

$$\int_{I_0}^{I_t} -\frac{dI}{I} = K'KcS\int_0^b db \qquad (8-7)$$

$$-(\ln I_t - \ln I_0) = K'KcSb \qquad (8-8)$$

$$\ln \frac{I_0}{I_t} = K'KcSb \qquad (8-9)$$

换底得

$$\frac{\lg \frac{I_0}{I_t}}{\lg e} = K'KcSb \qquad (8-10)$$

令

$$a = K'KS\lg e \qquad (8-11)$$

则有

$$\lg \frac{I_0}{I_t} = abc \qquad (8-12)$$

根据式(8-2),上式可表示为

$$A = abc \qquad (8-13)$$

式(8-13)为光吸收定律的数学表达式。式中, $A$ 为溶液的吸光度, $b$ 为液层厚度, $a$ 为比例常
数,称为吸光系数。光吸收定律不仅适用于可见光,也适用于紫外光与红外光;不仅适用于均
匀的、非散射性的溶液,也适用于蒸气和均质固体。

2. 摩尔吸光系数和百分吸光系数

当溶液液层厚度的单位为 cm、吸光物质浓度 $c$ 的单位为 mol/L 时,吸光系数 $a$ 称为摩尔

吸光系数($molar\ absorptivity$),用 $\varepsilon$ 表示,单位为 L/(mol·cm),此时式(8-13)可写为

$$A = \varepsilon bc \qquad (8-14)$$

摩尔吸光系数 $\varepsilon$ 是吸光物质在特定波长下的特征常数,其物理意义为一定波长的单色光通过浓度为 1 mol/L、厚度(光程)为 1 cm 的吸光物质的吸光度,它反映了吸光物质对某一波长光的吸收能力。$\varepsilon$ 的大小取决于入射光波长和吸光物质的吸光性质,也受溶剂和温度的影响,而与吸光物质的浓度和吸收光程无关。

当吸光物质的厚度以 cm 表示、吸光物质浓度 $c$ 以 g/100 mL 表示时,吸光物质的吸光系数称为百分吸光系数,用 $E_{1\ cm}^{1\%}$ 表示,单位为 $(g/100\ mL)^{-1}\cdot cm^{-1}$。此时光吸收定律可写为

$$A = E_{1\ cm}^{1\%}bc \qquad (8-15)$$

摩尔吸光系数与百分吸光系数的关系为

$$\varepsilon = 0.1ME_{1\ cm}^{1\%} \qquad (8-16)$$

吸光系数越大,吸收光谱的吸收峰越高。最大吸收波长处的摩尔吸光系数超过 $10^5$ L/(mol·cm) 的物质很少,摩尔吸光系数大于 $10^4$ L/(mol·cm) 为强吸收,小于 $10^2$ L/(mol·cm) 为弱吸收,处于 $(10^2 \sim 10^4)$ L/(mol·cm) 的为中强吸收。在吸光光度分析中,一般要求物质的摩尔吸光系数大于 $10^4$ L/(mol·cm)。

**例 8-1** 有一浓度为 $1.6 \times 10^{-5}$ mol/L 的有色溶液,在 430 nm 处的摩尔吸光系数为 $3.3 \times 10^4$ L/(mol·cm)。若液层厚度为 1.0 cm,计算其吸光度和透光率。

解:$A = \varepsilon bc = 3.3 \times 10^4 \times 1.0 \times 1.6 \times 10^{-5} = 0.53$

$T = 10^{-A} = 10^{-0.53} = 0.30 = 30\%$

**3. 吸光度的加和性**

若溶液中有多种吸光物质共存,且吸光物质之间相互不发生作用,则朗伯-比尔定律适用于溶液中每一种吸光物质。当某一波长的单色光通过这样一种多组分溶液时,溶液的吸光度等于各吸光物质吸光度之和,即吸光度具有加和性。设体系中有 $n$ 种吸光物质,则在任一波长处的总吸光度 $A_{总}$ 可以表示为

$$A_{总} = A_1 + A_2 + \cdots + A_n = \varepsilon_1 bc_1 + \varepsilon_2 bc_2 + \cdots + \varepsilon_n bc_n \qquad (8-17)$$

由于吸光度具有加和性,因此共存组分的吸收将干扰被测组分的测定,但有时也可利用吸光度的加和性对多组分进行同时测定。

**4. 吸光度偏离朗伯-比尔定律的原因**

根据朗伯-比尔定律,当其他测定条件固定不变时,试样溶液的吸光度与溶液中吸光物质的浓度成正比关系。如果配制一系列已知浓度的标准溶液进行吸光度测定,并绘制吸光度与浓度的关系曲线(标准曲线),在不考虑测量随机误差的情况下,应该得到一条直线。

但在实际工作中,尤其当吸光物质的浓度较高时,该直线常发生弯曲,如图 8-4 所示,此现象称为偏离朗伯-比尔定律。若被测试样的浓度位于标准曲线发生弯曲的部分,此

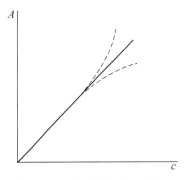

图 8-4 偏离朗伯-比尔定律

时根据吸光度计算试样浓度将引起较大的误差。

1) 非单色光引起的偏离

假设入射光由波长为 $\lambda_1$ 和 $\lambda_2$ 的两单色光组成,吸光物质对两波长的吸光度分别 $A_1$、$A_2$,根据朗伯-比尔定律,则有

$$A_1 = \lg\left[\frac{I_{0(1)}}{I_{t(1)}}\right] = \varepsilon_1 bc \tag{8-18}$$

$$A_2 = \lg\left[\frac{I_{0(2)}}{I_{t(2)}}\right] = \varepsilon_2 bc \tag{8-19}$$

故有

$$I_{t(1)} = I_{0(1)} 10^{-\varepsilon_1 bc} \tag{8-20}$$

$$I_{t(2)} = I_{0(2)} 10^{-\varepsilon_2 bc} \tag{8-21}$$

式中,$I_{0(1)}$、$I_{0(2)}$ 分别为 $\lambda_1$ 和 $\lambda_2$ 的入射光强度;$I_{t(1)}$、$I_{t(2)}$ 分别为 $\lambda_1$ 和 $\lambda_2$ 的透射光强度;$\varepsilon_1$、$\varepsilon_2$ 分别是 $\lambda_1$ 和 $\lambda_2$ 处的摩尔吸光系数;$b$ 为吸收池的光程;$c$ 为溶液的物质的量浓度。

实际测定中,入射光强度为 $I_{0(1)} + I_{0(2)}$,透射光强度为 $I_{t(1)} + I_{t(2)}$,此时吸光度为

$$A = \lg\frac{[I_{0(1)} + I_{0(2)}]}{[I_{t(1)} + I_{t(2)}]} = \lg\frac{[I_{0(1)} + I_{0(2)}]}{[I_{0(1)} \times 10^{-\varepsilon_1 bc} + I_{0(2)} \times 10^{-\varepsilon_2 bc}]} \tag{8-22}$$

设 $I_{0(1)} = I_{0(2)}$,有

$$A = \lg\frac{[I_{0(1)} + I_{0(1)}]}{[I_{0(1)} \times 10^{-\varepsilon_1 bc} + I_{0(1)} \times 10^{-\varepsilon_2 bc}]} = \lg\frac{2}{10^{-\varepsilon_1 bc} + 10^{-\varepsilon_2 bc}}$$

可见,当 $\varepsilon_1 = \varepsilon_2 = \varepsilon$ 时,$A = \varepsilon bc$,吸光度 $A$ 与浓度 $c$ 呈直线关系。如果 $\varepsilon_1 \neq \varepsilon_2$,$A$ 与 $c$ 的线性关系不成立。$\varepsilon_1$ 与 $\varepsilon_2$ 差别愈大,$A$ 与 $c$ 间线性关系的偏离也愈大。

为了减小由非单色光引起的偏移,应将入射光的波长选定在待测物质的最大吸收波长。这是因为在 $\lambda_{max}$ 附近的一段范围内吸收曲线较为平坦,在此范围内各波长的 $\varepsilon$ 差别较小,所引起的偏离小。如用图 8-5 左图中位于最大吸收波长的谱带 $a$ 进行测量,得到右图的工作曲线 $a'$,$A$ 与 $c$ 基本呈直线关系;反之选用谱带 $b$ 进行测量,$\varepsilon$ 的变化较大,得到的工作曲线 $b'$,$A$ 与 $c$ 的关系明显偏离线性。

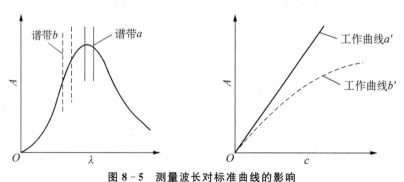

图 8-5　测量波长对标准曲线的影响

2）化学因素引起的偏离

引起朗伯-比尔发生偏离的化学因素包括两类，一类是吸光质点间的相互作用，另一类是与化学平衡有关的因素。

在高浓度时，由于吸光质点间的平均距离减小，以致每个质点都可影响其邻近分子或离子的电荷分布，进而导致其吸光能力发生改变。由于相互作用的程度与浓度有关，当浓度增大到一定值，吸光度与浓度间的关系将偏离线性，因此朗伯-比尔定律仅适用于稀溶液（$c <$ 0.01 mol/L）。

此外，溶液化学体系存在缔合、离解、互变异构、配合物的逐级形成等化学平衡，当溶液浓度、pH 等条件发生改变时，溶液中吸光物质的浓度和吸光特性也随之改变，由此导致偏离朗伯-比尔定律。例如，重铬酸钾在水溶液中存在如下平衡

$$Cr_2O_7^{2-} + H_2O \longrightarrow 2H^+ + 2CrO_4^{2-}$$
$$\text{（橙色）} \qquad\qquad \text{（黄色）}$$

如果稀释溶液或增大溶液 pH，部分 $Cr_2O_7^{2-}$ 就转变成 $CrO_4^{2-}$，两种离子颜色不同，吸光性质不同，从而引起偏离比尔定律。由化学因素引起偏离，有时可以通过控制溶液条件设法避免，如上例在强酸性溶液中测定 $Cr_2O_7^{2-}$ 或在碱性溶液中测定 $CrO_4^{2-}$ 均可避免偏离现象。

3）其他引起偏离的光学因素

当被测试液是胶体溶液、乳浊液或悬浊液时，入射光一部分被试液吸收，另一部分因反射、散射而损失，使吸光度增加，导致偏离。因此吸光光度法一般只适用于澄清溶液的测定。

应该指出，偏离朗伯-比尔定律的主要原因是目前仪器不能提供真正的单色光以及吸光物质性质的改变，并不是由定律本身不严格所引起的。因此，这种偏离只能称为表观偏离。

# 8.3　分光光度计及其主要部件

## 8.3.1　分光光度计的部件

分光光度计是用来测量物质对不同波长的光吸收情况的分析仪器，吸光光度分析既可使用可见分光光度计，亦可在波长范围较宽的紫外-可见分光光度计上完成。无论何种类型的光度计，主要都是由光源、单色器、吸收池、检测器、信号处理与显示系统 5 大部件组成，如图 8-6 所示。

**图 8-6　分光光度计组件示意图**

1. 光源

紫外-可见或可见分光光度计对光源的基本要求是能够在所需波长范围内发出强而稳定的连续光谱。可见光区通常采用钨灯或卤钨灯作光源，其发射光的波长范围从紫外区到近红外区，覆盖面较宽，但在紫外区的光强很弱，因此通常取其波长大于 340 nm 的光谱作为可见区的光源。由于光源供电电压的微小波动会引起发射光谱强度的很大变化，因此需使用稳压

电源,使光强度稳定。卤钨灯与钨灯相比,能量高、使用寿命长,使用较多。

紫外光区一般以氖灯作为光源,氢灯和氘灯亦有应用,使用波长范围为 $180 \sim 350\ nm$。由于玻璃会吸收紫外光,故灯泡或灯管采用石英材质制成。

2. 单色器

入射光为单色光是朗伯-比尔定律成立的前提条件之一。分光光度计中使用单色器是为了从光源发出的复合光中分出某一波长单色光,但由于单色器的分光能力有限,实际得到的是一束谱带宽度极小的复合光,通常认为是单色光。

单色器一般由狭缝、色散元件及透镜系统组成,色散元件是单色器的关键部件。

分光光度计中使用的色散元件有棱镜或光栅两类。棱镜对于不同波长的光具有不同的折射率,因而可以把复色光分解为单色光。可见光区一般用玻璃棱镜,紫外光区用石英棱镜。

目前多采用光栅作为分光光度计的色散元件,其优点是分辨率高,波长范围宽,色散均匀。光栅有反射和透射两类,其中反射光栅较透射光栅更常用。它是在一抛光的金属表面上刻画一系列等距离的平行刻槽,或在复制光栅的表面喷镀一层铝薄膜制成。光栅的色散原理如图 8-7 所示,当复合光照射到光栅上时,每条刻槽都产生衍射作用,由每条刻槽所衍射的光又会互相干涉而产生干涉条纹。光栅正是利用不同波长的入射光产生干涉条纹的衍射角不同,将复合光分成不同波长的单色光。

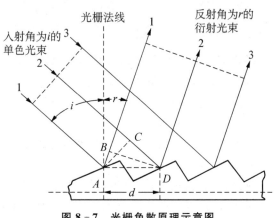

图 8-7　光栅色散原理示意图

3. 吸收池

吸收池又称比色池、比色皿,是用于盛装试液的容器。吸收池本身应能透过所测波长范围的光线,因此在可见光区可以使用一般的无色透明、耐腐蚀的玻璃吸收池,而在紫外区需要使用石英玻璃制成的石英吸收池。吸收池厚度的规格有多种,现大多使用厚度 $b$ 为 $1.0\ cm$ 的吸收池,用以盛放参比溶液的吸收池与盛放试样溶液的吸收池应为同一规格,且池间透光率相差应小于 $0.5\%$。使用过程中要注意保持吸收池透光面的光洁,防止指纹、油腻或其他沉积物影响吸收池的透光特性,减免由此引起的吸光度测量误差。

4. 检测器

检测器是利用光电效应,将透过吸收池后的透射光强度转变为电信号的装置。分光光度计中常用的有光电池、光电管与光电倍增管、光电二极管等。

1) 光电池

光电池是用某些光敏半导体材料制成的光电转换元件。分光光度计中最常用的是硒光电池,它对 $500 \sim 600\ nm$ 的光最为敏感,只能用于可见光区;而硅光电池可用于紫外及可见光区。光电池的主要缺点是受强光照射或长久连续使用时,会出现"疲劳"现象,使光电流逐渐下降,因此只用于低档仪器,且不宜长时间连续使用。

2) 光电管与光电倍增管

光电管是由一个阳极和一个光敏阴极构成的真空(或充有少量惰性气体)二极管(图 8-8),阴极表面镀有碱金属或碱土金属氧化物等光敏材料。当被足够的光照射时,阴极表面发射电子,并在两极间电位差的驱动下,电子流向阴极而产生电流。光电流的大小取决于照射光的强度。根据所采用的阴极材料光敏性能的不同,可分为红敏和紫敏两类,红敏适用的波长范围为 $625\sim1\,000$ nm,紫敏为 $200\sim625$ nm。

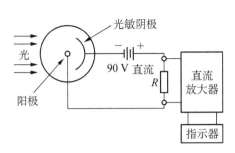

图 8-8 光电管及外电路

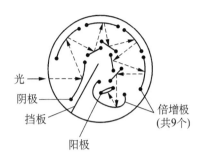

图 8-9 光电倍增管结构示意图

由于光电管产生的光电流很小,通常只有 $2\sim25\,\mu A$,因此须用放大装置放大后方能进行测量。

光电倍增管的原理与光电管相似,只是在阴极和阳极之间增加了几个倍增级,如图 8-9 所示。阴极表面在光的照射下发射电子,由于相邻电极之间的电压是逐级增高的,在电场作用下,该电子被加速轰击于倍增极上,发射出成倍的二次电子,它们继而轰击第二个倍增极,依次下去,电子逐级倍增。最后聚集到阳极上的电子数大大增加,产生较强的电流。光电倍增管大大提高了光检测器的灵敏度,是目前中档分光光度计中常用的一种检测器。

3) 光电二极管

光电二极管的结构如图 8-10 所示,当光照射到光电二极管的半导体材料 $SiO_2$ 上时,电子受光子的激发脱离势垒的束缚而产生电子空穴对,在阻挡层内电场的作用下电子移向 n 区外侧,空穴移向 p 区外侧,使得电容放电。然后电容经规定的时间间隔再次充电,充电的电量与二极管检测到的光子数目成正比。光电二极管检测器动态范围宽,作为固体元件比光电倍增管更耐用。硅材料的光电二极管检测范围为 $170\sim1\,100$ nm。

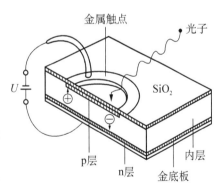

图 8-10 光电二极管结构示意图

如果将一系列的光电二极管一个接一个地排列在一块硅晶片上,每个二极管有一个专用电容,并通过一个固态开关接到总输出线上,组成的光电检测器称为二极管阵列检测器。采用同时并行数据采集方法,即可在 0.1 s 内,获得全光光谱,实现光谱的快速采集。光电二极管检测器及二极管阵列检测器近年来已广泛用于高档分光光度计中。

5. 信号处理与显示系统

简易的分光光度计常用检流计、微安表、数字显示记录仪,将放大的电信号以吸光度或透光率的方式显示或记录下来。现多用模/数(A/D)转换元件,将光电倍增管或光电二极管输出的电流信号(模拟信号)转化为微处理机可接收的数字信号,经计算处理后,得到吸光度或透光率。由于微处理机的使用,分光光度计可以完全在软件控制下完成检测、测试和数据处理及绘图等操作,使一次测量获得的信息更加丰富。

### 8.3.2 分光光度计的光路类型

按分光光度计光路类型的不同,可分为单光束分光光度计、双光束分光光度计以及二极管阵列分光光度计等几类。

1. 单光束分光光度计

722 型分光光度计(图 8-11)是典型的单光束分光光度计。采用钨灯作光源,工作波段为320~800 nm,光栅作色散元件,光电管作检测器,数字显示吸光度或透过率。其特点是从光源到检测器只有一束所需波长的单色光,因此只能通过手动操作,将参比溶液与试样溶液交替置于光路中进行调零和测量,得到试样溶液的吸光度。如测量过程中光源强度波动或检测系统不稳定,将引起测量误差,因此必须配备稳压电源。

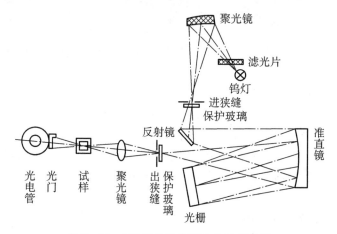

**图 8-11　722 型分光光度计光路示意图**

单光束可见分光光度计结构简单,操作简便,价格低廉,是一种常规定量分析仪器。

2. 双光束分光光度计

双光束分光光度计(图 8-12)是将单色器色散后的单色光分成两束,一束通过参比溶液,

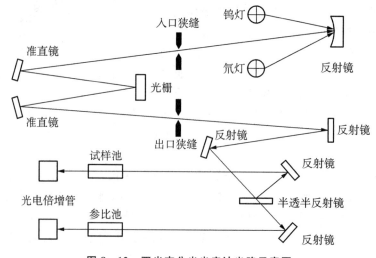

**图 8-12　双光束分光光度计光路示意图**

一束通过试样溶液,仪器自动高频率交替测量两束光的强度差,并将之转换成样品溶液的吸光度,故一次测量即可得到样品溶液的吸光度数据。

双光束分光光度计是近年来发展快速的一类分光光度计,其特点是便于进行自动记录。如果连续改变入射单色光波长,并自动测量和记录不同波长下样品溶液的吸光度数据,即可在较短的时间内获得全波段扫描吸收光谱。由于样品和参比信号进行反复比较,消除了光源、光学和电子学元件不稳定对测定的影响。双光束分光光度计光路设计要求严格,价格较高。

3. 二极管阵列分光光度计

二极管阵列分光光度计的光路与其他分光光度计的主要不同在于其单色器(分光元件)置于吸收池之后,如图 8-13 所示。光源发出的复合光经聚光镜聚焦后通过样品池,再聚焦于单色器的入口狭缝上。包含全波长内样品溶液吸收信息的透射光,经全息光栅色散后,投射到置于其后的二极管阵列检测器上。配以计算机获取各二极管的输出信号,将瞬间获得的全波长范围内的光谱数据记录储存下来,通过数据处理,可得到时间-波长-吸光度三维谱图。因此,该类分光光度计特别适合作为高效液相色谱仪等的检测器,但价格较双光束分光光度计高。

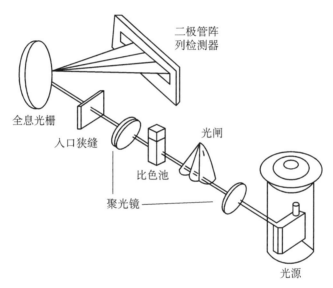

图 8-13 二极管阵列分光光度计光路示意图

# 8.4 显色反应及显色条件的选择

吸光光度分析中,对某些本身有明显颜色、摩尔吸光系数较大的组分,可以直接测定,但大多数被测组分本身颜色很浅甚至无色,需要先通过化学反应将被测组分转变成有色化合物,然后测定其吸光度或吸收曲线。这种将被测组分转变成有色化合物的反应称为显色反应,能与被测组分形成有色化合物的试剂称为显色剂。

显色反应一般可以分为两大类,即配位反应和氧化还原反应。能使被测组分生成有色化合物的显色反应通常有多种,因此选择合适的显色反应、严格控制反应条件、有效地消除干扰离子的影响是实现吸光光度定量分析的关键。

### 8.4.1 显色反应的选择

吸光光度法对显色反应有如下要求。

1. 选择性好,干扰少

显色剂最好只与被测组分发生显色反应。如果其他干扰组分也被显色,则要求被测组分所生成有色化合物与干扰组分所生成有色化合物的最大吸收峰相距较远,彼此干扰较少。

2. 灵敏度高

吸光光度法一般用于微量组分的测定,故应选择能生成摩尔吸光系数 $\varepsilon$ 大的有色化合物的显色反应,以提高测量的灵敏度。但灵敏度高的反应不一定选择性好,对于高含量的组分不一定要选择最灵敏的显色反应,而应该两者兼顾。

3. 有色化合物的组成恒定

有色化合物的组成符合一定的化学式。对于形成多种配位比的配位反应,应控制条件,使其生成的有色化合物组成固定,否则测定的再现性会很差。

4. 有色化合物的性质稳定

如果显色反应生成的有色化合物易受空气氧化或因光照而分解,就难以保证吸光度测定的重复性。

5. 显色剂在测定波长处无明显吸收

如果显色剂本身有颜色,则要求有色化合物与显色剂之间的颜色差别要大,即试剂空白值小。通常把两种吸光物质最大吸收波长之差的绝对值称为对比度,用 $\Delta\lambda$ 表示。一般要求有色化合物与显色剂的 $\Delta\lambda > 60\ \text{nm}$。

6. 显色反应及反应条件易于控制

如果显色反应条件要求过于严格,难以控制,则测定结果的再现性差。

### 8.4.2 显色剂

显色剂包括无机显色剂和有机显色剂。

无机显色剂与被测离子形成的配合物大多不够稳定,灵敏度比较低,有时选择性不够理想,且种类有限,在吸光光度分析中应用不多。尚有实用价值的仅有硫氰酸盐[测定 $Fe^{3+}$、$Mo(VI)$、$W(V)$、$Nb^{5+}$ 等]、钼酸铵(测定 P、Si、W 等)、氨水(测定 $Cu^{2+}$、$Co^{2+}$ 等)以及 $H_2O_2$(测定 $V^{5+}$、$Ti^{4+}$ 等)等。

大多数有机显色剂与金属离子形成稳定的配合物,显色反应的选择性和灵敏度都较高。随着有机试剂合成技术的发展,有机显色剂的种类及其在吸光光度法中的应用日益增多。下面仅简单介绍几种常用的有机显色剂。

1. 1,10-邻二氮菲

1,10-邻二氮菲的结构式为

它常用于 $Fe^{2+}$、$Cu^+$ 离子的分析，$Fe^{3+}$ 可以通过还原剂(如盐酸羟胺)还原成 $Fe^{2+}$ 后再进行测定。$Fe^{2+}$ 与 1,10 -邻二氮菲在 pH 为 2～9 时反应，生成稳定的 1∶3 配合物，在水溶液中显橙红色，最大吸收波长为 508 nm，$\varepsilon_{508} = 1.1 \times 10^4$ L/(mol·cm)。

2. 二苯硫腙

二苯硫腙又称双硫腙、二苯基硫代卡巴腙，属于含硫显色剂，其结构如下

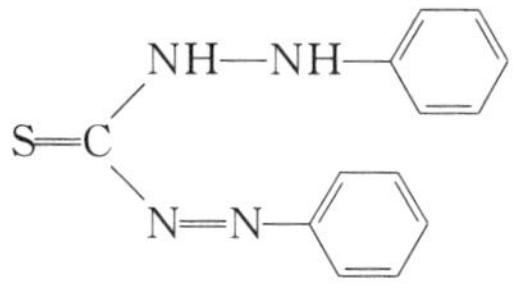

它能用于多种金属离子的测定，如 Ag、Au、Cu、Bi、Cd、Hg、Zn、Pb、Co、Ni 等。二苯硫腙与重金属离子的显色反应十分灵敏，如 Cd 与二苯硫腙形成的有色化合物的 $\varepsilon_{520} = 8.8 \times 10^4$ L/(mol·cm)。通过控制显色反应的 pH，加入合适的掩蔽剂，采用四氯化碳、氯仿等有机溶剂萃取生成的有色化合物并进行测定(萃取光度分析)，可以消除重金属离子之间的干扰，提高反应的选择性。

3. 铬天青 S

铬天青 S 属于三苯甲烷类显色剂，结构式如下

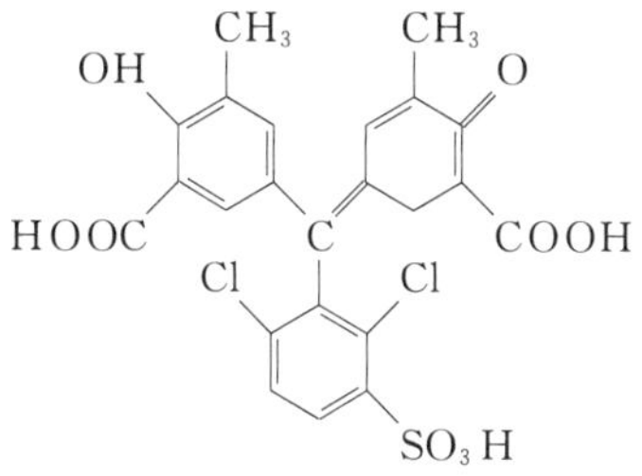

它可用于 Al、Be、Co、Ti、Cu、Fe、Ca 等金属元素的测定。当金属离子与铬天青 S 反应时，加入阳离子表面活性剂[如氯化十八烷基三甲基胺(CTMAC)、溴化十六烷基三甲基胺(CTMAB)、溴化十四烷基吡啶(CTAB)及溴化十六烷基吡啶(CPB)等]，形成三元配合物，使 ε 值达 $10^4 \sim 10^5$ 数量级，测定的灵敏度可显著提高。这种由一种金属离子与两种配体所组成的三元配合体系，使测量的稳定性、灵敏度和选择性都得以提高，在吸光光度分析中应用广泛。目前铬天青 S 常用来测定铍和铝，测定 Al 时，在 pH 为 5～5.8 的条件下显色，最大吸收波长 530 nm，$\varepsilon_{530} = 5.9 \times 10^4$ L/(mol·cm)。

4. 偶氮胂Ⅲ

偶氮胂Ⅲ属于偶氮类显色剂，分子结构如下

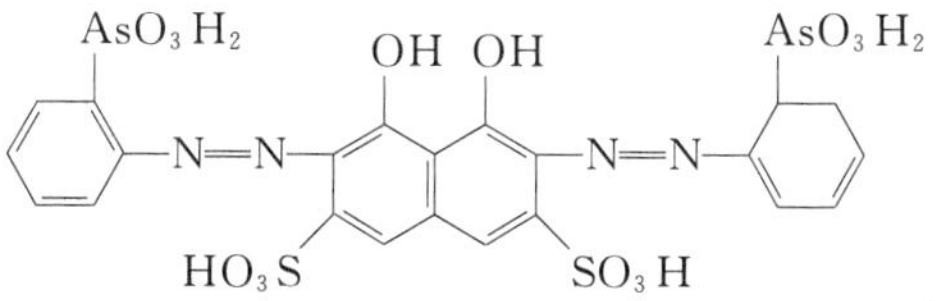

偶氮胂Ⅲ是偶氮类显色剂的代表性物质，性质稳定，显色反应灵敏度高，选择性好，对比度

大,特别适用于铀、钍、锆等元素以及稀土元素总量的测定。

### 8.4.3　显色条件的选择

显色反应除了与显色剂的选择及其性质有关,还受显色反应条件的影响。因此,须对显色剂用量、溶液 pH、显色时间、显色温度等影响因素进行考察,确定合适的显色条件。如果显色条件不合适或控制不好,将会影响分析结果的准确度和精密度。

1. 显色剂用量

显色反应可用下式表示

$$M \quad + \quad R \quad \longrightarrow \quad MR$$

被测组分　　　　　显色剂　　　　　有色化合物

为了使反应进行完全,应加入过量的显色剂。但是显色剂加得太多,有时会引起副反应,反而对测定不利。例如,硫氰酸盐与钼发生如下配位反应

$$Mo(SCN)_3^{2+} \underset{-2SCN^-}{\overset{+2SCN^-}{\rightleftharpoons}} Mo(SCN)_5 \underset{-SCN^-}{\overset{+SCN^-}{\rightleftharpoons}} Mo(SCN)_6^-$$

（浅红）　　　　　　　（橙红）　　　　　　　（浅红）

当显色剂 $SCN^-$ 用量太低或太高时,生成的配合物均为浅粉色,导致吸光度降低。

显色剂的适宜用量可通过实验来确定。将被测试液的浓度及其他条件固定,加入不同量的显色剂,在相同条件下测定吸光度,并以吸光度为纵坐标,显色剂用量为横坐标,绘制吸光度-显色剂用量关系曲线,如图 8-14 所示。

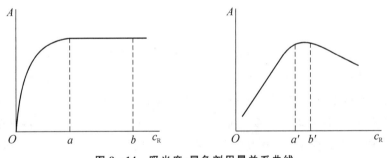

**图 8-14　吸光度-显色剂用量关系曲线**

图 8-14 中左图曲线表示显色剂用量在 $a \sim b$ 内吸光度达到最大且稳定,故可在 $a \sim b$ 间选择合适的显色剂用量,此类反应生成的有色配合物稳定,对显色剂浓度控制要求不必太严格。由图 8-14 右图曲线可见,由于副反应的存在,当显色剂用量在 $a' \sim b'$ 这一较窄的范围内,吸光度才较稳定,因此测定时必须严格控制显色剂用量。

2. 溶液的 pH

溶液的 pH 对显色反应主要产生以下几个方面的影响。

1）影响显色剂的平衡浓度及配合物组成

显色剂多为有机弱酸,在显色反应时,存在下列平衡

$$HR \rightleftharpoons H^+ + R$$

$$+$$

$$M$$

$$\Updownarrow$$

$$MR(有色化合物)$$

可见,溶液 pH 改变,将引起平衡移动,使显色剂平衡浓度[R]发生改变,从而进一步影响显色反应的完全程度。对能形成多级配合物的显色反应,在不同 pH 条件下,由于显色剂平衡浓度的改变,可形成不同配位比的配合物。如 $Fe^{3+}$ 与磺基水杨酸的配位反应,在 pH=2~3 的溶液中生成 1:1 的紫红色配合物;pH=4~7 时,生成 1:2 的橙色配合物;pH=8~10 时,生成 1:3 的黄色配合物。

2) 影响显色剂的颜色

有些显色剂在不同的 pH 条件下本身的颜色不同。如二甲酚橙,既是金属指示剂,又可作显色剂,当溶液的 pH<6.3 时,主要以黄色的 $H_3In^{3-}$ 形式存在;pH>6.3 时,主要以红色的 $H_2In^{4-}$ 形式存在。大多数金属离子与二甲酚橙生成紫红色配合物,为减小显色剂本身的颜色对测定的影响,溶液 pH 应小于 6.3。

3) 影响被测离子的存在状态

大多数金属离子因 pH 的升高而发生水解,形成系列的多羟基配合物,甚至析出沉淀,影响显色反应程度及吸光度测定。

显色反应的 pH 一般通过实验来确定,通过绘制吸光度-pH 曲线,确定合适的 pH 范围。

3. 显色温度

显色反应一般在室温下进行。但有些显色反应在室温下进行很慢,必须加热至一定温度才能较快完成;而有些有色化合物在温度较高时会发生分解,因此需要通过实验确定显色温度。

4. 显色时间

不同显色反应的速度不同,生成的有色化合物稳定性不同。通过实验确定合适的显色时间和有色溶液的稳定时间:配制一份反应液,从加入显色剂开始计时,每隔一段时间测定一次吸光度,绘制一定温度下的吸光度-时间关系曲线,即可找出合适的显色时间和溶液颜色的稳定时间。

5. 溶剂

某些有色化合物在水中解离度比较大,而在有机溶剂中解离度小,故加入适量的有机溶剂或用有机溶剂萃取,可以使颜色加深,提高显色反应的灵敏度。另外,有机溶剂的加入还可能提高显色反应速率,如用氯代磺酚 S 测定 Nb 时,在水溶液中显色需要几个小时,加入丙酮后,仅需 30 min。

## 8.4.4　干扰离子的影响及其消除方法

吸光光度分析中,如果共存离子本身有颜色或与显色剂作用生成有色化合物,都将干扰组分的测定。另外,共存离子若在测定条件下与显色剂或被测组分等发生反应,使被测离子配位不完全或生成沉淀,也会影响吸光度的测定。消除共存离子干扰的方法通常有以下几种。

### 1. 加掩蔽剂

加掩蔽剂,使干扰离子生成无色配合物或无色离子。例如,用 $NH_4SCN$ 作显色剂测定 $Co^{2+}$ 时,加入配位掩蔽剂 $NaF$,使共存的 $Fe^{3+}$ 生成无色 $FeF_6^{3-}$,从而消除 $Fe^{3+}$ 的干扰。测定 $Mo(VI)$ 时,可加入氧化还原类掩蔽剂(如 $SnCl_2$ 或抗坏血酸),将干扰离子 $Fe^{3+}$ 还原为 $Fe^{2+}$,使之不再与 $SCN^-$ 发生作用。

### 2. 控制溶液的 pH

许多显色剂是有机弱酸、碱,因此控制溶液的 pH,即可控制显色剂的离解平衡,使显色剂以不利于干扰离子配合的形式存在。控制溶液的 pH 是一种简便而有效消除干扰的方法,如控制 $pH=2\sim3$ 时,用磺基水杨酸测定 $Fe^{3+}$,可消除 $Cu^{2+}$、$Al^{3+}$ 的干扰。

### 3. 分离

若上述方法均不能满足要求时,应采用沉淀、离子交换或溶剂萃取等分离方法消除干扰。

## 8.5 测量误差和测定条件的选择

### 8.5.1 吸光度测量误差的影响

任何分光光度计都有一定的测量误差,它可能源于光源不稳定、杂散光的影响、光电池(或光电管)不敏感、电位计的非线性等偶然因素,这些将导致透光率或吸光度的读数与真实值之间存在一定的差异。由于吸光光度法定量的基础是朗伯-比尔定律,即被测试样的浓度与吸光度有关,吸光度的测量(或读数)误差必然影响测定结果的准确性。

吸光度的测量误差将对浓度的测定结果产生多大的影响呢?根据朗伯-比尔定律

$$A = \varepsilon bc$$

当 $b$ 为定值时,两边微分得

$$dA = \varepsilon b dc$$

$dA$ 可看作在测量吸光度时产生的微小的绝对误差,$dc$ 为由此引起的浓度 $c$ 的微小绝对误差。两式相除得到

$$\frac{dA}{A} = \frac{dc}{c} \tag{8-23}$$

由式(8-23)可见,吸光度和浓度测量的相对误差是相等的。

根据吸光度与透光率的关系,有

$$A = -\lg T$$

将上式两边微分,得

$$dA = -d\lg T = -0.434 d\ln T = -0.434 \frac{dT}{T} \tag{8-24}$$

为求吸光度的相对误差,用 $A$ 除等式两边

$$\frac{\mathrm{d}A}{A} = -0.434\frac{\mathrm{d}T}{AT} = \left(\frac{0.434}{T\lg T}\right)\mathrm{d}T \qquad (8-25)$$

将式(8-23)代入,得

$$\frac{\mathrm{d}c}{c} = \frac{\mathrm{d}A}{A} = \left(\frac{0.434}{T\lg T}\right)\mathrm{d}T \qquad (8-26)$$

可见,浓度或吸光度的测量相对误差与透光率的相对误差并不相等,存在着较为复杂的关系。

由于仪器设计和制造水平不同,不同仪器的透光率的读数误差 $\Delta T$(很微小时即为 $\mathrm{d}T$)不同;但对于给定的分光光度计,$\Delta T$ 可视为定值,与透光率 $T$ 的大小无关。如果假定 $\Delta T$ 为 $\pm 0.5\%$,代入式(8-26),计算出不同透光率或吸光度时的浓度相对误差,结果列于表8-2中。

表 8-2 不同透光率(或 $A$)时的浓度相对误差($\Delta T = \pm 0.5\%$)

| 透光率($T$) | 吸光度($A$) | 浓度相对误差($\left|\dfrac{\Delta c}{c}\right|$) |
| --- | --- | --- |
| 0.95 | 0.022 | 10.26 |
| 0.90 | 0.045 | 5.28 |
| 0.80 | 0.097 | 2.80 |
| 0.70 | 0.155 | 2.01 |
| 0.60 | 0.222 | 1.63 |
| 0.50 | 0.301 | 1.44 |
| 0.40 | 0.398 | 1.37 |
| 0.30 | 0.523 | 1.39 |
| 0.20 | 0.699 | 1.56 |
| 0.10 | 1.000 | 2.17 |
| 0.05 | 1.301 | 3.34 |

绘制相对误差 $\dfrac{\mathrm{d}c}{c}$-$T$ 关系曲线,得图8-15。

由图8-15可以看出,透光率很小或很大时,浓度测量的相对误差都很大,为了减小分析结果的误差,应将被测溶液的透光率控制在适当的范围内。

若令式(8-26)的导数为零,可以求出当 $T = 0.368$($A = 0.434$)时,浓度的相对误差最小。在实际测定时,通常使待测溶液的透光率 $T$ 为 $10\% \sim 70\%$,对应的吸光度 $A$ 为 $0.15 \sim 1.0$,才能保证测定结果的相对误差较小。

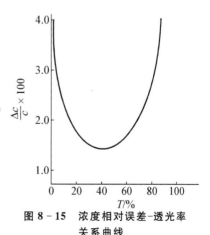

图 8-15　浓度相对误差-透光率
关系曲线

## 8.5.2　测量条件的选择

要使吸光光度分析有较高的灵敏度和准确度,除了要选择合适的显色反应条件,还必须注意选择合适的测量条件。

1. 入射光波长的选择

通常选最大吸收波长作为入射光波长,因为在最大吸收波长处,吸光物质的摩尔吸光系数最大,测定的灵敏度最高;且由非单色光引起的对朗伯-比尔定律的偏离小,测定结果准确度高。但在最大吸收波长处存在干扰时,可适当降低灵敏度,选择干扰小的波长为测定波长。

2. 控制合适的读数范围

根据吸光度测量误差分析可知,吸光度在 0.15~1.0 内测量的读数误差较小,一般可通过改变吸收池厚度或溶液浓度,尽量使吸光度读数在上述范围内。

3. 参比溶液的选择

用吸收池测量试液的吸光度,由于吸收池、溶剂、试剂、干扰物质对入射光的吸收、反射、散射等,将造成透射光强度的减弱。为了使光强度的减弱仅与溶液中待测物质的浓度有关,必须进行校正。为此,采用光学性质相同、厚度相同的吸收池盛放参比溶液,调节仪器使透过参比池的吸光度为零,透光率为 100%。然后让光束通过样品池,此时测得的试样溶液的吸光度扣除了上述因素的影响,比较真实地反映了待测物质对光的吸收程度,因此测得的待测物质浓度更准确。选择参比溶液的原则如下。

(1) 如果样品溶液、试剂、显色剂均无色,选纯溶剂作参比溶液。

(2) 如果样品溶液有色,而试剂、显色剂无色,选样品溶液作参比溶液。

(3) 如果试剂、显色剂有色,而样品溶液无颜色,选试剂空白溶液(即不加试样,其他试剂、溶剂的加入量与样品测定过程完全相同)作参比溶液。

# 8.6  吸光光度测定方法

## 8.6.1  半定量分析方法——目视比色法

有色溶液颜色的深浅与浓度有关,溶液浓度越大,透射光越弱,则颜色越深。直接用眼睛比较溶液颜色的深浅,即通过比较透射光强度确定被测组分含量的方法称为目视比色法。在一套玻璃比色管内,依次加入不同体积的被测组分标准溶液,然后加入显色剂等试剂,定容至相同体积,摇匀、反应后,得到一系列颜色深浅逐渐变化的标准色阶。在另一比色管中加入一定量的被测试液,相同条件下显色、定容。然后从管口垂直向下或从侧面观察,比较被测试液与标准色阶颜色的深浅。若被测试液与某标准溶液颜色深度一样,则表示二者浓度相等;若颜色介于两种相邻的标准溶液之间,则被测液的含量也介于二者之间。

目视比色法是一种半定量方法,适合在准确度要求较低时使用。该法不需要分光光度计,操作简便,分析成本低。另外,某些显色反应不符合光吸收定律时仍可用该法进行测定。

## 8.6.2  常规单组分定量分析方法

单组分定量分析方法是对溶液中某一种组分进行定量测定的方法,常用的有标准曲线法和比较法。

1. 标准曲线法

标准曲线法是吸光光度法中最常用的一种定量方法。具体做法是：配制一系列浓度不同的标准溶液，在相同条件下显色并测定各标准溶液的吸光度。以标准溶液浓度为横坐标、吸光度为纵坐标作图，得标准曲线或工作曲线。然后取被测试液在相同条件下显色、测定，根据试液的吸光度，从标准曲线上查出其相应浓度。

标准曲线法需要控制标准溶液及试样溶液在线性范围内，且使吸光度处于读数误差较小的范围。采用回归分析代替手工绘图可提高结果的准确度和精密度。应定期对标准曲线进行检查，工作条件有变动时，如更换光源、仪器重新校正、更换标准溶液，都应重新制作标准曲线。

2. 比较法

当测定的样品数较少时，也可采用比较法。取含有已知准确浓度被测组分的标准溶液，将标准溶液及被测试液在完全相同的条件下显色、测定吸光度。根据朗伯-比尔定律，有

$$A_x = \varepsilon b c_x$$
$$A_s = \varepsilon b c_s$$

式中，$A_s$ 和 $A_x$ 分别为标准溶液和被测试液的吸光度；$c_s$ 和 $c_x$ 分别为标准溶液和被测试液的浓度。两式相除，得

$$c_x = \frac{A_x}{A_s} c_s \tag{8-27}$$

比较法较为简便，但只有标准溶液浓度和被测试液浓度很接近时，才能得到较准确的结果，因此并不常用。

## 8.6.3　多组分定量分析方法

根据吸光度的加和性，总吸光度为各组分吸光度之和，因此当溶液中含有不止一种吸光物质时，常有可能不经分离，同时测定出溶液中几种组分的含量。

例如，在某溶液中含有 x 和 y 两种组分，其浓度分别为 $c_x$ 和 $c_y$，它们的吸收光谱可能会出现如图 8-16 所示的几种情况。

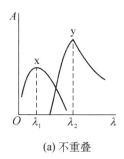 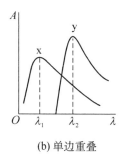 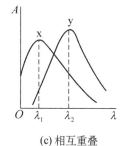

(a) 不重叠　　　　　　　(b) 单边重叠　　　　　　　(c) 相互重叠

图 8-16　混合物的吸收光谱

图 8-16(a) 中两组分的吸收光谱在各自的最大吸收波长处基本无重叠，可分别在波长 $\lambda_1$ 和 $\lambda_2$ 处测定 x 组分和 y 组分，不会产生相互干扰。定量方法和结果计算方法与单组分测定相同。

图 8-16(b) 中，x 组分的吸收光谱与 y 组分最大吸收波长处的光谱重叠，即 x 组分对 y 组

分的测定会产生干扰,而 y 组分对 x 组分无干扰,此时可按单组分定量方法先测定出 x 组分的含量 $c_x$,再在最大吸收波长 $\lambda_2$ 处测定溶液的吸光度 $A_{\lambda_2}$,根据朗伯-比尔定律和吸光度的加合规律,有

$$A_{\lambda_2} = \varepsilon_{x\lambda_2} bc_x + \varepsilon_{y\lambda_2} bc_y \qquad (8-28)$$

式中,$\varepsilon_{x\lambda_2}$ 和 $\varepsilon_{y\lambda_2}$ 分别为组分 x、y 在波长 $\lambda_2$ 处的摩尔吸光系数(须用 x、y 的纯溶液分别测定),$c_y$ 为 y 组分的含量。

对式(8-28)进行整理,得

$$c_y = \frac{A_{\lambda_2} - \varepsilon_{x\lambda_2} bc_x}{\varepsilon_{y\lambda_2} b} \qquad (8-29)$$

根据式(8-29)即可计算组分 y 的含量。

图 8-16(c)中两组分的吸收光谱在最大吸收峰处相互重叠,此时在 $\lambda_1$ 和 $\lambda_2$ 处测得的混合组分吸光度分别为 $A_{\lambda_1}$ 和 $A_{\lambda_2}$,则有

$$A_{\lambda_1} = \varepsilon_{x\lambda_1} bc_x + \varepsilon_{y\lambda_1} bc_y \qquad (8-30)$$

$$A_{\lambda_2} = \varepsilon_{x\lambda_2} bc_x + \varepsilon_{y\lambda_2} bc_y \qquad (8-31)$$

式中,$\varepsilon_{x\lambda_1}$ 和 $\varepsilon_{y\lambda_1}$、$\varepsilon_{x\lambda_2}$ 和 $\varepsilon_{y\lambda_2}$ 分别为组分 x、y 在波长 $\lambda_1$ 处及波长 $\lambda_2$ 处的摩尔吸光系数,求解式(8-30)和式(8-31)构成的联立方程组可得 $c_x$ 和 $c_y$。

上述方法也可用于两种以上吸光组分的同时测定,但随着测量组分的增多,分析结果的准确度下降。利用矩阵分析、卡尔曼滤波或因子分析等化学计量学方法来处理分析数据,可以取得较满意的结果。

### 8.6.4　示差分光光度法

吸光光度法用于高含量组分或过低含量组分测定时,由于吸光度不在准确测量的读数范围内,此时即使不偏离朗伯-比尔定律,也会引起很大的测量误差。采用示差分光光度法进行定量分析可以弥补这一缺陷。

示差分光光度法与常规的吸光光度法的主要区别在于使用的参比溶液不同。示差分光光度法采用与待测试液浓度接近且经过显色的标准溶液作为参比溶液,测定待测试液的吸光度,并求其含量。以高浓度试样溶液的测定为例,设参比溶液和待测试液的浓度分别为 $c_s$ 和 $c_x$,且令 $c_x > c_s$,根据朗伯-比尔定律可得

$$A_x = \varepsilon bc_x \qquad\qquad A_s = \varepsilon bc_s$$
$$\Delta A = A_x - A_s = \varepsilon b(c_x - c_s) = \varepsilon b \Delta c \qquad (8-32)$$

由式(8-32)可见,待测试液的吸光度与参比溶液的吸光度之差 $\Delta A$ 与两者浓度差 $\Delta c$ 成正比。以浓度为 $c_s$ 的标准溶液为参比溶液,测定一系列浓度略高于 $c_s$ 的标准溶液的吸光度,即 $\Delta A$,将测得的 $\Delta A$ 对 $\Delta c$ 绘制标准曲线。再测定待测试样的吸光度 $\Delta A_x$,在标准曲线上查得对应的 $\Delta c_x$,进一步根据 $c_x = c_s + \Delta c$ 求得待测试液的浓度 $c_x$。

为什么示差分光光度法可以减小过高浓度或过低浓度的试样溶液的测定误差呢?从图 8-17可以看出,若采用一般光度法,以试剂空白作为参比溶液,由于试液浓度很高,测得标准溶液的透光率为 10%,待测试液的透光率 $T_x$ 为 7%,显然此时测量读数误差会很大。若采用

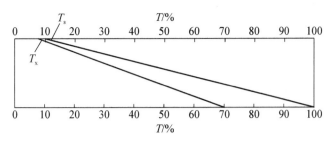

**图 8－17　示差分光光度法标尺扩展原理**

示差分光光度法,以标准溶液作参比溶液,此时须将标准溶液的透光率 $T_s$ 调为 $100\%$,即将图 8－17 中的透光率由 $10\%$ 处调节至 $100\%$ 处,故测定标尺扩大了十倍。由于标准溶液与被测液透光率的比值为 $10:7$,被测试液的透光率 $T_x$ 变为 $70\%$,使测得的吸光度落在误差较小的读数区域,从而提高了高含量组分测定的准确度。

## 8.6.5　双波长分光光度法

利用双波长分光光度计的功能,在单位时间内使两条波长不同的光束 $\lambda_1$ 和 $\lambda_2$ 交替照射同一个溶液,由检测器测出的吸光度是这两个波长下吸光度的差值 $\Delta A$,根据 $\Delta A$ 计算试样溶液的浓度,该测定方法称为双波长分光光度法。

双波长分光光度计的光路见图 8－18。借助切光器使两束不同波长的单色光以一定的频率交替照射在同一吸收池上,检测器即可测量并记录两个波长下的吸光度差值 $\Delta A$。

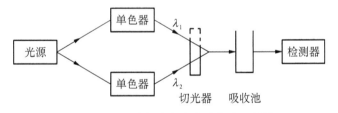

**图 8－18　双波长分光光度计光路示意图**

根据朗伯-比尔定律,对于单一组分,有

$$A_{\lambda 1}=\varepsilon_{\lambda 1}bc \qquad A_{\lambda 2}=\varepsilon_{\lambda 2}bc$$

因此

$$\Delta A=A_{\lambda 1}-A_{\lambda 2}=(\varepsilon_{\lambda 1}-\varepsilon_{\lambda 2})bc \tag{8－33}$$

由式(8－33)可见,测量值 $\Delta A$ 与吸光物质的浓度 $c$ 成正比,此为双波长分光光度法的定量依据。

当试样溶液中存在干扰组分或背景吸收较大时,则有

$$A_{\lambda 1}=\varepsilon_{\lambda 1}bc+A_{b\lambda 1} \qquad A_{\lambda 2}=\varepsilon_{\lambda 2}bc+A_{b\lambda 2}$$
$$\Delta A=A_{\lambda 1}-A_{\lambda 2}=(\varepsilon_{\lambda 1}-\varepsilon_{\lambda 2})bc+(A_{b\lambda 1}-A_{b\lambda 2}) \tag{8－34}$$

式中,$A_{b\lambda_1}$ 和 $A_{b\lambda_2}$ 分别为波长 $\lambda_1$ 和 $\lambda_2$ 处的背景吸收或共存吸光组分的吸收。如果选择合适的测量波长,使被测组分在两波长 $\lambda_1$ 和 $\lambda_2$ 处的吸光度差值足够大,且干扰组分或背景吸收在两波长下具有相似的吸光度(即 $A_{b\lambda_1} = A_{b\lambda_2}$),如图 8 - 19 所示。此时测得的吸光度 $\Delta A$ 不再受背景吸收或某些共存组分的影响,可提高测量的准确度。因此,双波长分光光度法特别适合于浑浊试样(如一些生物样品)、背景吸收(包括比色皿、溶剂及显色剂吸收等)较大试样的定量分析,也可用于测定吸收光谱相互重叠的混合物样品。

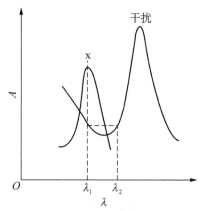

图 8 - 19 双波长分光光度法扣除干扰原理示意图

# 8.7 吸光光度法的应用

吸光光度法是一种常用的定量分析方法,具有灵敏度高、重现性好和操作简便等优点,被广泛应用于地矿、药物、临床、食品和环境分析等领域。近年来,采用高灵敏度的显色剂以及与表面活性剂构成三元配合物等新的显色体系;双波长分光光度法、导数分光光度法、催化分光光度法等新的分析方法及仪器;萃取、色谱、离子交换等有效的分离富集手段;对许多经典的吸光光度法加以改进,使其灵敏度、选择性大为提高,在痕量元素分析、高纯试剂检测、有机官能团分析、临床检验方面发挥了重要的作用。吸光光度法还可以用于化学反应机理的研究和某些物理化学常数的测定(如弱酸和弱碱的解离常数、配合物的组成及稳定常数等)。

## 8.7.1 样品成分的定量分析

吸光光度法的重要应用之一是痕量金属元素的定量分析。几乎所有的金属离子都能与特定的显色剂作用形成有色化合物并通过吸光光度法进行定量测定。某些非金属元素对应的无机阴离子也可以通过吸光光度法进行测定,如硝酸盐和亚硝酸盐、卤素、氨、硫化氢、磷酸根、硫酸根等。表 8 - 3 列出了部分金属和非金属元素的吸光光度分析条件。

表 8 - 3 部分金属及非金属元素的吸光光度分析条件

| 元素 | 显色剂 | 介质 | $\lambda_{max}/nm$ | $\varepsilon/[10^4\ L/(mol \cdot cm)]$ | 应用 |
|---|---|---|---|---|---|
| Ca | 三溴偶氮胂 | $NH_3 - NH_4Cl$ pH=10.7 | 610 | 3.1 | 水、血清、粮食 |
| Cu | 三溴偶氮胂 | HAc - NaAc | 614 | 1.2 | 蔬菜 |
| Fe | 邻菲啰啉 | HAc - NaAc | 510 | 1.1 | 矿物、试剂、水 |
| Pb | 双硫腙-有机溶剂 | pH=9~11 | 520 | 6.9 | 矿物、土壤、生物试样 |
| B | 亚甲基蓝-有机溶剂 | — | 657 | 16.0 | 岩石、陶瓷 |

续表

| 元素 | 显色剂 | 介质 | $\lambda_{max}$/nm | $\varepsilon$/[$10^4$ L/(mol·cm)] | 应用 |
|---|---|---|---|---|---|
| Cr | 偶氮羧-$m$Br | pH=2.6～3.8 | 680 | 12.0 | 废水、食品 |
| Mg | 二甲苯胺蓝 | pH=10～12 | 505 | 3.2 | 海水、岩石 |
| Bi | 5-(6-溴-2-苯并噻唑偶氮)-8-羟基喹啉 | pH=3.0～3.8 | 560 | 16.8 | 矿石、合金 |
| Th | 对硝基偶氮氯膦 | 1 mol/L HCl | 675 | 7.71 | 矿石 |
| Al | 铬天青 S+CTMAC | HAc-NaAc | 630 | 13.1 | 水、合金 |
| Si | 钼酸铵 | pH=0.4～1.0 | 730 | — | 陶瓷、水泥 |

对于某些或某类无紫外吸收或紫外吸收较弱的有机化合物,亦可以通过显色反应使其生成有颜色的衍生物,再通过可见分光光度计进行测定。例如,食品中的多糖含量可以采用苯酚-硫酸法进行分析。多糖在硫酸的作用下水解成单糖,并迅速脱水生成糖醛衍生物,与苯酚缩合成有色化合物,并于波长 485 nm 处测定,得到总多糖的含量。这种通过显色反应测定试样中某类有机化合物总量的光度分析法在食品、药物等领域应用广泛。

### 8.7.2  弱酸和弱碱离解常数的测定

应用光度法测定某些弱酸、弱碱的离解常数,是基于弱酸(或弱碱)与其共轭碱(或共轭酸)对光的吸收情况不同。对于一元弱酸存在以下离解平衡

$$HA \longrightarrow H^+ + A^-$$

其离解常数为

$$K_a = \frac{[H^+][A^-]}{[HA]} \tag{8-35}$$

对浓度为 $c$ 的一元弱酸溶液,在该溶液的最大吸收波长 $\lambda$ 处,用 1 cm 比色皿测定溶液的吸光度 $A$,根据吸光度的加和性,有

$$A = \varepsilon_{HA}[HA] + \varepsilon_A[A^-] \tag{8-36}$$

将一元弱酸溶液的分布系数代入,则有

$$A = \varepsilon_{HA}\frac{[H^+]c}{K_a+[H^+]} + \varepsilon_A\frac{K_a c}{K_a+[H^+]} \tag{8-37}$$

假设溶液在低 pH 时,弱酸全部以酸式形式存在(即 $c=[HA]$),在 $\lambda$ 处测得的吸光度为 $A_{HA}$,则

$$A_{HA} = \varepsilon_{HA}c \tag{8-38}$$

反之,在高 pH 时,弱酸全部以碱式形式存在(即 $c=[A^-]$),在 $\lambda$ 处测得的吸光度为 $A_A$,则

$$A_A = \varepsilon_A c \tag{8-39}$$

将式(8-38)、式(8-39)计算得到的 $\varepsilon_{HA}$ 和 $\varepsilon_A$ 代入式(8-37)，得

$$A = \frac{A_{HA}[H^+]}{K_a + [H^+]} + \frac{A_A K_a}{K_a + [H^+]} \qquad (8-40)$$

整理得

$$K_a = \frac{A_{HA} - A}{A - A_A}[H^+] \qquad (8-41)$$

对式(8-41)两边取负对数，则有

$$pK_a = -\lg\frac{A_{HA} - A}{A - A_A} + pH \qquad (8-42)$$

因此，只要测出弱酸溶液在低 pH 下的吸光度 $A_{HA}$、高 pH 下的吸光度 $A_A$ 以及吸光度为 $A$ 时溶液的 pH，代入式(8-42)，即可计算出一元弱酸 HA 的离解常数，式(8-42)是用光度法测定一元弱酸离解常数的基本公式。

将式(8-42)整理，可得

$$\lg\frac{A_{HA} - A}{A - A_A} = pH - pK_a \qquad (8-43)$$

配制一系列不同 pH 的弱酸溶液（浓度 $c$ 不变），测定吸光度 $A$，并以 $\lg\dfrac{A_{HA} - A}{A - A_A}$ 为纵坐标、以 pH 为横坐标绘图，得一直线，如图 8-20 所示。直线对应的纵坐标截距即为 $-pK_a$。

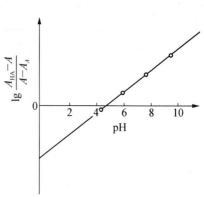

**图 8-20  直线作图法求酸碱离解常数**

### 8.7.3  配合物组成的测定

吸光光度法是研究配位平衡和配合物组成的一种十分有效的方法，利用吸光光度法测定配合物组成的方法很多，以下简单介绍摩尔比法和连续变化法。

1. 摩尔比法

设金属离子 M 与配体 R 反应生成对光有吸收的配合物 $MR_n$。

$$M + nR \longrightarrow MR_n$$

摩尔比法通常是固定金属离子 M 的浓度 $c_M$，改变配体 R 的浓度 $c_R$，配制成一系列 $c_R/c_M$ 值不同的溶液，以相应的试剂空白作参比溶液，在一定的测量条件下分别测定各溶液的吸光度 $A$，并绘制 $A$-$c_R/c_M$ 曲线，如图 8-21 所示。

当配体浓度 $c_R$ 较小时，金属离子没有配位完全，因此吸光度随着 $c_R$ 的增大而增大；当 $c_R$ 增加到一定程度时，金属离子配位完全，吸光度不再随 $c_R$ 的增大而变化，曲线变得平坦，曲线的转折点所对应的摩尔比即为配合物的配

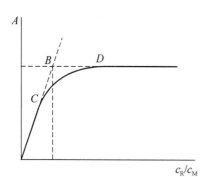

**图 8-21  摩尔比法曲线**

位比。但若配合物稳定性较差,转折点不明显,此时可用外推法作出两条直线,两直线的交点 $B$ 对应的 $c_R/c_M$ 即为配合物的配位比。该方法简单、快速,适合测定解离度较小的配合物的组成。

2. 连续变化法

连续变化法是通过连续改变金属离子浓度 $c_M$ 及配体浓度 $c_R$,将配制的系列溶液中金属离子和配体的总量保持为一定值,即 $c_M + c_R = c$ (定值)。在配合物的最大吸收波长处,测定系列溶液的吸光度 $A$,然后以 $A$ 对 $c_M/c$ 作图,绘制连续变化法曲线,如图 8 - 22 所示。

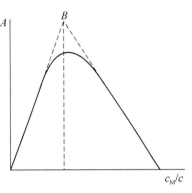

图 8 - 22　连续变化法曲线

当溶液中 $MR_n$ 的浓度(吸光度)达最大时,$c_R/c_M$ 的比值即为 $n$。因此将曲线两臂外推得交点 $B$,根据该点对应的 $c_M/c$ 值,得到配合物的组成 $MR_n$,如当 $c_M/c$ 为 0.5 时,配合物配比为 1∶1;当 $c_M/c$ 为 0.25 时,配合物配比为 1∶3。

# 8.8　紫外吸收光谱法简介

如前所述,紫外吸收光谱法是基于物质对紫外光的选择性吸收而建立起来的分析方法,隶属于吸光光度法。它与可见光区的吸光光度法的原理一样,也是基于分子中价电子在能级之间的跃迁所产生的吸收,定量分析的依据为朗伯-比尔定律,仪器组成在 8.3 节中已介绍。

## 8.8.1　紫外吸收光谱的产生

分子内部的运动可分为价电子运动、分子内原子在平衡位置附近的振动和分子绕其重心的转动。因此分子具有电子(价电子)能级、振动能级和转动能级。双原子分子的电子、振动、转动能级跃迁如图 8 - 23 所示。图中 $A$ 和 $B$ 是电子能级,在同一电子能级 $A$,分子的能量还因振动能量的不同而分为若干"支级",称为振动能级,图中 $V' = 0, 1, 2 \cdots\cdots$ 即为电子能级 $A$ 的各振动能级,而 $V'' = 0, 1, 2 \cdots\cdots$ 为电子能级 $B$ 的各振动能级。分子在同一电子能级和同一振动能级时,它的能量还因转动能量的不同而分为若干"分级",称为转动能级,图中 $J' = 0, 1, 2 \cdots\cdots$ 即为电子能级 $A$ 和 $V' = 0$ 振动能级的各转动能级。

分子从外界吸收能量后,就能引起分子能级的跃迁,即从基态能级跃迁到激发态能级。分子吸收能量

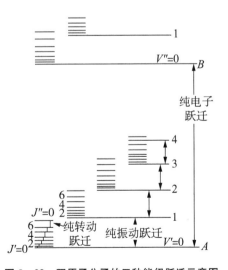

图 8 - 23　双原子分子的三种能级跃迁示意图

具有量子化的特征,即分子只能吸收等于两个能级之差的能量。由于三种能级跃迁所需能量

不同,所以需要不同波长的电磁辐射使它们跃迁,即在不同的光学区出现吸收谱带。其中,电子能级跃迁而产生的吸收光谱主要处于紫外光区(200～400 nm)及可见光区(400～760 nm)。这种分子光谱称为电子光谱或紫外及可见光谱。

### 8.8.2　有机化合物电子跃迁的类型

紫外吸收光谱是由于分子中价电子的跃迁而产生的。因此,这种吸收光谱取决于分子中价电子的分布和结合情况。按分子轨道理论,在有机化合物分子中有几种不同性质的价电子:形成单键的电子称为 $\sigma$ 键电子;形成双键的电子称为 $\pi$ 键电子;氧、氮、硫、卤素等含有未成键的孤对电子,称为 n 电子(或称 p 电子)。当它们吸收一定能量 $\Delta E$ 后,这些价电子将跃迁到较高的能级(激发态),此时电子所占的轨道称为反键轨道,反键轨道具有较高能量。而这种特定的跃迁与分子内部结构有着密切关系。有机化合物价电子可能产生的跃迁主要为 $\sigma \rightarrow \sigma^*$、$n \rightarrow$ $\sigma^*$、$n \rightarrow \pi^*$ 及 $\pi \rightarrow \pi^*$。各种跃迁所需能量是不同的,电子跃迁能级及各种跃迁所对应的能量(波长)与吸收强度的关系见图 8-24。

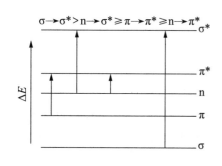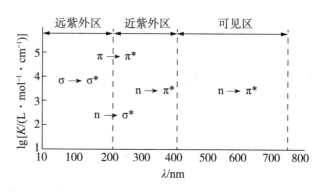

**图 8-24　电子跃迁能级及各种跃迁所对应的能量(波长)与吸收强度的关系**

$\sigma \rightarrow \sigma^*$ 跃迁:所需能量较高,相当于真空紫外光。饱和烃的 C—C 键和 C—H 键属于这种跃迁,如甲烷的 $\lambda_{max} = 135$ nm。

$n \rightarrow \sigma^*$ 跃迁:含 O、N、S、Cl 等杂原子的饱和烃,由于这类原子中有 n 电子,此时产生 $n \rightarrow$ $\sigma^*$ 跃迁。n 电子较 $\sigma$ 键电子易于激发,使电子跃迁所需能量降低,吸收峰向长波长方向移动,这种现象称为红移。能使吸收峰波长向长波长方向移动的杂原子基团称为助色团。如 $CH_3CH_2$—OH 中,除 $\sigma \rightarrow \sigma^*$ 跃迁外还有 $n \rightarrow \sigma^*$ 跃迁,所需能量比 $\sigma \rightarrow \sigma^*$ 的稍低,在近紫外端 200 nm 附近。

$\pi \rightarrow \pi^*$ 跃迁:若在饱和碳氢化合物中引入含有 $\pi$ 键的不饱和基团,价电子跃迁到 $\pi^*$ 上形成 $\pi \rightarrow \pi^*$ 跃迁,将使这一化合物的最大吸收峰波长移至紫外区及可见区范围内,这种基团称为生色团。

含有孤立双键、三键的化合物,其 $\pi \rightarrow \pi^*$ 跃迁形成的吸收峰波长大都小于 200 nm,$\varepsilon_{max} \approx$ $10^4$ L/(mol·cm),属于强吸收。例如 $CH_2 = CH_2$ 的 $\lambda_{max} = 165$ nm,$\varepsilon_{max} = 10^4$ L/(mol·cm)。

共轭烯、炔中的 $\pi \rightarrow \pi^*$ 跃迁的吸收峰称 K 吸收带,比非共轭烯、炔的 $\pi \rightarrow \pi^*$ 的波长要长,如丁二烯的 $\lambda_{max} = 217$ nm。共轭体系愈大,吸收带波长愈长。

苯环上 $\pi \rightarrow \pi^*$ 跃迁产生三个谱带：$E_1$ 带 $[\lambda_{max}$ 为 180 nm 左右，$\varepsilon > 10^4$ L/(mol·cm)]，$E_2$ 带 $[\lambda_{max}$ 为 200 nm，$\varepsilon \approx 10^4$ L/(mol·cm)] 和 B 带 $[\lambda_{max}$ 为 278 nm，$\varepsilon = 10 \sim 10^3$ L/(mol·cm)]。如图 8-25 所示，在乙醇溶剂中，苯的 B 带具有特征性的精细结构。

$n \rightarrow \pi^*$ 跃迁：含杂原子的双键化合物 $\diagdown\!\!\!\!\!\diagup C\!\!=\!\!O$ 、$\diagdown\!\!\!\!\!\diagup C\!\!=\!\!N$ 等，杂原子上有 n 电子，同时又有 $\pi^*$ 轨道，形成 $n \rightarrow \pi^*$ 跃迁，吸收光波长在近紫外区内、亦称 R 吸收带。这种跃迁属于禁阻跃迁，吸收较弱，$\varepsilon \leqslant 10^2$ L/(mol·cm)。例如丙酮的吸收峰在 280 nm，$\varepsilon = 10 \sim 30$ L/(mol·cm)。

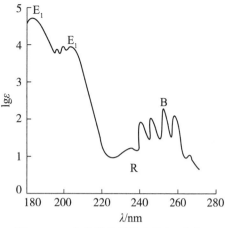

图 8-25  苯的紫外吸收光谱（乙醇中）

### 8.8.3  影响紫外吸收光谱的因素

物质的紫外吸收光谱受溶剂性质、溶液 pH、空间效应等许多因素的影响。

溶剂性质的影响：溶剂极性的变化会使化合物的紫外吸收光谱形状改变。例如，在非极性的庚烷中，苯酚在 270 nm 处出现中等强度的吸收峰并有精细结构；但在乙醇中，B 带的精细结构变得不明显或消失。溶剂的极性不同还会使吸收波长发生改变。极性大的溶剂会使 $\pi \rightarrow \pi^*$ 跃迁谱带红移，而使 $n \rightarrow \pi^*$ 跃迁谱带向短波长方向移动，即蓝移。

溶剂 pH 的影响：当被测物质具有酸性或碱性基团时，溶剂 pH 的变化对光谱的影响较大。例如，苯胺在乙醇中 $\lambda_{max}$ 为 230 nm，而在稀酸中 $\lambda_{max}$ 为 203 nm，与苯的 $E_2$ 带相似。利用溶剂 pH 不同对光谱的影响，可测定化合物结构中的酸性或碱性基团。

空间效应：若分子中存在空间阻碍，影响较大共轭体系的生成，则吸收波长 $\lambda_{max}$ 较短，$\varepsilon$ 小；反之，则 $\lambda_{max}$ 较大，$\varepsilon$ 也增大。

### 8.8.4  紫外吸收光谱法的应用

1. 定性分析

紫外吸收光谱可用来进行在紫外区范围有吸收峰的物质的检定及结构分析，其中主要是有机化合物的分析和检定，同分异构体的鉴别，物质结构的测定，等等。

以紫外吸收光谱鉴定有机化合物时，通常是在相同的测定条件下，比较未知物与已知标准物的紫外光谱图。若两者的谱图相同，则可认为待测试样与已知化合物具有相同的生色团。如果没有标准物，也可借助于标准谱图或有关电子光谱数据表进行比较。但应注意，紫外吸收光谱相同，两种化合物有时不一定相同，因为紫外吸收光谱常只有 2～3 个较宽的吸收峰，具有相同生色团的不同分子结构，有时在较大分子中不影响生色团的紫外吸收峰，导致不同分子结构产生相同的紫外吸收光谱，但它们的吸光系数是有差别的，所以在比较 $\lambda_{max}$ 的同时，还要比较它们的吸光系数是否相同。

　　根据化合物的紫外及可见区吸收光谱可以推测化合物所含的官能团。例如一化合物在220～800 nm无吸收峰,它可能是脂肪族碳氢化合物、胺、醇等,不含双键或环状共轭体系,没有溴、碘等基团。如果在210～250 nm有强吸收带,可能含有两个双键的共轭单位;在260～350 nm有强吸收带,表示含有3～5个共轭单位。如在250～300 nm有中等强度吸收带且有一定的精细结构,则表示有苯环的特征吸收。

　　紫外吸收光谱除可用于推测所含官能团外,还可用来对某些同分异构体进行判别。例如乙酰乙酸乙酯存在下述酮—烯醇互变异构体:

$$CH_3-\underset{\underset{O}{\|}}{C}-CH_2-\underset{\underset{O}{\|}}{C}-OC_2H_5 \Longleftrightarrow CH_3-\underset{\underset{OH}{|}}{C}=CH-\underset{\underset{O}{\|}}{C}-OC_2H_5$$
$$\text{酮式}\qquad\qquad\qquad\qquad\text{烯醇式}$$

酮式没有共轭双键,它在204 nm处仅有弱吸收;而烯醇式由于有共轭双键,因此在245 nm处有强的K吸收带[$\varepsilon=18\ 000$ L/(mol·cm)]。故根据它们的紫外吸收光谱可判断其存在与否。

　　由上述一些例子可见,紫外吸收光谱可以为我们提供识别未知物分子中可能具有的生色团、助色团和估计共轭程度的信息,这对有机化合物结构的推断和鉴别往往是很有用的,这也就是紫外吸收光谱的最重要应用。

　　2. 纯度检查

　　如果一化合物在紫外区没有吸收峰,而其中的杂质有较强吸收,就可方便地检出该化合物中的痕量杂质。例如要检定甲醇的杂质苯,可利用苯在256 nm处的B吸收带,而甲醇在此波长处几乎没有吸收(图8-26)。又如四氯化碳中有无二硫化碳杂质,只要观察在318 nm处有无二硫化碳的吸收峰即可。

　　如果一化合物在可见区或紫外区有较强的吸收带,有时可用摩尔吸收系数来检查其纯度。例如菲的氯仿溶液在296 nm处有强吸收(lgε=4.10)。用某法精制的菲,熔点100℃,沸点340℃,似乎已很纯,但用紫外吸收光谱检查,测得的lgε值比标准菲低10%,实际含量只有90%,其余很可能是蒽等杂质。

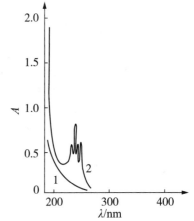

图8-26　甲醇中杂质苯的检定
1—纯甲醇;2—被苯污染的甲醇

　　3. 定量测定

　　紫外分光光度法的定量测定原理、方法及步骤与可见区的吸光光度法相同(参见8.6节)。它的应用很广泛,仅以药物分析来说,利用紫外吸收光谱进行定量分析的例子很多,例如已有数百种药物的紫外吸收光谱的最大吸收波长和吸收系数载入中国药典。紫外分光光度法可方便地用来直接测定混合物中某些组分的含量,如环己烷中的苯,四氯化碳中的二硫化碳,鱼肝油中的维生素A等。对于多组分混合物含量的测定,亦可以利用吸光度的加和性原理,通过联立方程组求解。但随着试样中具有紫外吸收的组分的增加,求解愈趋复杂。为了解决多组分分析问题,20世纪50年代开始提出并发展了许多新的吸光光度法,例如导数吸光光度法、三波长法等。另一类方法是通过对测定数据进行数学处理后,同时得出所有共存组分各自的含量,如多波长线性回归法、最小二乘法、线性规划法、卡尔曼滤波法和因子分析法等。这些近代定量分析方法的特点是不经化学或物理分离,就能实现一些复杂混合物中各组分的含量测定。

## 思 考 题

1. 为什么物质对光会发生选择性吸收? 引起物质对可见光吸收的电子跃迁通常有哪几类?
2. 什么是透光率、吸光度? 两者有何关系?
3. 朗伯-比尔定律的适用条件是什么? 写出朗伯-比尔定律的数学表达式,并说明其物理意义。
4. 何谓"偏离朗伯-比尔定律"? 如何减免偏离现象?
5. 分光光度计是由哪些部件组成的? 各部件的作用如何?
6. 光度分析对显色反应的要求是什么? 建立一种新的光度分析方法时,需要对哪些显色条件进行优化?
7. 哪些因素影响光度分析的准确度? 如何克服?
8. 在吸光光度法中,选择入射光波长的原则是什么? 选择最大吸收波长作入射光有何优点?
9. 测定金属钴中微量锰时,在酸性液中用 $KIO_3$ 将锰氧化为高锰酸钾后进行吸光度的测定。在测定高锰酸钾标准溶液及试液的吸光度时应选什么作参比溶液?
10. 光度分析中,何种定量方法最为常用? 对于浓度过高或过低的样品可采用何种方法? 双波长分光光度法的主要优点是什么?
11. 紫外及可见光分光光度计与可见光分光光度计比较,有什么不同之处?
12. 有机化合物的电子跃迁有哪几种类型?

## 习 题

1. 某有色化合物,相对分子质量为 100,当其含量为 1.50 mg/L 时,用 2.0 cm 吸收池于波长 520 nm 测得 $T=53\%$,求该化合物的摩尔吸光系数 $\varepsilon_{520}$。

$$[9.2\times10^3\ L/(mol\cdot cm)]$$

2. 某试液用 1 cm 的吸收池测量时,$T=80\%$,若改用 2 cm 的吸收池,$T$ 和 $A$ 等于多少?

$$(64\%,\ 0.19)$$

3. 一未知摩尔质量的药物,其摩尔吸光系数为 $1.35\times10^4\ L/(mol\cdot cm)$。称取该药物 0.050 0 g,准确配制成 1 L 溶液,用 1.0 cm 的吸收池在 420 nm 处测得吸光度为 0.760。求该药物的摩尔质量。

$$(888)$$

4. 某样品中镍的质量分数约为 0.12%,用丁二酮肟光度法 $[\varepsilon_{470}=1.3\times10^4\ L/(mol\cdot cm)]$ 进行测定。试样溶解后转入 100 mL 容量瓶中,显色,再加水稀释至刻度。在 $\lambda=470$ nm 处,使用 1 cm 吸收池进行测量。计算样品的称量范围。已知 $M_{Ni}=58.69$。

$$(0.056\sim3.38\ g)$$

**5.** 用吸光光度法测定浓度为 $c$ 的溶液,得吸光度为 0.434,假定所使用的仪器的透光率测定误差为 0.2%,由仪器产生的相对误差为多少?

(0.5%)

**6.** 用磺基水杨酸法测定微量铁。标准铁溶液是由 0.216 0 g $NH_4Fe(SO_4)_2 \cdot 12H_2O$(铁铵矾,$M=482.18$)溶于水中稀释至 500 mL 配制成的。根据下列数据,绘制标准曲线。

| 标准铁溶液的体积 $V$/mL | 0.0 | 2.0 | 4.0 | 6.0 | 8.0 | 10.0 |
|---|---|---|---|---|---|---|
| 吸光度 $A$ | 0.0 | 0.158 | 0.300 | 0.470 | 0.625 | 0.768 |

某试液 5.00 mL,稀释至 250 mL。取该稀释液 2.00 mL,与绘制标准曲线相同条件下显色和测定吸光度,测得 $A=0.385$。 求试液中的铁含量(单位 mg/mL)。

(6.23 mg/mL)

**7.** 测定土壤中 Al 含量时,称取 1.00 g 土壤,经消化处理后定容为 50 mL,然后吸取 10.0 mL 于 50 mL 容量瓶中显色定容,测得吸光度为 0.300。取浓度为 10.0 mg/L 标准 Al 溶液 10.00 mL 于 50 mL 容量瓶中显色定容,在同样条件下测得吸光度为 0.250,求该土壤中 Al 的质量分数。

(0.060 0%)

**8.** 称取含铬、锰的钢样 0.500 g,酸解后定容至 100 mL。吸取该试液 10.0 mL 置于 100 mL 容量瓶中,加硫酸、磷酸的混酸,在沸水浴中,用 $Ag^+$ 作催化剂,用 $(NH_4)_2S_2O_8$ 将 Cr 与 Mn 分别定量氧化为 $Cr_2O_7^{2-}$ 和 $MnO_4^-$。冷却后,用水稀释至刻度,摇匀。再取 5.00 mL Cr 标准溶液(含 Cr 1.00 mg/mL)和 1.00 mL Mn 标准溶液(含 Mn 1.00 mg/mL),分别置于 2 只 100 mL 容量瓶中,按钢样的显色方法处理。在相同条件下,于波长 440 nm 和 540 nm 处分别测量各有色溶液的吸光度,数据列于下表。计算钢样中 Cr 与 Mn 的质量分数。

| 溶液 | $c$/(mg/100 mL) | $A_1$(440 nm) | $A_2$(540 nm) |
|---|---|---|---|
| Mn 标准溶液 | 1.00 | 0.032 | 0.780 |
| Cr 标准溶液 | 5.00 | 0.380 | 0.011 |
| 试液 | | 0.368 | 0.604 |

(9.04%, 1.53%)

**9.** 在下列不同 pH 的缓冲溶液中,甲基橙的浓度均为 $2.0\times10^{-4}$ mol/L。用 1 cm 比色皿在 520 nm 处测得下列吸光度数据,采用直线作图法求甲基橙的 p$K_a$ 值。

| pH | 0.88 | 1.17 | 2.99 | 3.41 | 3.95 | 4.89 | 5.50 |
|---|---|---|---|---|---|---|---|
| $A$ | 0.890 | 0.890 | 0.692 | 0.552 | 0.385 | 0.260 | 0.260 |

(3.29)

**10.** 配制一系列溶液,其中 $Fe^{2+}$ 含量相同(各加入 $7.12\times10^{-4}$ mol/L $Fe^{2+}$ 溶液 2.00 mL),分别加入不同体积的 $7.12\times10^{-4}$ mol/L 的邻二氮菲溶液,稀释至 25 mL 后用 1 cm 比色皿

在 510 nm 处测得吸光度如下，求配合物的组成。

| 邻二氮菲溶液的体积/mL | 2.00 | 3.00 | 4.00 | 5.00 | 6.00 | 8.00 | 10.00 | 12.00 |
|---|---|---|---|---|---|---|---|---|
| $A$ | 0.240 | 0.360 | 0.480 | 0.593 | 0.700 | 0.720 | 0.720 | 0.720 |

$$(c_R/c_M = 3 : 1)$$

# 第9章 样品的预处理方法

定量分析中,大多数试样不能直接被测定,需要通过一定的操作步骤将其转化成适合分析的状态,这一步骤称为样品预处理。样品预处理主要解决两类问题:一是将样品转化为适合测定的形态(如溶液),该过程称为试样的分解(或溶解);另一类问题是由于试样中常常含有多种组分且彼此相互干扰,影响测定结果,因此需要对被测组分或干扰组分进行分离,对于微量或痕量组分的分离过程同时还起到富集的作用。本章介绍分析化学中常用的样品预处理方法,包括试样的分解方法及沉淀分离法、萃取分离法、色谱分离法、离子交换分离法等分离富集方法。

## 9.1 试样的分解

大多数定量分析过程需要在溶液中进行,因此对于固体试样,须选择合适的方法进行前处理,使待测组分定量地转移到溶液中,这一前处理过程称为试样的分解。试样的分解是分析工作中的重要组成部分,它不仅影响到后续的测试过程是否能完成,还会影响分析结果的准确性。为此,分解试样时应注意使试样分解完全,并避免待测组分的损失或待测组分及干扰物质的引入。分解试样的方法很多,应根据被测试样及待测组分的性质、分析的目的要求选择合适的分解方法。

### 9.1.1 溶解法

采用适当的溶剂将试样溶解后制成溶液的方法叫做溶解法。此法比较简单、快速。对于无机物,常用的溶剂有水、酸和碱等。对于有机物,常采用不同性质的有机溶剂对试样进行溶解,遵循"相似相溶"的原则选择溶剂。例如,极性有机化合物可选择水、乙醇、丙酮等极性有机溶剂;非极性有机化合物可选择氯仿、甲苯、正己烷等非极性有机溶剂。

以下主要介绍无机试样的溶解方法。

1. 水溶法

水是溶解无机物和有机物的重要溶剂之一。对可溶性的无机盐(如碱金属盐、铵盐、硝酸盐及大多数碱土金属盐类等)以及强极性有机物(如氨基酸、糖类、低级醇、有机酸盐等)可直接用水溶解制成试液。

2. 酸溶法

利用酸的酸性、氧化还原性和形成配合物的作用可使不溶于水的某些无机试样溶解,常用的酸性溶剂有盐酸、硝酸、硫酸、磷酸、高氯酸、氢氟酸等强酸及中强酸。

盐酸(HCl)是分解试样的重要酸性溶剂,原因之一是盐酸分解试样生成的金属氯化物绝大多数都是可溶盐。盐酸可以溶解活泼性强于氢的铁、钴、镍、锌等活泼金属及多数金属氧化物、碳酸盐、硫化物等。另外,盐酸中的 $Cl^-$ 可以和许多金属离子(如 $Fe^{3+}$ 、$Sb^{3+}$ 等)生成较稳定的配离子,增大了这些金属化合物的溶解性,因此是这些金属矿石的良好溶剂。盐酸还常与其他氧化剂(如 $Br_2$ 、$H_2O_2$)配合使用,用于分解硫化物矿石和铜合金等。

硝酸($HNO_3$)具有强氧化性,几乎所有的硝酸盐都是可溶的,除铂、金和某些稀有金属外,浓硝酸几乎能溶解所有的金属及其合金。但金属铁、铝、铬等会被硝酸"钝化"。

热的浓硫酸($H_2SO_4$)具有强氧化性和脱水能力,可用于破坏试样中的有机物,同时溶解试样中的金属离子。除碱土金属和铅外,其他金属的硫酸盐都溶于水,但其溶解度常比相应的氯化物或硝酸盐小。

磷酸($H_3PO_4$)为中强酸,$PO_4^{3-}$ 具有很强的配位能力,能溶解很多其他酸所不能溶解的矿石,如钛铁矿 $FeTiO_3$、铌铁矿 $(FeMn)Nb_2O_6$、铝矾土、高岭土、云母等。但要注意加热溶解过程中温度不宜过高,时间不宜过长,否则会生成难溶性的焦磷酸盐。

高氯酸($HClO_4$)在接近沸点温度下是一种强氧化剂和脱水剂,铬、钨可被氧化成易溶的 $Cr_2O_7^-$ 和 $WO_4^{2-}$,常用来分解含铬和钨的铁合金、矿石等。由于热浓的高氯酸与有机物接触易引起爆炸,在处理含有机物试样时,须和硝酸配合使用。

氢氟酸(HF)能使硅酸盐生成挥发性的 $SiF_4$,因此主要用于分解含硅化合物,且常与硫酸混合使用。氢氟酸还能与 As、B、Te、Fe(Ⅲ)、Ti(Ⅳ)、W(Ⅴ)、Nb(Ⅴ)等形成挥发性的氟化物或以配合物的形式进入溶液中,因此也可以用于含这些金属元素试样的分解。氢氟酸对人体有害,使用时应注意安全。

为了提高酸性溶剂的溶解能力,常常将几种酸混合使用。例如,单一酸不能溶解 HgS,而用混合酸王水(1 体积浓 $HNO_3$ 和 3 体积浓 HCl)则可以溶解,这是因为硝酸具有氧化性,将 $S^{2-}$ 氧化成 S,而盐酸提供的 $Cl^-$ 与 $Hg^{2+}$ 结合生成稳定的配离子 $HgCl_4^{2-}$,促进了 HgS 的溶解。3 体积浓 $HNO_3$ 和 1 体积浓 HCl 配成的混合酸称为逆王水。王水和逆王水是溶解贵金属(如金、铂)和矿石最常用的溶剂之一。又如,硫酸-磷酸混合酸的酸性强、沸点高,磷酸还具有一定配位能力,常用于分解合金钢、钛钒矿及含铌、钨、钼等的矿石。

3. 碱溶法

碱溶法常用来溶解两性金属铝、锌及其合金、它们的氧化物和氢氧化物,酸性氧化物、$WO_3$、$MoO_3$ 等亦可采用碱溶法,常用的碱性溶剂为 NaOH 和 KOH 溶液。

## 9.1.2　熔融法

熔融法是将试样与固体熔剂混合,在高温下加热,利用试样与熔剂发生的复分解反应,使试样的各组分转化成易溶于水或酸的化合物,如钠盐、钾盐、硫酸盐、氯化物等。熔融法分解力强,不溶于水、酸、碱的试样一般可采用这种方法分解。该方法的主要缺点是操作烦琐,大量熔剂的使用及坩埚材料的腐蚀会带入杂质。

根据所用熔剂的化学性质,熔融法可分为酸熔法和碱熔法两种。

### 1. 酸熔法

酸熔法适于分解碱性试样。常用的酸性熔剂有 $K_2S_2O_7$ 和 $KHSO_4$,后者经灼烧亦生成 $K_2S_2O_7$。这类熔剂在 300℃ 以上可与碱性氧化物或中性氧化物发生复分解反应,生成可溶性的硫酸盐,故常用于分解 $Al_2O_3$、$Cr_2O_3$、$ZrO_2$、钛铁矿、铬铁矿、中性和碱性耐火材料等。例如,用 $K_2S_2O_7$ 分解 $Al_2O_3$,最终生成 $Al_2(SO_4)_3$ 和 $K_2SO_4$,熔融物冷却后用水或稀酸即可溶解。

用 $K_2S_2O_7$ 熔融分解试样时,可在瓷坩埚中进行,也可以使用铂皿,但对铂皿略有腐蚀。熔融时的温度不宜过高,以防大量 $SO_3$ 挥发损失,使硫酸盐分解为难溶性的氧化物。

### 2. 碱熔法

碱熔法适用于酸性试样的分解。通过复分解反应使试样转化成易溶于酸的氧化物或碳酸盐。常用的碱性熔剂有 $Na_2CO_3$(熔点 853℃)、$K_2CO_3$(熔点 891℃)、$Na_2O_2$(熔点 460℃)、$NaOH$(熔点 318℃)和 $KOH$(熔点 404℃)等。

$Na_2CO_3$ 和 $K_2CO_3$ 常用于分解硅酸盐、硫酸盐等。熔融时发生复分解反应,使试样中的阳离子转变为可溶于酸的碳酸盐或氧化物,阴离子则转变为可溶性的盐。为了降低熔融温度,可以采用 1∶1 的 $Na_2CO_3$、$K_2CO_3$ 混合物,其熔点降至 700℃ 左右,特别适合于分解铝含量高的硅酸盐。为了增加氧化性,可在 $Na_2CO_3$ 中加入 $KNO_3$,此时 $Cr_2O_3$ 和 $MnO_2$ 转化为易溶的 $Na_2CrO_4$ 和 $Na_2MnO_4$。

$Na_2O_2$ 是强氧化性、强腐蚀性的碱性熔剂,能分解很多难溶性的物质,如含 Se、Sb、Cr、Mo、V、Sn 等的矿石和合金。由于该熔剂具有强氧化性,矿石中的大部分元素可转化成高价态,提高了分解试样的能力。例如,$Na_2O_2$ 与铬铁矿的分解反应为

$$2FeO \cdot Cr_2O_3 + 7Na_2O_2 \longrightarrow 2NaFeO_2 + 4Na_2CrO_4 + 2Na_2O$$

熔块用水处理,$Na_2CrO_4$ 溶解,$NaFeO_2$ 水解生成 $Fe(OH)_3$ 沉淀,然后利用 $Na_2CrO_4$ 溶液和 $Fe(OH)_3$ 沉淀分别测定 Cr 和 Fe 的含量。$Na_2O_2$ 对坩埚腐蚀严重,故常用价廉的铁坩埚进行熔融,也常用刚玉坩埚、镍坩埚和锆坩埚。

$NaOH$ 和 $KOH$ 都是低熔点的强碱性熔剂,常用于分解硅酸盐、磷酸盐矿物,钼矿和耐火材料等,分解试样常在铁、银或镍坩埚中进行。采用 $Na_2O_2$ 作熔剂时,加入 $NaOH$ 可以降低熔点并能提高分解试样的能力。氢氧化物熔剂的优点是熔点低、熔融速度快、熔块易于溶解,因此应用广泛。

### 3. 烧结法

烧结法是在低于熔点的温度下让试样与熔剂发生反应,形成熔块(半熔物收缩成整块),而不是全熔,故也称为半熔融法。烧结法温度较低,不易损坏坩埚,因此可以在瓷坩埚中进行,不须使用贵重器皿。常用的熔剂为 MgO 或 ZnO 与 $Na_2CO_3$ 的混合物,其中 MgO、ZnO 并不熔融,可防止 $Na_2CO_3$ 在灼烧时熔合,保持松散状态,使矿石氧化完全、快速,反应产生的气体容易逸出。烧结法主要用于铁矿及煤中全硫量的测定。

## 9.1.3　干灰化法

为了测定有机试样中金属元素及某些非金属元素(如碳、硫、卤素等)的含量,须先将其分解,使待测元素以游离态定量转移至溶液中,再用仪器分析或化学分析的方法进行测定。有机试样的分解有干灰化法或湿灰化法两类方法。

干灰化法又分为高温干灰化法和低温干灰化法。高温干灰化法通常在马弗炉中进行,将盛有试样的坩埚(陶瓷坩埚、铂金坩埚等)置于马弗炉中,以大气中的氧气作为氧化剂,逐渐加热至高温(一般为 400~600℃),使有机物完全分解,仅留下不挥发的无机残留物。这些无机残留物主要是金属氧化物及非挥发性硫酸盐、磷酸盐和硅酸盐等。然后加入少量浓盐酸或热的浓硝酸浸取燃烧后的无机残余物。对于液态或湿的试样(如动物组织等),一般先经 100~105℃ 干燥,除去水分及挥发物质,再进行燃烧灰化。该方法简便,可同时处理大量样品。其最主要缺点是少量金属元素(如 As、Sb、Ge、Ti、Hg 及非金属元素)易挥发,造成部分或全部损失,因此需加入氧化剂作为灰化助剂以加速有机物的灰化,并防止待测元素的挥发。常用的灰化助剂有 $H_2SO_4$、$HNO_3$、硝酸镁等,由于灰化过程中炉体材料及灰化助剂带入干扰,且炉壁在高温下对待测元素有吸附,因此高温干灰化法不适用于超痕量金属元素的测定。

氧瓶燃烧法也是实现灰化的常用方法,早期用于卤素和硫元素的测定。该法将试样包裹在定量滤纸内,置于充满氧气并盛有少量吸收液的锥形烧瓶上方进行燃烧,试样中的卤素、硫、磷及金属元素分别形成卤素离子、硫酸根、磷酸根及金属氧化物或盐类等且被溶解在吸收液中,然后分别测定各元素的含量。氧瓶燃烧法分解试样完全,试样用量少,操作简便、快速。有机化合物中碳、氢元素的测定通常也采用燃烧法,将有机试样置于铂舟内,在氧气流及金属催化剂的作用下充分燃烧。此时碳定量转化为 $CO_2$,氢定量转化为 $H_2O$,通过化学或仪器方法测定 $CO_2$ 和 $H_2O$ 的含量,即可得有机化合物中碳、氢含量。

为了测定试样中超痕量元素以及挥发性元素,避免痕量元素的丢失和吸附,降低测定空白,可采用低温干灰化法。该方法采用射频放电来产生活性氧游离基,能在低温下(低于150℃)氧化分解有机物质。该法不会引起 Sb、As、Cs、Co、Cr、Fe、Pb、Mn、Mo、Se、Na和 Zn 的损失,但灰化装置较贵,且由于激发的氧只作用于试样表面,灰化时间较长。

## 9.1.4  湿灰化法

湿灰化法属于氧化分解法。用单一酸、混合酸或与过氧化氢及其他氧化剂的混合液,在一定温度下分解试样中的有机物,此过程也称为湿法消解(消化)。用于湿法消解的混合液包括$HNO_3$ - $H_2SO_4$、$HNO_3$ - $HClO_4$、$HNO_3$ - $HClO_4$ - $H_2SO_4$、$H_2SO_4$ - $H_2O_2$、$HNO_3$ - $H_2O_2$等。例如,将硝酸和硫酸的混合物与试样一起置于克氏烧瓶内,在一定温度下进行消解,消解的过程中,硝酸逐渐挥发,剩余硫酸继续加热,产生的 $SO_3$ 白烟在烧瓶内回流,直到溶液变透明。硝酸在此处是预氧化剂,用于破坏试样中的有机物;硫酸具有强脱水能力,可使有机物碳化,并提高混合酸的沸点。热的高氯酸是最强的氧化剂和脱水剂,由于其沸点较高,可在除去硝酸以后继续氧化样品,因此硝酸、高氯酸和硫酸的混合液具有更强的消解能力(不能直接将高氯酸加入有机物或生物试样中,而应先加入过量的硝酸)。当试样基体含有较多的无机物时,多采用含盐酸的混合酸进行消解。而氢氟酸主要用于分解含硅酸盐的试样(如土壤)。酸消化通常在玻璃或聚四氟乙烯容器中进行。

Fenton 反应是一种敞开体系的湿法消解方法,它利用 $Fe^{2+}$ 与 $H_2O_2$ 在 80~90℃ 时反应生成的—OH 将有机物质氧化分解。该法可处理大量样品(>100 g),避免了大量酸的使用,由于分解温度较低,因而适用于含挥发性待测元素的试样前处理。

克氏定氮法是测定天然含氮有机化合物(如蛋白质)含氮量的常用方法。试样与硫酸及催化剂一同加热消化,使蛋白质分解,分解的氨与硫酸结合生成硫酸铵。然后碱化蒸馏使氨游离,用硼酸吸收后,再以硫酸或盐酸标准溶液滴定,根据酸的消耗量计算试样中的氮含量。

湿法消解的优点是速度比干灰化法快,缺点是因加入大量试剂而引入杂质,因此应尽可能使用高纯度的试剂。

微波消解法是湿法消解的一个新进展。微波是一种频率范围为 300 MHz～300 GHz 的电磁波。置于微波场中的液态极性溶剂(如水)的永久偶极因感应微波场的变化而发生转动,微波电场每秒变更正负信号(振荡)数十亿次,引起整个分子的高速旋转及分子间的碰撞和摩擦,并使液体迅速升温。另外,消解用的无机酸可以离解,这些离子因微波场的存在而在液体中快速迁移,并与邻近分子撞击,也提高了液体的温度。在微波的作用下,固体试样表面层不断地被邻近分子或离子搅动并发生破裂,产生新鲜表面与酸反应,促使试样快速分解。

微波消解通常在密闭的聚四氟乙烯容器中进行,这样可以获得更高的温度和压力,使分解速度较平板电加热法提高数十倍。同时,该法还可以减少溶剂用量(几毫升至几十毫升)及易挥发元素的损失。微波消解法具有节能、省时、分解完全、环境友好的优点,已成为有机及生物试样氧化分解、难溶无机材料溶解的有效方法。

# 9.2　分离和富集的目的与评价指标

在对物质的性质与结构进行测量与表征的过程中,如果试样组成比较简单,可将试样处理成溶液而直接测定,但对于组成比较复杂的试样,其中共存组分往往会对测定产生干扰。为了提高分析结果的准确性,可以通过改变分析条件或利用掩蔽方法来消除干扰。如果这些手段的效果不理想,则要使用一定的分离方法,将干扰组分与被测组分分离。从另一方面来看,如果分析物中被测组分的含量很低,低于分析方法的检出限,那么就要先对被测组分进行富集。

定量分析对分离的要求是:干扰组分减少至不再干扰测定;待测组分的损失小至可忽略不计。一般以回收率来衡量一种分离方法的效果。回收率用于衡量被测组分回收的完全程度。

回收率越高,分离效果越好。对质量分数在 1% 以上的常量组分,回收率大于 99.9%;对质量分数在 0.01%～1% 的组分,回收率大于 99%;对质量分数低于 0.01% 的组分,回收率可以是 90%～95% 或更低些。但试样中待测组分的真实含量不知道,在实际工作中一般采用标准物质加入法测定回收率。

以下介绍分析化学中常用的一些化学分离和富集方法,如沉淀分离法、萃取分离法、离子交换分离法、经典色谱分离法等。

# 9.3　沉淀分离法

沉淀分离法是在试样溶液中加入沉淀剂,使某一成分以一定组成的固相析出,经过滤而与液相分离。关于沉淀的形成过程、沉淀生成的条件以及沉淀的纯化和影响共沉淀的因素,已经在重量分析法中有详细阐述。对于被沉淀物质,可分为常量和微量。常量组分的沉淀分离,包括可形成氢氧化物、硫化物等无机沉淀和一些有机试剂的沉淀分离;对于微量甚至痕量组分的沉淀可采用共沉淀分离法,下面分别讨论。

### 9.3.1　沉淀类型

1. 常量组分的沉淀分离

如果两种阴离子(或阳离子)与相同的阳离子(或阴离子)形成难溶盐,其溶度积相差足够大时,加入沉淀剂可从混合溶液中将其分别沉淀出来加以分离,叫做分级沉淀。溶度积小的先沉淀。例如,$Fe^{3+}$ 和 $Mg^{2+}$ 均可用 $NH_3 \cdot H_2O$ 沉淀,但是如在此混合液中预先加入 $NH_4Cl$,则只有 $Fe^{3+}$ 以 $Fe(OH)_3$ 沉淀出来,$Mg^{2+}$ 不沉淀。

2. 共沉淀

当沉淀从溶液中析出时,某些本来不应沉淀的组分同时被沉淀下来的现象叫做共沉淀。已知共沉淀现象是由于沉淀的表面吸附作用、混晶或固溶体的形成、吸留和包藏等原因引起的。在重量分析中,由于共沉淀现象而使所获得的沉淀混有杂质,给测定结果带来误差,因而总是要设法消除共沉淀作用,以提高测定的准确度。但是在分离方法中,却可以利用共沉淀作用将痕量组分分离或富集起来。

例如,水中痕量的 $Pb^{2+}$,由于浓度太低,不能用一般的方法直接测定。如果使用浓缩的方法,虽然可以将 $Pb^{2+}$ 浓度提高,但是水中其他组分的含量也相应提高,势必影响 $Pb^{2+}$ 的测定。如果在水中加 $Na_2CO_3$,使水中的 $Ca^{2+}$ 生成 $CaCO_3$ 沉淀下来,利用共沉淀作用可使 $Pb^{2+}$ 也全部沉淀下来。将所有沉淀溶于尽可能少的酸中,$Pb^{2+}$ 的浓度将大为提高,从而使痕量的 $Pb^{2+}$ 富集,并与其他元素分离。这里所用的 $CaCO_3$ 称为共沉淀剂、载体或聚集剂。

3. 均相沉淀

通常的沉淀分离操作是把沉淀剂直接加到试液中去,使之生成沉淀。虽然沉淀剂通常总是在不断搅拌下慢慢地加入,但沉淀剂在溶液中局部过浓现象总是难以避免,于是得到的往往是细小颗粒的非晶形沉淀(如 $BaSO_4$、$CaC_2O_4$),或者是体积庞大、结构疏松的非晶形沉淀[如 $Fe(OH)_3$、$Al(OH)_3$]。这样的沉淀不但容易吸附杂质,影响沉淀纯度,而且过滤、洗涤都比较困难,不利于沉淀分离。

已知在沉淀过程中,聚集速率和定向速率影响着沉淀生成的类型和性状。定向速率主要由沉淀物质的本质决定,聚集速率则取决于溶液中沉淀物质的相对过饱和度。式(9-1)表示沉淀生成的初期速度 $v$ 和相对过饱和度的关系

$$v = K\frac{Q-S}{S} \tag{9-1}$$

式中,$Q$ 为加入沉淀剂瞬间生成沉淀物质的浓度;$S$ 为沉淀的溶解度;$K$ 是比例常数;$Q-S$ 是沉淀开始生成时的过饱和度;$(Q-S)/S$ 是相对过饱和度。对于任何一种沉淀来说,只有相对过饱和度超过一定数值时,晶核才开始形成,这个相对过饱和度称为临界过饱和度。如果在沉淀作用开始时,整个溶液中沉淀物质的相对过饱和度均匀地保持在刚能超过临界过饱和度,使晶核可以形成,但是聚集速率较小,形成的晶核也较少。以后继续保持均匀的适当低的相对过饱和度,晶核就逐渐地慢慢长大,这样就能获得颗粒粗大而且形状完整的晶形沉淀。均相沉淀法就是根据这个原理。

均相沉淀法得到的晶形沉淀颗粒较粗,非晶形沉淀结构致密,表面积较小。这样的沉淀不但共沉淀的杂质较少,沉淀较纯,而且不必陈化,过滤、洗涤也较方便。

### 9.3.2 常量组分的沉淀分离

利用沉淀法将主要成分分离出来,再用重量法或其他方法测定,这是分析上常用的方法。在痕量分析中也常用沉淀法预先除去其基体。

1. 用无机沉淀剂的分离法

常用的无机沉淀剂分离法是形成氢氧化物和硫化物沉淀的分离法。

1) 氢氧化物沉淀分离法

大多数金属离子都能生成氢氧化物沉淀,但沉淀的溶解度往往相差很大。因此可以通过控制溶液酸度使某些金属离子彼此分离。各种不同的氢氧化物沉淀时的 pH 不同,有的在较低 pH 时能沉淀完全,有的却只能在较高 pH 时开始沉淀。因而控制溶液的 pH 就能达到分离的目的。

在某一 pH 范围内往往同时有多种金属离子沉淀,即氢氧化物沉淀分离的选择性不高。但如果适当控制溶液的 pH,可以达到一定程度的分离效果。为了进一步提高沉淀分离的选择性,就必须结合配位掩蔽来进行。

为了减少氢氧化物非晶形沉淀的共沉淀现象,沉淀作用应在较浓的溶液中,并在加热条件下进行。此时离子水合程度较低,生成的氢氧化物沉淀含水较少,体积较小,结构较紧密,吸附现象较少。

常用的氢氧化物沉淀剂有以下几种。

(1) NaOH 溶液

可控制 NaOH 溶液 pH≥12,使两性的氢氧化物溶解而与其他氢氧化物沉淀分离,分离情况列于表 9-1 中。由于 NaOH 溶液易吸收 $CO_2$ 而含有微量的 $CO_3^{2-}$,因此当 $Ca^{2+}$、$Sr^{2+}$、$Ba^{2+}$ 存在时,他们可能部分形成碳酸盐沉淀而析出。$Mg(OH)_2$、$Ni(OH)_2$ 沉淀时带下部分的 $Al(OH)_3$。$WO_4^{2-}$、$AsO_3^{3-}$、$PO_4^{3-}$ 和 $Ca^{2+}$ 共存时,由于生成难溶的 $CaWO_4$、$Ca_3(PO_4)_2$、$Ca_3(AsO_4)_2$ 沉淀,使分离不完全。

表 9-1　NaOH 沉淀分离法的分离情况

| 定量沉淀的离子 | 部分沉淀的离子 | 溶液中存留的离子 |
|---|---|---|
| $Mg^{2+}$、$Cu^{2+}$、$Ag^+$、$Au(I)$、$Cd^{2+}$、$Hg^{2+}$、$Ti(IV)$、$Zr(IV)$、$Hf(IV)$、$Th(IV)$、$Bi^{3+}$、$Fe^{3+}$、$Co^{2+}$、$Ni^{2+}$、$Mn^{2+}$、稀土 | $Ca^{2+}$、$Sr^{2+}$、$Ba^{2+}$(碳酸盐)、$Nb(V)$ 等 | $AlO_2^-$、$CrO_2^-$、$ZnO_2^{2-}$、$PbO_2^{2-}$、$SnO_3^{2-}$、$GeO_3^{2-}$、$GaO_2^-$、$BeO_2^{2-}$、$SiO_3^{2-}$、$WO_4^{2-}$、$MoO_4^{2-}$、$VO_3^-$ 等 |

在进行 NaOH 沉淀分离时,根据需要,可在溶液中加入三乙醇胺、EDTA、乙二胺等配位剂,以改善分离效果。例如,在上述溶液中,$Mg^{2+}$、稀土离子可析出氢氧化物沉淀,而 $Fe^{3+}$、$Ti(IV)$、$Ni^{2+}$ 等由于形成可溶性配合物而留在溶液中。

$CrO_2^-$ 易水解,当溶液加热时易生成 $Cr(OH)_3$ 沉淀。如果同时加入氧化剂 $H_2O_2$ 或 $Br_2$,则 $CrO_2^-$ 氧化为 $CrO_4^{2-}$ 而留于溶液中。如果在碱性溶液中加入氧化剂,$Mn^{2+}$ 将被氧化为 $MnO(OH)_2$ 沉淀。

(2) 氨水加铵盐

可控制溶液 pH 为 8~9,使高价离子(如 $Fe^{3+}$、$Al^{3+}$ 等)沉淀而与一、二价的金属离子分离;另一方面,$Ag^+$、$Cu^{2+}$、$Co^{2+}$、$Ni^{2+}$ 等离子因形成氨配离子而留在溶液中,分离情况如表9-2所示。

表 9-2 氨水沉淀分离法的分离情况

| 定量沉淀的离子 | 部分沉淀的离子 | 溶液中存留的离子 |
| --- | --- | --- |
| $Hg^{2+}$、$Be^{2+}$、$Fe^{3+}$、$Al^{3+}$、$Cr^{3+}$、$Bi^{3+}$、$Sb(III)$、$Sn(IV)$、$Mn^{2+}$、$Ti(IV)$、$Zr(IV)$、$Hf(IV)$、$Th(IV)$、$Nb(V)$、$Ta(V)$、$U(VI)$、稀土 | $Mn^{2+}$、$Fe^{2+}$(有氧化剂存在时,可定量沉淀);$Pb^{2+}$(有 $Fe^{3+}$、$Al^{3+}$ 共存时将被共沉淀) | $Ag(NH_3)_2^+$、$Cu(NH_3)_4^{2+}$、$Cd(NH_3)_4^{2+}$、$Co(NH_3)_6^{3+}$、$Ni(NH_3)_4^{2+}$、$Zn(NH_3)_4^{2+}$、$Ca^{2+}$、$Sr^{2+}$、$Ba^{2+}$、$Mg^{2+}$ 等 |

由于沉淀剂中加入铵盐电解质,有利于沉淀的凝聚;同时氢氧化物沉淀吸附 $NH_4^+$,可以减少沉淀对其他离子的吸附。

(3) 某些金属氧化物悬浊液

如 $ZnO$ 为难溶盐,用水调成悬浊液,可在氢氧化物沉淀分离中作沉淀剂。$ZnO$ 在水溶液中存在下列平衡

$$ZnO + H_2O \rightleftharpoons Zn(OH)_2 \rightleftharpoons Zn^{2+} + 2OH^-$$

根据溶度积原理

$$[Zn^{2+}][OH^-]^2 = K_{sp} = 1.2 \times 10^{-17}$$

$$[OH^-] = \sqrt{\frac{1.2 \times 10^{-17}}{[Zn^{2+}]}}$$

当 $ZnO$ 悬浊液加到酸性溶液中时,$ZnO$ 中和溶液中的酸而溶解。当溶液反应进行到溶液中的 $[Zn^{2+}]$ 为 0.1 mol/L 时,溶液中的 $[OH^-]$ 应为

$$[OH^-] = \sqrt{\frac{1.2 \times 10^{-17}}{0.1}} = 1.1 \times 10^{-8} (mol/L)$$

$$pOH \approx 8 \quad pH \approx 6$$

当溶液中有过量的 $Zn(OH)_2$ 存在时,$[Zn^{2+}]$ 虽然发生明显的变化,但溶液的 pH 改变极小。因而利用 $ZnO$ 悬浊液可以控制溶液的 pH 在 6 左右,从而可使某些高价离子定量沉淀,达到分离目的。

其他难溶化合物(如 $CaCO_3$、$BaCO_3$、$HgO$ 等)的悬浊液,也可以用来控制溶液的 pH,作为氢氧化物沉淀分离的沉淀剂,它们可以控制的 pH 在 6~8 内。

显然,利用悬浊液控制 pH 会引入大量相应的阳离子,因此只有当这些阳离子不干扰测定时才可使用。

2) 硫化物沉淀分离法

能形成难溶硫化物沉淀的金属离子约有 40 余种,除碱金属和碱土金属的硫化物能溶于水外,重金属离子可分别在不同的酸度下形成硫化物沉淀。因此在某些情况下,利用硫化物进行沉淀分离还是有效的。

硫化物沉淀所用的主要沉淀剂是 $H_2S$。$H_2S$ 是二元弱酸,在溶液中存在下列平衡

$$H_2S \underset{k_1}{\overset{-H^+}{\rightleftharpoons}} HS^- \underset{k_2}{\overset{-H^+}{\rightleftharpoons}} S^{2-}$$

$$k_1 = 5.7 \times 10^{-8} \quad k_2 = 1.2 \times 10^{-15}$$

在 $H_2S$ 饱和溶液中，$[H_2S] \approx 0.1\ mol/L$。控制不同的 $[H^+]$，则溶液中的 $[S^{2-}]$ 不同，使不同溶解度的硫化物得以分离。

可用硫化物沉淀分离的离子种类很多，但分离方法的选择性不高；硫化物沉淀大都是胶状沉淀，共沉淀现象较严重，而且还有后沉淀现象发生，因此分离不理想。

如果用硫代乙酰胺作沉淀剂，利用硫代乙酰胺在酸性或碱性溶液中加热煮沸发生水解反应，逐渐产生沉淀剂 $H_2S$ 或 $S^{2-}$

$$CH_3CSNH_2 + 2H_2O + H^+ \longrightarrow CH_3COOH + H_2S + NH_4^+$$

$$CH_3CSNH_2 + 3OH^- \longrightarrow CH_3COO^- + S^{2-} + NH_3 \uparrow + H_2O$$

由于沉淀剂是通过水解反应缓慢产生，这样的沉淀作用属于均相沉淀，获得的硫化物沉淀性能有所改善，易于过滤、洗涤，分离效果较好。

2. 用有机沉淀剂的分离法

有机沉淀剂分离法具有选择性好、灵敏度高、获得的沉淀性能好等优点，其缺点是不少沉淀剂本身在水中的溶解度很小，沉淀物有时易浮在表面或漂移至器皿边，给过滤或离心分离带来不便。沉淀分离常用的有机试剂见表 9-3。可用于沉淀分离和重量分析的有机沉淀剂很多，主要有生成螯合物的沉淀剂、生成离子缔合物的沉淀剂和生成三元配合物的沉淀剂三类，简单介绍如下。

表 9-3　有机沉淀剂的分离情况

| 沉淀剂 | 沉淀条件 | 沉淀元素 | 溶液中不沉淀的元素 |
|---|---|---|---|
| 吡啶 | pH=6.5 | Fe、Al、Cr、Ti、Zr、V、Th、Ga、In | Mn、Cu、Ni、Co、Zn、Cd、Ca、Sr、Ba、Mg |
| 丁二酮肟 | 酒石酸铵溶液 | Be、Ni、Pd、Pt | Al、As、Sb、Cd、Cr、Co、Cu、Fe、Pb、Mn、Mo、Sn、Zn |
| 8-羟基喹啉 | 乙酸铵溶液 | Al、Bi、Cr、Cu、Co、Ga、In、Fe、Hg、Mo、Ni、Nb、Pd、Ag、Ta、Th、Ti、W、U、Zn、Zr | Sb、As、Ge、Ce、Pt、Se、Te |
| | 氨性溶液 pH=7.5 | Al、Be、Bi、Cd、Ce、Cu、Ga、In、Fe、Mg、Mn、Hg、Nb、Pd、Sc、Ta、Th、Ti、U、Zn、Zr、Re | Cr、Au |
| 铜铁试剂 | 强酸性溶液，10%矿物胶 | W、Fe、Ti、V、Zr、Bi、Mo、Nb、Ta、Sn、U、Pd | K、Na、Ca、Sr、Ba、Al、As、Co、Cu、Mn、Ni、P、U(Ⅵ)、Mg |
| 苯胂酸 | 1 mol/L HCl | Zr | Al、Be、Bi、Cu、Fe、Mn、Ni、Zn、Re |

1）8-羟基喹啉及其衍生物

8-羟基喹啉溶于乙醇,难溶于水,是最常用的沉淀剂之一。8-羟基喹啉与金属离子 M (以二价为例)形成螯合物沉淀,其结构式如下

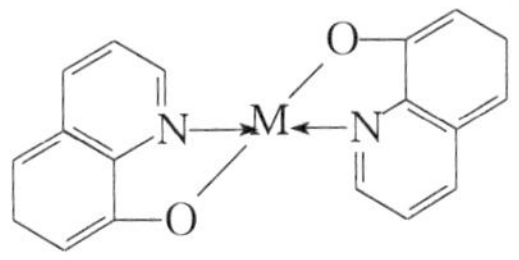

8-羟基喹啉可以和许多二价、三价、少数四价阳离子反应产生沉淀,这些离子通常能和羟基或氨基形成配合物。不同离子的 8-羟基喹啉螯合物的溶解度不同,因而沉淀完全时的 pH 也不同。用控制溶液 pH 并结合采用配位掩蔽的办法,可提高沉淀分离的选择性。

2）丁二酮肟

在氨性或弱酸性(pH>5)溶液中与 $Ni^{2+}$ 形成螯合物沉淀,其结构如下

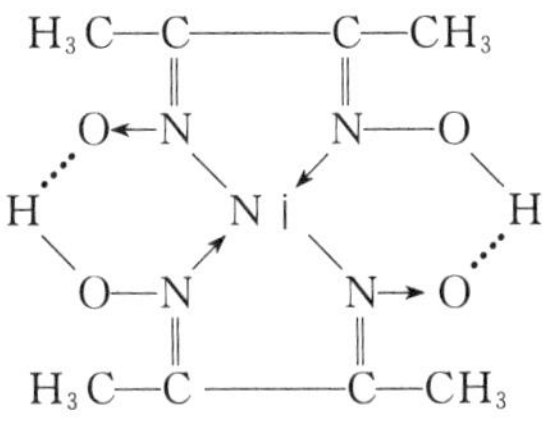

它也和 $Cu^{2+}$、$Co^{2+}$、$Fe^{2+}$、$Zn^{2+}$ 等反应,但生成的配合物可溶于水而不形成沉淀。当有大量 $Cu^{2+}$、$Co^{2+}$ 存在时,因为它们既消耗沉淀剂又能产生共沉淀,必须先用 $H_2S$ 分离法及 1-亚硝基-2-萘酚分离法分别将其除去。溶液中有能生成氢氧化物沉淀的元素共存时,可加酒石酸和柠檬酸掩蔽。

3）铜铁灵(苯亚硝基羟胺的铵盐)和新铜铁灵(萘亚硝基羟胺的铵盐)

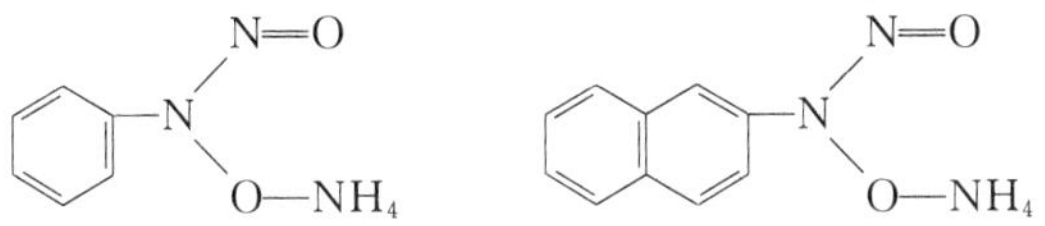

铜铁灵　　　　　　　新铜铁灵

两者作用相似,只是后者生成的沉淀更难溶解,体积也较庞大。在稀酸(0.6～2 mol/L HCl,1.8～5 mol/L $H_2SO_4$)溶液中,两者都能与若干种较高价的离子反应生成沉淀,这些离子包括 $Fe^{3+}$、$Ga^{3+}$、Sn(Ⅳ)、U(Ⅳ)、$Ti^{4+}$、$Zr^{4+}$、$Ce^{4+}$、Nb(Ⅴ)、Ta(Ⅴ)、V(Ⅴ)、W(Ⅵ); 在酸性较弱的溶液中能与 $In^{3+}$、$Cu^{2+}$、Mo(Ⅵ)和 $Bi^{3+}$ 生成沉淀,从而和其他离子分离。这两种试剂能沉淀的离子种类较多,选择性不高。

4）铜试剂

铜试剂即二乙基胺二硫代甲酸钠(简称 DDTC),能与很多金属离子生成沉淀,这些离子包括 $Ag^+$、$Cu^{2+}$、$Cd^{2+}$、$Co^{2+}$、$Ni^{2+}$、$Hg^{2+}$、$Pb^{2+}$、$Bi^{3+}$、$Zn^{2+}$、$Fe^{3+}$、$Sb^{3+}$、$Sn^{4+}$、$Tl^{3+}$ 等。但和 $Al^{3+}$、碱土金属及稀土离子不产生沉淀,因此常用来沉淀除去重金属离子,使之与 $Al^{3+}$、碱土金属和稀土离子分离。

铜试剂和金属离子所生成的螯合物的分子式可表示如下(以二价离子为例)

$$(C_2H_5)_2NC\overset{\displaystyle S}{\underset{\displaystyle SNa}{\phantom{|}}} + M^{2+} \longrightarrow (C_2H_5)_2NC\overset{\displaystyle S}{\underset{\displaystyle S}{\phantom{|}}}M\overset{\displaystyle S}{\underset{\displaystyle S}{\phantom{|}}}CN(C_2H_5)_2 + 2Na^+$$

5) 苦杏仁酸(又名苯羟乙酸)及其衍生物

在溶液中电离成阴离子,它们与带相反电荷的离子结合,生成离子缔合物沉淀。常用来沉淀 $Zr^{4+}$、$Hf^{4+}$。苦杏仁酸的结构式及它与 $Zr^{4+}$ 的反应如下

$$\bigcirc\hspace{-0.5em}—CHOHCOOH$$

$$4C_6H_5CHOHCOO^- + Zr^{4+} \longrightarrow (C_6H_5CHOHCOO)_4Zr\downarrow$$

6) 吡啶

在 $SCN^-$ 存在下,吡啶可与 $Cd^{2+}$、$Co^{2+}$、$Mn^{2+}$、$Cu^{2+}$、$Ni^{2+}$、$Zn^{2+}$ 等生成三元配合物沉淀

$$2C_6H_5N + Cu^{2+} \longrightarrow Cu(C_6H_5N)_2^{2+}$$
$$Cu(C_6H_5N)_2^{2+} + 2SCN^- \longrightarrow Cu(C_6H_5N)_2(SCN)_2\downarrow$$

### 9.3.3　微量组分的共沉淀分离和富集

微量组分浓度太小,很难定量析出,如果在溶液中加入某种其他离子与沉淀剂生成沉淀,以该沉淀为载体,将微量组分定量地共沉淀下来,这种方法称为共沉淀分离法。共沉淀分离富集一方面要求欲富集的痕量组分回收率高,另一方面要求共沉淀剂不干扰富集组分的测定。共沉淀剂的种类很多,可分为无机共沉淀剂和有机共沉淀剂两类,现分述如下。

1. 利用无机共沉淀剂共沉淀

1) 吸附或吸留作用的共沉淀剂

吸附是在沉淀表面吸附和沉淀有共同离子的盐。例如,欲从金属铜中分离出微量铝,溶解试样后,在溶液中加入过量氨水,铜生成 $Cu(NH_3)_4^{2+}$ 而留于溶液中,但 $Al^{3+}$ 由于含量甚少,难以形成 $Al(OH)_3$ 沉淀或沉淀不完全。如事先于试液中加入 $Fe^{3+}$,则在加入氨水后生成 $Fe(OH)_3$,由于 $Fe(OH)_3$ 沉淀表面吸附了一层 $OH^-$,就进一步吸附 $Al^{3+}$,从而使微量铝全部共沉淀出来,便于以后测定。

$Fe(OH)_3$、$Al(OH)_3$ 和 $Mn(OH)_2$ 等非晶形沉淀都是常用的无机共沉淀剂。非晶形沉淀表面积很大,与溶液中微量元素接触机会多,吸附量也大,有利于微量元素的共沉淀;而且非晶形沉淀聚集速率很快,吸附在沉淀表面的微量元素来不及离开沉淀表面就被新生的沉淀包藏起来,提高了富集的效率。

硫化物沉淀除了具有非晶形沉淀性质外,还容易发生后沉淀,也有利于微量元素的富集,如 $PbS$、$CdS$、$SnS_2$ 等可以富集微量 $Cu^{2+}$(用 $PbS$ 更好)。

在这类共沉淀作用中,被富集的离子与沉淀剂形成的化合物溶解度愈小,愈易被共沉淀,富集效率愈高。虽然这类共沉淀作用的选择性不高,但如用来分离富集数种或一组离子,然后用等离子体发射光谱法做多元素测定,或用原子吸收光谱法对各元素逐个加以测定,都是很有效的。

2）混晶作用的共沉淀剂

如果两种化合物的晶型相同，离子半径差在 $10\%\sim15\%$ 以内时，会生成混晶。两种金属离子生成沉淀时，具有相似的晶格，就可能生成混晶而共同析出。如 $BaSO_4$ 和 $RaSO_4$ 的晶格相同，当大量 $Ba^{2+}$ 和痕量 $Ra^{2+}$ 共存时，与 $SO_4^{2-}$ 生成混晶同时析出，由此可以分离和富集 $Ra^{2+}$。

应该指出，其他离子的存在对混晶作用往往有很大的影响。如 1 mol/L KCl 溶液中有 $82\%$ 的铅能和锶生成硫酸盐混晶析出；而在 2.5 mol/L KCl 溶液中，则只有 $30\%$ 的铅能生成混晶析出。这是由于大量 KCl 存在下，$Pb^{2+}$ 形成 $PbCl_4^{2-}$，以致不能进入 $SrSO_4$ 的结晶中。

3）形成晶核的共沉淀剂

有些痕量元素由于含量实在太少，即使转化成难溶物质，也无法沉淀出来。但可把它作为晶核，使另一种物质聚集在该晶核上，使晶核长大成沉淀而一起沉淀下来。例如，溶液中含有极微量的金、铂、钯等贵金属离子，要使它们沉淀析出，可以在溶液中加入少量亚碲酸的碱金属盐（$NaTeO_3$），再加还原剂（如 $H_2SO_3$ 或 $SnCl_2$ 等）。在贵金属离子还原为金属微粒（晶核）的同时，亚碲酸盐还原成游离碲，就以贵金属为核心，碲聚合在它的表面，使晶核长大，然后一起沉淀析出。痕量 $Ag^+$ 的富集，也常用 $SnCl_2$ 还原 $TeCl_4$ 为游离碲，使之聚集在银微粒外面一起沉淀析出。

4）沉淀的转化作用

用一难溶化合物，使存在于溶液中的微量化合物转化成更难溶的物质，也是一种分离痕量元素的方法。例如，将含有微量 $Cu^{2+}$ 的溶液通过预先浸有 CdS 的滤纸，$Cu^{2+}$ 就可转化为 CuS 沉积在滤纸上，过量的 CdS 可用 1 mol/L HCl 的热溶液溶解除去。这类方法也可用来分离镍中 $0.0001\%$ 的铜；还可用来分离铅中的微量 $Cu^{2+}$。用 ZnS 浸渍的滤纸，可用来分离中性溶液中的痕量铅。

无机共沉淀剂极少数（如汞化合物）可以经灼烧挥发除去，在大多数情况下还需增加载体元素与痕量元素之间的进一步分离步骤。因此只有当载体离子容易被掩蔽不干扰测定时，才能使用无机共沉淀剂。

2. 利用有机共沉淀剂共沉淀

有机共沉淀剂的富集效率高，可分离富集含量为 ng/g 的痕量组分，选择性较好，所得沉淀中的有机载体容易通过高温灼烧除去，从而获得无载体的被共沉淀的元素。有机共沉淀的作用机理是先把无机离子转化为疏水化合物，再用相似结构的有机共沉淀剂将其载带下来，大体上有三种形式。

1）利用胶体的絮凝作用进行共沉淀

利用带不同电荷的胶体凝聚作用，使共沉淀剂的胶体与带有相反电荷的被测元素的化合物的胶体彼此结合而沉淀下来。常用的共沉淀剂有辛可宁、丹宁、动物胶等。被共沉淀的组分有钨、铌、钽、硅等的含氧酸。

2）利用固体萃取剂的萃取作用

加入一种有机试剂与被测金属离子生成螯合物或离子缔合物，同时再使溶液中形成一种含有相同有机结构的固体萃取剂，两者结合发生共沉淀。例如，痕量 $Zn^{2+}$ 的共沉淀就是属于这一类两种缔合物形成固溶体而共沉淀下来。据报道，此法可富集低至 1 ng/mL 的 $Zn^{2+}$，回收率达 $90\%$。

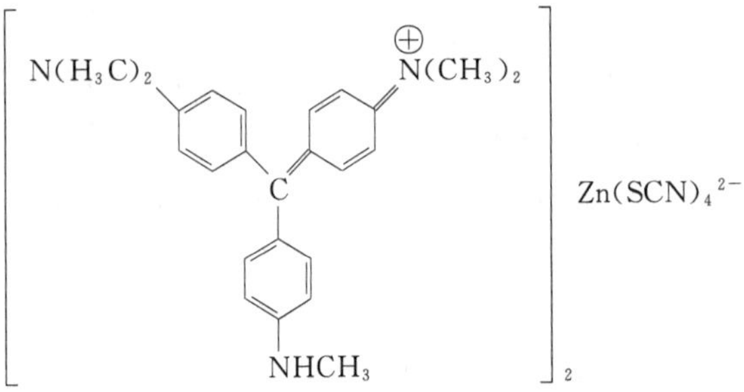

甲基紫
——被共沉淀的化合物

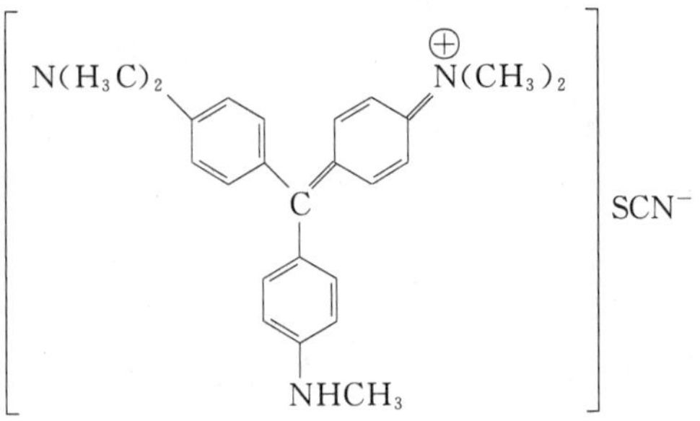

载体

这类形式的共沉淀作用中常用到的配合物加成体有 $SCN^-$、卤素离子等。常用的有机阳离子有碱性染料(如甲基紫、结晶紫、罗丹明 B、丁基罗丹明 B 等)和次甲基染料(如亚甲蓝等)。

3) 利用惰性共沉淀剂进行沉淀

如用 8-羟基喹啉及二乙基胺二硫代甲酸钠等螯合剂沉淀海水中的微量 $Ag^+$、$Co^{2+}$、$Cu^{2+}$、$Fe^{3+}$、$Mn^{2+}$、$Ni^{2+}$、$Zn^{2+}$ 等离子时,由于上述离子含量极微,生成的难溶化合物不会沉淀析出。如果加入酚酞的乙醇溶液,由于酚酞在水中沉淀析出,能使上述各种螯合物共沉淀下来。

常用的惰性共沉淀剂有酚酞、$\beta$-萘酚、间甲基苯甲酸及 $\beta$-羟基萘甲酸等。由于惰性共沉淀剂不与其他离子反应,所以沾污较少,选择性较高。

为了提高共沉淀分离的选择性,可利用配位掩蔽作用,改变被分离、富集组分的价态等方法。而共沉淀时溶液的 pH 对于提高选择性和富集效率都有影响,必须充分注意这个问题。因为有机共沉淀剂大都是弱酸或弱碱,酸度对于成盐、螯合反应都有很大影响。对于无机共沉淀剂,酸度影响离子的存在状态、共沉淀剂的表面电荷,也影响到共沉淀剂本身的存在状态。因此必须注意控制共沉淀时的 pH。

此外,其他因素(如某些中性盐类的存在、沉淀时的温度、沉淀进行方式、加入试剂的顺序和时间等)对于提高选择性和富集效率都能有一定的影响,也应加以注意。

# 9.4 萃取分离法

萃取分离法分为双水相萃取、反胶团萃取、超临界流体萃取、微波辅助萃取、超声辅助萃取、加速溶剂萃取等,应用最广泛的是液-液萃取分离法,又称溶剂萃取分离法。这里重点介绍溶剂萃取分离法、超临界流体萃取和固相萃取。

液-液萃取分离法是在待分离组分的水溶液中加入与水互不相溶的有机溶剂,使被分离组分从一相(水相)转移到互不混溶的另一液相(有机相)中,另一些组分仍留在水相中,分离两相,达到组分分离的目的。

液-液萃取分离法可用于大量组分的分离,更适合于微量元素的富集和分离,在痕量分析中具有特别重要的意义。它具有仪器设备简单,操作简易、快速,分离效率好,回收率高,选择性高等优点。当然此法也存在一定缺点:萃取溶剂通常易挥发、易燃,并具有一定毒性;多数萃取剂价格昂贵,实验室操作较麻烦、费时等。即使如此,此法在很多分析过程中仍是常用的前处理手段。

### 9.4.1 基本原理

1. 相似相溶原则

在萃取分离中,"相似相溶"原则是十分有用的。一般来讲,极性有机化合物,包括形成氢键的有机化合物及其盐类,通常溶于水而不溶于非极性或弱极性的有机溶剂;非极性或弱极性的有机化合物不溶于水,但可溶于非极性和弱极性的溶剂,如苯、四氯化碳、氯仿等。因此根据相似相溶原则,选用适当的溶剂和萃取条件,可以从混合物中萃取某些组分,以达到分离目的。

金属离子常以水合离子等形式存在于水溶液中,具有亲水性。有机化合物多数难溶于水而易溶于有机溶剂,具有疏水性。如果有机化合物带有—OH、—SO$_3$H、—NH$_2$ 和 =NH 等亲水基团,则疏水性减弱,亲水性增强。萃取过程的本质是使物质具有的亲水基团换成疏水基团,由亲水性转化为疏水性,将离子所带的电荷中和,从水相转移到有机相。

2. 分配系数和分配比

如果被萃取物 A 在两相中存在形式相同,且温度一定,物质 A 在水相与有机相之间的分配达到平衡状态时,两相中 A 物质的浓度比为一常数,称为分配系数,以 $K_D$ 表示

$$K_D = [A]_o/[A]_w \qquad (9-2)$$

式中,$[A]_o$、$[A]_w$ 分别是被萃取物 A 在有机相与水相中的平衡浓度。

分析工作者主要关心的是萃取达到平衡后存在于两相中的溶质的总量,因此引入一个表示萃取物 A 在有机相中各种型体的总浓度与水相中各种型体的总浓度的比值,即分配比 $D$。

$$D = ([A_1]_o + [A_2]_o + \cdots + [A_i]_o)/([A_1]_w + [A_2]_w + \cdots + [A_j]_w) \qquad (9-3)$$

溶质在两相中各种存在形式总浓度之比可衡量溶剂对溶质的萃取能力。由于萃取物 A 是以几种形式分配在两相的,只有分配比能反映它被萃入有机相的量的多少。

3. 萃取率($E$)

当某一物质 A 的水溶液,用有机溶剂萃取时,则

$$E = \frac{有机相中被萃取物的量}{两相中被萃取物的量} \times 100\%$$

萃取率($E$)反映了物质被萃取的完全程度。

设 $R = V_o/V_w$,$R$ 为有机相体积和水相体积之比(称相比),由定义得

$$E = \frac{D}{(D + R^{-1})} \times 100\% \qquad (9-4)$$

从式(9-4)可以看出,萃取率由分配比 $D$ 和相比 $R$ 决定,$D$ 愈大,$R$ 愈大,则萃取率愈高。在分析工作中,一般常用等体积的溶剂来进行萃取即 $V_O = V_w$,此时萃取率 $E$ 为

$$E = \frac{D}{D + 1} \times 100\% \qquad (9-5)$$

当分配比 $D$ 不断增大时,萃取率 $E$ 也不断增大,萃取就进行得完全。当 $D = 1\,000$ 时,$E = 99.9\%$,可以认为一次萃取完全。当 $D = 10$ 时,$E = 90\%$,一次萃取不能萃取完全。

从式(9-4)可看出,要提高萃取率也可以改变 $R$,增加有机溶剂的用量。但当有机溶剂体积增大时,所得有机溶剂层溶质的浓度降低,给进一步在溶剂层中测定溶质增加了困难。

如果分配比 $D$ 较小或需用较少量的有机溶剂萃取,可改用连续萃取多次的方法。

在分配比为 $D$ 的萃取体系中,原来水溶液中溶质 A 的总量为 $m_0$,溶液体积为 $V_W$。用体积为 $V_O$ 的有机溶剂萃取,达到平衡后水溶液中及溶剂层中 A 的总量分别等于 $m_1$ 及 $m_1'$。在萃取一次时

$$D = \frac{[A]_O}{[A]_W} = \frac{(m_0 - m_1)/V_O}{m_1/V_W}$$

$$m_1 = m_0 \left( \frac{V_W}{DV_O + V_W} \right)$$

萃取两次后,可按同样方法计算得到

$$m_2 = m_1 \left( \frac{V_W}{DV_O + V_W} \right) = m_0 \left( \frac{V_W}{DV_O + V_W} \right)^2$$

连续萃取 $n$ 次后

$$m_n = m_0 \left( \frac{V_W}{DV_O + V_W} \right)^n$$

例如,已知 $D = 10$,当 $V_W = V_O$ 时连续萃取三次,$m_3 = m_0 \left( \frac{1}{1\,331} \right)$,即用有机溶剂的总体积为 $3V_W$ 时,萃取已定量完成。假如不用连续萃取的办法,而是用增加有机溶剂的用量的办法,使 $V_O = 10V_W$,则 $m_1 = m_0 \left( \frac{1}{101} \right)$,可见虽然消耗的有机溶剂比前一种办法多得多,但效果却不及前者。

## 9.4.2 重要的萃取体系

根据所形成的被萃取物质的不同,可把萃取体系分成以下各类:螯合物萃取体系、离子缔合物萃取体系、三元配合物萃取体系和中性配合物萃取体系等。以下主要讨论常用的螯合物萃取体系和离子缔合物萃取体系。

### 1. 螯合物萃取体系

螯合物萃取是金属离子萃取的主要方式,乙酰基丙酮、噻吩甲酰三氟丙酮(简称 TTA)、二乙基胺二硫代甲酸钠又称二乙基胺磺酸钠(铜试剂)、丁二酮肟等是常用的形成螯合物的萃取剂。影响螯合物萃取的因素有很多,如螯合剂种类、酸度等。

螯合剂与被萃取的金属离子螯合形成疏水化合物,要求螯合剂的亲水基团少、疏水基团多,螯合物稳定。

形成螯合物的萃取体系,溶液酸度对萃取体系的影响很大,要选择合适的酸度。酸度大则分配比减小,酸度小则可能引起金属离子水解。另外通过控制酸度,可以使干扰离子不被萃取。

在萃取分离中,如果某些金属螯合物仅用调节和控制溶液酸度的办法,不能达到分离目的,则可以结合采用配位掩蔽的办法。例如,在 $Hg^{2+}$、$Ag^+$、$Cu^{2+}$、$Bi^{3+}$ 的混合溶液中,加入 KCN,由于除了 $Bi^{3+}$ 以外,其余的三种阳离子都可以和 $CN^-$ 形成稳定的配合物,从而使它们

的萃取平衡发生改变,于是就可以在这些离子存在时直接萃取 $Bi^{3+}$。此外,柠檬酸、酒石酸等也是常用的配位掩蔽剂。

**2. 离子缔合物萃取体系**

带有不同电荷的离子,由于静电引力,互相缔合形成不带电荷的、易溶于有机溶剂的分子。通常采用含氧有机化合物作为萃取剂和有机溶剂。例如,$ReO_4^-$、$MnO_4^-$、$IO_4^-$、$HgCl_4^{2-}$、$SnCl_6^{2-}$、$CdCl_4^{2-}$ 和 $ZnCl_4^{2-}$ 等阴离子的萃取,可用氯化四苯胂作萃取剂。这时阳离子与被萃取的阴离子缔合,如

$$ReO_4^- + (C_6H_5)_4As^+ \longrightarrow (C_6H_5)_4AsReO_4$$

生成难溶于水、但可溶于氯仿的分子,而用氯仿萃取之。

又如,用含氧有机溶剂乙醚、异丙醚、乙酸乙酯、甲基异丁酮等从浓盐酸中萃取 $FeCl_4^-$ 时,由于溶剂分子中的氧原子上有两对未成键的电子,电荷密度较大,可与水合氢离子作用生成锌离子。若以 $R_2O$ 表示乙醚,则形成锌离子 $R_2OH^+$,$FeCl_4^-$ 在水溶液中以水合配阴离子 $Fe(H_2O)_2Cl_4^-$ 存在,当它接触溶剂乙醚时,就形成溶剂化配阴离子 $Fe(R_2O)_2Cl_4^-$,再与锌离子缔合形成锌盐 $R_2O \cdot Fe(R_2O)_2Cl_4$,生成的锌盐中含有较多的溶剂分子,具有疏水性,易被乙醚萃取。这类萃取的特点是溶剂分子也参加到被萃取的分子中去,因此它既是萃取剂,又是溶剂,这样的溶剂称为活性溶剂。

在形成离子缔合物(特别是有机溶剂分子参加到缔合物分子中去)的萃取体系中,向溶液中加入高浓度的无机盐,可使多种金属配合物的分配比大为增加,从而显著提高萃取效率,这就是盐析作用,加入的无机盐为盐析剂。可用作盐析剂的无机盐为数不多,分析中常用铵盐、硝酸盐、硫氰酸盐、卤化物为盐析剂。盐析剂的存在会使分配比显著增大,萃取进行完全。一般认为是由于以下的原因:盐析剂的加入,使溶液中的阴离子浓度增加,产生同离子效应,从而使反应朝着有利于萃取作用的方向进行;盐析剂的用量一般是比较多的,在加入盐析剂后,溶液中离子浓度大为增加,各离子都可能与水分子结合起来形成水合离子,因而水分子的浓度大为降低,这样就大大减少了水分子与被萃取金属离子的结合能力,使被萃取离子与有机溶剂形成溶剂化物溶于有机溶剂中。大量电解质的加入,使水的介电常数降低,水的偶极矩作用减弱,就有利于离子缔合物的形成和萃取作用的进行。

## 9.4.3　萃取分离技术及其在分析化学中的应用

在实验室中进行萃取分离最常用的萃取方式是间歇萃取。当被萃取组分的分配比 $D$ 值足够大时,可以采用此法。此法是将试液调至所需条件后,放入 $60 \sim 125$ mL 的梨形漏斗中,加入有机溶剂,塞上塞子,剧烈振荡至分配达到平衡,静置分层,轻轻转动分液漏斗下面的活塞,使下层液体流入容器中,则两相即可分离。如果一次萃取尚不能达到满意,可以往试液中重新加入新鲜有机溶剂再萃取 $1 \sim 2$ 次,每次萃取液应合并在一起。对于分配系数较小物质的萃取,常采用连续萃取,使溶剂得到循环使用。这种萃取方式常用于天然产物中有效成分的提取分离研究,一般在索氏萃取器中进行。

在萃取过程中,如果有少量杂质离子同时被萃取,可以用洗涤液洗去杂质离子。当被萃取组分已被萃取到有机相之后,还可以在一定条件下再用水进行反萃取,使被萃取的组分再转移到水相中去进行分离富集。

液-液萃取在分析化学中有重要的用途,可以将待测组分分离、富集,消除干扰,提高分析

方法的灵敏度。把萃取技术与仪器分析方法(紫外-可见分光光度法、原子吸收光谱法和原子发射光谱法等)结合起来,可以促进微量和痕量分析方法的发展。

### 9.4.4 超临界流体萃取法

**1. 原理**

超临界流体萃取是用超临界流体作为萃取剂进行萃取分离的方法。超临界流体密度与液体相当,黏度接近气体,对气态、液态、固态物质有好的溶解性能和渗透性能。超临界流体在超临界点附近时,其密度受到温度和压力的影响,变化范围大。如果用超临界流体作为溶剂萃取时,改变温度和压力就能使之对不同物质的溶解性不同,因而选择性高,萃取可起到分离作用。萃取完全后,由简单的降低压力或温度就可以从萃取物中使超临界流体萃取剂成为气体而除去。

超临界流体萃取中可根据萃取对象选取不同的萃取剂。除常用于萃取的 $CO_2$ 超临界流体外,超临界流体由于有如液体一样的溶解性能,如气体一样的低黏度、高扩散性,而能高效地萃取物质,各具有特色。表 9-4 列出了多种溶剂的超临界点值。选作萃取溶剂的超临界流体宜具备以下条件:临界温度不能太低或太高,临界压力不能太高。

表 9-4　一些溶剂的超临界点

| 溶剂 | 临界温度/K | 临界压力/MPa |
|---|---|---|
| 二氧化碳 | 304.3 | 7.38 |
| 乙烷 | 305.4 | 4.88 |
| 乙烯 | 282.4 | 5.04 |
| 丙烷 | 369.8 | 4.25 |
| 丙烯 | 364.9 | 4.60 |
| 环己烷 | 553.5 | 4.12 |
| 丁烷 | 425.2 | 3.80 |
| 三氟甲烷 | 299.3 | 4.86 |
| 一氯三氟甲烷 | 302.0 | 3.87 |
| 氧化亚氮 | 309.6 | 7.22 |

**2. 超临界流体的萃取装置**

超临界流体的萃取装置包括萃取与反萃取两部分。反萃取采取的措施是降压或改变温度,使被萃取物的溶解度降低而析出。气体经热交换器冷凝成液体,用加压泵把压力升高到萃取所需压力(在临界压力以上),同时调节温度,使其成为超临界流体,从萃取釜底部进入,作为溶剂与被萃取物接触,含溶解萃取物的流体经节流阀减压到低于流体临界压力以下,而在分离釜分离成溶质和气体,前者为过程产品,定期从分离釜底部放出,后者经热交换器冷凝成液体,再循环使用。使用循环过程有助于获得高的萃取率。

**3. 影响因素**

压力的改变对超临界流体的溶解能力有较大的影响。在临界点以上,压力升高,将使物质的溶解度增高；不同物质的溶解度随压力变化的速率不同，因而能通过选择适当的压力使各物质萃取分离开。

温度的变化也会改变超临界流体的萃取能力，温度对超临界流体溶解度的影响表现在：温度升高，超临界流体密度降低，使物质在其中的溶解度降低；另一方面，温度升高，物质的蒸气压增大，使其在超临界流体的溶解度增大。这两种相反影响导致溶解度等压曲线出现最小值。萃取的温度需要选择，保证物质有恰当的萃取收率，保证被分离物有恰当的萃取选择性。

萃取时间的影响取决于被萃取物质在超临界流体中的溶解度和被萃取物质在基体中的传质速率两个因素。在流体中溶解度越大，萃取率越高，速度快、时间短；在基体中的传质速率越大，萃取越完全，效率越高。

在超临界流体中加入少量其他溶剂可以改变它对溶质的溶解能力和提高分离的选择性。通常加入量不超过 15%，以加入极性溶剂（如甲醇、异丙醇等）居多。这样可使超临界流体萃取技术的应用范围扩大到极性较大的化合物。

### 9.4.5 固相萃取分离方法

溶剂萃取是最常用的试样处理方法，其缺点是所用有机溶剂对环境有不同程度的污染。近年来一些不用和少用溶剂的方法，如固相萃取等受到重视和发展。固相萃取是非溶剂型萃取分离技术，根据试样中不同组分在固相填料上的作用力强弱不同，使被测组分与其他组分分离。固相萃取柱一般为开口，直径 1 cm，柱长约 7.5 cm，内装分离载体，多为硅氧基烷，如 C18，颗粒直径 40~80 μm，载体高度根据待分离富集组分的量选定，常为 1~2 cm。分离富集程序为：选择合适的固相萃取柱，用水或适当的缓冲溶液润湿载体，加试样溶液于载体上，选用合适的溶剂洗涤，除去干扰物，然后洗脱待分离物质。固相萃取一般靠重力使溶液流过固相萃取柱，若有阻力，把注射器和微收集器连接在固相萃取柱上，抽气，使试样液缓慢流过萃取柱。

目前用于高效液相色谱柱的填料都可用于固相萃取。由于填料性能的不断完善，商品化的固相萃取设备已成为许多实验室中试样前处理的重要手段。一般固相萃取柱可以重复用 30 次，有时用一定次数后，需要清洗除去有关杂质。先用甲醇（5 mL），再用甲醇-二氯甲烷（50：50体积比，10 mL）洗涤，进行柱的再生。但这种固相萃取短柱的缺点是截面积小，允许流量低，容易堵塞，传质慢等。后来研制成两类新型的膜片：一类是在膜片中混入各种化学键合固定相填料的微粒；另一类是膜片本身直接经化学反应，键合上多种不同的官能团。操作时可将膜片置于砂芯漏斗中，在真空抽气条件下，于膜片上加进液体试样，试样中待测组分就选择性地保留在膜片上。固相萃取特别适用于野外现场处理试样。

## 9.5 经典色谱分离法

色谱分离法简称色谱法，又称层析法和色层法。色谱法是基于被分离物质分子在两相（一为固定相，一为流动相）中分配系数的微小差别进行分离的方法。这种方法是由一种流动相带着试样经过固定相，物质在两相之间进行反复分配，因为各种物质的分配系数不同，所以在固定相中的移动速度不同，从而达到互相分离的目的。

这一分离方法分离效率高，能将各种性质极相似的物质彼此分离。色谱分离法按流动相状态不同分为气相色谱和液相色谱;根据操作方式不同分为柱色谱、薄层色谱和纸色谱。因为纸色谱现在应用很少,这里主要介绍柱色谱和薄层色谱。

### 9.5.1 柱色谱

柱色谱是将固定相(吸附剂)装在管中成柱形,在柱中进行的层析分离。柱层析系统一般应包括下列仪器:能获得洗脱溶剂按一定要求改变洗脱剂(流动相)浓度的梯度混合器;能驱使溶剂按恒定流速流过柱体的恒流输液泵(如蠕动泵);能检测并记录柱体流出液浓度变化的各种检测器以及能定容、定时或计滴收集各部分的部分收集器。如再用一台程序控制器(或微机系统)定时地起动和终止上述各部件工作,并控制电磁阀以切换溶剂的种类及流路,就可按需要的任何方式组合成一套自动(或半自动)的柱层析装置。这套系统装置的示意图如图9-1所示。

将固定相装入色谱柱中之后,把待分离的试液加在柱的上方,溶质便吸附于柱上端的固定相上,再用流动相冲洗到一定程度,由于不同物质

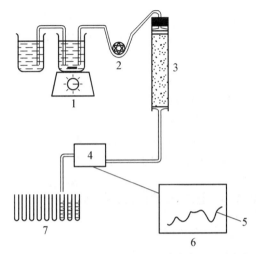

1—磁力搅拌器;2—恒流泵;3—分离柱;4—分光光度计;5—吸收曲线;6—记录仪;7—部分收集器

**图9-1 柱色谱分离装置示意图**

在固定相及流动相两相中分配系数不同,经过在两相间连续不断发生吸附、解吸、再吸附、再解吸,各组分即可完全分离,表现为柱内不同组分分段出现。如果继续冲洗,各组分便先后自柱的下端分段流出,分别用容器接收进行定量测定。分配比大的物质被吸附得牢固,移动速度慢;反之则移动速度快。为了达到分离的目的,应选用适宜的流动相和固定相以增大各组分分配比的差别。

固定相的粒径越小,层析柱的理论板高值降低,理论塔板数增加,分离能力越强。但是粒径越小会降低流速,要使用比较高的压力才能获得较高流速。一般色层分析中选用适当粒径的固定相才能获得良好效果。固定相的用量根据其自身的操作容量和分离物中各成分的性质决定。当操作容量高时,固定相用量少。一般固定相的用量为被分离试样的30～50倍。若试样中各组分的性质相似难以分开时,则固定相用量应增大,有时大于100倍。

选用合适的洗脱剂才能达到良好的分离效果。一般用弱吸附剂分离极性较大的物质时,选用极性较大的洗脱剂容易洗脱;应用强极性吸附剂分离极性较小的物质时,选用极性较小的洗脱剂容易洗脱。

### 9.5.2 薄层色谱

薄层色谱法又称为薄层层析法,广泛用于天然物的纯化以及复杂试样的分析等。根据分离的原理不同,薄层层析法又可分为吸附层析、分配层析、离子交换层析等不同种类。

1. 原理

薄层层析法是把固定相(如硅胶、活性氧化铝、纤维素等)铺在玻璃等载板上涂布成均匀的薄层,将被分离物质点在薄层的一端,把层析板放在层析缸中,由于薄层的毛细管作用,展开剂

(即流动相)将沿着薄层渐渐上升;遇到试样点时,试样就溶解在展开剂中,随着展开剂沿着薄层上升;在此过程中,试样在流动相和固定相之间进行吸附-解吸-再吸附-再解吸的多次分配过程,易被吸附的物质移动慢些,较难吸附的物质移动快些,由于试样中各组分对固定相的作用力强弱不同而得以分离。

**2. 比移值**

各组分在层析谱中的位置,可用比移值 $R_f$ 来表示。比移值是溶质分子和流动相分子在层析过程中移动速度的相对值

$$R_f = \frac{\text{原点至斑点中心间的距离}}{\text{原点至溶剂前缘间的距离}}$$

展开后的平面色谱示意图见图 9-2,对于组分 A, $R_f = a/L$;对于组分 B, $R_f = b/L$。 原点即为层析开始前点试液处。当 $R_f$ 值为 0 时,表示组分留在原点未被展开,当 $R_f$ 值为 1 时,表示组分随展开剂至溶剂前沿,即组分不被固定相吸附,所以 $R_f$ 值只能为 0~1,故均为小数。为了应用方便,常乘以 100,用 $HR_f$ 表示,即 $HR_f = 100 \times R_f$。

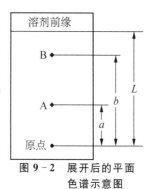

图 9-2　展开后的平面色谱示意图

**3. 固定相**

薄层层析法必须将被分离物质点在薄层上进行分离。分离不同的混合物要选择不同的固定相。分离亲脂性化合物常选择氧化铝、硅胶、乙酰化纤维素等为固定相;分离亲水性化合物常选择纤维素、离子交换纤维素、硅藻土及聚酰胺等为固定相。最常用的固定相是硅胶和氧化铝。

氧化铝分为碱性、中性和酸性三种,相应用于分离碱性、中性和酸性物质。铺薄层时一般不加黏合剂,这样的层析板称为软板。但也可以加煅石膏作黏合剂,这种混有煅石膏的氧化铝称为氧化铝 G。用氧化铝 G 加水调成糊状,铺层活化后使用的层析板称为硬板。

硅胶机械性能较差,必须加入黏合剂铺成硬板使用,常用的黏合剂有煅石膏、羧甲基纤维素钠、聚乙烯醇等。硅胶 H 不含黏合剂,用时需另加。硅胶 G 是由硅胶和煅石膏混合而成的。硅胶 $GF_{254}$ 是指硅胶中既含煅石膏又含荧光指示剂,在 254 nm 紫外光照射下呈黄绿色荧光。

直接用吸附剂作固定相的层析为吸附层析,有时在惰性薄层上涂固定液进行分配层析。吸附在吸附剂上的水分是常用固定液,除了水分外,还可以用甲酰胺、二甲基甲酰胺、乙二醇、不同相对分子质量的聚乙二醇等亲水性固定液以及正十一烷、液体石蜡以及硅酮油等亲脂性固定液。

**4. 流动相**

选择适当的流动相是薄层层析能够获得良好分离的关键,可用单一的溶剂,还常常把各种溶剂按不同比例混合配成混合溶剂以作流动相。

常用的流动相按极性增强顺序排列如下:石油醚<环己烷<二硫化碳<四氯化碳<三氯乙烯<苯<甲苯<二氯甲烷<氯仿<乙醚<乙酸乙酯<乙酸甲酯<丙酮<正丙醇<乙醇<甲醇<吡啶<酸。

对于吸附薄层色谱,主要根据极性的不同来选择流动相。流动相的洗脱作用实质上是流动相分子与被分离的溶质分子竞争占据吸附剂表面活性中心的过程。显然,强极性的组分容易被吸附剂所吸附,应选用极性较强的流动相才能使之展开,弱极性的组分则应选用弱极性的流动相展开之。

分配层析中的流动相一般是与水不相混溶的有机溶剂(如正丁醇、正戊醇等)。为了防止层析过程中流动相把吸附于载体上的少量固定液带走,流动相应预先以固定液饱和,并应加入少量醋酸、氨水等弱酸和弱碱,以防止某些被分离组分的离解。

5. 测定方法和应用

薄层层析分离过程包括选择固定相和流动相、点样、展开、定性和定量等步骤。

选用易于挥发的、极性和展开剂相似的溶剂溶解试样,配成浓度为 $1\sim5$ mg/mL 的试液点样。层析展开操作常用上行法。对于组成极为复杂的试样,一次层析往往不可能把各种组分完全分离,则可用双向层析。展开完毕后,把薄层从层析缸中取出,挥发尽展开剂后,用铅笔画出或小针刺出展开剂前缘的位置,随即进行显色,以确定各斑点的位置、$R_f$ 值和显色情况,从而判断试样中含有哪些组分。将试液与一系列不同浓度的标准溶液并排点样在同一薄层上,层析展开后比较各斑点的大小及颜色的深浅,可借此估计某一组分的大概含量。也可将被测组分的斑点位置确定,将斑点连同固定相一起取下,用溶剂将被测组分洗脱下来,然后进行定量测定。还可用薄层色谱扫描仪直接测定斑点的吸光度和荧光强度,来确定待测物质含量。

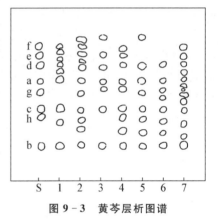

图 9-3　黄芩层析图谱

薄层色谱分离应用广泛,操作方便,特别是对于有机物组分的分析和检测。例如,在聚酰胺薄膜上,以苯-甲醇-丁酮-甲酸(7∶1∶1.5∶0.5)为展开剂,分离 7 种黄芩中 8 种黄芩苷及苷元,结果见图 9-3。

# 9.6　离子交换分离法

离子交换分离法是利用离子交换剂与溶液中的离子发生交换反应进行分离的方法。交换可使能被交换的离子与不被交换的离子或由于被交换的能力不同而使能被交换的几种离子彼此分离。这种方法分离效果好,不仅可以分离带相反电荷的离子,也可分离带有相同电荷的离子,还能富集微量(或痕量)组分和制备纯物质。这种方法的缺点是操作麻烦、周期长,所以分析化学中只用它解决某些比较困难的分离问题。

## 9.6.1　离子交换剂的种类

离子交换剂的种类很多,根据离子交换剂中基质的组成和性质,可将其分成两种主要类型:无机离子交换剂和有机离子交换剂。应用较多的是有机离子交换剂,又称离子交换树脂。

1. 离子交换树脂

离子交换树脂的基质是人工合成的、与水结合力较小的树脂物质。离子交换树脂一般是球形或粒状的固体凝胶,由以下几部分组成:三维的聚合网状结构、吸附于网上的离子功能团、抗衡离子、溶剂。根据树脂所含活泼基团的不同,可以把树脂分为两大类,即阳离子交换树脂和阴离子交换树脂。

1) 阳离子交换树脂

阳离子交换树脂是交联的聚电解质,具有碳氢链的三维网状结构,并带有离子基团,如磺酸基($-SO_3H$)、羧基($-COOH$)、酚基($-OH$)、磷酸基($-PO_3H_2$)等。离子交换树脂的性能与活性基团的数量和性质、电离程度以及构型有关。

含有强酸性活泼基团$-SO_3H$的阳离子交换树脂为强酸性阳离子交换树脂,在酸性、碱性和中性溶液中都可应用,交换容量不受外界酸度的影响;交换反应速度快;简单的、复杂的、无机的和有机的阳离子全部可以交换。酚醛型阳离子交换树脂是一种混合型阳离子交换树脂。它是将苯酚磺化之后与甲醛缩合,得到含强酸性磺酸基和苯酚基的双活性基团的离子交换剂。在这种树脂中虽然具有$-OH$和$-SO_3H$两种可被交换的活泼基团,但在酸性溶液中只有磺酸基上的$H^+$可电离、可被交换;当溶液的pH大于9.5时,酚基上的$H^+$亦开始可以被交换。

具有弱酸性活泼基团[如羧基($-COOH$)、酚基($-OH$)]的树脂为弱酸性阳离子交换树脂。这类树脂的交换能力受外界酸度的影响较大,羧基在pH>4、酚基在pH>9.5时才具有离子交换能力,因此应用受到一定限制,这类树脂主要应用于弱碱存在下有选择性地交换强碱性物质。

上面讨论的各种阳离子交换树脂,如果在有机溶剂中膨胀就会失去离子交换特性。在水溶液中,如果它们可以交换的阳离子都是$H^+$,这样的阳离子交换树脂为H型阳离子交换树脂。如果把H型树脂装于柱中,用NaCl溶液淋洗,发生交换反应,H型树脂就转变为Na型树脂。Na型树脂较H型树脂稳定。

2) 阴离子交换树脂

阴离子交换树脂含有可交换的阴离子,如具有季胺基[$-N^+(CH_3)_4Cl^-$]的强碱性阴离子交换树脂。由苯乙烯和二乙烯苯聚合制得聚合物,与氯甲基醚反应,然后再与胺类反应,即得聚苯乙烯型季胺基强碱性阴离子交换树脂。它可交换阴离子,如$OH^-$、$HCO_3^-$、$SO_4^{2-}$、$NO_3^-$,对强酸根和弱酸根阴离子都能交换;在酸性和中性溶液中都能应用。

弱碱性阴离子交换树脂含有伯胺基($-NH_2$)、仲胺基($NH$)和叔胺基($-N-$),这些树脂在水中溶胀发生水合作用后生成$-NH_3^+OH^-$、$-NH_2(CH_3)^+OH^-$、$-NH(CH_3)_2^+OH^-$,其中的$OH^-$可以被其他阴离子交换。这些树脂的交换能力受溶液酸度的影响较大。由于Cl型比OH型更稳定,一般阴离子交换树脂都处理成Cl型树脂出售。

离子交换树脂由于含有大量的活泼基团,交换容量高、机械强度大、流动速度快,因此主要用于分离无机离子、有机酸、核苷、核苷酸和氨基酸等小分子物质。其次可用于从蛋白质溶液中除去表面活性剂(如十二烷基硫酸钠)、清洁剂(如triton X-100)、尿素、两性电解质。此外,还可用于分离某些不易变性的蛋白质。

2. 特殊的离子交换剂

特殊离子交换剂是为了满足一些特殊用途,可以分为下列几种。

1) 具有高选择性的离子交换剂

一般的离子交换剂对于不同的离子具有不同的交换能力,本身就具有一定的选择性,但选择性并不高。而高选择性的离子交换剂,是在合成树脂时有意识地引入某些有特殊作用的活泼基团,这些活泼基团对某种或某些离子具有特殊选择性或螯合作用。如含有酚基和磺酸基的酚-磺酸离子交换剂,由于螯合物的形成而表现出对$Cs^+$的优先吸附。

2）大孔径离子交换剂

离子交换剂的基质是通过交联剂交联形成多孔的网状结构,一般的离子交换剂为微网孔结构,网孔的大小为 $2\sim4$ nm,比表面积一般为 $2\sim120$ $m^2\cdot g^{-1}$。而大孔径交换剂又称为大网树脂,树脂骨架部分的网孔很粗,孔径可达 $20\sim120$ nm,比表面积小于 $0.1$ $m^2\cdot g^{-1}$,而机械性能却相当好。这类交换剂是在合成过程中加入了一定量的致孔剂(如汽油或苯等),待聚合完毕后,再将这些惰性溶剂从聚合物中赶走,由此形成海绵状的高强度大孔径树脂。这种交换剂在极性和非极性溶剂中溶胀程度的差异较一般交换剂小,对氧化剂的稳定性较好,对大离子的交换较快。因此可以在非水溶液和混合介质中进行离子交换,可用于交换相对分子质量大的离子。

## 9.6.2　离子交换树脂的性质

离子交换剂是不溶解的固体材料,具有疏松的多孔结构的骨架部分和巨大的表面积。其骨架部分一般十分稳定,与酸、碱、某些有机溶剂和一般的弱氧化剂不反应,对热也比较稳定。在网状结构的骨架上有许多可以电离的、可交换的阳离子或阴离子。当离子交换剂与电解质溶液接触时,交换离子可在交换剂中进行自由扩散和交换。

1. 交联度

离子交换剂都是通过交联剂交联而制成多孔网状结构的基质,然后再引入亲水性官能团,在离子交换剂中含有交联剂的质量百分数称为交联度。在合成时交联剂的用量愈多,交联愈多,反之交联就少。离子交换树脂中交联度的范围为 $2\%\sim16\%$,树脂的交联度常用 X 表示,如标有 X-4、X-8 的树脂表示树脂的交联度分别为 $4\%$、$8\%$。

2. 离子交换容量

离子交换容量定义为每单位质量或体积的离子交换剂所含官能团的数目,它反映了离子交换剂与溶液中离子进行交换的能力。离子交换容量通常以每克干树脂或每毫升湿树脂上可交换的物质的量表示,单位为 mmol/g 干树脂、mmol/L 湿树脂。湿树脂交换容量依赖于给定树脂的水含量和溶胀度。一般用总交换容量和有效交换容量表示。总交换容量由离子交换剂本身的性质所决定。强酸性或强碱性离子交换剂的最大交换容量是基于树脂中可移动电荷的量;而有效交换容量除与交换剂本身的性质有关外,还与测定条件有关。

## 9.6.3　离子交换平衡与离子交换动力学

离子交换树脂的活性基团进行离子交换的过程如下

$$R—SO_3H + Na^+ \longrightarrow R—SO_3Na + H^+$$
$$R—N(CH_3)_3Cl + OH^- \longrightarrow R—N(CH_3)_3OH + Cl^-$$

阳离子交换树脂只能交换阳离子,而不能交换阴离子;阴离子交换树脂只能交换阴离子,而不能交换阳离子。

各种不同离子交换的亲和力不相同,或者说离子交换具有一定的选择性。离子交换的选择性是以离子交换剂优先选择某些抗衡离子的能力来表示。利用这种选择性构成了各种分离的基础。决定选择性的因素如下。

1. 离子半径

各种交换离子在水溶液中成为水合离子,离子半径对不同离子交换剂选择性的影响各不相同。在碱金属离子中,裸离子半径最小的 $Li^+$ 静电场引力最强,因此它吸引水分子形成水合离子的现象最显著,所形成的水合离子的半径最大,于是水合 $Li^+$ 静电场引力最弱。而裸离子半径最大的 $Cs^+$,静电场引力最弱,水合 $Cs^+$ 的半径最小,水合 $Cs^+$ 静电场引力最强。

另一方面,离子交换剂上的活性基团在电离后也存在静电引力。在弱酸性阳离子交换剂中交换基团上的静电场引力强,而强酸性阳离子交换剂中交换基团上的静电场引力较弱。

对于具有弱静电场引力的强酸性阳离子交换剂,它和水合 $Cs^+$ 间的引力将最大,交换亲和力最大;和水合 $Li^+$ 间的引力最小,交换亲和力最小。因而碱金属离子的交换亲和力顺序是: $Li^+ < Na^+ < K^+ < Rb^+ < Cs^+$。

弱酸性阳离子交换剂(如含有—$COO^-$ 的交换剂)具有较强的静电引力场,它将和水分子竞争阳离子,结果它从水合离子中夺取阳离子并与之结合。这时裸离子半径最小的 $Li^+$ 结合能最大,离子交换亲和力最大;裸离子半径最大的 $Cs^+$ 交换亲和力最小。交换亲和力的顺序是: $Cs^+ < Rb^+ < K^+ < Na^+ < Li^+$。

在强酸性阳离子交换剂中,碱土金属离子的交换亲和力随裸离子半径的增大而增大,也可以用同样的道理解释。稀土元素主要是由于镧系收缩,随着原子序数增加,裸离子半径减小,水合离子半径增加,离子交换亲和力减弱。

2. 离子化合价

离子交换剂与各种水合离子的结合力是与离子的电荷量成正比,所以离子所带电荷增加,亲和力强,离子交换剂的选择性高。

3. 离子交换剂的交联度

当交联度增加时,离子交换剂的膨胀度降低,水的含量也降低。结果,离子交换剂相的浓度增加,这对离子交换剂的特殊作用有利。随着交联度增加,膨胀压力升高,这将影响离子交换剂对某些离子优先吸附的能力,当交联度增加时,这两种因素就会提高离子交换剂的选择性。

4. 离子交换剂与样品的分子间力

某种离子与离子交换剂的活性基团形成分子间力,如氢键的能力越强,这种离子对离子交换剂的亲和力也越强,选择性高。

5. 溶液中有机溶剂

在非水溶剂或水-有机混合溶剂中,前述规律也会有改变。在水溶液中加入与水互溶的有机溶剂,如乙醇、丙酮、甲酰胺等,往往会使选择系数变化,溶液中存在有机溶剂,可使有机离子选择性下降,但对于难洗脱的物质,可用此进行洗脱。

由于各种离子交换亲和力的不同,因此应用离子交换层析法可以分离各种无机离子、有机离子或生命大分子。

## 9.6.4　离子交换分离操作技术

1. 离子交换树脂的选择

根据分析的要求和交换的目的选择合适的树脂。当需要测定某种阳离子而受到阴离子干扰时,应选用强碱性阴离子交换树脂。当被测试液通过阴离子交换树脂时,阴离子被交换而留在树脂上,阳离子仍留在溶液中可供测定。当需要测定某种阴离子而受到共存的阳离子干扰时,应选用强酸性阳离子交换树脂,交换除去干扰的阳离子,阴离子仍留在溶液中可供测定。

如果需要测定某种阳离子而受到共存的其他阳离子的干扰,则可先将阳离子转化为配阴离子,然后再用离子交换法分离。

由于强酸性阳离子交换树脂对于 $H^+$ 的亲和力很小,H 型阳离子交换树脂易和其他阳离子发生交换反应,因此一般都把树脂处理成 H 型使用。但用 H 型阳离子交换树脂进行交换后,流出液的酸度将显著增加。如果在交换过程中需要严格控制溶液酸度,或溶液中有在酸性溶液中可以氧化树脂的离子时,则不应该采用 H 型树脂,可改用 $NH_4$ 型或 Na 型树脂。阴离子树脂通常采用 OH 型或 Cl 型强碱性阴离子交换树脂,这类树脂对于 $OH^-$ 或 $Cl^-$ 亲和力较小,$OH^-$ 或 $Cl^-$ 易和其他阴离子发生交换。

2. 离子交换树脂的预处理和装柱

市售离子交换树脂也或多或少含有杂质,在使用前必须加以处理。

首先用清水漂洗离子交换树脂,去除部分破碎的颗粒,洗至溶液清亮,无泡沫。将水洗后的树脂置于 1 mol/L 的 HCl 中浸泡,以溶解除去树脂中的杂质(若浸出的溶液呈较深的黄色,应换新鲜的盐酸再浸一些时间)。用去离子水洗至洗涤液 pH 为 4~5,再加入 1 mol/L NaOH 溶液浸泡树脂,以去离子水洗涤至洗涤液 pH 为 8~9。最后用 1 mol/L 的 HCl 浸泡,并用去离子水洗至洗涤液中性即可使用。这样得到的阳离子交换树脂为 H 型。如果在分析中需要的是其他型式的树脂,如 Na 型、$NH_4$ 型或 $SO_4$ 型,则分别应用 NaCl、$NH_4Cl$ 和 $H_2SO_4$ 等溶液处理,然后用去离子水洗净,浸在去离子水中备用。

将离子交换树脂充填于玻璃管中制成交换柱,试液一般都是自上而下地流经交换柱。

一般采用下端带有砂芯的交换柱,在装柱前先在柱中充以水,将柱下端旋塞稍打开一些,将已溶胀的树脂带水慢慢装入柱中,让树脂自动沉下构成交换层。待树脂层达一定高度后再盖一层玻璃毛。这两层玻璃毛也可以用砂芯玻片代替。在装柱和整个交换洗脱过程中,要注意使树脂层全部浸在液面下,切勿让上层树脂暴露在空气中,否则在这部分树脂间隙中会混入空气泡,这种空气泡在以后加水或加溶液时不会逸出。

在分析工作中所用交换柱内径为 8~15 mm,树脂层高度约为柱内径的 10~20 倍。但这个比值并不是固定的,如果希望操作快些,树脂层高度也可以小些。

3. 交换和洗脱过程

在分析化学中离子交换分离多在交换柱中进行。试液倒入交换柱中后,溶液就不断地流经离子交换层,交换剂自上而下一层层地依次被交换。在交换层的上面一段交换剂已全部被交换,下面一段交换剂完全未被交换,中间一段部分未交换,部分已交换。当溶液流过这样的交换层时,在上面的一段中交换作用不再发生,溶液保持原来的浓度;当溶液流到中间一段时,由于该处存在未交换的交换剂,交换作用开始发生,溶液中阳离子或阴离子的浓度渐渐降低,中间这一段成为交界层。当溶液流到下面一段时,溶液中的阳离子或阴离子已全部交换,溶液浓度趋于零。

如果此后继续把欲交换的溶液倾入交换柱,交换作用就继续向前进行,交界层中的交换剂逐渐被全部交换,交界层下面的交换剂也开始被交换。最后交界层的底部到达了交换剂层的底部,假如欲交换的溶液还继续加入交换柱中,交换作用还是不断进行,但是交换作用不能进行完全,在流出液中开始出现未被交换的阳离子或阴离子。因此交界层底部到达交换层底部的这一点称为始漏点。用于分离物质的总交换量不能超过始漏量。

在选择工作条件时,总希望用较少量的离子交换剂,起较大的分离作用,即希望始漏量大些。影响始漏量的因素很多,主要是以下几点:某些离子交换亲和力大,很容易交换,这样的离子通过交换柱时,交界层较薄,始漏量较大;交换剂颗粒较细,交换速度快,交换过程达到平衡较快,交界层较薄,始漏量较大;温度较高,可使交换作用进行较快,容易达到交换平衡,交界层较薄,始漏量较大。

洗脱是交换的逆过程,当洗脱液不断倾入交换柱时,已交换在柱上的阳离子或阴离子就不断地被洗脱下来。洗脱作用也是由上而下地依次进行。开始时,由于柱的下端常常存在着一层未交换的交换剂,从柱上段洗脱下来的阳离子或阴离子通过柱下部未交换的离子交换层时,又可以再度被交换。因此最初的流出液中洗脱下来的阳离子或阴离子的浓度等于零。但在不断加入洗脱液的情况下,流出液中阳离子或阴离子的浓度渐渐增大,达到一个最高浓度后又渐渐降低,直至全部洗脱出来。影响洗脱的主要因素如下。

交换剂颗粒愈粗,要得到同样的洗脱效率,所需洗脱液的体积比较大。这主要是由于交换在交换剂内部的离子比较难洗脱。

洗脱液的浓度也有影响。对于阳离子交换树脂,常常采用 HCl 溶液作为洗脱剂。浓度太低的 HCl 溶液,洗脱效率是比较差的。随着 HCl 溶液浓度的增加,洗脱效率迅速增加,当 HCl 溶液浓度为 $3\sim 4$ mol/L 时,洗脱效率达到最高值。HCl 溶液浓度再增加,洗脱效率不再增加,相反将渐渐降低。这主要是由于在浓度太高的酸溶液中,树脂脱水收缩,交换在树脂颗粒内部的离子不容易扩散出来;另一方面,浓度高了,洗脱液的黏度将增加,也将阻碍扩散作用的进行,因而洗脱效率降低。

流速大,洗脱过程来不及达到平衡,洗脱效率就较低,要达到同样的洗脱百分率,所需的洗脱液体积就增加,但洗脱所需时间不变。

总的来说,要使洗脱效率增加,交换剂颗粒应细些,洗脱液的浓度要合适,洗脱液的流速不能太快。但这也和交换过程一样,还应根据具体情况适当加以选择。

在离子交换柱中,通过洗脱展开把混合物定量地分离为单一成分,这种层析技术称为离子交换层析法。进行离子交换层析时,溶液倾入交换柱后,柱上端一小部分交换剂被溶液中的组分所交换。接着用洗脱液进行洗脱,这时已交换的组分被洗脱下来,但遇到较下端的交换剂又可以发生交换,接着又被不断流过的洗脱液所洗脱。于是在洗脱过程中,沿着交换柱就不断地发生洗脱、交换、再洗脱、再交换的分配过程。通过许多次的反复分配后,交换亲和力略有差异的各种带相同电荷的离子可以逐渐得到分离。如果实验条件选择合适,各离子流出液的浓度曲线是一组清楚分开的峰。

4. 树脂再生

将树脂恢复到交换前的形式,这个过程称为树脂再生。用过的树脂分别用酸或碱溶液洗脱,使之再生。有时洗脱过程就是再生过程。

## 思　考　题

1. 样品预处理的主要目的是什么?
2. 无机试样和有机试样分别有哪些分解方法?
3. 测定锌合金中 Fe、Ni、Mg 的含量,宜采用什么溶剂溶解试样?
4. 某矿样含 Fe、Ca、Mg、Ti、Zn 等元素,经碱溶解后用热水浸取,再用盐酸酸化,最后用氨水中和到刚出现红棕色沉淀为止。该沉淀是什么?

5. 某矿样含 Fe、Al、Mn、Mg、Cu 等元素,经 $Na_2O_2$ 熔融和热水浸取后,存在于溶液中的离子有哪些?

6. 举例说明无机共沉淀剂和有机共沉淀剂的作用机理。

7. 说明分配系数、分配比和萃取百分数三者的物理意义。

8. 什么是盐析剂?为什么盐析作用可以提高萃取效率?

9. 什么是比移值($R_f$)?它如何测定?代表了什么?为什么可以利用它来进行定性鉴定?

10. 怎样选择薄层层析的展开剂?

11. 为什么硅胶薄层既可以进行吸附层析又可以进行分配层析?分别说明其作用原理。

12. 将 $Fe^{3+}$、$Al^{3+}$ 的 HCl 溶液通过阴离子交换树脂柱,哪种离子以何种形式被保留在柱上?

13. 始漏量和总交换容量的含义各是什么?为什么始漏量总是小于总交换容量?哪些因素影响它们两者的差距?

14. NaAc 不能用酸碱滴定法准确测定。现将 NaAc 通过 H 型强酸性离子交换树脂,然后用纯水淋洗,收集淋洗液,用酸碱滴定法测定,应选择什么样的滴定剂和指示剂?

## 习　题

1. 有一弱酸(HL),$K_a = 2.0 \times 10^{-5}$,它在水相和有机相中的分配系数 $K_D = 31$。如果将 50 mL 该酸的水溶液和 5.0 mL 有机溶剂混合萃取,计算在 pH = 1.0 和 pH = 5.0 时,HL 的萃取率。

(76%, 51%)

2. 饮用水常含有痕量氯仿。实验指出,取 100 mL 水,用 1.0 mL 戊烷萃取时的萃取率为 53%。试问取 10 mL 水,用 1.0 mL 戊烷萃取时的萃取率为多大?

(92%)

3. 碘在某有机溶剂和水中的分配比是 8.0。如果用该有机溶剂 100 mL 和含碘为 0.050 0 mol/L 的水溶液 50.0 mL 一起摇动至平衡。取此已平衡的有机溶剂 10.0 mL,问需 0.060 0 mol/L $Na_2S_2O_3$ 多少毫升能把碘定量还原?

(7.8 mL)

4. 以 0.010 mol/L 的 8-羟基喹啉的 $CHCl_3$ 溶液萃取 $Al^{3+}$ 和 $Fe^{3+}$。已知 8-羟基喹啉的 $\lg K_D = 2.6$,$\lg K^H(HL) = 9.9$,$\lg K^H(H_2L^+) = 5.0$;此萃取体系中 $\lg K_{ex}(Fe) = 4.11$,$\lg K_{ex}(Al) = -5.22$。若 R=1,计算 pH=3 时 $Al^{3+}$、$Fe^{3+}$ 的萃取率,并指出 $Al^{3+}$、$Fe^{3+}$ 能否得到分离?

(0.3%, 100%, 能)

5. 现称取 $KNO_3$ 试样 0.278 6 g,溶于水后让其通过强酸型阳离子交换树脂,流出液用 0.107 5 mol/L NaOH 滴定。如用甲基橙作指示剂,用去 NaOH 23.85 mL,计算 $KNO_3$ 的纯度。

(93.04%)

6. 有两种性质相似的物质 A 和 B,溶解后用纸色谱法将它们分离。已知两者的比移值分别为 0.40 和 0.60,欲使两者层析后的斑点相距 3 cm,问色谱用纸的长度至少应为多少?

(15 cm)

# 附　录

## 附录 1　弱酸和弱碱的解离常数

（25℃，$I = 0$）
### 弱酸

| 弱　酸 | 分　子　式 | $K_a$ | $pK_a$ |
|---|---|---|---|
| 砷酸 | $H_3AsO_4$ | $5.6 \times 10^{-3}(K_{a_1})$ | 2.25 |
| | | $1.7 \times 10^{-7}(K_{a_2})$ | 6.77 |
| | | $3.0 \times 10^{-12}(K_{a_3})$ | 11.50 |
| 亚砷酸 | $H_3AsO_3$ | $6.0 \times 10^{-10}$ | 9.22 |
| 硼酸 | $H_3BO_3$ | $5.7 \times 10^{-10}$ | 9.24 |
| 焦硼酸 | $H_2B_4O_7$ | $1 \times 10^{-4}(K_{a_1})$ | 4.00 |
| | | $1 \times 10^{-9}(K_{a_2})$ | 9.00 |
| 碳酸 | $H_2CO_3$ | $4.2 \times 10^{-7}(K_{a_1})$ | 6.38 |
| | $(CO_2 + H_2O)$ | $5.6 \times 10^{-11}(K_{a_2})$ | 10.25 |
| 氢氰酸 | $HCN$ | $6.2 \times 10^{-10}$ | 9.21 |
| 铬酸 | $H_2CrO_4$ | $1.8 \times 10^{-1}(K_{a_1})$ | 0.74 |
| | | $3.2 \times 10^{-7}(K_{a_2})$ | 6.49 |
| 氢氟酸 | $HF$ | $3.5 \times 10^{-4}$ | 3.46 |
| 亚硝酸 | $HNO_2$ | $4.6 \times 10^{-4}$ | 3.37 |
| 磷酸 | $H_3PO_4$ | $7.6 \times 10^{-3}(K_{a_1})$ | 2.12 |
| | | $6.3 \times 10^{-8}(K_{a_2})$ | 7.20 |
| | | $4.4 \times 10^{-13}(K_{a_3})$ | 12.36 |
| 焦磷酸 | $H_4P_2O_7$ | $3.0 \times 10^{-2}(K_{a_1})$ | 1.52 |

| 弱 酸 | 分 子 式 | $K_a$ | $pK_a$ |
|---|---|---|---|
| | | $4.4 \times 10^{-3}\,(K_{a_2})$ | 2.36 |
| | | $2.5 \times 10^{-7}\,(K_{a_3})$ | 6.60 |
| | | $5.6 \times 10^{-10}\,(K_{a_4})$ | 9.25 |
| 亚磷酸 | $H_3PO_3$ | $5.0 \times 10^{-2}\,(K_{a_1})$ | 1.30 |
| | | $2.5 \times 10^{-7}\,(K_{a_2})$ | 6.60 |
| 氢硫酸 | $H_2S$ | $1.3 \times 10^{-7}\,(K_{a_1})$ | 6.88 |
| | | $7.1 \times 10^{-15}\,(K_{a_2})$ | 14.15 |
| 硫酸 | $HSO_4^-$ | $1.0 \times 10^{-2}\,(K_{a_2})$ | 1.99 |
| 亚硫酸 | $H_2SO_3$ | $1.5 \times 10^{-2}\,(K_{a_1})$ | 1.82 |
| | $(SO_2 + H_2O)$ | $1.0 \times 10^{-7}\,(K_{a_2})$ | 7.00 |
| 偏硅酸 | $H_2SiO_3$ | $1.7 \times 10^{-10}\,(K_{a_1})$ | 9.77 |
| | | $1.6 \times 10^{-12}\,(K_{a_2})$ | 11.8 |
| 甲酸 | $HCOOH$ | $1.8 \times 10^{-4}$ | 3.74 |
| 乙酸 | $CH_3COOH$ | $1.8 \times 10^{-5}$ | 4.74 |
| 一氯乙酸 | $CH_2ClCOOH$ | $1.4 \times 10^{-3}$ | 2.86 |
| 二氯乙酸 | $CHCl_2COOH$ | $5.0 \times 10^{-2}$ | 1.30 |
| 三氯乙酸 | $CCl_3COOH$ | 0.23 | 0.64 |
| 乳酸 | $CH_3CHOHCOOH$ | $1.4 \times 10^{-4}$ | 3.86 |
| 苯甲酸 | $C_6H_5COOH$ | $6.2 \times 10^{-5}$ | 4.21 |
| 草酸 | $H_2C_2O_4$ | $5.9 \times 10^{-2}\,(K_{a_1})$ | 1.23 |
| | | $6.4 \times 10^{-5}\,(K_{a_2})$ | 4.19 |
| d-酒石酸 | CH(OH)COOH<br>\|<br>CH(OH)COOH | $9.1 \times 10^{-4}\,(K_{a_1})$ | 3.04 |
| | | $4.3 \times 10^{-5}\,(K_{a_2})$ | 4.37 |
| 邻苯二甲酸 | ⬡—COOH<br>　—COOH | $1.3 \times 10^{-3}\,(K_{a_1})$ | 2.89 |
| | | $2.9 \times 10^{-6}\,(K_{a_2})$ | 5.54 |
| 柠檬酸 | CH₂COOH<br>\|<br>C(OH)COOH<br>\|<br>CH₂COOH | $7.4 \times 10^{-4}\,(K_{a_1})$ | 3.13 |
| | | $1.7 \times 10^{-5}\,(K_{a_2})$ | 4.76 |
| | | $4.0 \times 10^{-7}\,(K_{a_3})$ | 6.40 |
| 苯酚 | $C_6H_5OH$ | $1.1 \times 10^{-10}$ | 9.95 |
| 乙二胺四乙酸 | $H_6Y^{2+}$ | $0.13\,(K_{a_1})$ | 0.90 |
| | $H_5Y^+$ | $3 \times 10^{-2}\,(K_{a_2})$ | 1.60 |
| | $H_4Y$ | $1 \times 10^{-2}\,(K_{a_3})$ | 2.00 |
| | $H_3Y^-$ | $2.1 \times 10^{-3}\,(K_{a_4})$ | 2.67 |
| | $H_2Y^{2-}$ | $6.9 \times 10^{-7}\,(K_{a_5})$ | 6.16 |
| | $HY^{3-}$ | $5.5 \times 10^{-11}\,(K_{a_6})$ | 10.26 |
| 氨基乙酸 | $H_2NCH_2COOH$ | $4.5 \times 10^{-3}\,(K_{a_1})$ | 2.35 |
| | | $2.5 \times 10^{-10}\,(K_{a_2})$ | 9.60 |

弱碱

| 弱　碱 | 分　子　式 | $K_b$ | $pK_b$ |
|---|---|---|---|
| 氨水 | $NH_3 \cdot H_2O$ | $1.8 \times 10^{-5}$ | 4.74 |
| 羟氨 | $NH_2OH$ | $9.1 \times 10^{-9}$ | 8.04 |
| 苯胺 | $C_6H_5NH_2$ | $4.61 \times 10^{-10}$ | 9.34 |
| 乙二胺 | $H_2NCH_2CH_2NH_2$ | $8.5 \times 10^{-5}(K_{b_1})$ | 4.07 |
| | | $7.1 \times 10^{-8}(K_{b_2})$ | 7.15 |
| 六亚甲基四胺 | $(CH_2)_6N_4$ | $1.4 \times 10^{-9}$ | 8.85 |
| 吡啶 | | $1.7 \times 10^{-9}$ | 8.77 |

# 附录 2　几种常用缓冲溶液的配制

| pH | 配　制　方　法 |
|---|---|
| 0 | $1 \text{ mol} \cdot L^{-1} \text{ HCl}$① |
| 1 | $0.1 \text{ mol} \cdot L^{-1} \text{ HCl}$ |
| 2 | $0.01 \text{ mol} \cdot L^{-1} \text{ HCl}$ |
| 3.6 | $NaAc \cdot 3H_2O$ 8 g,溶于适量水中,加 6 mol/L HOAc 134 mL,稀释至 500 mL |
| 4.0 | $NaAc \cdot 3H_2O$ 20 g,溶于适量水中,加 6 mol/L HOAc 134 mL,稀释至 500 mL |
| 4.5 | $NaAc \cdot 3H_2O$ 32 g,溶于适量水中,加 6 mol/L HOAc 68 mL,稀释至 500 mL |
| 5.0 | $NaAc \cdot 3H_2O$ 50 g,溶于适量水中,加 6 mol/L HOAc 34 mL,稀释至 500 mL |
| 5.7 | $NaAc \cdot 3H_2O$ 100 g,溶于适量水中,加 6 mol/L HOAc 13 mL,稀释至 500 mL |
| 7 | $NH_4Ac$ 77 g,用水溶解后,稀释至 500 mL |
| 7.5 | $NH_4Cl$ 60 g,溶于适量水中,加 15 mol/L 氨水 1.4 mL,稀释至 500 mL |
| 8.0 | $NH_4Cl$ 50 g,溶于适量水中,加 15 mol/L 氨水 3.5 mL,稀释至 500 mL |
| 8.5 | $NH_4Cl$ 40 g,溶于适量水中,加 15 mol/L 氨水 8.8 mL,稀释至 500 mL |
| 9.0 | $NH_4Cl$ 35 g,溶于适量水中,加 15 mol/L 氨水 24 mL,稀释至 500 mL |
| 9.5 | $NH_4Cl$ 30 g,溶于适量水中,加 15 mol/L 氨水 65 mL,稀释至 500 mL |
| 10.0 | $NH_4Cl$ 27 g,溶于适量水中,加 15 mol/L 氨水 197 mL,稀释至 500 mL |
| 10.5 | $NH_4Cl$ 9 g,溶于适量水中,加 15 mol/L 氨水 175 mL,稀释至 500 mL |
| 11 | $NH_4Cl$ 3 g,溶于适量水中,加 15 mol/L 氨水 207 mL,稀释至 500 mL |
| 12 | 0.01 mol/L NaOH② |
| 13 | 0.1 mol/L NaOH |

注:① $Cl^-$ 对测定有妨碍时,可用 $HNO_3$。
　　② $Na^+$ 对测定有妨碍时,可用 KOH。

# 附录3 配合物的稳定常数

(18~25℃)

| 金属离子 | $I/(mol/L)$ | $n$ | $\lg \beta_n$ |
|---|---|---|---|
| 氨配合物 | | | |
| $Ag^+$ | 0.1 | 1, 2 | 3.40, 7.40 |
| $Cd^{2+}$ | 0.1 | 1, …, 6 | 2.60, 4.65, 6.04, 6.92, 6.6, 4.9 |
| $Co^{2+}$ | 0.1 | 1, …, 6 | 2.05, 3.62, 4.61, 5.31, 5.43, 4.75 |
| $Cu^{2+}$ | 2 | 1, …, 4 | 4.13, 7.61, 10.48, 12.59 |
| $Ni^{2+}$ | 0.1 | 1, …, 6 | 2.75, 4.95, 6.64, 7.79, 8.50, 8.49 |
| $Zn^{2+}$ | 0.1 | 1, …, 4 | 2.27, 4.61, 7.01, 9.06 |
| 溴配合物 | | | |
| $Ag^+$ | 0 | 1, …, 4 | 4.38, 7.33, 8.00, 8.73 |
| $Bi^{3+}$ | 2.3 | 1, …, 6 | 4.30, 5.55, 5.89, 7.82, —, 9.70 |
| $Cd^{2+}$ | 3 | 1, …, 4 | 1.75, 2.34, 3.32, 3.70 |
| $Cu^+$ | 0 | 2 | 5.89 |
| $Hg^{2+}$ | 0.5 | 1, …, 4 | 9.05, 17.32, 19.74, 21.00 |
| 氯配合物 | | | |
| $Ag^+$ | 0.2 | 1, …, 4 | 2.9, 4.7, 5.0, 5.9 |
| $Hg^{2+}$ | 0.5 | 1, …, 4 | 6.7, 13.2, 14.1, 15.1 |
| 氰配合物 | | | |
| $Ag^+$ | 0~0.3 | 1, …, 4 | —, 21.1, 21.8, 20.7 |
| $Cd^{2+}$ | 3 | 1, …, 4 | 5.5, 10.60, 15.3, 18.9 |
| $Cu^+$ | 0 | 1, …, 4 | —, 24.0, 28.6, 30.3 |
| $Fe^{2+}$ | 0 | 6 | 35.4 |
| $Fe^{3+}$ | 0 | 6 | 43.6 |
| $Hg^{2+}$ | 0.1 | 1, …, 4 | 18.0, 34.7, 38.5, 41.5 |
| $Ni^{2+}$ | 0.1 | 4 | 31.3 |
| $Zn^{2+}$ | 0.1 | 4 | 16.7 |
| 氟配合物 | | | |
| $Al^{3+}$ | 0.5 | 1, …, 6 | 6.1, 11.15, 15.0, 17.7, 19.4, 19.7 |
| $Fe^{3+}$ | 0.5 | 1, …, 6 | 5.2, 9.2, 11.9, —, 15.8, — |
| $Th^{4+}$ | 0.5 | 1, …, 3 | 7.7, 13.5, 18.0 |

续表

| 金属离子 | $I/(\text{mol/L})$ | $n$ | $\lg\beta_n$ |
|---|---|---|---|
| $TiO^{2+}$ | 3 | $1,\cdots,4$ | 5.4, 9.8, 13.7, 17.4 |
| $Zr^{4+}$ | 2 | $1,\cdots,3$ | 8.8, 16.1, 21.9 |
| 碘配合物 | | | |
| $Ag^+$ | 0 | $1,\cdots,3$ | 6.6, 11.7, 13.7 |
| $Bi^{3+}$ | 2 | $1,\cdots,6$ | 3.6, —, —, 14.9, 16.8, 18.8 |
| $Cd^{2+}$ | 0 | $1,\cdots,4$ | 2.4, 3.4, 5.0, 6.15 |
| $Pb^{2+}$ | 0 | $1,\cdots,4$ | 2.0, 3.15, 3.9, 4.5 |
| $Hg^{2+}$ | 0.5 | $1,\cdots,4$ | 12.9, 23.8, 27.6, 29.8 |
| 磷酸配合物 | | | |
| $Ca^{2+}$ | 0.2 | CaHL | 1.7 |
| $Mg^{2+}$ | 0.2 | MgHL | 1.9 |
| $Mn^{2+}$ | 0.2 | MnHL | 2.6 |
| $Fe^{3+}$ | 0.66 | FeL | 9.35 |
| 硫氰酸配合物 | | | |
| $Ag^+$ | 2.2 | $1,\cdots,4$ | —, 7.6, 9.1, 10.1 |
| $Au^+$ | 0 | $1,\cdots,4$ | —, 23, —, 42 |
| $Co^{2+}$ | 1 | 1 | 1.0 |
| $Cu^+$ | 5 | $1,\cdots,4$ | —, 11.0, 10.9, 10.5 |
| $Fe^{3+}$ | 0 | $1,\cdots,5$ | 2.3, 4.2, 5.6, 6.4, 6.4 |
| $Hg^{2+}$ | 1 | $1,\cdots,4$ | —, 16.1, 19.0, 20.9 |
| 硫代硫酸配合物 | | | |
| $Ag^+$ | 0 | $1,\cdots,2$ | 8.8, 13.5 |
| $Cu^+$ | 0.8 | $1,2,3$ | 10.35, 12.3, 13.7 |
| $Hg^{2+}$ | 0 | $1,\cdots,4$ | —, 29.9, 32.3, 33.6 |
| 乙酰丙酮配合物 | | | |
| $Al^{3+}$ | 0.1 | $1,2,3$ | 8.1, 15.7, 21.2 |
| $Cu^{2+}$ | 0.1 | $1,2$ | 7.8, 14.3 |
| $Fe^{3+}$ | 0.1 | $1,2,3$ | 9.3, 17.9, 25.1 |
| $Ni^{2+}$ | 0 | $1,2,3$ | 6.1, 10.8, 13.1 |
| $Zn^{2+}$ | 0 | $1,2$ | 5.0, 8.8 |
| 柠檬酸配合物 | | | |
| $Al^{3+}$ | 0.5 | 1 | 20.0 |
| $Co^{2+}$ | 0.5 | 1 | 12.5 |
| $Cu^{2+}$ | 0.5 | 1 | 18.0 |

续表

| 金属离子 | $I/(\text{mol/L})$ | $n$ | $\lg \beta_n$ |
|---|---|---|---|
| $Fe^{2+}$ | 0.5 | 1 | 15.5 |
| $Fe^{3+}$ | 0.5 | 1 | 25.0 |
| $Ni^{2+}$ | 0.5 | 1 | 14.3 |
| $Pb^{2+}$ | 0.5 | 1 | 12.3 |
| $Zn^{2+}$ | 0.5 | 1 | 11.4 |
| 草酸配合物 | | | |
| $Al^{3+}$ | 0 | 1, 2, 3 | 7.3, 13.0, 16.3 |
| $Cd^{2+}$ | 0.5 | 1, 2 | 2.9, 4.7 |
| $Co^{2+}$ | 0.5 | 1, 2, 3 | 4.8, 6.7, 9.7 |
| $Co^{3+}$ | 0 | 3 | 20 |
| $Cu^{2+}$ | 0.5 | 1, 2 | 4.5, 8.9 |
| $Fe^{2+}$ | 0.5~1 | 1, 2, 3 | 2.9, 4.5, 5.2 |
| $Fe^{3+}$ | 0 | 1, 2, 3 | 9.4, 16.2, 20.2 |
| $Mg^{2+}$ | 0.1 | 1, 2 | 2.8, 4.4 |
| $Mn(\text{III})$ | 2 | 1, 2, 3 | 10.0, 16.6, 19.4 |
| $Ni^{2+}$ | 0.1 | 1, 2, 3 | 5.3, 7.6, 8.5 |
| $Zn^{2+}$ | 0.5 | 1, 2, 3 | 4.9, 7.6, 8.15 |
| 磺基水杨酸配合物 | | | |
| $Al^{3+}$ | 0.1 | 1, 2, 3 | 12.9, 22.9, 29.0 |
| $Cd^{2+}$ | 0.25 | 1, 2 | 16.7, 29.1 |
| $Co^{2+}$ | 0.1 | 1, 2 | 6.1, 9.8 |
| $Cr^{3+}$ | 0.1 | 1 | 9.6 |
| $Cu^{2+}$ | 0.1 | 1, 2 | 9.5, 16.4 |
| $Fe^{2+}$ | 0.1~0.5 | 1, 2 | 5.9, 9.9 |
| $Fe^{3+}$ | 3 | 1, 2, 3 | 14.4, 25.2, 32.2 |
| $Mn^{2+}$ | 0.1 | 1, 2 | 5.2, 8.2 |
| $Ni^{2+}$ | 0.1 | 1, 2 | 6.4, 10.2 |
| $Zn^{2+}$ | 0.1 | 1, 2 | 6.05, 10.65 |
| 酒石酸配合物 | | | |
| $Bi^{3+}$ | 0 | 3 | 8.3 |
| $Ca^{2+}$ | 0 | 1, 2 | 3.0, 9.0 |
| $Cd^{2+}$ | 0.5 | 1 | 2.8 |
| $Cu^{2+}$ | 1 | 1, …, 4 | 3.2, 5.1, 4.8, 6.5 |
| $Fe^{3+}$ | 0 | 3 | 7.49 |
| $Mg^{2+}$ | | 1 | 1.2 |

续表

| 金属离子 | $I/(\text{mol/L})$ | $n$ | $\lg \beta_n$ |
|---|---|---|---|
| $Pb^{2+}$ | 0 | 1，2，3 | 3.8，—，4.7 |
| $Zn^{2+}$ | | 1，2 | 2.4，8.3 |
| 乙二胺配合物 | | | |
| $Ag^+$ | 0.1 | 1，2 | 4.7，7.7 |
| $Cd^{2+}$ | 0.5 | 1，2，3 | 5.47，10.02，12.09 |
| $Co^{2+}$ | 0.1 | 1，2，3 | 5.9，10.7，13.8 |
| $Cu^{2+}$ | 0.1 | 1，2 | 10.6，19.6 |
| $Fe^{2+}$ | 1.4 | 1，2，3 | 4.3，7.6，9.7 |
| $Hg^{2+}$ | 0.1 | 1，2 | 14.3，23.4 |
| $Mn^{2+}$ | 1 | 1，2，3 | 2.7，4.8，5.7 |
| $Ni^{2+}$ | 0.1 | 1，2，3 | 7.7，14.1，18.6 |
| $Zn^{2+}$ | 0.1 | 1，2，3 | 5.7，10.4，12.1 |
| 氢氧基配合物 | | | |
| $Al^{3+}$ | 2 | 4 | 33.3 |
| $Bi^{3+}$ | 3 | 1 | 12.4 |
| $Cd^{2+}$ | 3 | 1，…，4 | 4.3，7.7，10.3，12.0 |
| $Co^{2+}$ | 0.1 | 1，3 | 5.1，—，10.2 |
| $Cr^{3+}$ | 0.1 | 1，2 | 10.2，18.3 |
| $Fe^{2+}$ | 1 | 1 | 4.5 |
| $Fe^{3+}$ | 3 | 1，2 | 11.0，21.7 |
| $Hg^{2+}$ | 0.5 | 2 | 21.7 |
| $Mg^{2+}$ | 0 | 1 | 2.6 |
| $Mn^{2+}$ | 0.1 | 1 | 3.4 |
| $Ni^{2+}$ | 0.1 | 1 | 4.6 |
| $Pb^{2+}$ | 0.3 | 1，2，3 | 6.2，10.3，13.3 |
| $Sn^{2+}$ | 3 | 1 | 10.1 |
| $Th^{4+}$ | 1 | 1 | 9.7 |
| $Ti^{3+}$ | 0.5 | 1 | 11.8 |
| $TiO^{2+}$ | 1 | 1 | 13.7 |
| $VO^{2+}$ | 3 | 1 | 8.0 |
| $Zn^{2+}$ | 0 | 1，…，4 | 4.4，10.1，14.2，15.5 |

说明：$\beta_n$ 为配合物的累积稳定常数，即 $\beta_n = K_1 \times K_2 \times K_3 \times \cdots \times K_n$，$\lg \beta_n = \lg K_1 + \lg K_2 + \lg K_3 + \cdots + \lg K_n$。例如，$Ag^+$ 与 $NH_3$ 的配合物：$\lg \beta_1 = 3.24$ 即 $\lg K_1 = 3.24$；$\lg \beta_2 = 7.05$ 即 $\lg K_1 = 3.24$，$\lg K_2 = 3.81$。

# 附录 4  EDTA 的 lg $\alpha_{Y(H)}$

| pH | lg $\alpha_{Y(H)}$ | pH | lg $\alpha_{Y(H)}$ | pH | lg $\alpha_{Y(H)}$ | pH | lg $\alpha_{Y(H)}$ | pH | lg $\alpha_{Y(H)}$ |
|---|---|---|---|---|---|---|---|---|---|
| 0.0 | 23.64 | 2.5 | 11.90 | 5.0 | 6.45 | 7.5 | 2.78 | 10.0 | 0.45 |
| 0.1 | 23.06 | 2.6 | 11.62 | 5.1 | 6.26 | 7.6 | 2.68 | 10.1 | 0.39 |
| 0.2 | 22.47 | 2.7 | 11.35 | 5.2 | 6.07 | 7.7 | 2.57 | 10.2 | 0.33 |
| 0.3 | 21.89 | 2.8 | 11.09 | 5.3 | 5.88 | 7.8 | 2.47 | 10.3 | 0.28 |
| 0.4 | 21.32 | 2.9 | 10.84 | 5.4 | 5.69 | 7.9 | 2.37 | 10.4 | 0.24 |
| 0.5 | 20.75 | 3.0 | 10.60 | 5.5 | 5.51 | 8.0 | 2.27 | 10.5 | 0.20 |
| 0.6 | 20.18 | 3.1 | 10.37 | 5.6 | 5.33 | 8.1 | 2.17 | 10.6 | 0.16 |
| 0.7 | 19.62 | 3.2 | 10.14 | 5.7 | 5.15 | 8.2 | 2.07 | 10.7 | 0.13 |
| 0.8 | 19.08 | 3.3 | 9.92 | 5.8 | 4.98 | 8.3 | 1.97 | 10.8 | 0.11 |
| 0.9 | 18.54 | 3.4 | 9.70 | 5.9 | 4.81 | 8.4 | 1.87 | 10.9 | 0.09 |
| 1.0 | 18.01 | 3.5 | 9.48 | 6.0 | 4.65 | 8.5 | 1.77 | 11.0 | 0.07 |
| 1.1 | 17.49 | 3.6 | 9.27 | 6.1 | 4.49 | 8.6 | 1.67 | 11.1 | 0.06 |
| 1.2 | 16.98 | 3.7 | 9.06 | 6.2 | 4.34 | 8.7 | 1.57 | 11.2 | 0.05 |
| 1.3 | 16.49 | 3.8 | 8.85 | 6.3 | 4.20 | 8.8 | 1.48 | 11.3 | 0.04 |
| 1.4 | 16.02 | 3.9 | 8.65 | 6.4 | 4.06 | 8.9 | 1.38 | 11.4 | 0.03 |
| 1.5 | 15.55 | 4.0 | 8.44 | 6.5 | 3.92 | 9.0 | 1.28 | 11.5 | 0.02 |
| 1.6 | 15.11 | 4.1 | 8.24 | 6.6 | 3.79 | 9.1 | 1.19 | 11.6 | 0.02 |
| 1.7 | 14.68 | 4.2 | 8.04 | 6.7 | 3.67 | 9.2 | 1.10 | 11.7 | 0.02 |
| 1.8 | 14.27 | 4.3 | 7.84 | 6.8 | 3.55 | 9.3 | 1.01 | 11.8 | 0.01 |
| 1.9 | 13.88 | 4.4 | 7.64 | 6.9 | 3.43 | 9.4 | 0.92 | 11.9 | 0.01 |
| 2.0 | 13.51 | 4.5 | 7.44 | 7.0 | 3.32 | 9.5 | 0.83 | 12.0 | 0.01 |
| 2.1 | 13.16 | 4.6 | 7.24 | 7.1 | 3.21 | 9.6 | 0.75 | 12.1 | 0.01 |
| 2.2 | 12.82 | 4.7 | 7.04 | 7.2 | 3.10 | 9.7 | 0.67 | 12.2 | 0.005 |
| 2.3 | 12.50 | 4.8 | 6.84 | 7.3 | 2.99 | 9.8 | 0.59 | 13.0 | 0.000 8 |
| 2.4 | 12.19 | 4.9 | 6.65 | 7.4 | 2.88 | 9.9 | 0.52 | 13.9 | 0.000 1 |

## 附录 5　金属离子的 lg $\alpha_{M(OH)}$

| 金属离子 | $I$ mol/L | pH | | | | | | | | | | | | | |
|---|---|---|---|---|---|---|---|---|---|---|---|---|---|---|---|
| | | 1 | 2 | 3 | 4 | 5 | 6 | 7 | 8 | 9 | 10 | 11 | 12 | 13 | 14 |
| Ag(Ⅰ) | 0.1 | | | | | | | | | | | 0.1 | 0.5 | 2.3 | 5.1 |
| Al(Ⅲ) | 2 | | | | | 0.4 | 1.3 | 5.3 | 9.3 | 13.3 | 17.3 | 21.3 | 25.3 | 29.3 | 33.3 |
| Ba(Ⅱ) | 0.1 | | | | | | | | | | | | | 0.1 | 0.5 |
| Bi(Ⅲ) | 3 | 0.1 | 0.5 | 1.4 | 2.4 | 3.4 | 4.4 | 5.4 | | | | | | | |
| Ca(Ⅱ) | 0.1 | | | | | | | | | | | | | 0.3 | 1.0 |
| Cd(Ⅱ) | 3 | | | | | | | | | 0.1 | 0.5 | 2.0 | 4.5 | 8.1 | 12.0 |
| Ce(Ⅳ) | 1~2 | 1.2 | 3.1 | 5.1 | 7.1 | 9.1 | 11.1 | 13.1 | | | | | | | |
| Cu(Ⅱ) | 0.1 | | | | | | | | 0.2 | 0.8 | 1.7 | 2.7 | 3.7 | 4.7 | 5.7 |
| Fe(Ⅱ) | 1 | | | | | | | | | 0.1 | 0.6 | 1.5 | 2.5 | 3.5 | 4.5 |
| Fe(Ⅲ) | 3 | | | 0.4 | 1.8 | 3.7 | 5.7 | 7.7 | 9.7 | 11.7 | 13.7 | 15.7 | 17.7 | 19.7 | 21.7 |
| Hg(Ⅱ) | 0.1 | | | 0.5 | 1.9 | 3.9 | 5.9 | 7.9 | 9.9 | 11.9 | 13.9 | 15.9 | 17.9 | 19.9 | 21.9 |
| La(Ⅲ) | 3 | | | | | | | | | | 0.3 | 1.0 | 1.9 | 2.9 | 3.9 |
| Mg(Ⅱ) | 0.1 | | | | | | | | | | | 0.1 | 0.5 | 1.3 | 2.3 |
| Ni(Ⅱ) | 0.1 | | | | | | | | | 0.1 | 0.7 | 1.6 | | | |
| Pb(Ⅱ) | 0.1 | | | | | | | 0.1 | 0.5 | 1.4 | 2.7 | 4.7 | 7.4 | 10.4 | 13.4 |
| Th(Ⅳ) | 1 | | | | 0.2 | 0.8 | 1.7 | 2.7 | 3.7 | 4.7 | 5.7 | 6.7 | 7.7 | 8.7 | 9.7 |
| Zn(Ⅱ) | 0.1 | | | | | | | | | 0.2 | 2.4 | 5.4 | 8.5 | 11.8 | 15.5 |

## 附录 6　标准电极电势

(18~25℃)

| 半反应 | $\varphi^{\ominus}/V$ |
|---|---|
| $F_2(气) + 2H^+ + 2e^- \longrightarrow 2HF$ | 3.06 |
| $O_3 + 2H^+ + 2e^- \longrightarrow O_2 + H_2O$ | 2.07 |
| $S_2O_8 + 2e^- \longrightarrow 2SO_4^{2-}$ | 2.01 |
| $Co^{3+} + e^- \longrightarrow Co^{2+}$ | 1.842 |
| $H_2O_2 + 2H^+ + 2e^- \longrightarrow 2H_2O$ | 1.77 |

续表

| 半反应 | $\varphi^{\ominus}/V$ |
|---|---|
| $MnO_4^- + 4H^+ + 3e^- \longrightarrow MnO_2(固) + 2H_2O$ | 1.695 |
| $PbO_2(固) + SO_4^{2-} + 4H^+ + 2e^- \longrightarrow PbSO_4(固) + 2H_2O$ | 1.685 |
| $HClO_2 + 2H^+ + 2e^- \longrightarrow HClO + H_2O$ | 1.64 |
| $HClO + H^+ + e^- \longrightarrow 1/2Cl_2 + H_2O$ | 1.63 |
| $Ce^{4+} + e^- \longrightarrow Ce^{3+}$ | 1.61 |
| $H_5IO_6 + H^+ + 2e^- \longrightarrow IO_3^- + 3H_2O$ | 1.60 |
| $HBrO + H^+ + e^- \longrightarrow 1/2Br_2 + H_2O$ | 1.59 |
| $BrO_3^- + 6H^+ + 5e^- \longrightarrow 1/2Br_2 + H_2O$ | 1.52 |
| $MnO_4^- + 8H^+ + 5e^- \longrightarrow Mn^{2+} + 4H_2O$ | 1.51 |
| $Au(\text{Ⅲ}) + 3e^- \longrightarrow Au$ | 1.50 |
| $HClO + H^+ + 2e^- \longrightarrow Cl^- + H_2O$ | 1.49 |
| $ClO_3^- + 6H^+ + 5e^- \longrightarrow 1/2Cl_2 + 3H_2O$ | 1.47 |
| $PbO_2(固) + 4H^+ + 2e^- \longrightarrow Pb^{2+} + 2H_2O$ | 1.455 |
| $HIO + H^+ + e^- \longrightarrow 1/2I_2 + H_2O$ | 1.45 |
| $ClO_3^- + 6H^+ + 6e^- \longrightarrow Cl^- + 3H_2O$ | 1.45 |
| $BrO_3^- + 6H + 6e^- \longrightarrow Br^- + 3H_2O$ | 1.44 |
| $Au(\text{Ⅲ}) + 2e^- \longrightarrow Au(\text{Ⅰ})$ | 1.41 |
| $Cl_2(气) + 2e^- \longrightarrow 2Cl^-$ | 1.359 5 |
| $ClO_4^- + 8H^+ + 7e^- \longrightarrow 1/2Cl_2 + 4H_2O$ | 1.34 |
| $Cr_2O_7^{2-} + 14H^+ + 6e^- \longrightarrow 2Cr_3 + 7H_2O$ | 1.33 |
| $MnO_2(固) + 4H^+ + 2e^- \longrightarrow Mn^{2+} + 2H_2O$ | 1.23 |
| $O_2(气) + 4H^+ + 4e^- \longrightarrow 2H_2O$ | 1.229 |
| $IO_3^- + 6H^+ + 5e^- \longrightarrow 1/2I_2 + 3H_2O$ | 1.20 |
| $ClO_4^- + 2H^+ + 2e^- \longrightarrow ClO_3^- + H_2O$ | 1.19 |
| $Br_2(水) + 2e^- \longrightarrow 2Br^-$ | 1.087 |
| $NO_2 + H^+ + e^- \longrightarrow HNO_2$ | 1.07 |
| $Br^{3-} + 2e^- \longrightarrow 3Br^-$ | 1.05 |
| $HNO_2 + H^+ + e^- \longrightarrow NO(气) + H_2O$ | 1.00 |
| $VO_2^+ + 2H^+ + e^- \longrightarrow VO^{2+} + H_2O$ | 1.00 |
| $HIO + H^+ + 2e^- \longrightarrow I^- + H_2O$ | 0.99 |
| $NO_3^- + 3H^+ + 2e^- \longrightarrow HNO_3 + H_2O$ | 0.94 |
| $ClO^- + H_2O + 2e^- \longrightarrow Cl^- + 2OH^-$ | 0.89 |
| $H_2O_2 + 2e^- \longrightarrow 2OH^-$ | 0.88 |
| $Cu^{2+} + I^- + e^- \longrightarrow CuI(固)$ | 0.86 |
| $Hg^{2+} + 2e^- \longrightarrow Hg$ | 0.845 |
| $NO_3^- + 2H^+ + e^- \longrightarrow NO_2 + H_2O$ | 0.799 5 |

| 半反应 | $\varphi^{\ominus}/\mathrm{V}$ |
|---|---|
| $Ag^+ + e^- \longrightarrow Ag$ | 0.793 |
| $Hg_2^{2+} + 2e^- \longrightarrow 2Hg$ | 0.771 |
| $Fe^{3+} + 2e^- \longrightarrow Fe^{2+}$ | 0.771 |
| $BrO^- + H_2O + 2e^- \longrightarrow Br^- + 2OH^-$ | 0.76 |
| $O_2(气) + 2H^+ + 2e^- \longrightarrow H_2O_2$ | 0.682 |
| $AsO_2^- + 2H_2O + 3e^- \longrightarrow As + 4OH^-$ | 0.68 |
| $2HgCl_2 + 2e^- \longrightarrow Hg_2Cl_2(固) + 2Cl^-$ | 0.63 |
| $HgSO_4(固) + 2e^- \longrightarrow 2Hg + SO_4^{2-}$ | 0.615 1 |
| $MnO_4^- + 2H_2O + 3e^- \longrightarrow MnO_2(固) + 4OH^-$ | 0.588 |
| $MnO_4^- + e^- \longrightarrow MnO_4^{2-}$ | 0.564 |
| $H_3AsO_4 + 2H^+ + 2e^- \longrightarrow HAsO_2 + 2H_2O$ | 0.559 |
| $I^{3-} + 2e^- \longrightarrow 3I^-$ | 0.545 |
| $I_2(固) + 2e^- \longrightarrow 2I^-$ | 0.534 5 |
| $Mo(Ⅵ) + e^- \longrightarrow Mo(Ⅴ)$ | 0.53 |
| $Cu^+ + e^- \longrightarrow Cu$ | 0.52 |
| $4SO_2(水) + 4H^+ + 6e^- \longrightarrow S_4O_6^{2-} + 2H_2O$ | 0.51 |
| $HgCl_4^{2-} + 2e^- \longrightarrow S_4O_6^{2-} + 2H_2O$ | 0.48 |
| $2SO_2(水) + 2H^+ + 4e^- \longrightarrow S_2O_3^{2-} + H_2O$ | 0.40 |
| $Fe(CN)_6^{3-} + 3e^- \longrightarrow Fe(CN)_6^{4-}$ | 0.36 |
| $Cu^{2+} + 2e^- \longrightarrow Cu$ | 0.337 |
| $VO_2 + 2H + 2e^- \longrightarrow V^{3+} + H_2O$ | 0.337 |
| $BiO^+ + 2H + 3e^- \longrightarrow Bi + 2H_2O$ | 0.32 |
| $Hg_2Cl_2(固)2e^- \longrightarrow 2Hg + 2Cl^-$ | 0.267 6 |
| $HAsO_2 + 3H + 3e^- \longrightarrow As + 2H_2O$ | 0.248 |
| $AgCl(固) + e^- \longrightarrow Ag + Cl^-$ | 0.222 3 |
| $SbO^+ + 2H + 3e^- \longrightarrow Sb + H_2O$ | 0.212 |
| $SO_4^{2-} + 4H^+ + 2e^- \longrightarrow SO_2(水) + H_2O$ | 0.17 |
| $Cu^{2+} + e^- \longrightarrow Cu^+$ | 0.159 |
| $Sn^{4+} + 2e^- \longrightarrow Sn^{2+}$ | 0.154 |
| $S + 2H^+ + 2e^- \longrightarrow H_2S(气)$ | 0.141 |
| $Hg_2Br_2 + 2e^- \longrightarrow 2Hg + 2Br^-$ | 0.139 5 |
| $TiO^{2+} + 2H^+ + e^- \longrightarrow Ti^{3+} + H_2O$ | 0.1 |
| $S_4O_6^{2-} + 2e^- \longrightarrow 2S_2O_3^{2-}$ | 0.08 |
| $AgBr(固) + e^- \longrightarrow Ag + Br^-$ | 0.071 |
| $2H^+ + 2e^- \longrightarrow H_2$ | 0.000 |

| 半反应 | $\varphi^{\ominus}/V$ |
|---|---|
| $O_2 + H_2O + 2e^- \longrightarrow HO_2^- + OH^-$ | $-0.067$ |
| $TiOCl^+ + 2H + 3Cl^- + e^- \longrightarrow TiCl_4^- + H_2O$ | $-0.09$ |
| $Pb^{2+} + 2e^- \longrightarrow Pb$ | $-0.126$ |
| $Sn^{2+} + 2e^- \longrightarrow Sn$ | $-0.136$ |
| $AgI(固) + e^- \longrightarrow Ag + I^-$ | $-0.152$ |
| $Ni^{2+} + 2e^- \longrightarrow Ni$ | $-0.246$ |
| $H_3PO_4 + 2H^+ + 2e^- \longrightarrow H_3PO_3 + H_2O$ | $-0.276$ |
| $Co^{2+} + 2e^- \longrightarrow Co$ | $-0.277$ |
| $Tl + e^- \longrightarrow Tl$ | $-0.336\ 0$ |
| $In^{3+} + 3e^- \longrightarrow In$ | $-0.345$ |
| $PbSO_4(固) + 2e^- \longrightarrow Pb + SO_4^{2-}$ | $-0.355\ 3$ |
| $SeO_3^{2-} + 3H_2O + 4e^- \longrightarrow Se + 6OH^-$ | $-0.366$ |
| $As + 3H^+ + 3e^- \longrightarrow AsH_3$ | $-0.38$ |
| $Se + 3H^+ + 3e^- \longrightarrow H_2Se$ | $-0.40$ |
| $Cd^{2+} + 2e^- \longrightarrow Cd$ | $-0.403$ |
| $Cr^{3+} + e^- \longrightarrow Cr^{2+}$ | $-0.41$ |
| $Fe^{2+} + 2e^- \longrightarrow Fe$ | $-0.440$ |
| $S + 2e^- \longrightarrow S^{2-}$ | $-0.48$ |
| $2CO_2 + 2H^+ + 2e^- \longrightarrow H_2C_2O_4$ | $-0.49$ |
| $H_3PO_3 + 2H^+ + 2e^- \longrightarrow H_3PO_2 + H_2O$ | $-0.50$ |
| $Sb + 3H^+ + 3e^- \longrightarrow SbH_3$ | $-0.51$ |
| $HPbO_2^- + H_2O + 2e^- \longrightarrow Pb + 3OH^-$ | $-0.54$ |
| $Ga^{3+} + 3e^- \longrightarrow Ga$ | $-0.56$ |
| $TeO_3^{2-} + 3H_2O + 4e^- \longrightarrow Te + 6OH^-$ | $-0.57$ |
| $2SO_3^{2-} + 3H_2O + 4e^- \longrightarrow S_2O_3^{2-} + 6OH^-$ | $-0.58$ |
| $SO_3^{2-} + 3H_2O + 4e^- \longrightarrow S + 6OH^-$ | $-0.66$ |
| $AsO_4^{3-} + 2H_2O + 4e^- \longrightarrow AsO_2^- + 4OH^-$ | $-0.67$ |
| $Ag_2S(固) + 2e^- \longrightarrow 2Ag + S^{2-}$ | $-0.69$ |
| $Zn^{2+} + 2e^- \longrightarrow Zn$ | $-0.763$ |
| $2H_2O + 2e^- \longrightarrow H_2 + 2OH^-$ | $-0.828$ |
| $Cr^{2+} + 2e^- \longrightarrow Cr$ | $-0.91$ |
| $HSnO_2^- + H_2O + 2e^- \longrightarrow Sn + 3OH^-$ | $-0.91$ |
| $Se + 2e^- \longrightarrow Se^{2-}$ | $-0.92$ |
| $Sn(OH)_6^{2-} + 2e^- \longrightarrow HSnO_2^- + H_2O + 3OH^-$ | $-0.93$ |
| $CNO^- + H_2O + 2e^- \longrightarrow CN^- + 2OH^-$ | $-0.97$ |
| $Mn^{2+} + 2e^- \longrightarrow Mn$ | $-1.182$ |

续表

| 半反应 | $\varphi^{\ominus}/V$ |
|---|---|
| $ZnO_2^{2-} + 2H_2O + 2e^- \longrightarrow Zn + 4OH^-$ | $-1.216$ |
| $Al^{3+} + 3e^- \longrightarrow Al$ | $-1.66$ |
| $H_2AlO_3^- + H_2O + 3e^- \longrightarrow Al + 4OH^-$ | $-2.35$ |
| $Mg^{2+} + 2e^- \longrightarrow Mg$ | $-2.37$ |
| $Na + e^- \longrightarrow Na$ | $-2.714$ |
| $Ca^{2+} + 2e^- \longrightarrow Ca$ | $-2.87$ |
| $Sr^{2+} + 2e^- \longrightarrow Sr$ | $-2.89$ |
| $Ba^{2+} + 2e^- \longrightarrow Ba$ | $-2.90$ |
| $K^+ + e^- \longrightarrow K$ | $-2.925$ |
| $Li + e^- \longrightarrow Li$ | $-3.042$ |

## 附录 7　某些氧化还原电对的条件电势

| 半反应 | $\varphi^{\ominus\prime}/V$ | 介质 |
|---|---|---|
| $Ag(\text{Ⅱ}) + e^- \longrightarrow Ag^+$ | 1.927 | 4 mol/L $HNO_3$ |
| $Ce(\text{Ⅳ}) + e^- \longrightarrow Ce(\text{Ⅲ})$ | 1.74 | 1 mol/L $HClO_4$ |
| | 1.44 | 0.5 mol/L $H_2SO_4$ |
| | 1.28 | 1 mol/L HCl |
| $Co^{3+} + e^- \longrightarrow Co^{2+}$ | 1.84 | 3 mol/L $HNO_3$ |
| $Co(\text{乙二胺})_3^{3+} + e^- \longrightarrow Co(\text{乙二胺})_3^{2+}$ | $-0.20$ | 0.1 mol/L $KNO_3$ + 0.1 mol/L 乙二胺 |
| $Cr(\text{Ⅲ}) + e^- \longrightarrow Cr(\text{Ⅱ})$ | $-0.40$ | 5 mol/L HCl |
| $Cr_2O_7^{2-} + 14H^+ + 6e^- \longrightarrow 2Cr_3 + 7H_2O$ | 1.08 | 3 mol/L HCl |
| | 1.15 | 4 mol/L $H_2SO_4$ |
| | 1.025 | 1 mol/L $HClO_4$ |
| $CrO_4^{2-} + 2H_2O + 3e^- \longrightarrow CrO_2^- + 4OH^-$ | $-0.12$ | 1 mol/L NaOH |
| $Fe(\text{Ⅲ})e^- \longrightarrow Fe^{2+}$ | 0.767 | 1 mol/L $HClO_4$ |
| | 0.71 | 0.5 mol/L HCl |
| | 0.68 | 1 mol/L $H_2SO_4$ |
| | 0.68 | 1 mol/L HCl |
| | 0.46 | 2 mol/L $H_3PO_4$ |
| | 0.51 | 1 mol/L HCl + 0.25 mol/L $H_3PO_4$ |
| $Fe(EDTA)^- + e^- \longrightarrow Fe(EDTA)^{2-}$ | 0.12 | 0.1 mol/L EDTA pH=4~6 |

续表

| 半反应 | $\varphi^{\ominus\prime}$/V | 介质 |
|---|---|---|
| $Fe(CN)_6^{3-}+e^- \longrightarrow Fe(CN)_6^{4-}$ | 0.56 | 0.1 mol/L HCl |
| $FeO_4^{2-}+3H_2O+3e^- \longrightarrow FeO_2^-+4OH^-$ | 0.55 | 10 mol/L NaOH |
| $I_3^-+2e^- \longrightarrow 3I^-$ | 0.544 6 | 0.5 mol/L $H_2SO_4$ |
| $I_2(水)+2e^- \longrightarrow 2I^-$ | 0.627 6 | 0.5 mol/L $H_2SO_4$ |
| $MnO_4^-+8H^++5e^- \longrightarrow Mn^{2+}+4H_2O$ | 1.45 | 1 mol/L $HClO_4$ |
| $SnCl_6^{2-}+2e^- \longrightarrow SnCl_4^{2-}+2Cl^-$ | 0.14 | 1 mol/L HCl |
| $Sb(V)+2e^- \longrightarrow Sb(Ⅲ)$ | 0.75 | 3.5 mol/L HCl |
| $Sb(OH)_6^-+2e^- \longrightarrow SbO_2^-+2OH^-+2H_2O$ | −0.428 | 3 mol/L NaOH |
| $SbO_2^-+2H_2O+3e^- \longrightarrow Sb+4OH^-$ | −0.675 | 10 mol/L KOH |
| $Ti(Ⅳ)-e^- \longrightarrow Ti(Ⅲ)$ | −0.01 | 0.2 mol/L $H_2SO_4$ |
| | 0.12 | 2 mol/L $H_2SO_4$ |
| | −0.04 | 1 mol/L HCl |
| | −0.05 | 1 mol/L $H_3PO_4$ |
| $Pb(Ⅱ)+2e^- \longrightarrow Pb$ | −0.32 | 1 mol/L NaAc |

# 附录8 微溶化合物的溶度积

(18~25℃, $I=0$)

| 微溶化合物 | $K_{sp}$ | $pK_{sp}$ |
|---|---|---|
| AgAc | $2\times10^{-3}$ | 2.7 |
| $Ag_3AsO_4$ | $1\times10^{-22}$ | 22.0 |
| AgBr | $5.0\times10^{-13}$ | 12.30 |
| $Ag_2CO_3$ | $8.1\times10^{-12}$ | 11.09 |
| AgCl | $1.8\times10^{-10}$ | 9.75 |
| $Ag_2CrO_4$ | $2.0\times10^{-12}$ | 11.71 |
| AgCN | $1.2\times10^{-16}$ | 15.92 |
| AgOH | $2.0\times10^{-8}$ | 7.71 |
| AgI | $9.3\times10^{-17}$ | 16.03 |
| $Ag_2C_2O_4$ | $3.5\times10^{-11}$ | 10.46 |
| $Ag_3PO_4$ | $1.4\times10^{-16}$ | 15.84 |
| $Ag_3SO_4$ | $1.4\times10^{-5}$ | 4.84 |
| $Ag_2S$ | $2\times10^{-49}$ | 48.7 |

| 微溶化合物 | $K_{sp}$ | $pK_{sp}$ |
|---|---|---|
| AgSCN | $1.0 \times 10^{-12}$ | 12.00 |
| Al(OH)$_3$，无定形 | $1.3 \times 10^{-33}$ | 32.9 |
| As$_2$S$_3$① | $2.1 \times 10^{-22}$ | 21.68 |
| BaCO$_3$ | $5.1 \times 10^{-9}$ | 8.29 |
| BaCrO$_4$ | $1.2 \times 10^{-10}$ | 9.93 |
| BaF$_2$ | $1 \times 10^{-5}$ | 6.0 |
| BaC$_2$O$_4$ · H$_2$O | $2.3 \times 10^{-8}$ | 7.64 |
| BaC$_2$O$_4$ · H$_2$O | $1.1 \times 10^{-10}$ | 9.96 |
| Bi(OH)$_3$ | $4 \times 10^{-31}$ | 30.4 |
| BiOOH② | $4 \times 10^{-10}$ | 9.4 |
| BiI$_3$ | $8.1 \times 10^{-19}$ | 18.09 |
| BiOCl | $1.8 \times 10^{-31}$ | 30.75 |
| BiPO$_4$ | $1.8 \times 10^{-23}$ | 22.89 |
| Bi$_2$S$_3$ | $1 \times 10^{-97}$ | 97.0 |
| CaCO$_3$ | $2.9 \times 10^{-9}$ | 8.54 |
| CaF$_2$ | $2.7 \times 10^{-11}$ | 10.57 |
| CaC$_2$O$_4$ · H$_2$O | $2.0 \times 10^{-9}$ | 8.70 |
| Ca(PO$_4$)$_2$ | $2.0 \times 10^{-29}$ | 28.70 |
| CaSO$_4$ | $9.1 \times 10^{-6}$ | 5.04 |
| CaWO$_4$ | $8.7 \times 10^{-9}$ | 8.06 |
| CdCO$_3$ | $5.2 \times 10^{-12}$ | 11.28 |
| Cd$_2$[Fe(CN)$_6$] | $3.2 \times 10^{-17}$ | 16.49 |
| Cd(OH)$_2$，无析出 | $2.5 \times 10^{-14}$ | 13.60 |
| CdC$_2$O$_4$ · 3H$_2$O | $9.1 \times 10^{-8}$ | 7.04 |
| CdS | $8 \times 10^{-27}$ | 26.1 |
| CoCO$_3$ | $1.4 \times 10^{-13}$ | 12.84 |
| Co[Fe(CN)$_6$] | $1.8 \times 10^{-15}$ | 14.74 |
| Co(OH)$_2$，新析出 | $2 \times 10^{-15}$ | 14.7 |
| Co(OH)$_3$ | $2 \times 10^{-44}$ | 43.7 |
| Co[Hg(SCN)$_4$] | $1.5 \times 10^{-8}$ | 5.82 |
| $\alpha$ - CoS | $4 \times 10^{-21}$ | 20.4 |
| $\beta$ - CoS | $2 \times 10^{-25}$ | 24.7 |
| Co$_3$(PO$_4$)$_2$ | $2 \times 10^{-35}$ | 34.7 |
| Cr(OH)$_3$ | $6 \times 10^{-31}$ | 30.2 |
| CuBr | $5.2 \times 10^{-9}$ | 8.28 |
| CuCl | $1.2 \times 10^{-3}$ | 5.92 |

| 微溶化合物 | $K_{sp}$ | $pK_{sp}$ |
|---|---|---|
| CuCN | $3.2 \times 10^{-20}$ | 19.49 |
| CuI | $1.1 \times 10^{-12}$ | 11.96 |
| CuOH | $1 \times 10^{-14}$ | 14.0 |
| $Cu_2S$ | $2 \times 10^{-48}$ | 47.7 |
| CuSCN | $4.8 \times 10^{-15}$ | 14.32 |
| $CuCO_3$ | $1.4 \times 10^{-10}$ | 9.86 |
| $Cu(OH)_2$ | $2.2 \times 10^{-20}$ | 19.66 |
| CuS | $6 \times 10^{-36}$ | 35.2 |
| $FeCO_3$ | $3.2 \times 10^{-11}$ | 10.50 |
| $Fe(OH)_2$ | $8 \times 10^{-16}$ | 15.1 |
| FeS | $6 \times 10^{-18}$ | 17.2 |
| $Fe(OH)_3$ | $4 \times 10^{-38}$ | 37.4 |
| $FePO_4$ | $1.3 \times 10^{-22}$ | 21.89 |
| $Hg_2Br_2$ [3] | $5.8 \times 10^{-23}$ | 22.24 |
| $Hg_2CO_3$ | $8.9 \times 10^{-17}$ | 16.05 |
| $Hg_2Cl_2$ | $1.3 \times 10^{-18}$ | 17.88 |
| $Hg_2(OH)_2$ | $2 \times 10^{-24}$ | 23.7 |
| $Hg_2I_2$ | $4.5 \times 10^{-29}$ | 28.35 |
| $Hg_2SO_4$ | $7.4 \times 10^{-7}$ | 6.13 |
| $Hg_2S$ | $1 \times 10^{-47}$ | 47.0 |
| $Hg(OH)_2$ | $3.0 \times 10^{-25}$ | 25.52 |
| HgS 红色 | $4 \times 10^{-53}$ | 52.4 |
| HgS 黑色 | $2 \times 10^{-52}$ | 51.7 |
| $MgNH_4PO_4$ | $2 \times 10^{-13}$ | 12.7 |
| $MgCO_3$ | $3.5 \times 10^{-3}$ | 7.46 |
| $MgF_2$ | $6.4 \times 10^{-9}$ | 8.19 |
| $Mg(OH)_2$ | $1.8 \times 10^{-11}$ | 10.74 |
| $MnCO_3$ | $1.8 \times 10^{-11}$ | 10.74 |
| $Mn(OH)_2$ | $1.9 \times 10^{-13}$ | 12.72 |
| MnS,无定形 | $2 \times 10^{-10}$ | 9.7 |
| MnS,晶形 | $2 \times 10^{-13}$ | 12.72 |
| $NiCO_3$ | $6.6 \times 10^{-9}$ | 8.18 |
| $Ni(OH)_2$,新析出 | $2 \times 10^{-15}$ | 14.7 |
| $Ni_3(PO_4)_2$ | $5 \times 10^{-31}$ | 30.3 |
| $\alpha - NiS$ | $3 \times 10^{-19}$ | 18.5 |
| $\beta - NiS$ | $1 \times 10^{-24}$ | 24.0 |

| 微溶化合物 | $K_{sp}$ | $pK_{sp}$ |
|---|---|---|
| $\gamma - NiS$ | $2 \times 10^{-26}$ | 25.7 |
| $PbCO_3$ | $7.4 \times 10^{-14}$ | 13.13 |
| $PbCl_2$ | $1.6 \times 10^{-5}$ | 4.79 |
| $PbClF$ | $2.4 \times 10^{-9}$ | 8.62 |
| $PbCrO_4$ | $2.8 \times 10^{-13}$ | 12.55 |
| $PbF_2$ | $2.7 \times 10^{-8}$ | 7.57 |
| $Pb(OH)_2$ | $1.2 \times 10^{-15}$ | 14.93 |
| $PbI_2$ | $7.1 \times 10^{-9}$ | 8.15 |
| $PbMoO_4$ | $1 \times 10^{-13}$ | 13.0 |
| $Pb_3(PO_4)_2$ | $8.0 \times 10^{-43}$ | 42.10 |
| $PbSO_4$ | $1.6 \times 10^{-8}$ | 7.79 |
| $PbS$ | $8 \times 10^{-28}$ | 27.9 |
| $Pb(OH)_4$ | $3 \times 10^{-66}$ | 65.5 |
| $Sb(OH)_3$ | $4 \times 10^{-42}$ | 41.4 |
| $Sb_2S_3$ | $2 \times 10^{-93}$ | 92.8 |
| $Sn(OH)_2$ | $1.4 \times 10^{-23}$ | 27.85 |
| $SnS$ | $1 \times 10^{-25}$ | 25.0 |
| $Sn(OH)_4$ | $1 \times 10^{-56}$ | 56.0 |
| $SnS_2$ | $2 \times 10^{-27}$ | 26.7 |
| $SrCO_3$ | $1.1 \times 10^{-10}$ | 9.96 |
| $SrCrO_4$ | $2.2 \times 10^{-5}$ | 4.65 |
| $SrF_2$ | $2.4 \times 10^{-9}$ | 8.61 |
| $SrC_2O_4 \cdot H_2O$ | $1.6 \times 10^{-7}$ | 6.80 |
| $Sr_3(PO_4)_2$ | $4.1 \times 10^{-28}$ | 27.39 |
| $SrSO_4$ | $3.2 \times 10^{-7}$ | 6.49 |
| $Ti(OH)_3$ | $1 \times 10^{-40}$ | 40.0 |
| $TiO(OH)_2$ [④] | $1 \times 10^{-29}$ | 29.0 |
| $ZnCO_3$ | $1.4 \times 10^{-11}$ | 10.84 |
| $Zn_2[Fe(CN)_6]$ | $4.1 \times 10^{-16}$ | 15.39 |
| $Zn(OH)_2$ | $1.2 \times 10^{-17}$ | 16.92 |
| $Zn_3(PO_4)_2$ | $9.1 \times 10^{-33}$ | 32.04 |
| $ZnS$ | $2 \times 10^{-22}$ | 21.7 |

① 此为下列平衡的平衡常数：$AsS_3 + 4H_2O \Longrightarrow 2HAsO_2 + 3H_2S$。

② $BiOOH$　$K_{sp} = [BiO^+][OH^-]$。

③ $(Hg_2)_m X_n : K_{sp} = [Hg_2^{2+}]^m [X^{-2m/n}]^n$。

④ $TiO(OH)_2 : K_{sp} = [TiO_2^+][OH^-]^2$。

## 附录9　国际相对原子质量表

(2003 年)

| 元素符号 | 名称 | 相对原子质量 | 元素符号 | 名称 | 相对原子质量 | 元素符号 | 名称 | 相对原子质量 | 元素符号 | 名称 | 相对原子质量 |
|---|---|---|---|---|---|---|---|---|---|---|---|
| Ac | 锕 | 227.03 | Er | 铒 | 167.259 | Mn | 锰 | 54.938 05 | Ru | 钌 | 101.07 |
| Ag | 银 | 107.868 2 | Es | 锿 | 252.08 | Mo | 钼 | 95.94 | S | 硫 | 32.065 |
| Al | 铝 | 26.981 54 | Eu | 铕 | 151.964 | N | 氮 | 14.006 72 | Sb | 锑 | 121.760 |
| Am | 镅 | 243.06 | F | 氟 | 18.998 40 | Na | 钠 | 22.989 77 | Sc | 钪 | 44.955 91 |
| Ar | 氩 | 39.948 | Fe | 铁 | 55.845 | Nb | 铌 | 92.906 38 | Se | 硒 | 78.96 |
| As | 砷 | 74.921 60 | Fm | 镄 | 257.10 | Nd | 钕 | 144.24 | Si | 硅 | 28.085 5 |
| At | 砹 | 209.99 | Fr | 钫 | 223.02 | Ne | 氖 | 20.179 7 | Sm | 钐 | 150.36 |
| Au | 金 | 196.966 55 | Ga | 镓 | 69.723 | Ni | 镍 | 58.693 4 | Sn | 锡 | 118.710 |
| B | 硼 | 10.811 | Gd | 钆 | 157.25 | No | 锘 | 259.10 | Sr | 锶 | 87.62 |
| Ba | 钡 | 137.327 | Ge | 锗 | 72.64 | Np | 镎 | 237.05 | Ta | 钽 | 180.947 9 |
| Be | 铍 | 9.012 18 | H | 氢 | 1.007 94 | O | 氧 | 15.999 4 | Tb | 铽 | 158.925 34 |
| Bi | 铋 | 208.980 38 | He | 氦 | 4.002 60 | Os | 锇 | 190.23 | Tc | 锝 | 98.907 |
| Bk | 锫 | 247.07 | Hf | 铪 | 178.49 | P | 磷 | 30.973 76 | Te | 碲 | 127.60 |
| Br | 溴 | 79.904 | Hg | 汞 | 200.59 | Pa | 镤 | 231.035 8 | Th | 钍 | 232.038 1 |
| C | 碳 | 12.010 7 | Ho | 钬 | 164.930 32 | Pb | 铅 | 207.2 | Ti | 钛 | 47.867 |
| Ca | 钙 | 40.078 | I | 碘 | 126.904 47 | Pd | 钯 | 106.42 | Tl | 铊 | 204.383 3 |
| Cd | 镉 | 112.411 | In | 铟 | 114.818 | Pm | 钷 | 144.91 | Tm | 铥 | 168.934 21 |
| Ce | 铈 | 140.116 | Ir | 铱 | 192.217 | Po | 钋 | 208.98 | U | 铀 | 238.028 91 |
| Cf | 锎 | 251.08 | K | 钾 | 39.098 3 | Pr | 镨 | 140.907 6 | V | 钒 | 50.941 5 |
| Cl | 氯 | 35.453 | Kr | 氪 | 83.798 | Pt | 铂 | 195.078 | W | 钨 | 183.84 |
| Cm | 锔 | 247.07 | La | 镧 | 138.905 5 | Pu | 钚 | 244.06 | Xe | 氙 | 131.293 |
| Co | 钴 | 58.933 20 | Li | 锂 | 6.941 | Ra | 镭 | 226.03 | Y | 钇 | 88.905 85 |
| Cr | 铬 | 51.996 1 | Lr | 铹 | 260.11 | Rb | 铷 | 85.467 8 | Yb | 镱 | 173.04 |
| Cs | 铯 | 132.905 45 | Lu | 镥 | 174.967 | Re | 铼 | 186.207 | Zn | 锌 | 65.409 |
| Cu | 铜 | 63.546 | Md | 钔 | 258.10 | Rh | 铑 | 102.905 50 | Zr | 锆 | 91.224 |
| Dy | 镝 | 162.500 | Mg | 镁 | 24.305 0 | Rn | 氡 | 222.02 | | | |

# 附录 10　一些常见化合物的相对分子质量

| 化合物 | 相对分子质量 | 化合物 | 相对分子质量 |
|---|---|---|---|
| AgBr | 187.78 | $Ce(SO_4)_2 \cdot 2(NH_4)_2$ $SO_4 \cdot 2H_2O$ | 632.54 |
| AgCl | 143.32 | $CH_3COOH$ | 60.04 |
| AgCN | 133.89 | $CH_3OH$ | 32.04 |
| $Ag_2CrO_4$ | 331.73 | $CH_3COCH_3$ | 58.07 |
| AgI | 234.77 | $C_6H_5COOH$ | 122.11 |
| $AgNO_3$ | 169.87 | $C_6H_5COONa$ | 144.09 |
| AgSCN | 165.95 | $C_6H_4COOHCOOK$（苯 二甲酸氢钾） | 204.20 |
| $Al_2O_3$ | 101.96 | $CH_3COONa$ | 82.02 |
| $Al_2(SO_4)_3$ | 342.15 | $C_6H_5OH$ | 94.11 |
| $As_2O_3$ | 197.84 | $(C_9H_7N)_3H_3（PO_4 \cdot 12MoO_3)$（磷钼酸喹啉） | 2 212.73 |
| $As_2O_5$ | 229.84 | $COOHCH_2COOH$ | 104.06 |
| | | $COOHCH_2COONa$ | 126.04 |
| $BaCO_3$ | 197.34 | $CCl_4$ | 153.82 |
| $BaC_2O_4$ | 225.35 | $CO_2$ | 44.01 |
| $BaCl_2$ | 208.24 | $Cr_2O_3$ | 151.99 |
| $BaCl_2 \cdot 2H_2O$ | 244.27 | $Cu（C_2H_3O_2)_2 \cdot 3Cu$ $(AsO_2)_2$ | 1 013.79 |
| $BaCrO_4$ | 253.32 | | |
| BaO | 153.33 | CuO | 79.54 |
| $Ba(OH)_2$ | 171.35 | $Cu_2O$ | 143.09 |
| $BaSO_4$ | 233.39 | CuSCN | 121.62 |
| | | $CuSO_4$ | 159.61 |
| $CaCO_3$ | 100.09 | $CuSO_4 \cdot 5H_2O$ | 249.69 |
| $CaC_2O_4$ | 128.10 | | |
| $CaCl_2$ | 110.99 | $FeCl_3$ | 162.20 |
| $CaCl_2 \cdot H_2O$ | 129.00 | $FeCl_3 \cdot 6H_2O$ | 270.29 |
| $CaF_2$ | 78.08 | FeO | 71.84 |
| $Ca(NO_3)_2$ | 164.09 | $Fe_2O_3$ | 159.69 |
| CaO | 56.08 | $Fe_3O_4$ | 231.53 |
| $Ca(OH)_2$ | 74.09 | $FeSO_4 \cdot H_2O$ | 169.92 |
| $CaSO_4$ | 136.14 | $FeSO_4 \cdot 7H_2O$ | 278.02 |
| $Ca_3(PO_4)_2$ | 310.18 | $Fe_2(SO_4)_3$ | 399.88 |
| $Ce(SO_4)_2$ | 332.24 | | |

续表

| 化合物 | 相对分子质量 | 化合物 | 相对分子质量 |
|---|---|---|---|
| $FeSO_4 \cdot (NH_4)_2SO_4 \cdot 6H_2O$ | 392.15 | $KHC_2O_4 \cdot H_2C_2O_4 \cdot 2H_2O$ | 254.19 |
| | | $KHC_2O_4 \cdot H_2O$ | 146.14 |
| $H_3BO_3$ | 61.83 | $KI$ | 166.01 |
| $HBr$ | 80.91 | $KIO_3$ | 214.00 |
| $H_2C_4H_4O_6$(酒石酸) | 150.09 | $KIO_2 \cdot HIO_3$ | 389.92 |
| $HCN$ | 27.03 | $KMnO_4$ | 158.04 |
| $H_2CO_3$ | 62.02 | $KNO_2$ | 85.10 |
| $H_2C_2O_4$ | 90.03 | $K_2O$ | 94.20 |
| $H_2C_2O_4 \cdot 2H_2O$ | 126.07 | $KOH$ | 56.11 |
| $HCOOH$ | 46.03 | $KSCN$ | 97.18 |
| $HCl$ | 36.46 | $K_2SO_4$ | 174.26 |
| $HClO_4$ | 100.46 | | |
| $HF$ | 20.01 | $MgCO_3$ | 84.31 |
| $HI$ | 127.91 | $MgCl_2$ | 95.21 |
| $HNO_2$ | 47.01 | $MgNH_4PO_4$ | 137.33 |
| $HNO_3$ | 63.01 | $MgO$ | 40.31 |
| $H_2O$ | 18.02 | $Mg_2P_2O_7$ | 222.60 |
| $H_2O_2$ | 34.02 | $MnO$ | 70.94 |
| $H_3PO_4$ | 98.00 | $MnO_2$ | 86.94 |
| $H_2S$ | 34.08 | | |
| $H_2SO_3$ | 82.08 | $Na_2B_4O_7$ | 201.22 |
| $H_2SO_4$ | 98.08 | $Na_2B_4O_7 \cdot 10H_2O$ | 381.37 |
| $HgCl_2$ | 271.50 | $NaBiO_3$ | 279.97 |
| $Hg_2Cl_2$ | 472.09 | $NaBr$ | 102.90 |
| | | $NaCN$ | 49.01 |
| $KAl(SO_4)_2 \cdot 12H_2O$ | 474.39 | $Na_2CO_3$ | 105.99 |
| $KB(C_6H_5)_4$ | 358.32 | $Na_2C_2O_4$ | 134.00 |
| $KBr$ | 119.01 | $NaCl$ | 58.44 |
| $KBrO_3$ | 167.01 | $NaF$ | 41.99 |
| $KCN$ | 65.12 | $NaHCO_3$ | 84.01 |
| $K_2CO_3$ | 138.21 | $NaH_2PO_4$ | 119.98 |
| $KCl$ | 74.56 | $Na_2HPO_4$ | 141.96 |
| $KClO_3$ | 122.55 | $Na_2H_2Y \cdot 2H_2O$(EDTA二钠盐) | 372.24 |
| $KClO_4$ | 138.55 | | |
| $K_2CrO_4$ | 194.20 | $NaI$ | 149.89 |
| $K_2Cr_2O_7$ | 294.19 | $NaNO_2$ | 69.00 |

续表

| 化合物 | 相对分子质量 | 化合物 | 相对分子质量 |
|---|---|---|---|
| $Na_2O$ | 61.98 | $PbCrO_4$ | 323.18 |
| $NaOH$ | 40.01 | $PbO$ | 223.19 |
| $Na_3PO_4$ | 163.94 | $PbO_2$ | 239.19 |
| $Na_2S$ | 78.05 | $Pb_3O_4$ | 685.57 |
| $Na_2S \cdot 9H_2O$ | 240.18 | $PbSO_4$ | 303.26 |
| $Na_2SO_3$ | 126.04 | | |
| $Na_2SO_4$ | 142.04 | $SO_2$ | 64.06 |
| $Na_2SO_4 \cdot 10H_2O$ | 322.20 | $SO_3$ | 80.06 |
| $NaS_2O_3$ | 158.11 | $Sb_2O_3$ | 291.52 |
| $NaS_2O_3 \cdot 5H_2O$ | 248.19 | $Sb_2S_3$ | 339.72 |
| $NaSiF_6$ | 188.06 | $SiF_4$ | 104.08 |
| $NH_2OH \cdot HCl$ | 69.49 | $SiO_2$ | 60.08 |
| $NH_3$ | 17.03 | $SnCO_3$ | 178.72 |
| $NH_4Cl$ | 53.49 | $SnCl_3$ | 189.62 |
| $(NH_4)_2C_2O_4 \cdot H_2O$ | 142.11 | $SnO_2$ | 150.71 |
| $NH_3 \cdot H_2O$ | 35.05 | | |
| $NH_4Fe(SO_4)_2 \cdot 12H_2O$ | 480.18 | $TiO_2$ | 79.87 |
| $(NH_4)_2HPO_4$ | 132.05 | | |
| $(NH_4)_3PO_4 \cdot 12MoO_3$ | 1 876.53 | $WO_3$ | 231.84 |
| $NH_4SCN$ | 76.12 | | |
| $(NH_4)_2SO_4$ | 132.14 | $ZnCl_2$ | 136.30 |
| $NiC_8H_{14}O_4N_4$（丁二酮肟镍） | 288.91 | $ZnO$ | 81.39 |
| | | $Zn_2P_2O_7$ | 304.72 |
| | | $ZnSO_4$ | 161.45 |
| $P_2O_5$ | 141.95 | | |

# 参考文献

[ 1 ] 梁文平,庄乾坤.分析化学的明天——学科发展前沿与挑战.北京:科学出版社,2003.

[ 2 ] 汪尔康.21 世纪的分析化学.北京:科学出版社,1999.

[ 3 ] 华东理工大学化学系,四川大学化工学院.分析化学.7 版.北京:高等教育出版社,2018.

[ 4 ] 朱明华,胡坪.仪器分析.5 版.北京:高等教育出版社,2019.

[ 5 ] 武汉大学.分析化学.6 版.北京:高等教育出版社,2016.

[ 6 ] 罗旭.化学统计学.北京:科学出版社,2001.

[ 7 ] 郑用熙.分析化学中的数理统计方法.北京:科学出版社,1986.

[ 8 ] 张明晓,张春荣.新分析化学.北京:科学出版社,2008.

[ 9 ] 彭崇慧,冯建章,张锡瑜,等.定量化学分析简明教程.4 版.北京:北京大学出版社,2020.

[10] 林树昌.溶液平衡.北京:北京师范大学出版社,1993.

[11] 高华寿.化学平衡与滴定分析.北京:高等教育出版社,1996.

[12] 华中师范大学,东北师范大学,陕西师范大学,等.分析化学.3 版.北京:高等教育出版社,2001.

[13] 吴性良,朱万森,马林.分析化学原理.北京:化学工业出版社,2004.

[14] 胡育筑.分析化学.4 版.北京:科学出版社,2015.

[15] Anders Ringbom. Complexation in Analytical Chemistry. 戴明,译.北京:高等教育出版社,1987.

[16] 陈永兆.络合滴定.北京:科学出版社,1986.

[17] 皮以瑶.氧化还原滴定法及电位分析法.北京:高等教育出版社,1987.

[18] 罗庆尧,邓延倬,蔡汝秀,等.分析化学丛书,第四卷,第一册,分光光度分析.北京:科学出版社,1992.

[19] 张文清.分离分析化学.2 版.上海:华东理工大学出版社,2016.

[20] 邵令娴.分离及复杂物质分析.2 版.北京:高等教育出版社,1994.

[21] 刘克本.溶剂萃取在分析化学中的应用.2 版.北京:高等教育出版社,1990.

[22] 孙彦.生物分离工程.北京:化学工业出版社,2002.

[23] David Harvey. Modern Analytical Chemistry. Berkeley:Osborne McGraw-Hill, 2000.

[24] Gary D Christian. Analytical chemistry. 6th ed. NJ:John Wiley & Sons, Inc., 2004.

[25] Douglas A Skoog. Fundamentals of analytical chemistry. 9th ed. Australia:Thomson-Brooks/Cole, 2014.

[26] Rouessac F. Chemical analysis. Hoboken, John Wiley & Sons, Ltd., 2000.